JN451585

현대용접공학

구민사
Technology
Computer

• • • • 머 리 말

금속 및 기계 공학 특히 중화학 공업의 발달과 더불어 최근 용접공학 및 용접기술 부문이 눈부시게 발달하고 있다. 용접은 오늘날 모든 금속 공작에 불가결한 접합 방법으로 점차 중요성이 높아지고 있다.

이 책은 5편 36장으로 나누어 용접 전반에 대하여 기술하였다. 특히 용접 열사이클, 열영향 용착금속 및 용접의 여러 결함과 용접부의 균열, 용접부의 파괴 등 야금학적으로 자세히 설명하였다.

끝으로 이 책이 용접공학 교과서로 많은 학생, 기술자의 도움이 되기를 바라는 바입니다. 또한 내용이 불충분한 점이 있으면 독자 여러분께서 교시하여 주시고, 더욱 지도 편달하여 주시기 바랍니다.

저자 올림

C O N T E N T S

C O N T E N T S

C O N T E N T S

C O N T E N T S

C O N T E N T S

C O N T E N T S

CONTENTS

제5편 용접시공 · 설계 · 시험 및 검사

부 록 한국공업규격 용접용어

제 1 편

총 론

제 1 장 용접의 개요

Modern Welding Engineering

제1장 | 용접의 개요

1-1 용접의 의의

용접은 고상상태로 있는 두 개의 금속 재료를 열이나 압력 또는 열과 압력을 동시에 가해서 서로 접합하는 기술이고, 여러 기기 및 구조물의 제작 현장에서는 조립 공정에 속하는 가공분야이다. 용접 가공은 일반적으로 단조, 프레스, 주조, 분말야금 등으로서 소정의 모양과 치수로 제작된 부재를 조립하여 이것을 제품화하는 경우에 많이 적용된다.

이들의 가공에서 취급되는 종류는 많으며, 또 여러 종류의 용접재료에 대한 용접법도 다양하다. 그런데 용접은 고열을 수반하는 금속학적 접합 방법이어서 재질의 변화, 잔류응력, 변형과 수축 및 용접 결함 등의 문제점들이 있어, 특히 품질 검사가 용이하지 않으며, 또 용접 구조물은 응력집중에 민감하며, 저온취성파괴의 위험을 안고 있는 결점들이 있다.

따라서, 용접기술의 적용에 있어서는 용접부재의 접합성과 용접 이음의 기계적, 물리적, 화학적 성질 및 생산성 등을 충분히 고려하여 적절한 용접 방법이나 용접 재료를 선정하는 것이 제품의 신뢰성이나 안정성의 확보에 중요한 조건이 된다.

한편, 용접 기술의 진보 발달은 공업 전 분야에 걸쳐 그 중요성이 매우 높게 인정되어 왔으며, 또 계속 개발되고 있는 새로운 용접 기술의 실용화도 기대되고 있다.

1-2 용접의 원리

금속과 금속을 서로 충분히 접근시키면, 이들 사이에는 뉴튼(Newton)의 만유 인력의 법칙에 따라 금속원자 간의 인력이 작용하여 서로 결합하게 된다. 이 결합을 이루게 하기 위해서는, 원자들은 보통 1cm의 1억분의 1정도 [Å $= 10^{-8}$cm] 접근시켰을 때 원자가 결합한다. 이와 같은 결합을 넓은 의미에서의 용접(welding)이라 한다.

실제에 있어서는 두 금속을 충분히 밀착시켜도 금속의 표면은 항상 넓은 산화막으로 덮혀 있어서 금속 원자의 인력에 의하여 결합할 수 있을 정도로 접근시킬 수가 없다.

또한 금속 표면은 평활하게 보여도 크게 확대시켜 보면 오목 볼록을 이루고 있기 때문에 그대로 넓은 면적에서 완자 간의 인력이 작용할 정도가 되지 못하므로 강력한 결합을 할 수 없다. 따라서, 용접의 실용적 목적을 달성하기 위해서는 먼저 산화막을 제거하고 산화물의 방해를 방지하며, 그 다음에는 표면의 원자들이 서로 접근할 수 있도록 하여야한다.

1-3 용접방법의 발달

용접의 역사는 대단히 오래 전부터 금속의 이용과 함께 내려온 것으로서, 초기의 단계에서는 열간 또는 냉간에서 금속을 해머 등으로 두둘겨 접합하는 단조이나 또는 납땜 등을 사용하여 주로 장식품이나 무기등을 만들어 내었다. 그러나, 용접 기술이 본격적으로 발달한 것은 전기 에너지를 용이하게 이용될 수 있었던 것을 시점으로 하여 아크(arc)용접, 전기저항용접, 테르밋(thermit) 용접, 가스 용접 등, 현재 사용되고 있는 용접법은 거의 1800 년대에 발명되었다. 그 후 점차 용접 방법 및 응용 방법이 개량되어 용접의 이용도는 증가되었으며, 이와 더불어 고능률의 용접 방법이 발명되었다. 1930년경부터 불활성 가스 아크용접법(inert gas are welding)과 서브머지드 아크 용접법(submerged arc welding)등이 고안되어 현재에도 중요하게 쓰이고 있다.

제2차 세계 대전 이후 용접 기술은 과학의 급속한 진보에 의하여 최근 20년간에 걸쳐 일렉트로 슬랙 용접법(electro slag welding)과 탄산가스 아크 용접법(CO_2 gas arc welding), 마찰 용접법(friction welding), 전자 비임 용접법(electron beam welding), 초음파 용접법(ultrasonic welding) 등 새로운 용접법이 많이 개발되었다. 플라즈마(plasma), 레이저(laser) 등의 새로운 열원은 이미 절단에 이용되고 있으며, 용접에도 응용되고 있다.

표 1-1은 주요 용접법의 개발자와 그 시대를 나타냈다.

표 1-1 주요 용접법의 방전

1802	Petrow	아크에 대한 연구(소)
1849	Staite	아크에 의한 금속의 용접, 영국 특허(영)
1862	Wöhler	석탄과 탄소를 작열시켜 칼슘 카바이드 생산(독)
1867	Thomson	전기 저항 용접의 발명(미)

1885	Benardos	탄소 아크에 의한 금속의 용접(소)
1886	Thomson	업셋 용접(upset welding)의 사용(영)
1887/1888		스폿 용접(spot welding)을 행함(영)
1889	Benardos	두 전극탄소 아크 용접의 개발 특허(독)
1890	Zerner	수성 가스 용접의 발명(수증기+CO 혼합 가스)
1891	Slavianoff	금속 전극에 의한 용접(소)
1893		아세틸린(acetylene)의 생산(미)
1895	Goldschmidt	테르밋 용접의 개발(독)
	Carl	액체 공기의 생산(미)
1900	Picard	가스 용접의 공업적 이용(프)
	Wiss	수소-산소 토치의 개발
1901	Fouché, Picard	가스 혼합기 붙이 저압 아세틸렌 산소 토치 생산(프)
1908	Kiellberg	피복 용접봉의 사용(스웨덴)
1919	Robert, Von Nuys	가스 시일드 용접의 연구
1925	Langmuir	원자 수소 용접의 개발(미)
1930	Robinoff, Paine, Quillen	서브머지드 용접의 미국 특허(소)
1936		헬륨(helium)에 의한 MIG 용접의 개발(미)
1939	Reinicke	플라즈마(plasma) 용사법의 발명(미)
1943		반자동 서브머지드 아크 용접의 개발(소)
	Behr	초음파 용접법(미)
1948	Chudikow	마찰 용접의 발명(소)
	Steigerwald	전자 비임 용접기의 개발(독)
1951	Paton	일렉트로 슬랙 용접의 개발(소)
1953	Sekiguchi, Masumoto	CO_2 용접의 공업화(일본, 소련, 네덜란드)
	Lyvabskill, Van der	
	Willngen	
1955		냉간압접의 실용화
1957	Stohr	전자 비임 용접의 실용화(프)
	Kazakov	확산 접합 장치의 개발(소)
1960	Maiman	레이저(laser) 용저기의 개발(미)

1-4 현대의 용접기술

용접 기술의 발달은 그 방법과 응용의 확대 뿐만 아니라 용접 재료의 발달과 용접 구조물의 안전성에 관한 설계, 공작 및 품질 검사의 진보 등을 포함하여 광범위한 분야에 걸쳐져 있다. 현재의 용접 기술은 이들 방면의 기초 지식 위에서 처음으로 효과적인 결과를 낳게 됨은 말할 필요가 없다.

우리 나라에서도 용접 전문 기술자가 활약하고 있을 뿐아니라 중요한 구조물의 용접 시공에는 기술자에 일정한 자격을 요구하기에 이르렀다. 종래에는 용접이라 하면, 용접 작업자의 기능을 주로 생각하였지만 현재의 용접 기술은 재료, 용접 방법, 작업자의 훈련, 기술 관리 태세의 시스템 중에서 종합적으로 생각하지 않으면 안 된다.

또 용접 작업의 자동제어 및 성력화와 더불어 용접 설계, 용접 조건의 선정을 프로그램에 의한 전자 계산기를 이용하여, 이러한 일의 성력화를 도모하는 것도 용접 기술의 중요한 과제라 할 수 있다.

1-5 용접법의 분류

현재 사용되고 있는 용접 방법에는 많은 종류가 있다. 금속 재료의 접합에는 여러 가지 방법이 있으며, 주로 접합력을 발생시키는 방법으로 여기에는 기계적 접합법과 금속학적 접합법으로 분류된다.

기계적 방법이란 접합면에 국부적인 큰 소성변형을 주는 것이며, 금속학적 방법이란 접합면에 열을 가하여 국부적으로 용융시키든가, 또는 금속원자의 열확산을 촉진시키는 방법이다.

용접법에는 여러 가지 분류 방법이 있으나, 용접시의 금속이 고상이냐, 액상이냐, 가압을 하느냐, 않느냐에 따라서 융접(fusion welding), 압접(pressure welding) 및 납땜(soldering, brazing) 등으로 분류한다.

융접은 접합하려는 두 금속 부재 즉 모재(base metal)의 접합부를 가열하여 모재만으로, 또는 모재와 용가재(filler metal)를 융합하여 접합하는 방법이며, 압접은 이음부를 가열하여 큰 소성변형을 주어 접합하는 방법이다.

납땜은 모재를 용융하지 않고 모재보다도 낮은 융점을 가지는 금속의 첨가재를 용융시켜 접합하는 방법으로써, 일반적으로 땜납에는 연납(soft solder)과 경납(hard solder)의 두 종류가 있다.

현재 사용되는 있는 주된 용접법과 절단법을 그 원리와 열원의 종류 등에 의하여 분류하면 표 1－2와 같다.

표 1-2 용접법과 절단법의 분류

- 용접법
  - 용접
    - 아크 용접
      - 탄소 전극
      - 금속 전극
        - 보호 아크
          - 피복 아크 용접
          - 가스 보호 스텃 용접
          - 불활성 가스 아크 용접 (TIG용접, MIG용접)
          - 원자 수소 용접
          - 이산화탄소 아크 용접
        - 맨아크
          - 비피복 스터드 용접
          - 비피복 와이어 아크용접
    - 가스 용접
      - 산소 아세틸렌 용접
      - 공기 아세틸렌 용접
      - 산소 수소 용접
    - 특수 용접
      - 테르밋 용접
      - 일렉트로 슬랙 용접
      - 전자 비임 용접
  - 압접
    - 단접
    - 냉간 압접
    - 저항 용접
      - 겹치기
        - 스폿 용접
        - 시임 용접
        - 프로젝션 용접
      - 맞대기
        - 플래시 맞대기 용접
        - 업셋 맞대기 용접
        - 방전 충격 용접
    - 유도 가열 용접
    - 초음파 용접
    - 마찰 용접
    - 가압 테르밋 용접
    - 가스 압접
  - 납땜
    - 연납땜
      - 인두납땜
    - 경납땜
      - 가스 납땜
      - 노내 납땜
      - 저항 납땜
      - 담금 납땜
      - 진공 납땜
      - 유도가열 납땜

- 절단법
  - 산소 절단
    - 가스절단
    - 분말절단
    - 산소 아크 절단
  - 아크 절단
    - 금속 아크 절단
    - 탄소 아크 절단
    - 불활성 가스 아크 절단
      - TIG 절단
      - MIG 절단
  - 플라즈마 절단
    - 플라즈마 제트 절단
    - 플라즈마 아크 절단

연습문제

01 용접의 원리를 설명하여라.

02 용접의 역사를 설명하여라.

03 용접의 특징은 무엇인가?

04 용접의 응용에 대하여 설명하여라.

제 2 편

융 접

제2장 | 피복 아크 용접법

피복 금속 아크 용접(shielded metal are welding)은 현재 여러 가지 용접법 중에서 가장 많이 사용되는 용접법이다. 이 용접법에서는 피복제를 바른 용접봉과 같이 모재 사이에 발생하는 전기 아크의 열을 이용하여 모재의 일부와 용접봉을 녹여서 용접하는 용극식(consumable electrode method) 용접법이다. 이 방법은 가장 오래전부터 발달되었으며, 설비비도 싸고 또한 좋은 용접을 손쉽게 할 수 있으므로 구조용강을 위시하여 거의 모든 금속 재료에 이용되고 있다.

2-1 피복 아크 용접법의 원리

1. 원 리

피복 아크 용접(shielded are welding)은 보통 전기 용접법이라고도 하며, 피복제를 바른 용접봉과 모재 사이에 발생하는 전기 아크의 열을 이용하여 용접한다.

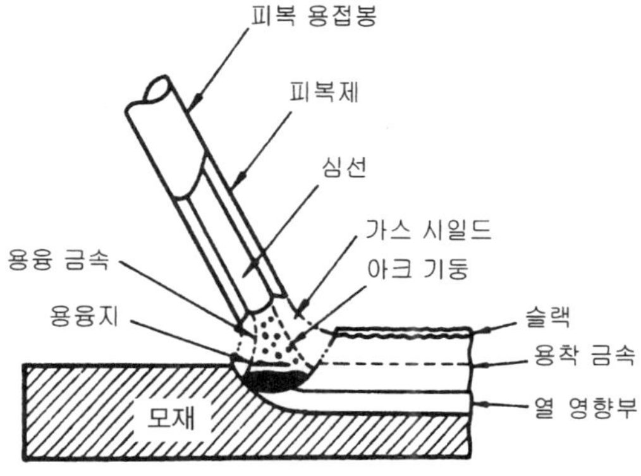

그림 2-1 피복 아크 용접 원리

이 용접법은 그림 2-1과 같이 용접 호울더(electrode holder)로 지지한 피복 아크 용접봉(coated eletrode 또는 covered electrode)과 피용접 물 사이에 직류 또는 교류의 전압을 걸고 피복 아크 용접봉 끝을 모재(base metal)에 살짝 대었다가 떼면, 강한 빛과 열을 내는 아크가 발생한다. 이 아크의 강한 열(약 5,000℃)에 의하여 용접봉이 녹아서 금속증기 또는 용적(globule)으로 되어, 아크열에 의하여 녹은 용융지(molten pool)에 용착(deposit)되어, 모재의 일부와 융합하여 용접금속(weldmetal)을 만든다.

이 때, 피용접물을 모재(base metal)라 하며, 모재의 일부가 녹은 쇳물 부분을 용융지, 모재가 녹은 깊이를 용입(penetration)이라 하고 용접봉이 용융지에 녹아 들어가는 것을 용착된다고 한다. 용접봉은 비피복 금속 심선(core wire)의 주위에 유기물, 무기물 또는 그 혼합물을 피복한 것이다.

피복제는 아크열에 의하여 분해되어 아크를 안정되게 하고, 발생한 가스 또는 슬랙으로써 용융금속을 대기 중의 산소나 질소의 접촉을 막아 산화 및 질화를 방지하며, 적당한 화학 반응에 의하여 용접 금속은 정련된다. 또, 필요한 합금 원소를 심선과 피복제에 첨가함으로써 좋은 용착금속을 얻을 수 있다.

만일, 피복제가 없는 비피복 용접봉(bare electrode)으로 용접을 하면 가스 시일드(gas shield)에 의한 보호가 없어 공기의 침투를 받아 건전한 용착 금속을 얻을 수 있으며, 또 아크도 안정되지 않으므로 중요한 부재의 용접에는 비피복 용접봉을 사용할 수가 없다.

그림 2-2는 용접 비드(weld bead)와 열영향부(heat affected zone)를 나타냈다. 그림 2-2에서와 같이 용접 비드 둘레에는 높은 열을 받아 금속 조직이 변화하여 열영향부가 취약(brittle)하게 되므로 주의하여야 한다.

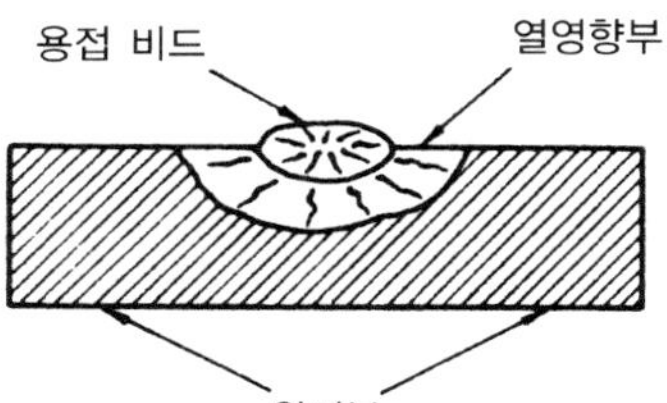

그림 2-2 용접 비드와 열영향부

피복 아크 용접의 회로는 그림 2-3과 같이 교류 또는 직류 용접기(welding machine, welder), 전극 케이블(electrode cable), 용접봉 호울더(electrode holder), 피복 아크 용접봉(coated electrode), 피용접물 또는 모재, 접지 케이블(ground cable)로 이루어져 있다.

용접에는 방호 기구 및 공구가 필요하며, 또 용접봉을 손으로 조작하는 수용접(manual welding)과 기계적으로 조작하는 자동용접(automatic welding)이 있다.

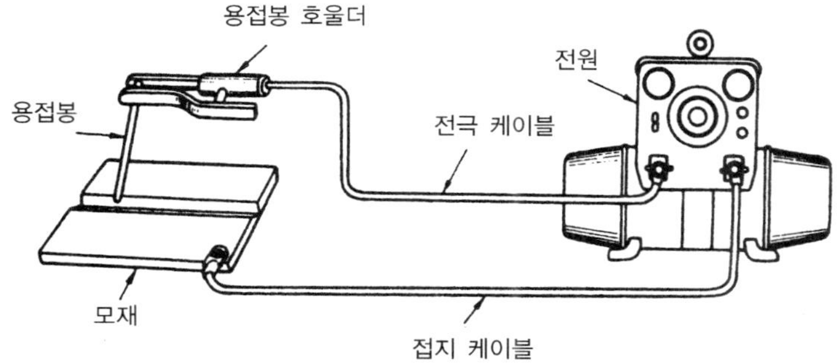

그림 2-3 피복 아크 용접 회로

2-2 용접 아크의 성질

1. 아크 현상

용접봉과 모재 사이에 70~80[V]의 직류전압을 걸고 용접봉 끝을 모재에 살작 접촉시켰다가 떼면 청백색의 강한 빛을 내는 아크(arc)가 발생한다. 이 아크를 통하여 10~500[A]의 큰 전류가 흐르며, 이 전류는 금속증기나 그 주위의 각종 기체 분자가 해리하여, 양전기를 띤 양이온(positive ion)과 음전기를 띤 전자(electron)로 전이(ionization)하여, 이들이 각각 양이온은 음극으로, 전자는 양극으로 고속도로 끌려가기 때문에 전류가 흐르게 된다.

2. 직류 아크 중의 전압분포

직류 아크 중의 전압 분포는 균일하지 않고 3종류의 영역으로 나누어진다. 그림 2-4와 같이 음극 근처의 전압 강하 V_K를 음극전압강하(cathode voltage drop), 양극 근처의 전압 강하 V_A를 양극전압강하(anode voltage drop), V_P를 아크 기둥 전압강하(are column voltage)라 하며, 이 전체의 전압을 아크 전압(V_a)이라 할 때 다음과 같은 식으로 나타낼 수 있다.

$$V_a = V_K + V_P + V_A \tag{2-1}$$

양극과 음극 부근에서의 전압 강하는 전극 표면의 극히 짧은 길이의 공간에서 일어나는 정압 강하로서, 그 값은 전극의 재질에 따라 변하며, 아크길이(arc length)나 아크 전류의 크기에는 거의 관계 없이 일정하다.

아크 기둥은 아크 플라즈마(arc plasma)라고도 부르며, 여기에서는 기체 및 금속원자가 양음이온(ion)으로 해리하여 운동하며, 이 속의 전압은 전극에서의 거리에 비례하여 변화하지만, 그 비례 정수는 주로 피복제의 종류나 아크 전류의 크기에 따라 영향을 받는다.

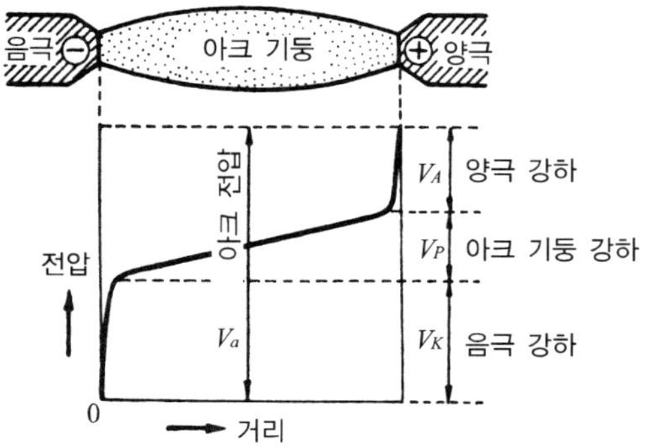

그림 2-4 직류 아크 중의 전압 분포

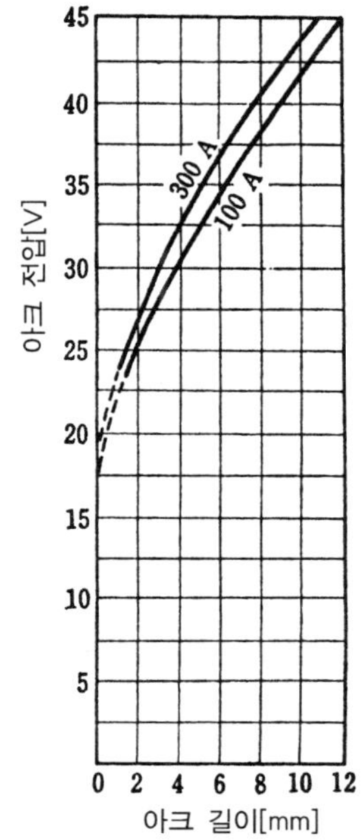

그림 2-5 아크 길이와 전압과의 관계

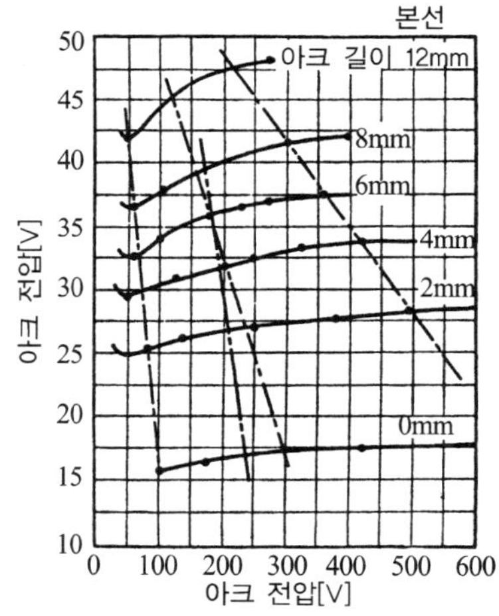

그림 2-6 아크 전류와 아크 전압과의 관계

아크 기둥의 전압은 아크 길이에 거의 비례하여 증가하므로, 전극 물질이 일정하면 아크 전압(arc voltage)은 그림 2-5와 같이 아크 길이와 더불어 증가한다.

또, 아크 길이를 일정하게 했을 때에는 아크 전압은 그림 2-6과 같이 아크 전류의 증가와 더불어 약간 증가하는 경향이 있다.

3. 극 성

(1) 극 성

아크 용접에서는 모재와 용접봉이 각각 전극의 역할을 하게 되는데 모재와 용접봉 중 어느 것이 각기 양극 또는 음극이 되는가, 또는 전극으로서의 역할을 하는 모재와 용접봉의 성질에 따라 용접의 성능은 달라지게 된다.

이와 같이, 용접봉과 모재로 이루어지는 아크 용접의 전극에 관련된 성질을 극성(polarity)이라 한다. 아크 용접에 있어서 직류전원(직류 용접기)을 사용한 경우를 직류용접(DC arc welding)이라 한다.

(2) 직류용접과 극성

직류 아크 용접에 있어서 그림 2-7(a)와 같이 용접봉을 용접기의 음극에, 모재를 양극에 연결한 경우를 정극성(straight polarity, D.C.S.P.)이라 하며, 이와 반대로 그림 2-7(b)와 같이 용접봉을 용접기의 양극에, 모재를 음극에 연결한 경우를 역극성(reverse polarity, D.C.R.P.)이라고 한다.

일반적으로, 전자의 충격을 받은 양극 쪽이 음극보다 발열이 크므로, 정극성인 경우가 용접봉의 용융이 늦고 모재의 용입이 깊어지며, 이와 반대로 역극성에서는 용접봉의 용융 속도가 빠르고 모재의 용입이 얕아지는 경향이 있다. 따라서, 얇은 판의 용접에는 용락(burn through)을 피하기 위하여 역극성으로 하는 것이 좋다.

직류 아크 용접의 극성은 용접봉 심선의 재질, 피복제의 종류, 용접 이음의 형상, 용접 자세 등에 따라 적절히 선정된다.

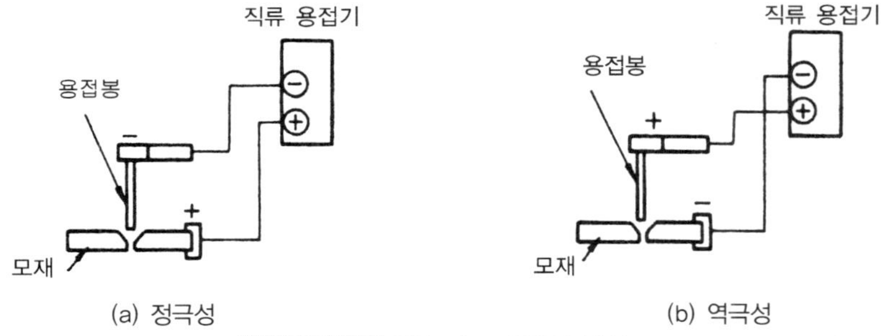

그림 2-7 직류 아크 용접의 극성

(3) 교류용접과 극성

교류 아크 용접에서는 전류의 방향이 1초간에 상용주파스만큼 변화하므로, 그 극성도 주파수와 같은 횟수만큼 순간적으로 변화한다. 전류의 방향이 60[Hz]의 전원일 때, 1초 동안에 60번 바뀌어지므로, 용접봉측과 모재측이 발생하는 열량은 서로 같다.

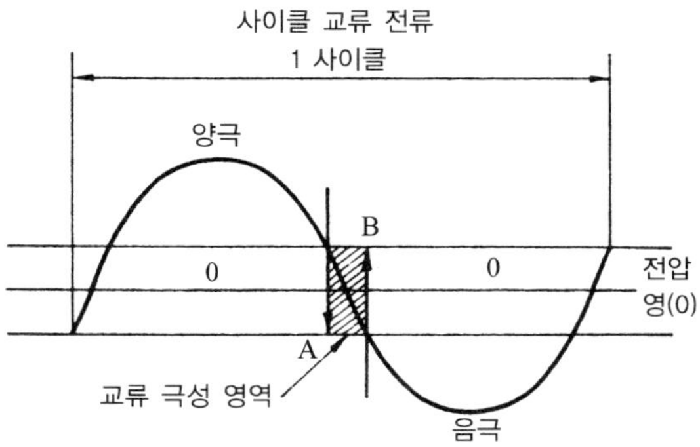

그림 2-8 60사이클 교류의 파형

그림 2-8은 60 사이클 교류의 파형을 나타낸 것이다. 교류는 매 사이클(cycle)마다 영(0)점을 두 번 통과하고, 한 사이클마다 한 방향으로 흐르는 전자를 가진 -파(negative wave)를 만든다. 매 사이클마다 교류는 영(0)점을 2회 통과함을 알 수 있으며, 아크는 보통 영(0)점에서는 발생하지 않는다.

따라서, 비피복 용접봉(bare electrode)을 사용할 경우에는 아크가 명멸하여 안정성이 나빠서 용접을 할 수 없다. 그러나, 피복 아크 용접봉을 사용하면 고온으로 가열된 피복제에서 이온(ion)이 발생되기 쉽고, 이것이 아크의 유지를 용이하게 하므로 교류 용접의 경우에도 안정한 아크를 얻을 수 있다.

4. 용접입열

용접부에 외부에서 주어지는 열량을 용접입열(weld heat input)이라한다. 피복 아크 용접에 있어서 아크가 용접의 단위 길이 1cm당 발생하는 전기적 에너지 H는 아크 전압 E[V], 아크 전류 I[A], 용접 속도 v[cm/min]라 할 때 용접 입열은 다음과 같다.

$$H = \frac{60EI}{v}[\text{Joule/cm}] \qquad (2-2)$$

실제로는 이 전기적 에너지 이외에 피복제의 분해에 따른 화학적 에너지가 위의 전기적 에너지에 가산된다. 피복 아크 용접에서 보통 사용되는 아크 전류는 50~400[A], 아크 전압은 20~40[V], 아크의 길이는 1.5~4mm, 아크 속도는 8~30[cm/min]이다.

예를 들면 용접전류(아크 전류, welding current)가 200[A], 아크 전압25[V], 속도 15[cm/min] 일 때는 용접 길이 1[cm] 당의 용접입열은 20,000[Joule]로 된다. 이 입열의 몇 %가 모재에 흡수되었나의 비율을 아크의 열효율이라 한다. 이 열효율은 모재의 판 두께(thickness), 이음모양(joint geometry), 용접 전의 판의 예열 온도(preheating temperature), 용접봉의 지름(size), 아크 길이, 아크 전류, 피복제의 종류와 두께, 모재와 용접봉의 열전도율 및 온도확산율 등 많은 인자에 좌우된다.

일반적으로 모재에 흡수된 열량은 입열의 75~85% 정도가 보통이다. 아크의 길이가 길면 아크 기둥으로 부터의 복사에 의한 에너지 손실이 많아져서 열 효율이 낮아진다.

5. 용융속도와 용착현상

(1) 용융속도

용접봉의 용융속도(melting rate)는 단위 시간당 소비된 용접봉의 길이, 또는 중량으로 나타낸다. 실험 결과에 의하면, 1개의 용접봉의 용융 속도는(아크 전류)×(용접봉쪽 전압 강하)로서 결정되고, 아크 전압에는 관계없으며 아크 전류에 비례한다. 또, 지름이 달라도 같은 종류의 용접봉인 경우에는 심선의 용융(중량) 속도는 전류에만 비례하고, 용접봉의 지름에는 관계가 없다. 심선의 화학 성분이 같아도 피복제의 종류에 따라 약간 차이가 있으나, 약 0.034~0.44 1b/100A · min($2.5 \sim 3.3 \times 10^{-3}$g/A · sec)정도이다.

(2) 용착현상

용접봉에서 모재로 용융금속이 이행하는 용착 착용에 관계되는 인자에는 ① 중력, ② 증발, 비등 및 응축, ③ 전기적 흡인력(pinch offect 등), ④ 분자적 인력(표면장력, 부착력), ⑤ 피복제에서의 가스의 흐름, 가스압 등을 들 수 있다.

이상의 용착 현상은 고속 카메라 등을 이용하여 연구되었으며, 주로 용적의 이행 상태에 따라 그림 2−9와 같이 세 가지 형식으로 분류된다.

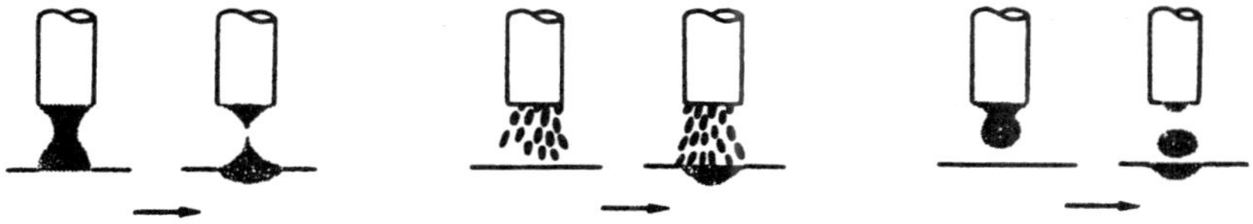

(a) 단락형 (b) 스프레이형 (c) 핀치 효과형

그림 2−9 응용 금속의 이행 형식

① 단락형(short circuit type) 단락형에서는 큰 용적이 용융지에 접촉하여 단락되고, 표면장력의 작용으로서 모재에 이행하여 용착된다. 이것은 비피복 용접봉이나 저수소계 용접봉을 사용할 때 많이 볼 수 있다.

② 스프레이형(splay type) 스프레이형에서는 미세한 용적이 스프레이와 같이 날려서 이행하는 방식이다. 이것은 일미나이트계 용접봉을 비롯하여 피복 아크 용접봉을 사용할 때 많이 볼 수 있다.

③ 핀치 효과형(pinch effect type) 핀치 효과형에서는 비교적 큰 용적이 단락되지 않고 이행하는 형식이다. 이것은 서브머지드 아크 용접(submerged are welding)이나 MIG 용접과 같이 큰 전류를 사용할 때 볼 수 있다.

6. 아크 쏠림

아크 쏠림(arc blow)은 용접 중에 아크가 용접봉 방향에서 한쪽으로 쏠리는 현상을 말하며, 이 현상은 직류용접에서 비피복 용접봉을 사용했을 때에 특히 심하다. 그림 2-10과 같이 아크 쏠림은 용접 전류에 의한 아크 주위에 발생하는 자장이 용접봉에 대해서 비대칭으로 나타나는 현상을 자기 쏠림(magnetic arc blow)이라고도 한다.

용접에서 시발점과 종점 부분에서는, 아크가 내부로 향하여 강하게 흡인된다. 그러나 중앙 부분에서는 아크 쏠림은 생기지 않는다.

이런 형상은 아크 전류에 의한 자장에 원인이 있으므로 전류의 방향이 바뀌는 교류 아크 용접에서는 이런 현상이 발생하지 않는다.

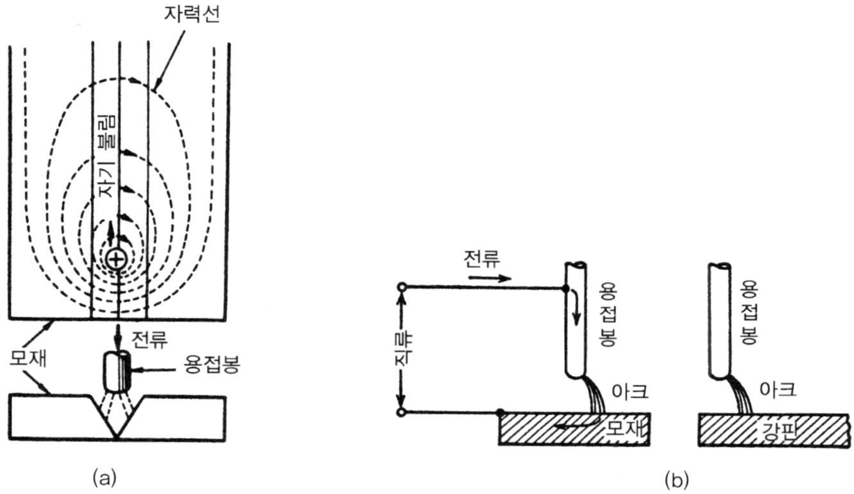

그림 2-10 아크 쏠림

2-3 아크 용접기기

아크 용접기는 아크에 전력을 공급해 주는 전원 장치이며, 교류, 직류, 외부 특성 또는 전류, 전압 조정 방식 등에 의해 여러 가지 종류가 있다. 또한 용접기는 수용접기와 자동 및 반자동 용접기로 대별되며, 수용접기는 피복 아크 용접, TIG 용접에 자동 및 반자동 용접기는 서브머지드 아크 용접, TIG 용접, MIG용접 및 탄산 가스 아크 용접 등에 주로 사용되고 있다.

1. 용접전원의 특성

아크 용접기의 외부 특성에는 수하특성과 정전압특성을 가지고 있다.

(1) 수하특성

용접 아크의 특성은 일반 저항 부하와는 달라 저전압, 고전류이며, 그림 2-11과 같이 아크 길이가 변동하여도 용접 전류가 거의 변동하지 않으며 정전류특성이라고 말한다. 이 특성은 피복 아크 용접이나 TIG 용접에 이용된다.

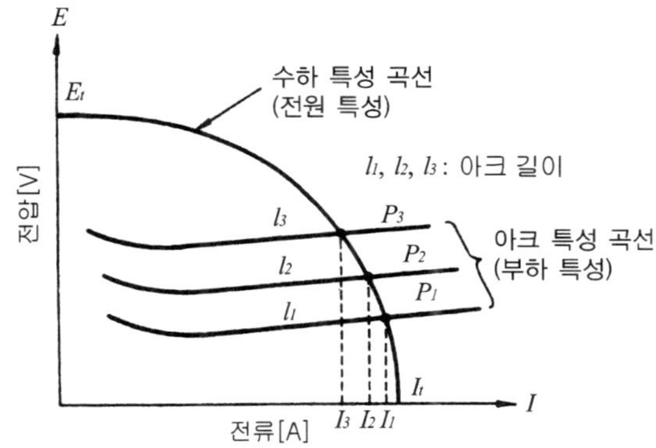

그림 2-11 수하 특성과 아크 특성

이는 용접할 때 손의 흔들림에 의한 아크의 변동을 피할 수 없고 아크 길이의 변화에 의한 용접 전류가 변동하게 되면, 아크가 불안전하게 되므로 용융 속도, 용입이 균일하지 못하게 된다. 그러므로 아크 길이가 변하여도 용접 전류의 변동이 없는 수하특성(drooping characteristic)이 필요하기 때문이다.

수하 특성은 그림 2-11과 같이 특수한 전압-전류 특성을 가지고 있으며, 아크 용접에서는 일반적으로 동력 전원으로 사용되는 정전압(constant voltage)전원에서는 아크의 안정을 얻기가 곤란하며, 용접에 적정한 아크를 얻을 수가 없다.

따라서, 아크를 안정하게 발생 지속시키기 위해서는 그 전원의 외부 특성곡선(external characteristic curve)이 그림 2-11과 같이 부하전류(아크 전류)의 증가와 더불어 단자 전압이 저하하는 특성이 필요하다. 이와 같은 특성을 수하특성이라고 한다.

그림 2-11과 같이 아크 길이가 증가함에 따라서 아크 전압이 상승하여 l_1, l_2, l_3와 같은 상태로 이동하여 가지만, 이 수하 특성 곡선과 전원 특성 곡선의 만나는 점 P_1, P_2, P_3은 부하 특성과 전원 특성을 동시에 만족시키고 있는데, 이것이 아크의 작동점이며, 이 점의 전압-전류 상태에서 아크가 발생 지속된다.

그림 2-11에서 보는 바와 같이, 아크 길이의 변동에 의하여 아크 전압이 다소 변화하여도 전류값은 그다지 변동하지 않고, 용접 중 아크는 안정하게 지속된다.

(2) 정전류특성

실제로 피복 아크 용접 작업을 할 때에는 아크 길이는 시시각각으로 변한다. 그러나, 정전류

특성의 용접기를 사용하면 아크 길이가 변해도 아크 전류의 변동이 적다. 그러므로 수동 아크 용접기는 모두 수하 특성인 동시에 정전류특성(constant current characteristic)으로 설계되어 있다.

수하 특성 중에서도 전원 특성 곡선에 있어서는 작동점 부근의 경사가 상당히 급격한 것은 정전류특성이라고 한다. 이 정전류 특성은 아크 길이에 따라서 전압이 변동하여도 아크 전류는 거의 변하지 않는다.

즉, 용접 입열은 전류에 비례하므로 전류의 변동이 적다는 것은 곧 용접 입열의 변동이 적다는 것을 뜻하며, 또 용접봉의 용융 속도는 전류에 비례하므로 전류의 변동이 적다는 것은 용융 속도가 일정하다는 뜻이므로, 얇은 재료의 수동 용접에도 적절하고 자동 용접에 이용하여도 용접 비드의 외관이 균일하고 용입이 일정하여 좋은 용접을 할 수 있다.

그림 2-12는 정전류형 전원의 정적인 특성 곡선을 나타낸 것으로, 세 개의 아크 곡선은 긴 아크와 정상적인 아크에 대한 것이고, 낮은 곡선은 짧은 아크에 대한 것이다. 기울기가 급한 곡선은 동일한 아크 길이의 변화에 대해 더 작은 전류 변화를 하며, 또 큰 아크 길이의 변동에 대하여도 아크 전류는 조금 밖에 변하지 않음을 보여 주고 있다.

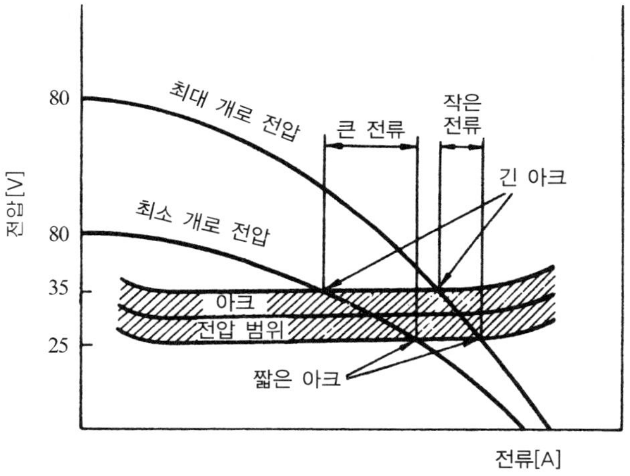

그림 2-12 정전류 특성

(3) 정전압특성

전류가 증가하여도 전압이 일정하게 되는 특성을 정전압특성(constant voltage characteristic)이라 하고, 또 전류가 증가할 때 전압이 다소 높아지는 특성을 상승특성(rising characteristic)이라 한다.

MIG 용접이나 탄산 가스 아크 용접과 같이 전류 밀도가 대단히 높은 자동 용접이나 반자동 용접에서는 정전압 특성이나 상승 특성으로 아크의 안정을 자동적으로 유지할 수 있다.

그림 2-13은 정전압 특성과 상승 특성을 나타냈다.

그림 2-13에서 S_1, S_2점은 정전압 특성을, 점선은 아크 길이가 l_1, l_2일 때의 아크 특성을 나타내고 있다. S_1 점은 자동 용접기가 작동하는 점이다. 자동 용접기가 정상 상태로 동작하고 있다는 것은 와이어의 용융속도와 송급속도가 일치하고 아크 길이가 일정하게 유지되고 있다는 것이다. 이 상태에서, 어떤 원인으로 와이어의 송급 속도가 늦어졌다고 가정하면 아크 길이는 당연히 짧게 되어 그 결과 동작점은 S_1에서 S_2로 이동한다.

S_2로 이동하면 전류는 커지기 때문에 와이어의 용융 속도는 빨라져서 아크 길이는 원상태로 되돌아 온다.

또, 반대로 와이어의 송급 속도가 빨라졌다고 가정하면 아크의 길이는 길어지고 전류는 감소하여 와이어의 용융 속도가 늦어지기 때문에 아크 길이는 원 상태로 되돌아 온다. 이와 같이 평형을 유지하는 현상을 아크의 자기제어라 한다.

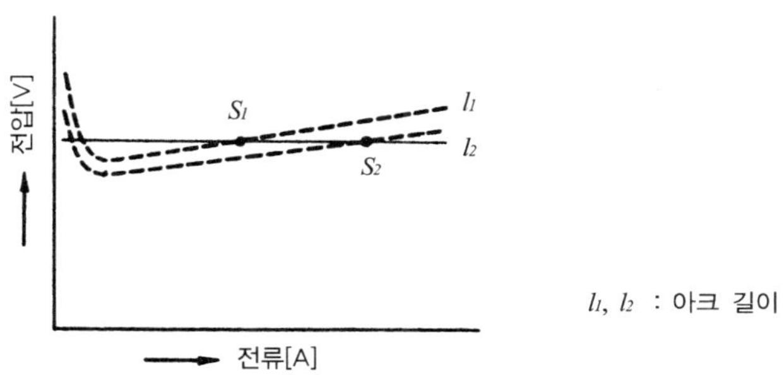

그림 2-13 정전압 특성

2. 직류 아크 용접기

직류 아크 용접기(DC arc welding machine)는 아크가 안정하며, 모재의 재질이나 판 두께에 따라서 극성을 바꿔서 용접을 쉽게 할 수 있는 특징이 있다.

직류 아크 용접기에는 직류발전기(DC generator)를 이용하는 발전기형과 교류 전원을 정류하여 직류를 얻는 정류기형이 있다. 종래에는 거의 발전기형에 한정되어 있었으나 최근에는 정류기가 발달함으로써 정류기형이 많이 이용되게 되었다. 그러나 엔진 구동식은 전원 설비가 없는 장소에서의 용접이 편리하다.

용접기의 외부 특성은 수하특성과 정전압특성이 있고 용접 방법에 따라 사용 구분되고 있다. 수하 특성인 직류 아크 용접기는 주로 피복 금속 아크 용접, TIG 용접에 이용되고, 정전압 특성인 직류 아크 용접기는 MIG 용접, 탄산 가스 아크 용접에 이용되고 있다.

(1) 발전기형 직류 아크 용접기

발전기형 직류 아크 용접기는 3상 교류 전동기로써 직류 발전기를 구동하여 발전하는 것이 많다.

직류 아크 용접에 사용되는 발전기는 수하특성을 얻기 위하여 부하전류가 증가함에 따라 자동적으로 발전기의 단자전압이 저하하는 방식의 발전기가 사용되고 있다.

그림 2－14는 발전기형 직류 아크 용접기의 하나인 타여자 차동 복권형 직류 아크 용접기의 배선도이다.

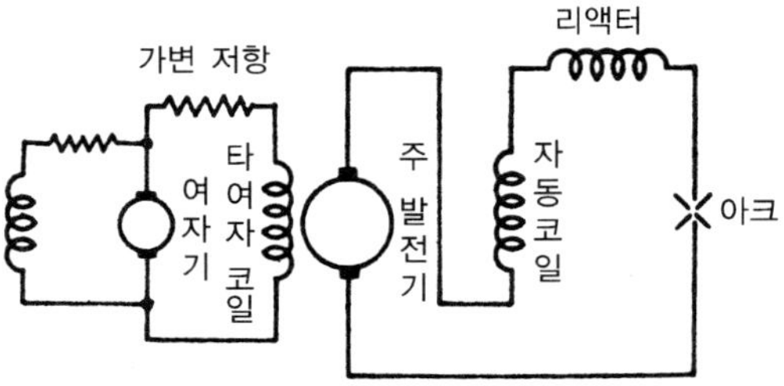

그림 2－14 타여자 차동 복권형 직류 아크 용접 기의 원리

이 용접기는 주발전기에 타여자(exciter)가 보조로 붙어 있으며, 주 발전기의 자극에는 타여자 코일이 감겨져 있다. 여자기의 가변저항을 조절하면 주 발전기의 무부하 전압이 조정된다. 부하의 주발전기의 자극에는 타여자 코일 외에 차동 코일이 감겨 있으며, 이 차동 코일에는 부하 전류가 흘러 기자력이 발생한다.

이 기자력은 타여자 코일의 기자력과 자력선 방향이 반대이므로, 부하 전류가 증가하면 여자 코일의 기자력을 감소시켜 부하 전압이 저절로 낮아지도록 조절한다.

(2) 반도체 정류기형 직류 아크 용접기

반도체 정류기(rectifier)는 한쪽 방향으로는 전류를 쉽게 통과하도록 하고, 반대 방향으로는 전류의 통과에 대한 저항이 높아 극히 적은 전류만을 통과하는 것으로 온도가 높아질수록 반대 방향으로 흐르는 전류가 높아진다.

정류기형 직류 아크 용접기(rectifier type DC arc welding machine)는 셀러늄 정류기(selenium rectifier)나 실리콘 정류기(silicon rectifier), 게르마늄 정류기(germanium recitifier)를 사용하여 교류를 정류하여 직류를 얻는 용접기이다. 이들은 수동 피복 금속 아크 용접, TIG 용접, MIG 용접 및 탄산 가스 아크 용접 등에 이용된다. 그림 2－15는 정류기형 직류 아크 용접기의 원리를 나타낸 것이다.

변압기의 2차측에 발생한 교류가 2차 회로에 들어 있는 정류기 때문에 한쪽으로 흐르게 된다. 그림 2－15에서와 같이 1/2 사이클만 흐르고 다른 1/2 사이클은 흐르지 않게 되어 있으며, 보통 양쪽이 모두 흐르도록 설계된 용접기도 많다.

이 정류기형은 보통 3상 교류 200[V] 전원에 1차측을 접속하고 2차측은 직류 60～40[V]정도 발생되도록 한다. 전류 조정은 정류하기 전의 교류 전류를 조정하여 행한다. 이 용접기에는 가포화 리액터형, 가동 철심형, 가동 코일형 등이 있으나, 일반적으로 가포화 리액터형이 널리 사용된다.

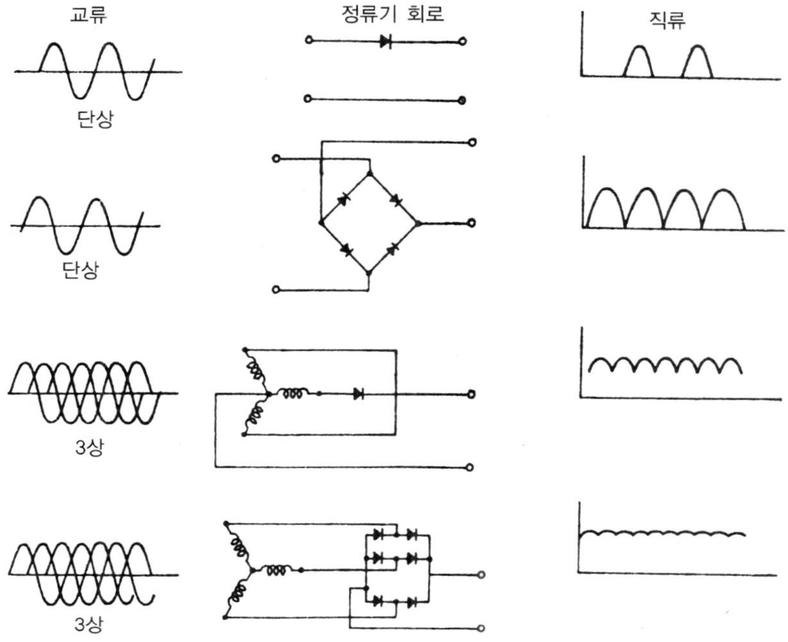

그림 2-15 정류기형 직류 아크 용접기의 원리

그림 2-16은 정류기형 직류 아크 용접기의 회로를 나타낸 것이다.

이 배선도에서 변압기의 1차 코일은 스위치를 통하여 3상 교류에 연결되어 있으므로, 스위치를 닫으면 1차 코일에 전류가 흐르고, 2차 코일에 전압이 발생한다.

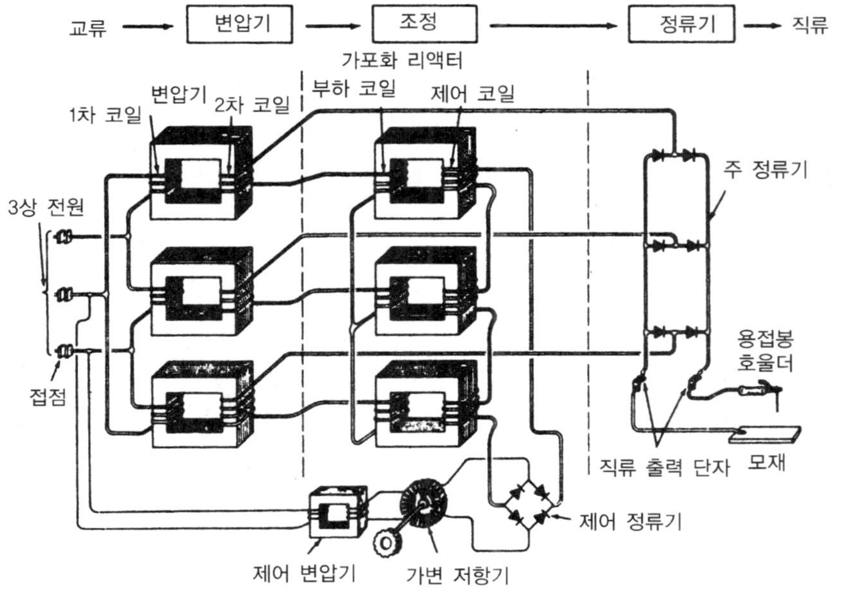

그림 2-16 정류기형 직류 아크 용접기의 회로

이 전압에 의해서 2차 코일에 전류가 발생하고 주 정류기, 용접봉, 아크, 모재 주 전류가(다른 쪽), 다른 변압기의 2차 코일, 가포화 리액터(saturated reactor)의 부하 코일 등을 차례로 지나 변압기에 돌아옴으로써 2차 회로를 구성한다.

이 때, 주 정류기에 의해서 아크 전류는 한쪽 방향으로 흐르게 되며, 가포화 리액터를 지남으로써 전류가 조정된다. 이 2차 회로의 리액턴스에 의하여 수하 특성이 얻어진다.

제어 변압기(control transformer)는 3상 전원에서 전류를 받아 제어 정류기(control rectifier)의 가변 저항(variable transformer)을 거쳐 전류를 공급한다. 제어 정류기는 이 전류(교류)를 정류하여 가포화 리액터의 제어 코일에 직류를 공급한다.

직류의 세기는 가변 저항에 의하여 조절되며, 따라서 가포화 리액터의 제어 코일의 직류가 제어되고, 이 영향을 받아 부하 코일을 지나는 아크 전류가 조절된다.

3. 교류 아크 용접기

교류 아크 용접기(AC arc welding machine)는 용접 전류의 조정 방법에 의하여 탭 전환형, 가동 철심형, 가동 코일형, 가포화 리액터형이 있다. 용접기의 외부 특성은 정전류특성으로서 주로 피부 아크 용접기로 설계되었으며, TIG 용접기 등도 있다.

(1) 교류 아크의 안정성

교류 아크에서는 전원의 주파수의 반 사이클마다 극성이 바꾸어지므로, 1사이클에 두 번 전류 및 전압의 순간값이 0(zero)으로 될 때마다 아크 발생이 중단되게 된다.

다음 사이클에 있어서 새롭게 아크가 발생할 때의 아크 전압은 그림 2-17(a)와 같이 P점이 높아진다. 이 P점의 전압을 재점호전압(reignition voltage)이라고 하며, 아크의 안정에 중요한 관계가 있다. 즉, P가 높을수록 아크는 불안정해진다.

그림 2-17(b)와 같이 아크 전압 P에 대응하는 무부하 전압 P_0는 이재점호 전압 P 보다 높아야 하며, 만일 아크 전압 P의 값이 무부하 전압 P_0의 값보다 높으면 전류는 증가하지 않고 아크는 꺼지고 만다.

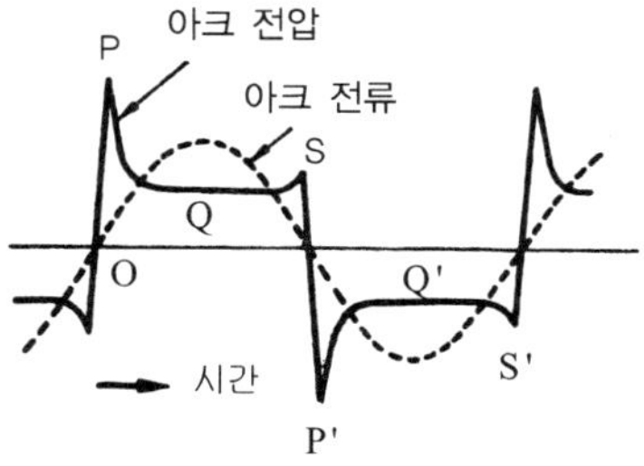

(a) 교류 아크의 전압 전류 파형

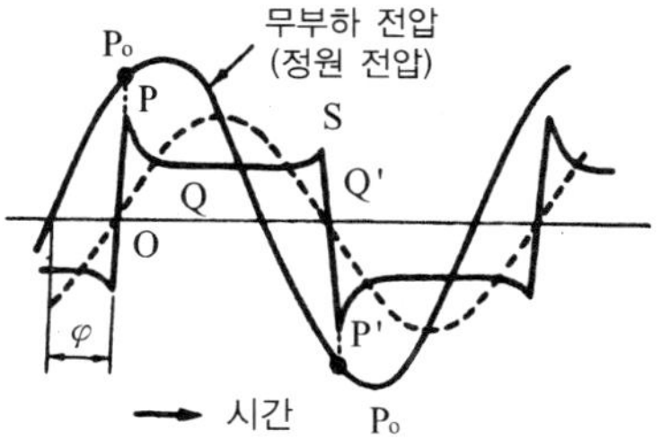

(b) 교류 아크의 전압 파형과 무부하 전압

그림 2-17 교류 아크와 무부하 전압

교류 용접에서의 무부하 전압이 직류 용접에서의 무부하 전압보다 높아야 한다는 것은 이러한 이유 때문이다. 그리괴, 직류 아크에서는 전압과 전류가 다 같이 변하지 않으므로 아크는 대단히 안정하다.

피복 아크 용접봉의 아크가 잘 꺼지는 한 원인으로서는 이 재점호 전압 P가 높기 때문이다. 또, 그림 2－17에서 아크 전압이 전원 전압보다 높은 부분이 있는데, 이 부분은 피복 아크 용접봉의 피복제 중에 들어있는 물질 중 잘 이온화하는 물질에 의하여 아크가 유지된다.

(2) 가동 철심형 교류 아크 용접기

가동 철심형(movable core type) 교류 아크 용접기는 코일을 감은 가동 철심을 움직여 그로 인하여 발생하는 누설자속(leakage magnetic flux)을 변동시켜 전류를 조절하는 용접기로서 그 원리와 구조는 그림 2－18과 같다.

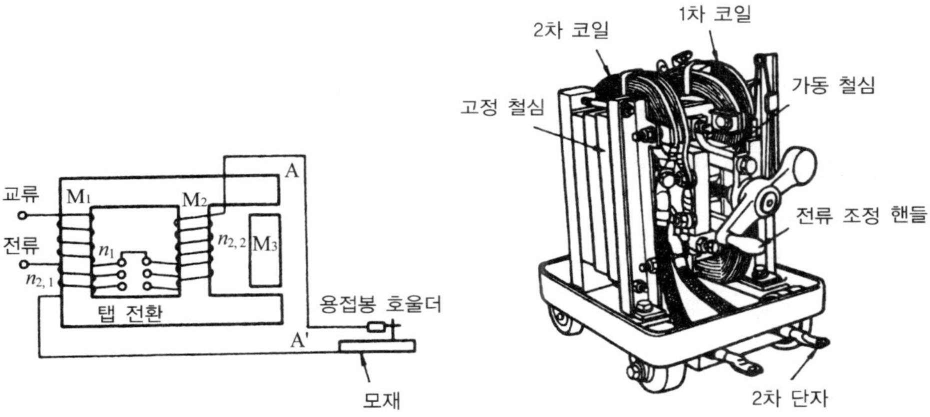

(a) (b) 구 조

그림 2－18 가동 철심형 아크 용접기

변압기 철심 M_1 과 M_2 외에 제3의 철심 M_3 을 두고 이것을 가동하여 누설 자속을 가감함으로써 용접 전류의 크기를 조정한다. 보통 2차 코일의 탑을 전환하여 전류를 크게 조정하고, 세부 조정은 가동 철심으로 조정한다.

그림 2－18과 같은 경우에는 2차 코일 n_{21}과 n_{22}의 탭을 전환하여 전류를 크게 조정하고, 세부 조정은 가동 철심 M_3 으로써 하도록 되어 있다.

그림 2－19(a)는 양끝의 철심 중간에 가동 철심이 있을 때는 누설 자속이 통과하기 쉬우므로, 누설 리액턴스(leakage reactance)는 가장 크게 되고 2차 정류(용접 전류)의 값은 가장 작아진다. 그림 2－19(b)와 같은 위치에 있을 때는 누설 자속이 반감하며, 따라서 누설 리액턴스도 감소하여 2차 전류는 증가한다. 그림 2－19(c)와 같이 가동 철심이 빠진 상태에서는 누설 자속은 최소로 되고 누설 리액턴스도 최소로 되어 2차 용접 전류는 최대로 된다.

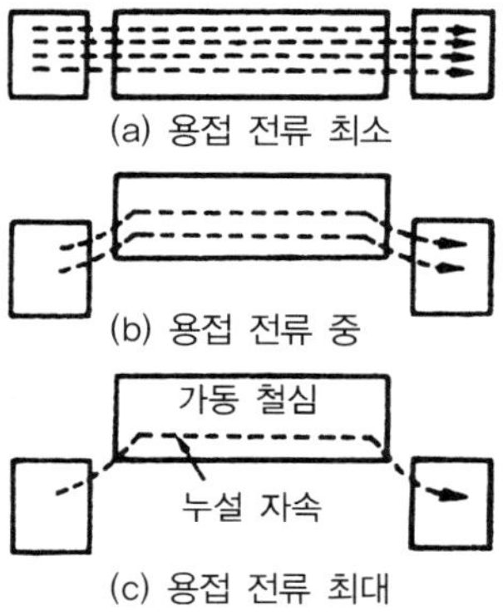

그림 2-19 가동 철심의 위치와누설 자속

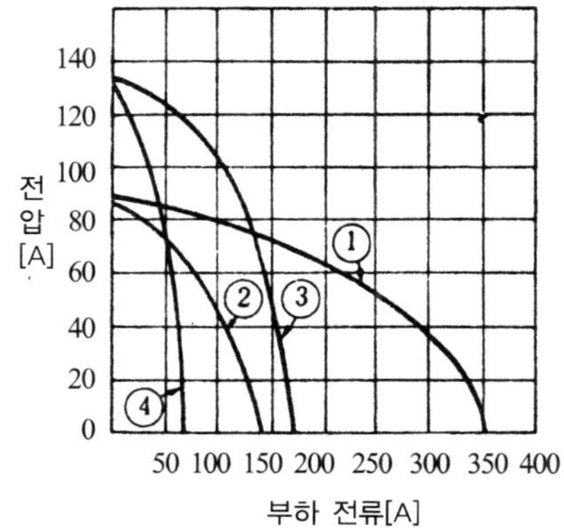

그림 2-20 가동 철심형 교류 아크 용접기의 외부 특성 곡선

용접 전류를 조정할 때에는 2차 코일에 설치된 탭에 의해서 대체로 조정한 후에 가동 철심에 의해서 다시 세밀하게 조정한다. 그림 2-20은 이 용접기의 외부 특성 곡선을 나타낸 것이다. 곡선 ①과 ② 사이 및 ③과 ④ 사이는 가동 철심의 이동에 의해 조정한다.

(3) 가동 코일형 교류 아크 용접기

가동 코일형(movable coil type) 교류 아크 용접기의 원리는 그림 2-21과 같다. 그림 2-21과 같이 1차 코일과 2차 코일이 동일 철심 위에 감겨졌으며, 2차 코일을 고정하고 1차 코일을 이동시켜 누설 리액턴스의 값을 변화시킴으로써 전류 조정을 하는 것이다. 즉, 1차 코일을 2차 코일에 접근시키면 리액턴스가 작아지고 전류가 커지며, 멀리하면 전류가 작아진다.

그림 2-22는 1차 고일의 이동에 따른 수하 특성 곡선을 나타낸 것이다.

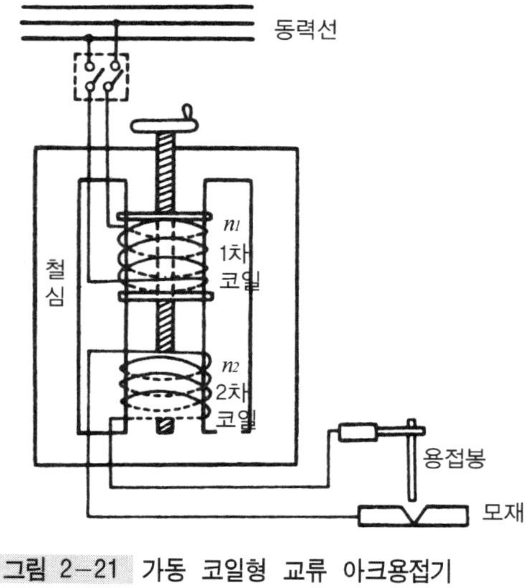

그림 2-21 가동 코일형 교류 아크용접기의 원리

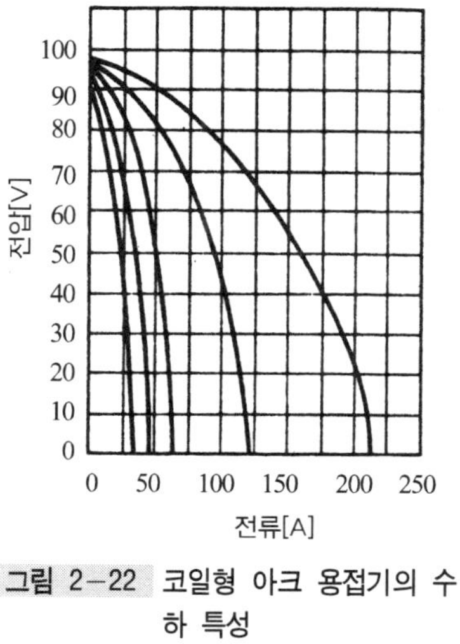

그림 2-22 코일형 아크 용접기의 수하 특성

(4) 탭 전환형 교류 아크 용접기

탭 전환형(tapped secondary coil control type) 교류 아크 용접기의 원리는 그림 2-23과 같다.

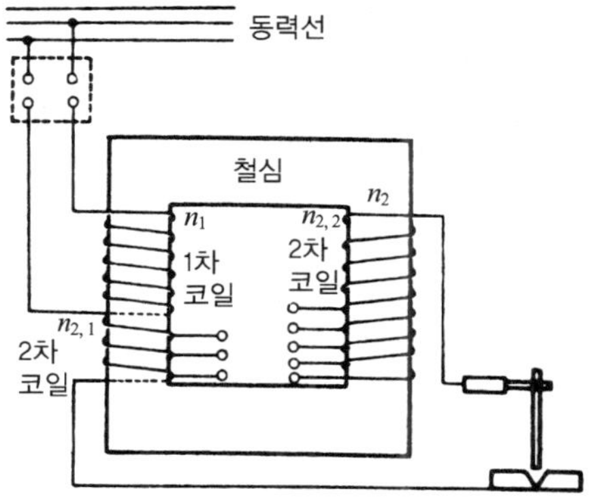

그림 2-23 탭 전환형 용접기의 원리

그림 2-23과 같이, 철심에 1차 코일 n_1과 2차 코일 $n_{2,1}$을 가까이 감고 다른 제2의 철심에 권수가 다른 또 하나의 2차 코일 $n_{2,2}$를 감고 여기에 탭(tap)을 부착하여 놓는다. $n_{2,1}$과 $n_{2,2}$와의 권수의 비율을 변화시켜 전류를 조정한다. 즉, $n_{2,1}$을 많게 하고 $n_{2,2}$를 적게 하면 전류가 커지고 그와 반대로 하면 전류가 작아진다.

이 용접기는 구조상으로 보아 넓은 범위로 세분하여 전류를 조정하기는 어려우며, 또 작은 전류의 조정에는 $n_{2,2}$의 권수가 많아지므로 2차 무부하 전압이 높아져서 전격(voltage reducing)의 위험이 있다.

(5) 가포화 리액터형 교류 아크 용접기

가포화 리액터 형(saturated reactor control type) 교류 아크 용접기의 원리는 그림 2-24와 같다.

정전압 변압기와 가포화 리액터(reactor)가 있고 직류 여자(excite) 코일을 가포화 리액터 철심에 감아 놓았다. 용접 전류의 조정은 이 직류 여자 전류를 조정하면 된다. 직류 여자 전류를 작게 하면 리액턴스(reactance)가 커져서 용접 전류는 작아진다. 이와는 반대로, 직류 여자 전류가 커지면 철심은 포화되어 리액턴스는 작게 되고 용접 전류는 커진다.

가포화 리액터형은 전류 조정이 용이하고 전류 조정을 전기적으로 하기 때문에, 가동 철심형이나 가동 코일형과 같이 이동 부분이 없으며, 가변 저항을 사용함으로 용접 전류의 원격 조정(remote control)이 가능하다.

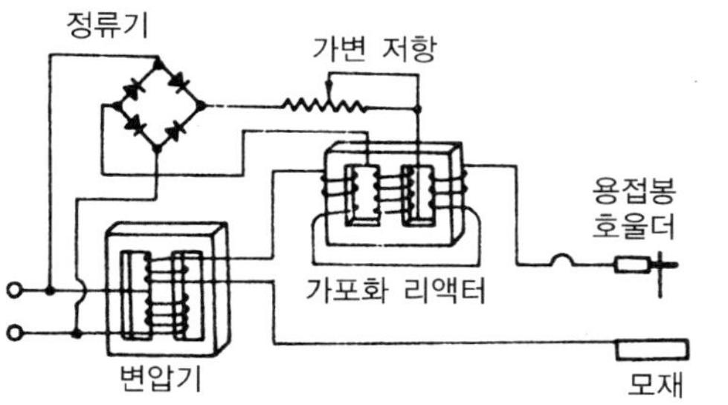

그림 2-24 가포화 리액터형 교류 아크 용접기의 원리

(6) 교류 아크 용접기의 정격

1) 사용율과 허용용접전류

교류 아크 용접기의 규격은 표 2-1과 같다.

이 규격에서 AW 300은 교류 아크 용접기의 정격 2차 전류 300[A]가 흐를 수 있는 전류 용량의 값으로 표시하고 있다.

실제로 용접 현장에서는 용접을 하기 전에 준비 작업 등으로 그림 2-25와 같이 아크를 발생하지 않으며, 용접기가 쉬는 시간이 많다. 이것을 휴식 시간(off time)이라 하며 사용율(duty cycle)은 식 2-3과 같다.

표 2-1 교류 아크 용접기의 규격(KS C 9602)

종 류	정격 2차 전류 〔A〕	정격 사용율 〔%〕	정격 부하 전압		최고 2차 무부하 전압 〔V〕	2차 전류		사용되는 용접봉의 지름(참고) 〔mm〕
			저항강하 〔V〕	리액턴스 강하〔V〕 60c/s		초대값 〔A〕	최소값 〔A〕	
AW 180	180	40	29	0	85 이하	180 이상 200 이하	35 이하	3.2 이하
AW 240	240		32	0		240 이상 270 이하	50 이하	2~3.2
AW 300	300		35	0		300 이상 330 이하	60 이하	2.5~5
AW 400	400	50	40	0		400 이상 440 이하	80 이하	3.2~6
AW 500	500	60	40	0	95 이하	500 이상 550 이하	100 이하	4~8

비고 : 1. 종류에 사용된 기호 및 수치는 다음과 같은 뜻을 나타낸다.
- AW : 교류 아크 용접기
- AW 다음의 수치 : 정격 2차 전류

2. 사용되는 용접봉의 지름은 참고로 나타낸 것이며, 규칙의 일부는 아니다.

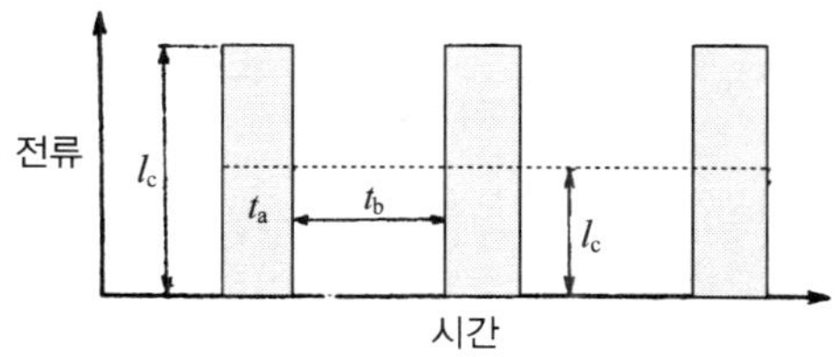

그림 2-25 아크의 부하 상황

$$\alpha = \frac{t_a}{t_a + t_b} 2 \qquad (2-3)$$

α : 사용율
t_a : 아크 발생 시간
t_b : 휴식 시간

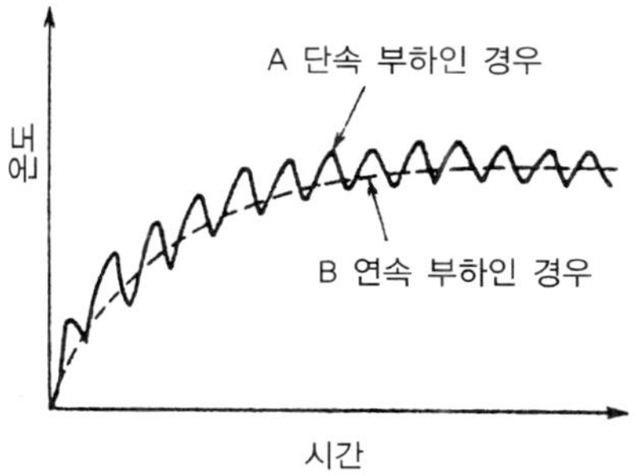

그림 2-26 단속 부하와 연속 부하에 의한 용접기의 온도 상승

이 때, 정격 사용율은 10분간의 주기로서 아크 시간과 휴식 시간을 합한 전체 시간을 기준으로 한다. 사용율이 40%이란 아크 타임은 대체로 40%이고, 나머지 60%는 아크를 발생하지 않고 쉬는 시간의 비율을 나타낸다. 이상 두 가지 시간의 비율을 용접기의 네임 플레이크(name plate)에 표시되어 있다.

이상의 사용율을 나타내는 것은 용접기를 장시간으로 계속하여 쓰면 코일의 절연물이 가열되어 온도가 상승하여 소손이 생기기 때문이다. 용접기의 사용 상태에 따른 온도 상승 과정은 그림 2-26의 A곡선과 같이 용접 중에는 상승하고, 휴식 중에는 낮아진다. 이와 같은 상태를 반복하면서도 온도가 상승하여 최종적으로는 발생열량과 방열량이 평형하여 일정한 진폭으로 상하한다.

또 연속 부하일 때의 온도 상승은 그림 2-26의 B곡선과 같이 상승한다.

보통 사용율이란 정격사용율(standard service factor)을 말하는데 정격 사용율은 정격 2차 전류로서 용접하는 경우의 사용율을 나타낸다. 실제 용접 작업에서는 정격 2차 전류보다 낮은 전류로서 용접을 하는 경우가 많은데, 이 경우에는 사용율 이상으로 작업을 할 수 있다. 이 때의 허용되는 사용율은 다음과 같이 계산한다.

$$\text{허용 사용율}[\%] = \frac{(\text{정격 2차 전류})^2}{(\text{실제의 용접 전류})^2} \times \text{정격 사용율}[\%] \qquad (2-4)$$

AW 300에서 정격 2차 전류 300A를 사용할 때 정격 사용율 40%이하란, 아크 발생 시간이 10분 중에서 4분 이내란 뜻이다. 만약 400A로 사용할 때의 허용 사용율은 다음과 같이 22.5% 이하로 할 필요가 있다.

$$\text{허용 사용율} = \left(\frac{300}{400}\right)^2 \times 40 = 22.5[\%]$$

2) 교류용접기의 역률과 효율

용접기의 압력, 즉 1차 입력에 대한 2차 출력과 2차측의 내부 손실의 합의 비율을 역률(power factor)이라 한다. 또, 2차 출력과 내부 손실에 대하여 2차 출력의 비율을 효율(efficency)이라 하며, 역률과 효율 계산은 다음과 같이 한다.

1차 입력(용접기의 입력)과 무부하 전압과 2차 정류(용접 전류)에 의해

1차 입력[kVA]=2차 무부하 전압[V]×2차 전류[A] ①

2차 출력을 아크 입력이라고도 하며, 용접기의 2차 전압과 용접 전류(2차 전류)에 의해

2차 출력[kW]=아크 전압[V]×2차 전류[A] ②

로 타나낼 수 있다.

$$\text{역률}[\%] = \frac{\text{2차 출력}[kW] + \text{내부 손실}[kW]}{\text{1차 입력}[kVA]} \times 100 \qquad (2-5)$$

$$\text{효율}[\%] = \frac{\text{2차 출력}[kW]}{\text{2차 출력}[kW] + \text{내부 손실}[kW]} \times 100 \qquad (2-6)$$

무부하 전압 80[V] 아크 전압 30[V], 용접 전류 300[A]이고 내부 저항에 의한 손실[kW]을 4kW라고 하면

1차 입력=80[V]×300[A]=24[kVA]

2차 출력=30[V]×300[A]=9[kW]

$$\text{역률} = \frac{9.0 + 4.0}{24.0} \times 100 = 54[\%]$$

$$\text{효율} = \frac{9.0}{9.0 + 4.0} \times 100 = 69[\%]$$

일반적으로 역률이 높으면 효율이 좋은 것으로 생각되나, 역률이 낮을수록 좋은 용접기며, 역률이 높은 것은 효율이 나쁜 용접기이다.

4. 용접기의 부속장치

(1) 전격방지장치

무부하 전압기 85~95[V]로 비교적 높은 교류 아크 용접기는 감전 재해의 위험이 있기 때문에 용접공을 보호하기 위해 전격 방지 장치(voltage reducing divice)를 사용한다.

전격 방지기의 기능은 작업을 하지 않을 때, 보조 전압기에 의해 용접기의 2차 무부하 전압을 20~30[V] 이하로 유지하고, 용접봉을 모재에 접속한 순간에만 릴레이(relay)가 작동하여 용접 작업이 가능하도록 되어 있다.

용접이 끝나서 아크를 끊으면 자동적으로 릴레이가 차단되며, 2차 무부하 전압은 다시 25[V]이하로 된다. 이와 같이 휴식 시간 동안에는 2차 무부하 전압을 항상 25[V] 이하로 유지될 수 있게 되기 때문에 전격을 방지할 수 있다.

그림 2-27은 그 배선도를 나타냈으며, 교류 아크 용접기나 엔진 구동 교류 아크 용접기에 설치하여 사용한다.

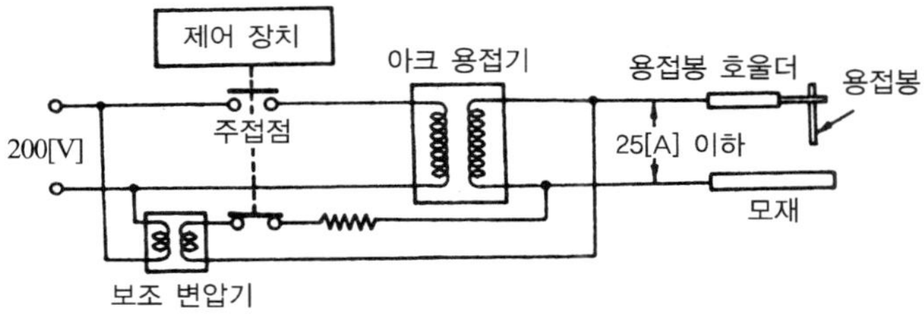

그림 2-27 전격 방지기의 배선도

(2) 고주파 발생장치

교류 아크 용접에 고주파를 병용시키면 아크가 안정되므로, 작은 전류로 얇은 판이나 비철 금속을 용접할 때 아크가 불안전하게 되기 쉬울 때 이용된다. 이것은 교류에서는 전원 주파에 의하여 전류가 순간적으로 변할 때마다 아크는 일단 꺼지고 다음 사이클에서 재차 재생하므로, 작은 전류일 때에는 아크의 재생이 힘든 때가 있다.

이 때, 용접봉과 모재 사이에 새로이 전자 및 이온(ion)의 공간이 생겨서 도전성이 주어진다. 따라서, 용접 전원에서 그 출력전압(80V)에 의해서 전류가 흘러 아크가 재생하게 된다.

고주파 발생 회로의 원리는 그림 2-28과 같이 고압 변압기의 1차측은 용접 변압기와 동일 전원에 접속되며, 2차측에는 3,000~4,000[V]의 고압을 발생한다. 이 고압 변압기의 2차 단자에는 콘덴서 불꽃 갭(flash gap)이 있으며, 공심 변압기의 1차 코일을 통해서 방전하여 고주파 진동으로 된다. 이 고주파 진동에 의해서 발생한 고주파 전압은 공심 변압기의 2차 코일에 유도되어 용접 전류에 중첩된다.

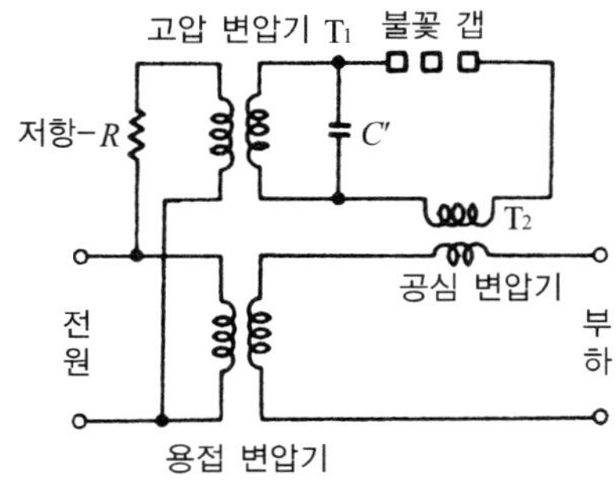

그림 2-28 고주파 발생 장치

(3) 원격제어장치

용접기에서 떨어져 작업을 할 때, 작업 위치의 전류를 조절할 수 있는 장치를 원격제어장치(remote control equipment)라 한다. 현재 주로 사용되고 있는 원격 제어 장치의 대표적인 것에는 전동기 조작형과 가포화 리액터형이 있다.

① 전동기 조작형 가동 철심형인 것은 가동 철심에, 가동 코일의 것은 가동 코일을 소형 모우터에 의해 용접기의 전류 조정 핸들을 움직여서 용접기의 전류를 조절할 수 있도록 되어 있다. 스위치를 넣고 있는 동안에는 계전기(relay)가 가동하여 모우터가 돌아간다. 가동 철심 또는 가동 코일이 전류가 최대 또는 최소 위치로 되면 리밋(limite) 스위치에 의해서 자동적으로 회로가 끊어지도록 되어 있다.

② 가포화 리액터형 가포화 리액터형 교류 아크 용접기에 있어서 가변 저항기 부분을 분리하여 작업자 위치에 놓고, 용접 전류를 원격 조정한다.

2-4 피복 아크 용접봉

1. 아크 용접봉

금속 아크 용접의 용접봉에는 비피복 용접봉(bare electrode)과 피복 용접봉(covered electrode)이 사용된다. 비피복 용접봉은 주로 자동 용접이나 반자동 용접에 사용되고, 피복 아크 용접봉은 수동 아크 용접에 이용된다. 피복 아크 용접봉은 금속심선(core wire)에 피복제를 도장하여 건조시킨 것으로, 그 한쪽 끝은 호울더에 물려 아크 전류를 통할 수 있도록 심선의 길이 약 25mm 정도로 피복하지 않고 다른 쪽은 아크 발생이 쉽도록 약 3mm 이하로 피복하지 않았다. 심선의 지름은 보통 1~10mm까지 여러 종류의 크기가 있다. 길이는 용접봉의 지름에 따라서 350~900mm까지 있다.

피복 아크 용접봉에는 여러 가지 종류가 있으며, 피용접물의 재질에 따라 탄소강, 특수강, 동합금, 경합금, 니켈 합금 등의 용접봉이 있다.

이들은 모재의 재질, 용접물의 사용 목적, 용접 자세, 사용 전류의 극성, 이음 모양 등에 따라서 사용되고 있다. 이들 용접봉 중에서 가장 많이 사용되는 것은 연강용 피복 아크 용접봉이다.

2. 연강용 피복 아크 용접봉의 심선

심선의 화학 성분은 한국 공업 규격 KS D 3508에 표2－2와 같이 규정되어 있다.

심선의 대부분은 전기로, 평로 또는 순산소 전로로 제강한 강괴(ingot)를 열간 압연 및 냉간 인발에 의하여 만들어진다. 이들 심선은 용접 금속의 균열을 방지하기 위하여 주로 탄소강 림드강(law carbon rimmed steel)이 사용되며, 특히 인(P)이나 황(S)과 같은 유해 성분이 적은 것이어야 한다.

표 2-2 연강용 피복 아크 용접봉 심선의 화학 성분(KS D 3508)

종류 기호	화학성분(%)					
	C	Si	Mn	P	S	Cu
SWR 11	0.09 이하	0.03 이하	0.35~0.65	0.020 이하	0.023 이하	0.020 이하
SWR 21	0.10~0.15	0.03 이하	0.35~0.65	0.020 이하	0.023 이하	0.020 이하

3. 피복제의 작용

일반 피복 아크 용접봉의 작용을 열거하면 다음과 같다.

① 중성 또는 환원성 분위기를 만들어 대기 중의 산소나 질소의 침입을 방지함으로서 용융 금속을 보호한다.
② 아크를 안정하게 한다.
③ 용융점이 낮은 적당한 점성의 가벼운 슬랙(slag)을 만든다.
④ 용착 금속의 탈산 정련 작용을 한다.
⑤ 용착 금속에 적당한 합금 원소를 첨가한다.
⑥ 용적(globule)을 미세화하고 용착 효율을 높인다.
⑦ 용착 금속의 응고와 냉각 속도를 느리게 한다.
⑧ 슬랙을 제거하기 쉽게 하고, 파형이 고운 비드(bead)를 만든다.
⑨ 모재 표면의 산화물을 제거하고, 용접을 완전하게 한다.
⑩ 스패터링(spattering)을 적게 한다.

4. 아크 분위기

피복제는 아크열에 의해 분해되어 많은 양의 가스를 발생한다. 이들 가스는 주로 피복제 중의 유기물, 탄산염, 습기, 기타에서 발생한다.

아크 분위기의 조성은 저수소계(E 4316) 이외의 용접봉에서는 일산화탄소(CO)와 수소 가스가 대부분을 차지하고, 거기에 탄산 가스(CO_2)와 수증기가 약간 포함되어 있는데, 저수소계에서는 수소 가스가 극히 적고, 그 대신 탄산 가스가 상당히 많이 포함되어 있다. 이들 가스가 용융 금속과 아크를 대기로부터 보호한다.

5. 피복배합제

피복제는 여러 가지 기능을 가진 유기물과 무기물의 분말을 그 목적에 따라서 적당한 배합 비율로 혼합한 것으로서, 적당한 고착제를 사용하여 심선에 도포한다. 또, 피복제의 조성은 대단히 복잡하며, 그 종류도 대단히 많다. 표 2-3은 일반적인 피복 배합제의 성질을 나타냈다. 용접용은 같은 규격품이라도 각 제조자에 따라서 배합이 다르며, 서로가 특징 있는 용접봉을 생산하고 있다. 피복 배합제를 기능별로 분류하면 다음과 같다.

(1) 아크 안정제

아크 안정제는 아크열에 의하여 이온화하기 쉬워야 한다. 그러면 아크 전압도 낮아지고 아크는 안정된다. 특히 교류 아크 용접에서는 재점호 전압이 낮을수록, 좋으므로 이온화 전압이 낮은 물질이 좋다. 일반적으로, 안정제로는 TiO_2, Na_2SiO_3, $CaCO_3$, K_2SiO_3등이 사용된다.

표 2-3 피복 배합제의 성질

성질 / 원료	아크 안정	슬랙화	탈산제	환원가스 발생제	산화성	합금제	유동성 증가	고착제	슬랙 박리성 증가
탄산 나트륨(Na_2CO_3) 중탄산 나트륨($NaHCO_3$), 산성 백토	○	○							
탄산 칼륨(K_2CO_3), 석회(CaO) 석회석($CaCO_3$)	○	○							
활혈염[$K_4Fe(CN)_6$]	○	○					○		
형석(CaF)	○	○					○		○
붕사($Na_2B_4O_7$), 붕산(H_3BO_3) 고토(MgO), 제강 슬랙		○ ○							
탄산 마그네슘($MgCO_3$) 알루미나(Al_2O_3)									
빙정석(Na_3AlF_6)		○					○		
규사(SiO_2), 이산화망간(MnO_2)	○	○			○		○		○
산화 티탄(TiO_2), 석면	○	○					○		○
적철강(Fe_2O_3), 자철강(Fe_3O_4), 사철	○	○			○		○		

페로실리콘, 페로티탄, 페로바나듐			○			○			
산화 몰리브덴, 산화 니켈					○	○			
망간, 페로망간, 크롬, 케로크롬			○			○			
알루미늄(Al), 마그네슘(Mg)			○						
니켈, 니크롬선, 구리(Cu)						○			
규산 나트륨(물유리), 규산 칼륨	○	○						○	
소맥분	○		○	○				○	
면사, 면포, 종이, 목재 톱밥	○		○	○					
탄가루			○	○		○			
해조, 아교, 카세인, 젤라틴, 아라비아 고무, 당밀				○				○	

(2) 가스 발생제

이 물질은 가스를 발생하여 중성 또는 환원성 가스를 발생하여 아크 분위기를 대기로부터 보호하여 용융 금속의 산화나 질화를 방지하는 역할을 한다. 가스 발생제에는 녹말, 톱밥, 석회석, 탄산 바륨($BaCO_3$), 셀로로스(cellulose) 등이 있으며, 이들 물질은 아크열에 분해하여 CO, CO_2 수증기 등의 가스를 발생하며, 용융 금속을 대기로부터 보호한다.

(3) 슬랙 생성제

용융점이 낮은 가벼운 슬랙을 만들어 용융 금속의 표면을 덮어서 산화나 질화를 방지한다. 아울러 용융 금속의 냉각을 천천히 하여 기포(blow hole)나 불순물의 섞임 등 내부 결함을 방지한다. 중요한 배합제로서는 산화철, 일루미나이트(TiO_2·FeO), TiO_2, MnO_2, $CaCO_3$, SiO_2, 장석(K_2O · Al_2O_3 · 6SiO), 형석(CaF_2)등이 사용된다.

(4) 탈산제

탈산제는 용융 금속 중의 산화물을 탈산정련하는 작용을 하며, Fe−Si, Fe−Mn, Fe−Ti등의 철합금 또는 금속 망간, 알루미늄 등이 사용된다.

(5) 합금첨가제

합금제는 용접 금속의 여러 성질을 개선하기 위하여 피복제에 가해지는 것으로서, Mn, Si, Ni, Mo, Cr, Cu, V 등의 금속 원소가 이용된다.

(6) 고착제

고착제(binder)는 심선에 피복제를 고착시키는 역할을 하는 물질로서 일반적으로 물유리(Na_2SiO_3), 규산 칼륨(K_2SiO_3) 등의 수용액이 많이 사용된다.

6. 연강용 피복 아크 용접봉의 분류

연강용 피복 아크 용접봉은 KS D 7004에 규정되어 있으며, 피복제의 종류, 사용 전류, 용접 자세에 따라 표 2－4와 같이 분류되고 있다. 용접봉의 종류는 E 43XY로서 숫자가 네 자리로 표시되고 있는데 E는 아크 용접봉을 표시하고, 43은 용착 금속의 인장 강도 43kg/mm^{2}이상임을 표시하며, XY는 용접 자세와 피복제의 종류를 표시한 것이다.

각 계통별 피복 아크 용접봉의 특징은 다음과 같다.

표 2－2 연강용 피복 아크 용접봉의 종류(KS D 7004)

종 류	피복계 계통	용접자세	사용 전류의 종류
E 4301 E 4303	일미나이트계 라임 티타니아계	F, V, OH, H F, V, OH, H	AB 또는 DC(±) AC 또는 DC(±)
E 4311 E 4313 E 4316	고셀룰로스계 고산화 티탄계 저수소계	F, V, OH, H F, V, OH, H F, V, OH, H	AC 또는 DC(+) AC 또는 DC(－) AC 또는 DC(+)
E 4324 E 4326 E 4327	철분 산화 티탄계 철분 저수소계 철분 산화철계	F, H－Fil F, H－Fil F, H－Fil	AC 또는 DC(±) AC 또는 DC(+) F. 용접시는 AC 또는 DC(+) H－Fil 용접시는 AC 또는 DC(－)
E 4340	특수계	F.V.OH.H H－Fil중 전부 또는 어느 한 자세	AC 또는 DC(±)

비고 1. 용접 자세에 쓰인 기호의 뜻은 다음과 같다.
- F : 아래보기 자세(flat position)
- V : 수직 자세(vertical position)
- OH : 위보기 자세(overhead position)
- H : 수평 자세(horizontal position)
- H－Fil : 수평 필릿(horizontal fillet)

2. 사용 전류의 종류에 쓰인 기호의 뜻은 다음과 같다.
- AC : 교류
- DC(±) : 직류, 정극성 및 역극성
- DC(－) : 직류, 용접봉 음극
- DC(+) : 직류, 용접봉 양극

(1) 일미나이트계(ilmenite type)(E 4301)

피복제 중에 일미나이트(TiO_2 · FeO)를 약 30%이상 포함한 용접봉으로서 우리 나라에서 가장 많이 생산되고 있다. 아크는 좀 강하나 작업성이 좋고 용입 및 용착 금속의 기계적 성질도 양호하므로, 중요한 일반 기계 및 연강제 구조물의 용접에 많이 사용된다. 전자세 용접이 가능하다.

(2) 라임 티탄계(lime titania type)(E 4303)

산화 티탄(TiO_2) 약 30% 이상과 석회석($CaCO_3$)이 주성분이고, 시일드 가스가 저수소이다. 따라서 기계적 성질도 좋고 비드면이 곱다. 용입은 일미나이트계 용접봉(E 4301)보다 얕으나 아크가 부드러우며, 기계적 성질은 고산화 티탄계(E 4313)보다 좋고 전자세 용접에 사용할 수 있다. 특히, 아래보기 자세나 수평 필릿 용접에 적합하다.

(3) 고셀룰로스계(high cellulose type)(E 4311)

피복제 중에 가스 발생제로서 셀룰로스를 20~30% 정도 포함한 가스 시일드식 용접봉이다. 용접 중에 유기물이 연소하여 발생한 환원 가스에 의해서 용착 금속을 보호한다. 이 용접봉은 가스 발생량이 대단히 많으므로, 피복의 두께가 얇으며, 강한 스프레이형의 아크를 발생하고 용입도 깊으나 스패터가 많고 비드 표면이 거칠다. 슬랙의 양이 적어서 수직 또는 위보기 자세 용접이 용이하다.

(4) 고산화 티탄계(high titanium oxide type)(E 4313)

피복제 중에 산화 티탄(TiO_2)을 약 35% 정도 포함한 용접봉으로서 일반 경구조물의 용접에 많이 사용된다. 아크는 안정되고 스패터도 적으며, 슬랙의 박리성도 대단히 좋고 비드의 겉모양이 곱다. 또, 작업성도 좋아 전자세 용접에 사용되며, 수직 하진 용접에도 가능하나, 용입이 얕으므로 얇은 판의 용접에 적합하나, 용착 금속의 기계적 성질이 다른 용접봉에 비하여 약하고, 고온전열(hot crack)을 일으키기 쉬운 결점이 있다.

(5) 저수소계(low hydrogen type)(E 4316)

피복제 중에 석회석이나 형석(CaF_2)을 주성분으로 한 피복제를 사용한 것으로서, 용착 금속의 수소량이 다른 용접봉에 비해서 대단히 적다. 또, 강력한 탈산제 때문에 산소량도 적으므로 용착 금속의 인성(toughness)이 좋으며, 기계적 성질도 좋다.

균열에 대한 감수성이 특히 좋아서 두꺼운 판 구조물의 1층 용접 또는 구속도가 큰 구조물의 용접, 고장력강이나 고탄소강 및 쾌삭강 등의 용접에 사용되고 있다. 이 용접봉의 결점으로는 아크가 약간 불안정하고 슬랙의 유동성도 나쁘며, 작업성이 좋지 않기 때문에 운봉(motion of electrode)에 특히 주의해야 한다.

이 종류의 피복제는 습기를 흡수하기 쉽기 때문에 사용하기 전에 300~350℃ 정도로 30~60분 전도 건조시켜 사용해야 한다.

(6) 철분산화 티탄계(iron powder titania type)(E 4324)

이 용접봉은 고산화 티탄계 용접봉(E 4313)의 피복제에 약 50% 정도의 철분을 가한 것으로서, 피복제 중에 많은 철분을 포함하므로 다른 용접봉에 비해서 두께가 두껍기 때문에 접촉(contact) 용접이 가능하다.

아크는 조용하고 스패터가 적으며 용입이 얕다. 그리고, 비드면은 곱다. 보통 저탄소강의 용접에 사용되지만, 저합금강이나 中・고탄소강의 용접에도 사용된다. 주로 수평 필릿 용접 및 아래보기 자세 용접에 사용된다.

(7) 철분 저수소계(iron powder low hydrogen type)(E 4326)

이 용접봉은 저수계 용접봉(E 4316)의 피복제에 30~50% 정도의 철분을 가한 것으로서, 용착 속도가 크고 작업 능률이 좋다. 아크는 조용하고, 스패터가 적고 비드면이 고우며, 슬랙의 박리성 등이 저수소계보다 좋다. 또, 용착 금속의 기계적 성질도 좋으며, 아래보기 및 수평 필릿 용접 자세에 한하여 사용된다.

(8) 철분 산화철계(iron powder iron oxide type)(E 4337)

이 용접봉은 고산화철계 피복제 중에 철분을 많이 가한 것으로서, 용접 능률이 대단히 크고 철분 산화 티탄계(E 4324) 용접봉과 같이 용접봉 끝을 용접부에 접촉시킨 상태로 용접하는 접촉 용접을 할 수 있다. 아크는 스프레이형이고 스패터가 적으며, 용입도 E 4324보다 좋고 깊다.

또, 슬랙의 박리성도 좋으며, 비드 표면도 곱다. 사용 전류는 다른 용접봉에 비해서 크므로, 두께가 두꺼운 판의 용접에 적합하며, 아래보기 및 수평 필릿 용접에 많이 사용된다.

7. 용접봉의 선택

적당한 용접봉을 선택할 때에는 용접 구조용에 요구되는 품질, 이용할 수 있는 용접기, 용접 장소와 자세, 용접 비용, 모재의 재질, 이음 형상, 용접부의 성질 등을 고려할 필요가 있다. 또 용접봉의 작업성(usability)에 주의하여야 하며, 시공 방법도 고려하여야 한다.

용착 금속의 내균열성은 용접봉 선택에 있어서 중요한 인자이다. 피복제의 염기도에 대해서 내균열성을 비교하면 그림 2－29와 같이 저수소계가 가장 우수하며, 다음에 일미나이트계, 고산화철계, 고셀룰로스계, 고산화 티탄계의 순서로 나쁘다. 즉, 피복제가 산성으로 되어 작업성이 향상할수록 반대로 균열이 생기기 쉽게 된다. 또한 같은 일미나이트계 중에서도 내균열성이 우수한 것과 그것보다 떨어지는 것이 있다.

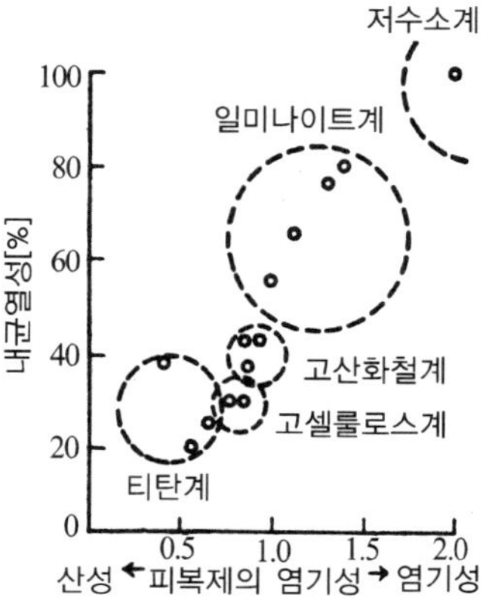

그림 2－29 용접봉의 내균열성 비교

8. 피복 아크 용접기법

(1) 용접법의 기초 사항

용접이 잘 되고 여러 용접 작업상의 결함이 없는 좋은 용접을 하려면 용접봉 각도, 아크 길이, 용접 전류 및 운봉속도 등에 대해서 충분한 지식이 있어야 한다.

1) 용접봉 각도

용접봉 각도(angle of electrode)란 그림 2-30과 같이, 용접봉이 모재와 이루는 각도를 말한다. 즉, 용접봉 각도는 진행각(lead angle)과 작업각(work angle)으로 나누어진다. 진행각은 용접봉과 용접선(weld line)이 이루는 각도로서 용접봉과 수직선 사이의 각도를 표시하며, 작업각은 용접봉과 이음 방향에 나란하게 세워진 수직 평면과의 각도를 표시한다.

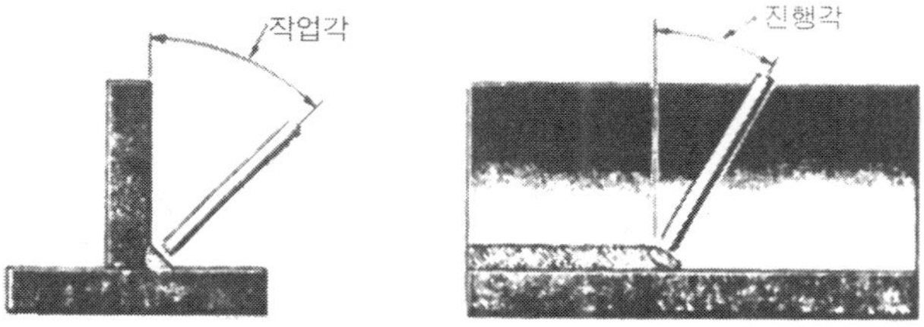

그림 2-30 진행각과 작업각

그림 2-31은 여러 가지 용접봉의 각도를 나타낸 것이다.

아크는 용접봉 끝에서부터 용접봉의 방향으로 향하므로, 용융금속이 옮겨지는 방향, 발생 가스의 분출 방향 등에 영향을 주어 용융 슬랙을 불어 내는 일, 용융 금속의 용착 상태 등에 큰 영향을 끼친다. 따라서, 용접봉의 각도에 따라 용접 품질이 좌우되는 수가 있다.

2) 아크 길이 및 아크 전압

좋은 용접을 하려면 원칙적으로 짧은 아크를 사용해야 한다. 일반적으로 아크 길이는 3mm 정도이며, 지름 2.6mm 이하의 용접봉에서는 심선의 지름과 거의 같은 것이 좋다.

아크 전압은 아크 길이에 비례하며, 아크 길이가 적당할 때에는 정상적인 작은 입자의 스패터가 생기고 아크 길이가 너무 길면 아크가 불안전하게 된다.

따라서, 용융 금속이 산화 및 질화되기 쉬우며, 열 집중의 부족, 용입 불량 및 스패터도 심해지므로 좋지 않다.

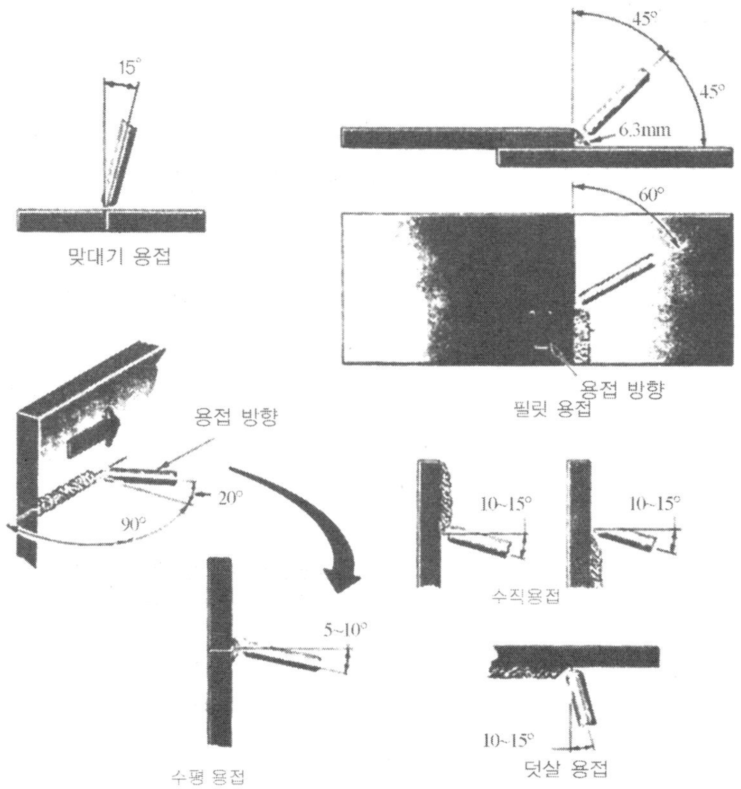

그림 2-31 용접봉의 각도

3) 용접전류

용접 전류(welding current), 즉 아크 전류는 피용접물의 재질, 형상 및 크기, 이음 형식, 용접 자세, 용접봉의 종류와 크기, 용접 속도, 용접공의 숙련도 등에 따라서 결정된다. 전류가 강하면 스패터가 심해지며, 용융속도(melting rate)가 빨라서 언더컷(undercut)이 생기기 쉽고, 전류가 약해지면 용융이 늦고, 녹은 스패터가 커지면서 모재에 옮겨지므로, 용입 불량이나 오우버랩(overlap)이 생긴다.

표 2-5는 연강용 피복 아크 용접봉의 적정 용접 때의 표준 전류값을 나타낸 것이다.

표 2-5 용접봉 지름과 두께에 대한 표준 용접 전류

용접봉 종류	용접 자세	봉지름〔mmφ〕						
		2.6	3.2	4.0	5.0	6.0	6.4	7.4
E 4301	F	50~85	80~130	120~180	170~240	240~310	–	300~370
	V,OH,H	40~70	60~110	100~150	130~200	–	–	–
E 4303	F	65~100	100~140	140~190	200~260	250~330	–	310~390
	V,OH,H	50~90	80~110	110~170	140~210	–	–	–

E 4311	F V,OH,H	50~75 30~70	70~110 55~105	110~155 90~140	155~200 120~180	19~240 –	– –	– –
E 4313	F V,OH,H	55~95 50~90	80~130 70~120	125~195 100~160	170~230 120~200	230~300 –	240~320 –	– –
E 4316	F V,OH,H	55~85 50~80	90~130 80~115	130~180 110~170	180~240 150~210	250~310 –	– –	300~380 –
E 4324	F,H–Fil	–	130~160	180~220	240~290	–	350~450	–
E 4326	F,H–Fil	–	–	140~180	180~220	240~270	270~300	290~320
E 4327	F,H–Fil	–	–	170~200	210~240	260~300	280~330	310~360

4) 용접속도

용접 속도(welding speed)는 모재에 대한 용접선 방향의 아크 속도로서, 운봉속도(travel speed) 또는 아크 속도라고도 한다. 이 용접 속도는 용접봉의 종류 및 전류값, 이음 모양, 모재의 재질, 위빙(weaving)의 유무 등에 따라서 달라진다.

(2) 아크의 발생

아크를 발생시킬 때에는 핸드 시일드(hand shield)로 얼굴을 가리기전에 용접봉 끝을 모재면에서 10mm 정도 되게 가까이 대고, 핸드 시일드로 얼굴을 가림과 동시에 용접봉을 순간적으로 재빨리 모재면에 접촉시켰다가 3~4mm 정도 떼면 아크가 발생한다. 그림 2–23는 아크 발생법을 나타냈다. 그림과 같이 ①, ②, ③의 순으로 재빨리 운봉하여 아크를 발생시킨다.

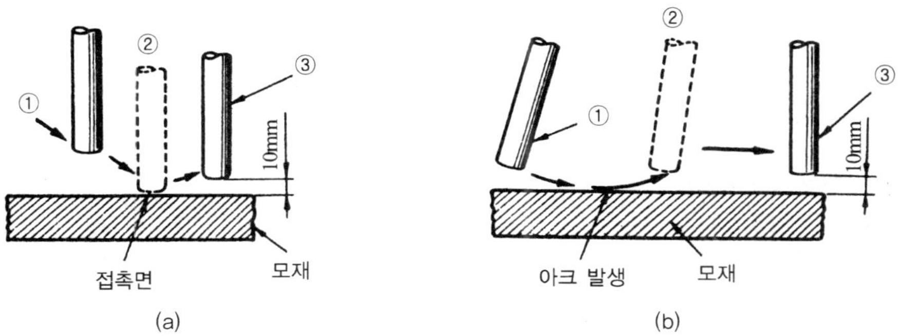

그림 2–23 아크 발생법

그림 2–23(a)와 같이 용접봉 끝으로 모재 위를 살짝 찍는 것 같은 기분으로 운봉하여 아크를 발생시키는 방법을 찍는 법(tapping method)이라 한다. 그림 2–32(b)는 모재 위를 용접봉으로 긁는 기분으로 운봉하여 아크를 발생시키는 것인데, 이 방법을 긁는 법(scratch method)이라 한다. 직류 아크 용접에서는 찍는 법을, 교류 아크 용접에서는 긁는 법이 사용된다.

아크를 끌 때에는 용접을 정지시키려는 곳에서 아크 길이를 짧게 하여 운봉을 정지시켜서 크레이터(crater)를 채운 다음 재빨리 용접봉을 들어 내어 아크를 끈다. 이렇게 하지 않고 그냥 용접봉을 들어 내어 아크를 끄면, 크레이터가 메워지지 않아 불순물이나 편석(segregation)이 남기 쉽고, 냉각 중에 균열이 발생하기 쉽다.

(3) 운봉법

운봉법(motion of electrode)은 용접 작업에 있어서 주요한 요소이므로, 항상 아크 길이를 일정하게 유지하고 모재에 대한 용입을 충분하게 하며, 슬랙이 들어가지 않도록 한다. 또 언더컷과 오우버랩이 생기지 않도록 주의하면서 용접봉의 특성, 용접 위치 등의 부대 조건에 따라 적절한 운봉을 하지 않으면 안 된다. 표 2-6은 비교적 많이 작용되는 운봉법의 예를 나타낸 것이다. 운봉법에는 스트레이트 비드(straight bead)와 위빙 비드(weaving bead)가 있다.

앞에 것은 직선 운봉이며, 뒤에 것은 용접봉 끝을 용접선의 좌우로 운동시키면서 진행시키는 운동법이다. 또, 용접 자세에 따라 원형, 타원형, 삼각형 및 부채꼴 모양 등의 운봉법이 있다. 위빙 조작을 완전히 하기 위해서는 아크가 안정되고 용접봉의 특성과 전류와의 관계 및 용접 속도가 적당해야 한다.

일반적으로 스트레이트 비드는 용접부에 결함이 생길 염려가 적으나 위빙을 할 때에는 지나치게 폭이 넓은 위빙을 피하여야 한다. 보통 위빙 비드의 폭은 용접봉의 지름의 3배 이하로 하는 것이 좋다. 현재 사용되는 피복된 용접봉을 잡는 각도는 대부분 60~80°로 하는 것이 적당하며, 특히 저수소계의 용접봉을 사용할 때에는 아크 길이를 짧게 하고 위빙을 하지 않는 것을 원칙으로 한다.

표 2-6 운봉법 및 용접 자세

자 세	운용법	도 해	용접봉 각도	자 세	운용법	도 해	용접봉 각도
아래보기 V형 용접	직선		진행 방향에 대하여 60~90°	수직 용접 하진법	직선		진행 방향에 대하여 70°
	원형		위와 같음		부채꼴 모양		위와 같음
	부채꼴 모양		위와 같음	수직 용접 상진법	직선		진행 방향에 대하여 110°
아래보기 필릿 용접	직선		위와 같고, 수직면에 45~60°		삼각형		
	다원형	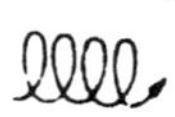	위와 같음		백스텝		
	삼각형		위와 같음	위보기 용접	직선		진행 방향에 대하여60~80°
수평 용접	직선				부채꼴 모양	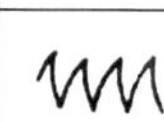	
	타원형	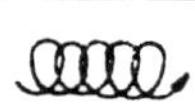			백스텝		

연습문제

01 피복 아크 용접의 원리를 설명하여라.

02 직류 아크의 전압 분포에 대하여 설명하여라.

03 아크의 부저항 특성에 대하여 설명하여라.

04 다음 낱말에 대하여 설명하여라.

㉠ 플라즈마　　㉡ 직류 정극성
㉢ 용접 입열　　㉣ 자기 불림

05 피복 아크의 수하 특성에 대하여 설명하여라.

06 정전류 특성과 정전압 특성에 대해서 설명하여라.

07 교류 아크의 안정성에 대하여 설명하여라.

08 사용율을 설명하여라.

09 전격 방지 장치에 대하여 설명하여라.

10 연강용 피복 아크 용접봉 심선의 특성을 설명하여라.

11 피복제의 작용을 열거하여라.

12 다음 용접봉의 특징을 설명하여라.

㉠ E 4301　　㉡ E 4316
㉢ E 4313　　㉣ E 4311

13 아크 발생법을 설명하여라.

제3장 서브머지드 아크 용접법

3-1 원 리

서브 머지드 아크 용접법(submerged are welding)은 자동 금속 아크 용접법(automatic metal arc welding)으로서 그림 3-1과 같이 모재의 이음 표면에 미세한 입상의 용제를 공급관을 통하여 공급하고, 그 용제속에 연속적으로 전극 와이어를 송급하여, 용접봉 끝과 모재 사이에 아크를 발생시켜 용접한다. 이 때, 와이어의 이송 속도를 조정함으로써 일정한 아크 길이를 유지하면서 연속적으로 용접을 한다.

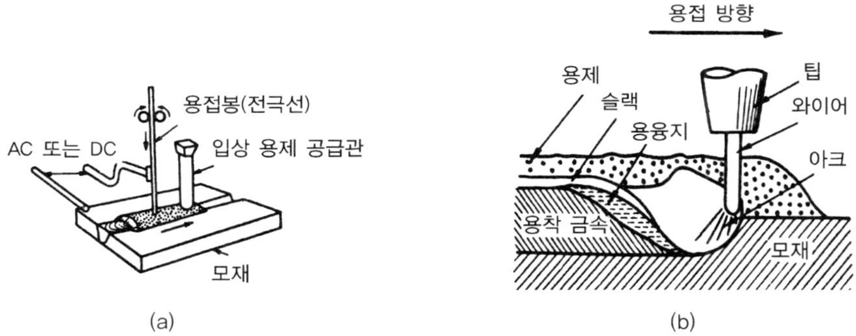

그림 3-1 서브머지드 아크 용접의 원리

이 용접법은 아크나 발생 가스가 다같이 용제 속에 잠겨져 있어서 보이지 않으므로, 서브머지드 아크 용접법 또는 잠호용접법이라고도 한다. 또한, 미국 Union carbide Co.에서 발명하였으므로 상품명으로는 유니온 멜트 용접법(union melt welding), 링컨 용접법(Lincoln welding)등 이라고도 한다.

이 방법에서는 아크나 용융지가 용제에 의해서 시일드(shield)되여 대기에서 격리된 상태에서 용접이 이루어지므로, 대기 중의 유해 원소(산소, 질소, 수분 등)의 침입이 없고, 심선(전극선)에 대전류를 통할 수 있으므로 아크열에 의한 열에너지의 손실이 대단히 적으며, 그림 3−3과 같이 용입이 큰 높은 능률로 용접을 할 수 있다.

이 경우, 용적(glouble)은 비교적 작은 입자의 스프레이(spray)상으로 되어 모재에 용착한다. 아크 전압을 높이면 비드의 폭이 넓어지고, 용접 전류를 크게 하면 용입이 깊어진다. 심선의 용융 속도, 다시 말하면 용접봉의 용착 속도는 거의 전류에 비례하게 되나, 능률을 한층 더 향상시키기 위하여 2개 이상의 전극을 사용하여 다전극법(multiple electrode) 또는 대상전극(strip electrode)을 사용하는 방법이 있다.

서브머지드 아크 용접은 용접 속도가 피복 아크 수용접에 비해서 판 두께 12mm의 연강판에서 2~3배, 25mm 일 때 5~6배, 50mm 일 때 8~12배나 되므로 능률이 높다. 서브머지드 아크 용접의 잇점은 용착 금속의 품질이 양호하고 강도, 신율, 충격값, 균일성, 건전성(soundness) 및 내식성이 일반적으로 우수하며, 적절한 용접을 하면 모재와 동등 이상의 품질을 얻을 수 있다.

서브머지드 아크 용접은 주로 두께가 두꺼운 것의 용접에 사용되며, 탄소강, 합금강 및 스텐레스강 등에 사용되며 비철금속에는 널리 사용되지 않는다. 용도로서는 조선, 제관, 보일러, 압력용기, 저장 탱크, 수압 철관, 교량, 원자로용 각종 용기, 대형 주단강품, 중기계, 차량 등 비교적 용접선(weld line)이 긴 것에 이용된다.

3-2 용접장치

서브머지드 아크 용접 장치는 그림 3−2와 같이 심선을 송급하는 장치, 전압 제어 장치, 접촉팁(contact tip), 대차(carriage)로 구성되었으며, 와이어 송급 장치, 접촉 팁, 용제 호퍼(hopper)를 일괄하여 용접헤드(welding head)라고 한다.

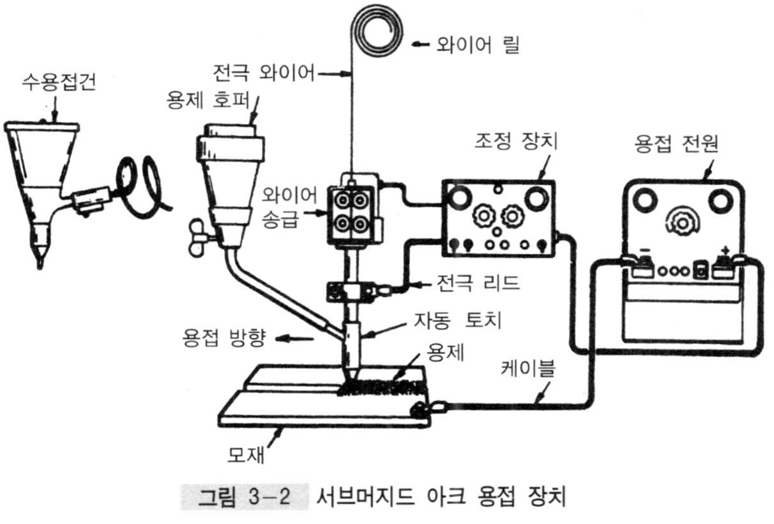

그림 3−2 서브머지드 아크 용접 장치

용접 헤드를 주행대차에 싣고 가이드 레일(guide rail) 위를 용접선에 평행하게 이동시키는 형식과 파이프나 탱크의 둘레 등을 용접할 때 쓰는 고정식이 있다. 이 때, 접촉 팁을 통하여 와이어를 심선 송급 장치의 로울러에 의해 보내서 와이어 끝과 모재 사이에서 아크를 발생시켜 용접이 이루어진다.

용접 전류는 접촉 팁에서 와이어에 송급되며, 와이어는 전압 제어 장치에 의해서 일정한 전압이 되게 속도 및 아크 길이가 조정된다. 이 때 동시에 용제는 호퍼에서 호스로 공급되고, 와이어보다 앞부분에서 용접선에 따라 살포된다. 용접 후 용융되지 않은 용제는 진공 회수 장치에 의하여 회수되어 다시 사용한다. 이 용접기를 전류 용량으로 분류하면, 최대 전류 4,000[A], 2,000[A], 1,200[A], 900[A]등의 종류가 있다.

전원으로는 교류와 직류가 쓰이고 있으며, 교류 쪽이 설비비가 적고, 또 자기 불림(magnetic blow)이 없어서 유리하다. 비교적 낮은 전류를 쓰는 얇은 판의 고속도 용접에서는 약400[A] 이하에서 직류 역극성(D.C.R.P.)으로 시공하면 아름다운 비드를 얻을 수 있다.

용접기의 특성은 수하특성이라도 좋지만, 최근 널리 사용되고 있는 정전압특성의 직류 아크 용접기가 아크 발생이 용이하고, 아크 전압의 안정, 전류의 조정 등 우수한 점이 많다.

3-3 용접용 재료

서브머지드 아크 용접법에서는 피복 아크 용접 때와는 달리 모재의 재질, 판 두께 및 이음 형상에 따라서 적당한 와이어와 용제를 조합하여 사용해야 한다.

1. 심 선

보통 와이어의 표면은 접촉 팁과의 전기적 접촉을 원활하게 하고, 또 녹을 방지하기 위하여 동 도금하는 것이 보통이다. 와이어의 지름은 2.4~12.7mm까지 있으며, 일반적으로 2.4~7.0mm까지의 것이 많이 쓰인다.

표 3-1은 와이어의 지름별 사용 전류 범위를 나타냈다.

와이어는 Mn 함유량의 많고 적음과 Mo 함유량의 유무에 따라 고망간계 와이어, 중망간계 와이어, 저망간계 와이어 및 Mn-Mo계 와이어로 분류된다.

보통 연강을 용접할 때에는 C 0.08~0.13%, Mn 0.5~1.95%, Si 0.03%, 고장력강에는 C 0.13%,

표 3-1 와이어의 지름과 사용 전류 범위

와이어 지름(mm)	2.4	3.2	4.0	4.8	6.4	7.9
전류 범위(A)	150~350	300~500	350~800	500~1,100	700~1,600	1,000~2,000

Mn 1.95%, Si 0.05%, Mo 0.5% 등이 사용된다. 스텐레스강 와이어는 모재의 화학 성분과 거의 같은 것이 사용되며, 비철금속용으로서는 Cu−Sn−Si, Cu−Sn−Al, Ni, 모넬(Cu−Ni계) 와이어 등이 있다.

표 3−2는 고장력강용 와이어의 화학 성분을 나타냈다.

표 3−2 고장력강용 와이어의 화학 성분(KS D 7024)

종 류		기 호	화학 성분(%)				
			C	Si	Mn	P	S
1종	1호	YSW 11	0.10 이하	0.05 이하	0.20 초과 0.80 이하	0.030 이하	0.030 이하
2종	1호	YSW 21	0.13 이하	0.05 이하	0.80 초과 1.30 이하	0.030 이하	0.030 이하
	2호	YSW 22	0.13 이하	0.50 초과 0.25 이하	0.80 초과 1.30 이하	0.030 이하	0.030 이하
	3호	YSW 23	0.13 이하	0.25 초과 0.45 이하	0.80 초과 1.30 이하	0.030 이하	0.030 이하
3종	1호	YSW 31	0.15 이하	0.05 이하	1.30 초과 1.80 이하	0.030 이하	0.030 이하
	2호	YSW 32	0.15 이하	0.05 초과 0.25 이하	1.30 초과 1.80 이하	0.030 이하	0.030 이하
4종	1호	YSW 41	0.17 이하	0.05 이하	1.80 초과 2.20 이하	0.030 이하	0.030 이하

2. 용 제

서브머지드 아크 용접에 쓰이는 용제(flux)는 용접부를 대기 중에서 보호하고, 아크의 안정, 아크의 시일드(shield), 용융 금속과 금속학적 반응 등의 역할을 한다. 용제는 제조 방법에 따라 용융형 용제(fused flux), 소결형 용제(sintered flux)로 분류된다.

(1) 용융형 용제

용융형 용제는 원료 광석을 아크로에서 1,300℃ 이상으로 용융하여 응고시킨 다음 분쇄하여 입자를 고르게 한 것이다. 미국의 린데(Linde) 회사의 것이 유명하며, 그 주성분은 대체로 다음과 같다. SiO_2, MnO, FeO, CaO, MgO, Al_2O_3, Na_2O, BaO, TiO_2, K_2O, Fe, P, S 등을 혼합하여 용융한 다음 유리(glass) 상태로 하여 분쇄한 것이다. 용융형 용제는 조성이 균일하고 흡습성이 작은 장점이 있으므로 가장 많이 사용되고 있다.

표 3-3 용융형 용제의 화학 조성

등급 번호	화학성분(%)												
	SiO_2	MnO	FeO	CaO	MgO	Al_2O_3	BaO	TiO_2	Na_2O	K_2O	F	P	S
G 20	54.52	0.30	1.03	31.82	9.24	3.81	–	0.20	0.40	0.24	0.70	0.011	0.042
G 50	40.20	40.69	2.93	6.21	0.90	3.42	2.36	–	tr	0.43	2.38	0.061	0.128
G 55	18.08	46.09	2.75	3.27	0.79	5.06	–	21.20	0.09	0.76	–	–	–
G 60	46.28	42.59	–	2.14	1.39	3.87	–	0.24	–	–	2.43	–	–
G 70	45.76	9.21	1.21	28.16	6.39	7.01	–	–	0.18	0.19	tr	0.046	0.046
G 80	37.95	7.20	1.60	25.30	12.10	10.55	–	0.60	2.21	0.35	1.70	0.025	0.025
G 85	37.72	9.98	1.62	21.24	0.53	6.78	0.22	15.93	tr	tr	2.93	–	–
G 90	36.90	28.46	4.06	9.17	0.09	19.78	0.10	1.14	0.22	0.45	tr	0.022	0.22
G 585	40.09	25.74	–	11.83	–	4.74	–	8.13	–	–	2.64	–	–
MF 38	38.60	21.36	–	18.63	3.68	1.73	–	3.07	–	–	CaF_2 9.96	–	–

(2) 표 3-3은 현재 많이 사용되고 있는 용융형 용제의 예를 나타냈다.

용제는 다만 아크를 보호할 뿐 아니라 작업성, 용접 금속의 성질, 형상, 용접성은 중요한 인자이다. 용제의 입도(mesh size)는 용접 성능에 크게 영향을 미치므로 전류에 따라서 적당한 입도 범위를 선정해야 한다. 입도는 12×200[12 메시(mesh)에서 200 메시까지의 입도 구성], 20×D(20 메시에서 미분 사이의 입도 구성) 등으로 나타내다. 표 3-4는 용제의 입도와 용접 전류와의 관계를 나타낸 것인데, 일반적으로 입도가 작을수록 용입이 얕고 폭이 넓은 깨끗한 비드로 되며 언더 컷(under cut)이 생기지 않는다. 작은 전류에는 입도가 큰 것을, 큰 전류에는 입도가 작은 것을 사용한다.

표 3-4 용접 전류와 용제 입도의 관계

입도 치수	8×48	12×65	12×150	12×200	20×200	20×D
적성 전류(A)	600>	600>	500×800	500×800	800×1,100	800<

(2) 소결형 용제

소결형 용제는 원료 광석 분말, 합금 분말을 규산 나트륨($Na_2O \cdot SiO_2$)과 같은 점결제와 더불어 원료가 용해되지 않을 정도의 300~1,000℃정도의 낮은 온도에서 소정의 입도로 소결한 것이다. 소결형 용제의 특징은 용제 중에 Fe-Si(ferro-silicon), Fe-Mn(ferro-mangan)등을 함유 시켜 직접 탈산작용을 가능하게 하였고, 용착 금속에 대한 합금 원소로서 Ni, Cr, Mo, V 등을 함유시켜 용착 금속의 하학 성분 및 기계적 성질을 쉽게 조정할 수 있게 한 것이다. 또, 전류에 의해서 용제의 입도를 선정할 필요가 없으며, 큰 전류에서도 비교적 안정된 용접을 할 수 있다. 이 용제는 연강은 물론, 고장력강, 저합금강, 스텐레스강의 용접에 적합하다.

소결형 용제에는 소결 온도에 따라서 저온소결형과 고온소결형으로 분류되며, 앞에 것은 30

0~500℃ 정도의 비교적 낮은 온도에서 소결한 것이며, 뒤엣 것은 750~1,000℃ 정도의 비교적 높은 온도에서 소결한 것이다. 저온 소결형을 보통 본드 용제(bonded flux)라고 한다.

저온 소결형 용제는 흡습성이 대단히 심하므로 저장 관리에 주의를 요하며, 반드시 건조하여 사용해야 한다. 흡습량이 많으면 용제 중의 수분이 분해하여 기포, 균열, 은점(fish eye) 등의 용접 결함이 발생하기 쉽다.

3-4 심선과 용제의 선정

서브머지드 아크 용접에 있어서 와이어와 용제의 조합은 용착 금속의 여러 성질, 비드의 외관, 작업성에 큰 영향을 미치므로 다음과 같은 점을 주의하여야 한다. 즉, 모재의 재질과 용접부에 요구되는 성질, 모재의 표면 상태, 판 두께와 이음 형상과 치수, 용접 조건 등을 잘 고려하여야 한다. 용제는 그 조성상 다음의 3종류로 분류된다.

(1) 저산화 Mn 용제…………MnO를 거의 함유하지 않은 것.

(2) 중산화 Mn 용제…………14~22%의 MnO를 함유한 것.

(3) 고산화 Mn 용제…………30% 이상의 MnO를 함유한 것.

보통강의 용접에 저규소 와이어를 사용할 때에는

고 Mn 와이어(1.8~2.2% Mn)과 저 MnO 용제

중 Mn 와이어(0.8~1.1% Mn)과 중 MnO 용제

저 Mn 와이어(0.35~0.60% Mn)과 고 MnO 용제

의 조합이 좋다.

50Kg급 고장력강의 용접에서는

고 Mn 와이어(Mo 함유)와 중 MnO 용제

중 Mn 와이어(Mo 함유)와 고 MnO 용제

60Kg급 이상의 고장력강의 용접에서는

Ni, Cr, Mo가 함유된 와이어와 고 MnO 용제

의 조합이 좋다.

3-5 용접부의 제성질과 결함

1. 용접부의 성질

서브머지드 아크 용접은 수용접에 비해서 전류 밀도가 높고, 1회의 용접에서 얻을 수 있는 용접 금속이 크고, 용접 금속의 단면은 그림 3-3과 같이 수지상결정이 본드(bond)에 직각으로 비드의 중앙정부로 향하여 발달되었다. 일반적으로 용입이 대단히 깊으므로 용접 금속의 화학 성분은 모재의 영향을 비교적 강하게 받는다. 용접 금속의 합금 성분은 모재, 와이어 및 용제에서 도입 되지만, 그 비율은 용접 조건, 즉, 용접 전류, 아크 전압, 용접 속도 및 이음 형상이나 층 수의 영향을 많이 받는다.

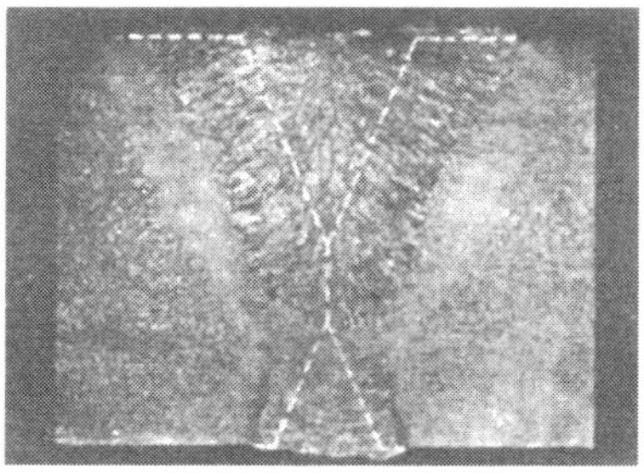

그림 3-3 서브머지드 아크 용접 단면의 매크로 조직

서브머지드 아크 용접에서는 일반적으로 판 두께에 비해서 층수 및 용접 금속의 양을 감소시킬 뿐만 아니라, 용접 속도가 크므로, 모재의 가열이 적으므로 용접에 의한 변형이 적은 잇점이 있다. 또한 단점으로는 1회의 용접 입열이 크기 때문에, 열영향부의 폭이 넓어지며, 그 부분의 연화, 인성의 저하 및 스텐레스강에서는 내식성이 떨어지는 문제가 있다.

2. 용접부의 결함

서브머지드 아크 용접부에 생기기 쉬운 결함으로서는 기공, 설퍼 균열(sulphur crack), 고온 균열 및 언더 컷 등이 있다.

(1) 기 공

기공은 비드 중앙에 발생할 때가 많다. 원인은 주로 수소 가스가 기포 상태로 용접 금속 내에 잔류하기 때문이다. 대책으로서는 수소원을 제거하기 위하여 응고시의 가스 방출 상태를 좋게 하고, 와이어와 이음의 녹, 기름, 수분, 습기 등의 제거가 필요하며, 또한 사용하기 전에 용제의 건조가 필요하다.

(2) 설퍼 균열

설퍼 균열은 그림 3-4와 같이 설퍼 밴드(sulphur band)가 강한 강재 특히 연강 림드강(rimmed steel)을 용접한 경우에 설퍼 밴드에서 용접 금속 내에 생기는 균열이다. 원인은 설퍼 밴드에 함유된 저융점의 황화철(FeS)과 수소 가스의 공존 작용 때문이다. 방지책으로서는 설퍼 밴드가 적은 킬드강(killed steel) 또는 세미 킬드강(semi-killed steel)을 사용하는 것이 유효하며, 또한 이음 표면과 용제를 깨끗이 하고 건조하여야 한다.

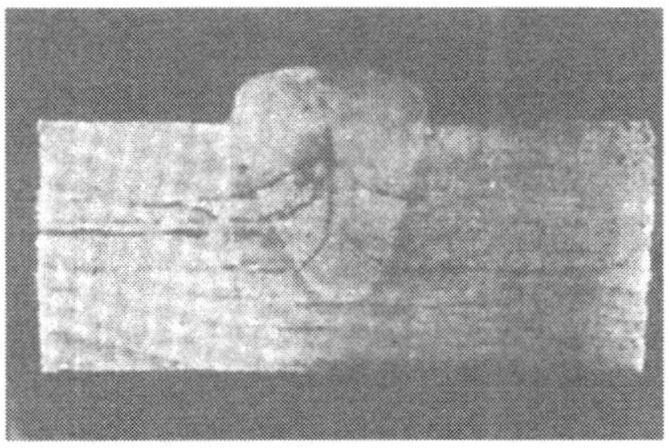

그림 3-4 림드강의 서브머지드 아크 용접의 설퍼 균열

(3) 오우버랩과 언더 컷

오우버랩(overlap)은 전류가 너무 클 때, 용접 속도가 너무 늦을 때, 전압이 너무 낮을 때 등에 생긴다. 이런 결함은 용접 조건의 조정에 의해 해소할 수 있다. 언더컷(under cut)은 와이어의 용융량이 충분치 않을 경우, 소위 전류에 비하면 용접 속도가 큰 경우에 생긴다.

(4) 고온균열

고온 균열에는 비드의 중앙 부근에 생기는 세로 균열(longitudinal crack), 비드에 직각으로 나타나는 가로 균열(transverse crack), 크레이터에 생기는 크레이터 균열(crater crack), 설퍼 균열 등이 있다. 고온 균열은 용융 금속의 응고 과정에 있어서, 불순물이 결정입계에 집적하기 때문에 생기는 입계의 약화 때문이다. 이 방지책으로서는 S 및 C량이 낮은 모재 및 용가재를 사용할 것, 용접 금속에 적당량의 Mn을 함유할 것, 탈산 능력이 있는 염기성 용제를 사용할 것, 응고시의 수축 응력을 완화하는 수단을 강구할 것, 용접 전류, 용접 전압, 용접속도의 선정을 적절히 하여서 필요 이상 깊은 용입을 만들지 않을 것 등을 들 수 있다.

3-6 용접조건

서브머지드 아크 용접의 용입은 주로 용접 전류의 크기에 좌우된다.

그림 3-5와 그림 3-6과 같이 용접 전류가 커지면 용입도 커지고 덧살이 많아진다. 아크 전

압이 클수록 그림 3－7과 같이 용입은 얕아지고 비드 폭은 넓어진다. 반대로 아크 전압이 낮으면 용입은 깊어지며, 비드 폭은 좁아진다.

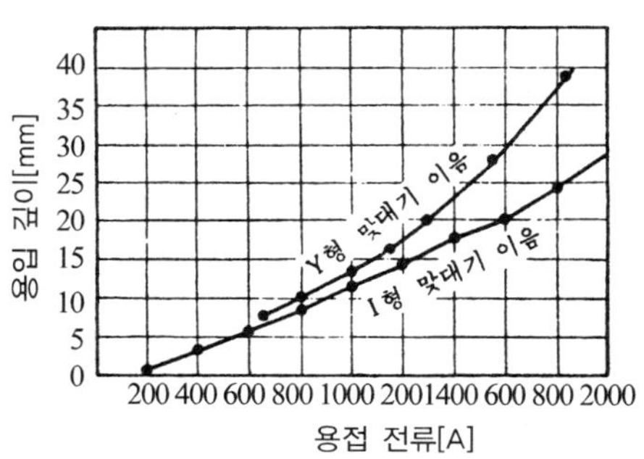

그림 3－5 용접 전류와 용입(연강)

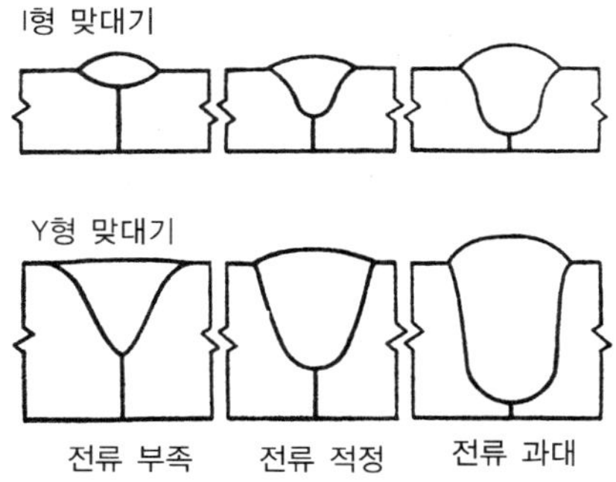

그림 3－6 용접 전류와 비드 단면 형상

용접 속도가 늦으면, 그림 3－8과 같이 큰 용융지(molten pool)가 형성되며, 비드는 편평하게 되고, 오우버랩(overlap)이 되기 쉽다. 반대로 용접 속도가 빠르면, 비드 폭이 대단히 좁아지고 볼록 비드가 되기 쉬우며, 언더 컷이 생겨 비드면이 거칠어지는 경향이 있다.

일전 전류, 전압에서는 와이어 지름을 작게 하면, 전류 밀도가 커지고, 용입은 증가하고, 비드 폭이 좁아진다.

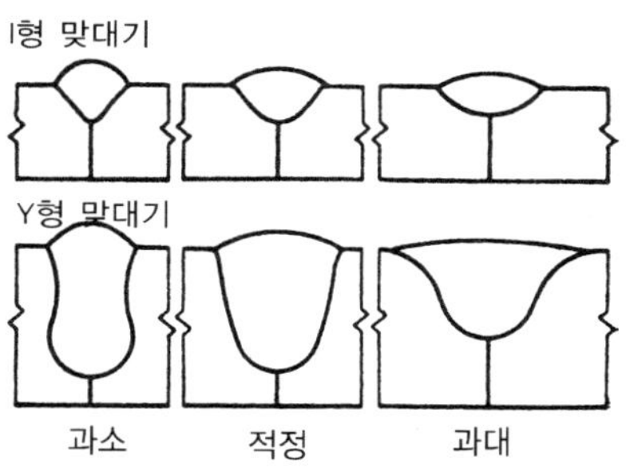

그림 3－7 아크 전압과 비드 단면 형상

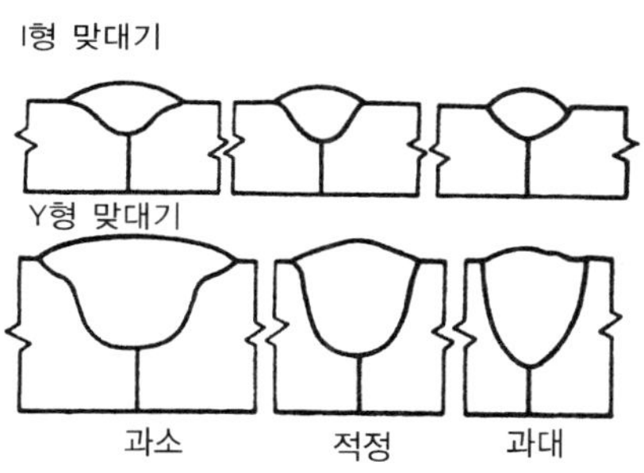

그림 3－8 용접 속도와 미드 단면 형상

판 위에 비드 용접을 한 경우 용입에 미치는 전류, 전압, 속도의 영향은 다음과 같은 잭슨(Jackson)의 실험식이 있다.

$$P = K\sqrt[3]{\frac{I^4}{vE^2}}$$

P : 용입[in]
I : 용저 전류[A]
E : 아트 전압[V]
v : 용접 속도[in/min]
K : 정수 0.00115～0.00120

예를 들면 E=30V, v=12.5[in/min], I=1,200A 일 때 용입은 0.7in이다.

제4장 | 불활성 가스 아크 용접법

4-1 원 리

불활성 가스 아크 용접(inert gas arc welding)은 아크 용접법의 한 방식으로서, 그림 4-1과 같이 아르곤(Ar), 헬륨(He) 등 고온에서도 금속과 반응하지 않는 불활성 가스(inert gas)의 분위기 속에서 텅스텐봉 또는 비피복의 금속전극선과 피용접물 사이에 아크를 발생시켜 용접하는 방법이다. 이 용접법은 그림 4-1과 같이 불활성 가스 텅스텐 아크 용접법(inert gas tungsten arc welding ; TIG)과 불활성 가스 금속 아크 용접법(inert gas metal arc welding ; MIG)의 두 가지 방법이 있다.

이 방법은 시일드(shield)에 가스를 사용하므로 전자세 용접이 용이하며, 또 열의 집중이 좋으므로 용접 능률이 매우 좋다. 그 용착부는 다른 아크 용접, 가스 용접에 비하여 연성, 강도, 기밀성 및 내식성이 우수하다. 알루미늄 합금, 마그네슘 합금, 스텐레스강, 니켈 합금, 동합금, 탄소강과 저합금강 뿐만 아니라 티타늄 합금, 질리코늄 합금 등의 용접에 널리 이용된다.

또한 TIG 용접은 0.6~3mm의 얇은 판에, MIG용접은 약 3mm 이상의 두꺼운 판에 적합하다. MIG 용접은 TIG 용접에 비하여 매우 능률이 높다.

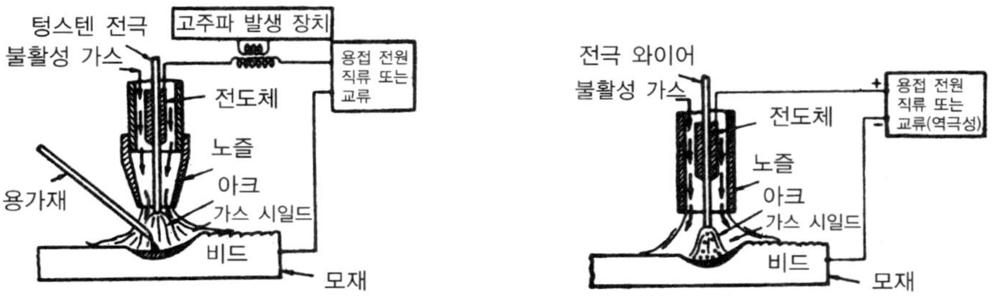

(a) 불활성 가스 텅스텐 아크 용접법 (b) 불활성 가스 금속 아크 용접법

그림 4-1 불활성 가스 아크 용접법의 원리

4-2 불활성 가스 텅스텐 아크 용접법

불활성 가스 텅스텐 아크 용접은 텅스텐봉을 전극으로 써서 가스 용접과 비슷한 조작 방법으로, 용가제(filler metal)를 아크로 용융하면서 용접한다. 이 용접법은 텅스텐을 거의 소모하지 않으므로 비용극식 또는 비소모식(nonconsumable) 불활성 가스 아크 용접법이라고도 한다. 또한 헬륨-아크(helium-arc) 용접법, 아르곤-아크(argon-arc) 용접법 등의 상품명으로도 불리운다.

불활성 가스 텅스텐 아크 용접법에는 직류나 교류가 사용되며, 직류에서의 극성은 용접 결과에 큰 영향을 미친다. 직류 정극성(D.C straight polarity)에서는 그림 4-2와 같이 음전기를 가진 전자는 전극에서 모재 쪽으로 흐르고, 가스 이온은 반대로 모재에서 전극 쪽으로 흐른다.

정극성에 있어서는 전자가 전극으로부터 모재 쪽으로 흐르므로, 전자가 모재에 강하게 충돌하여 깊은 용입을 일으킨다. 전극은 속도가 느린 가스 이온(ion)의 충돌에서는 그다지 발열하지 않으므로, 지름이 작은 전극에서도 큰 전류를 흐르게 할 수가 있다.

그러나, 역극성(D.C. reverse polarity)에서는 전자가 전극으로 향하고 가스 이온이 모재 표면을 넓게 충돌하므로, 모재의 용입은 넓고 얕아진다. 또, 전극은 전자의 충격을 받아서 과열되므로, 정극성일 때보다 지름이 큰 전극을 사용해야 한다.

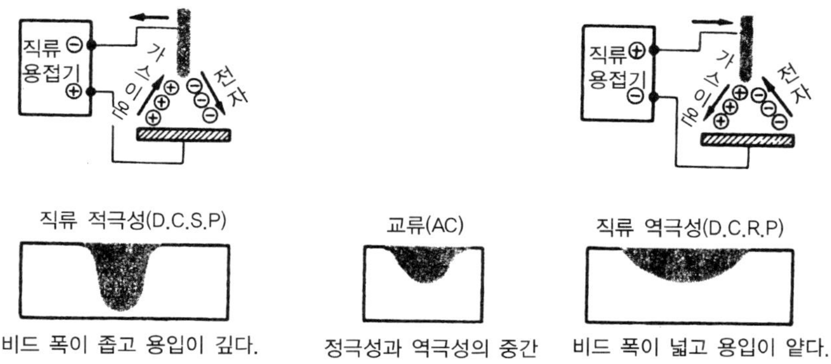

그림 4-2 불활성 가스 텅스텐 아크 용접의 극성

또한 알루미늄이나 마그네슘 등에 아르곤 가스를 사용한 역극성에서는 아르곤 이온이 모재 표면에 충돌하여, 그 표면의 산화 피막(Al_2O_3 또는 MgO)을 제거하는 작용을 한다. 이것을 음극 청정작용(cleaning atcion)이라 한다.

특히, 알루미나 산화막(Al_2O_3)은 알루미늄 모재(융점 660℃)보다 고융점(2,050℃)이므로 이것을 청정작용에 의해서 제거하지 않으면 용융금속의 융합이 방해되므로, 피복 아크 용접이나 가스 용접에서는 용제를 사용하여 화학적으로 제거하나, 불활성 가스 아크 용접에서는 역극성일 때 청정작용을 하므로 용제가 필요하지 않다.

교류 용접에서는 직류 정극성과 역극성의 중간 상태로 되며, 양자의 특성을 이용할 수 있다. 즉, 전극의 지름은 비교적 작아도 되며, 아르곤 가스를 사용하면 표면의 산화 피막의 청정 작용이 있어 비드가 약간 넓고 적당한 깊이의 용입을 얻을 수 있다. 그러나, 교류에서는 아크가 끊어지기 쉬우므로, 용접 전류에 고주파의 약전류를 중첩시켜 아크를 안정시킬 필요가 있다.

교류 용접에서는 텅스텐 전극의 정류작용에 대한 문제가 있다. 텅스텐은 아크 발생중 고온에서 열전자방사성이 세지만 모재로부터 전자가 나오기는 힘들다. 따라서 교류를 사용할 경우는 텅스텐 전극이 음극으로 될 경우의 반파는 모재가 음극으로 될 경우의 반파보다 전자가 많이 방출되여 이 결과 그림 4－3과 같이 2차전류는 부분적으로 정류되어 불평형을 이루게 된다. 이 불평형 부분을 직류성분이라 한다.

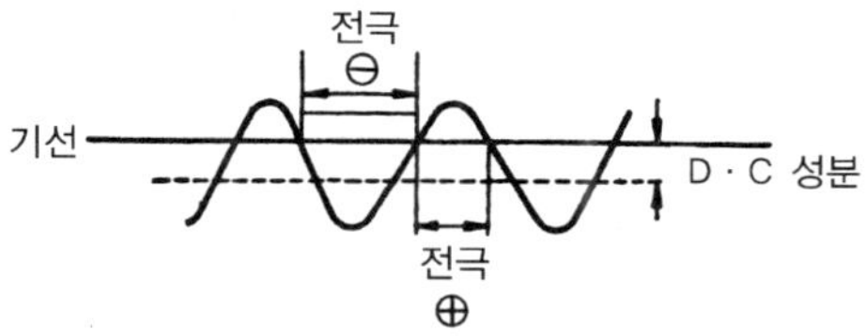

그림 4－3 교류에 의한 불평형파

이로 인하여 아크는 불안정하게 되고 용접기에도 무리가 가게 되어 2차 회로에 축전지, 정류기, 리액터 또는 직렬로 콘덴서(condenser)를 삽입하는 방법도 있다.

표 4－1은 재료의 종류와 불활성 가스 텅스텐 아크 용접의 극성을 나타냈다.

불활성 가스 텅스텐 아크 용접 장치는 그림 4－4와 같이 용접기와 불활성 가스 용기, 제어 장치 및 용접 토치(torch)가 필요하다. 용접 토치에는 텅스텐 전극봉을 고정시킬 수 있는 장치가 되어 있으며, 2차 케이블과 불활성 가스 호스 및 토치를 냉각하기 위한 냉각수 호스가 접속되었다.

불활성 가스는 아크가 발생할 때만 흐를 수 있게 제어 장치로 조정한다. 용접법에는 그림 4－4와 같은 수동식과 와이어의 송급을 자동적으로 하는 반자동식과 와이어의 송급과 토치의 이동을 자동적으로 하는 자동식이 있다.

표 4－1 4－1 재료의 종류와 불활성 가스 텅스텐 아크 용접의 극성

재료의 종류	고주파용 교류	직류정극성	직류역극성
알루미늄판 두께 2.4mm 이하	양	불 가	가
알루미늄판 두께 2.4mm 이상	양	불 가	불 가
알루미늄주물	양	불 가	불 가
마그네슘판 두께 3.2mm 이하	양	불 가	가
마그네슘판 두께 3.2mm 이상	양	불 가	불 가
마그네슘 주물	양	불 가	가
스텐레스강	가	양	불 가
황 동	가	양	불 가
탈산동	불 가	양	불 가
규소강	불 가	양	불 가

은	가	양	불 가
주 철	가	양	불 가
티타늄	가	양	불 가
질리코늄	가	양	불 가
연강판 두께 0.8mm 이하	가	양	불 가
연강판 두께 0.8mm 이상	불 가	양	불 가
고탄소강판 두께 0.8mm 이하	가	양	불 가
고탄소강판 두께 0.8mm 이상	가	양	불 가

주 : • 판 두께 6mm 이상인 경우는 용제 사용이 좋다.
• 구속도가 큰 치공구 작업인 경우는 불가.

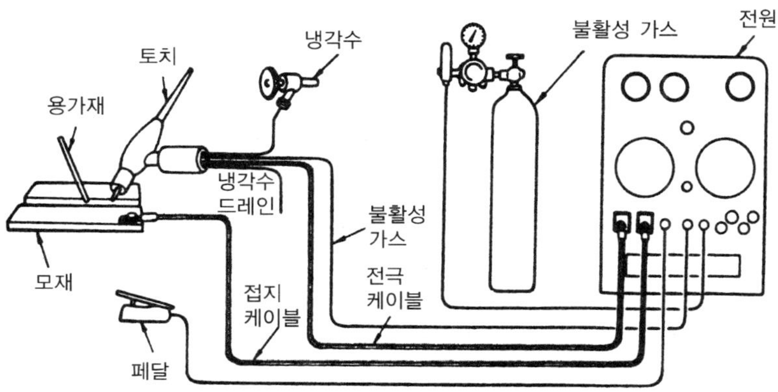

그림 4-4 불활성 가스 텅스텐 아크 용접 장치

용접 토치는 그림 4-5와 같은 형상으로 공냉식과 수냉식의 두 방식이 있다. 사용 전류에 의하여 80~500[A] 정도까지 여러 종류가 있으며, 소전류의 것은 공냉식이고 대전류의 것은 수냉식으로 냉각수가 흐를 수 있게 되어 있다.

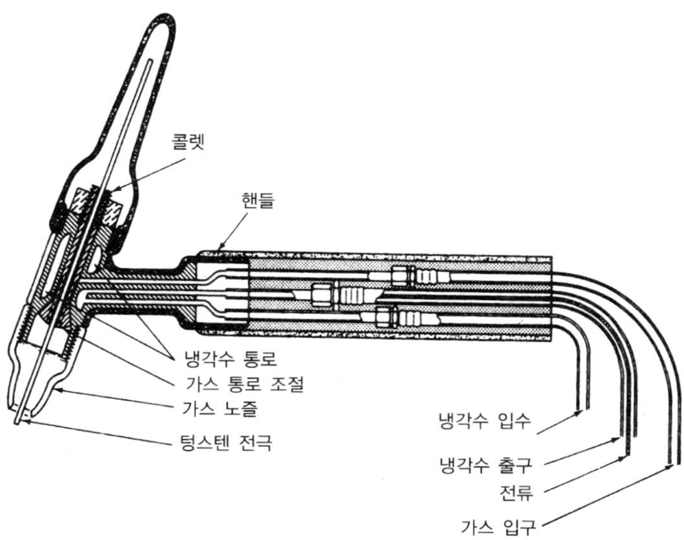

그림 4-5 불활성 가스 텅스텐 아크 용접용 토치 예

텅스텐 전극봉은 정확한 치수로 만들어져 있으며, 전극봉의 지름과 불활성 가스의 종류에 의해 전류 허용값도 결정되어 있다. 텅스텐봉에는 순텅스텐봉과 토륨(thorium, ThO_2)을 1~2% 포함한 토륨 텅스텐봉이 있다. 토륨 텅스텐봉은 순텅스텐봉에 비해 전자방사능이 매우 커서 전극 온도가 낮아도 전류 용량을 크게 할 수 있다. 또, 저전류나 저전압에서도 아크의 발생이 용이하며, 전극의 소손과 소모가 적다.

표 4-2는 텅스텐 전극봉의 지름과 적용 전류를 나타냈다.

불활성 가스는 아르곤, 헬륨 또는 두 가스의 혼합 가스가 사용되며, 우리 나라에서는 주로 아르곤 가스가 많이 이용된다. 아르곤 가스의 순도는 다음과 같다.

순도 99.9% 이상, 산소 0.002% 이하, 질소 0.1% 이하, 수소 0.01% 이하, 수분 0.02mg/l 이하. 아르곤 가스는 1기압하에서 약 6,500l로 약140 기압의 고압 용기에 충전하여 공급된다. 따라서 가스의 압력 조정과 유량 조정은 불활성 가스 압력 조정기로 하며, 일반적으로 1차 압력은 150kg/cm^2, 2차 조정 압력은 1.4kg/cm^2 정도이다.

표 4-2 텅스텐 전극봉의 지름과 적용 전류

전극지름〔mm〕	허 용 전 류 범 위 〔A〕			
	교 류		D.C.S.P.	D.C.R.P.
	W	Th·W	W, Th·W	W, Th·W
0.5	5~15	5~20	5~20	–
1.0	10~60	15~80	15~80	–
1.6	50~100	70~150	70~150	10~20
2.4	100~160	140~235	150~250	15~30
3.2	150~210	225~325	250~400	25~40
4.0	200~75	300~425	400~500	40~55
4.8	25~350	400~525	500~800	55~80
6.4	325~475	500~700	800~1,100	80~125

주 : • 교류인 경우는 고주파 병용
• W : 순텅스텐
• Th · W : 토륨이 함유된 텅스텐

4-3 불활성 가스 금속 아크 용접법

불활성 가스 금속 아크 용접법(MIG)은 용가제인 전극 와이어를 연속적으로 송급하여 아크를 발생시키는 방법으로써, 용극식 또는 소모식(consumable) 불활성 가스 아크 용접법이라고 한다. 또한 에어 코매틱(air comatic) 용접법, 시그마(sigma) 용접법, 필러 아크(filler arc) 용접법, 아르고노트(argonaut) 용접법 등의 상품명으로 불리운다.

불활성 가스 금속 아크 용접 장치는 그림 4－6과 같이 용접기와 아르곤 가스 및 냉각수 공급 장치, 금속 와이어를 일정한 속도(1～11m/min 정도)로 송급하는 장치 및 제어 장치 등으로 구성되어 있으며, 반자동식 및 전자동식의 두 종류가 있다.

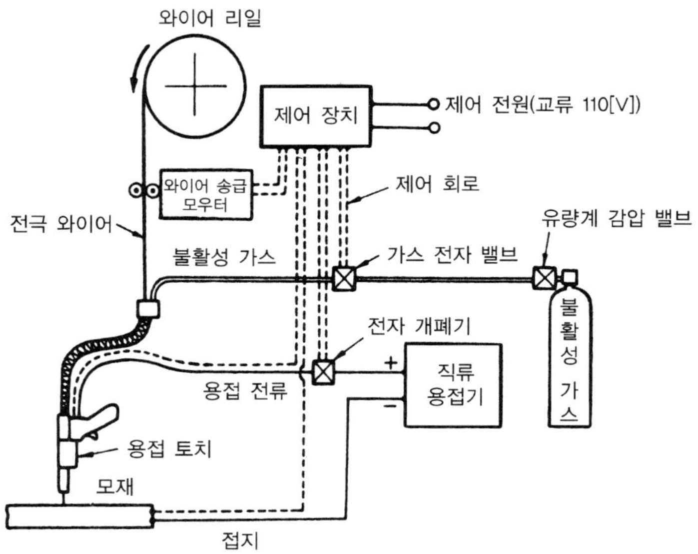

그림 4－6 반자동 불활성 가스 금속 아크 용접 장치

전원은 직류식이며, 와이어를 양극으로 하는 역극성으로 사용되며, 전원이 정전압특성의 직류 아크 용접기로서, 가는 와이어(1.0～2.4mm)를 사용한다. 전술한 바와 같이 청정 작용을 하며, 알루미늄이나 마그네슘 등의 용접에 적합하다. 용제가 필요하지 않은 것은 불활성 가스 금속 아크 용접인 경우와 같다.

불활성 가스 아크 용접의 특징은 전류 밀도가 대단히 크며, 피복 아크 용접법의 4～6배, 불활성 금속 아크 용접법의 약 2배의 고전류 밀도를 사용하므로 서브머지드 아크 용접과 같은 정도이다. 또 아크열이 집중적으로 일어나므로 용입도 깊고, 비드 표면의 파형(ripple)은 극히 작고 깨끗하다. 또한 아크의 지향성(stiffness)이 강하므로 전자세 용접이 용이하다. TIG 용접에 비하여 고능률이므로 주로 두께 3mm 이상의 두꺼운 판의 용접에 이용된다.

MIG용접의 와이어의 용융속도(melting rate)는 매분 용융하는 와이어의 길이 또는 중량으로 나타낸다. 용융한 금속의 일부는 스패터(spatter), 증기 등으로 손실된 나머지가 모재에 용착되며, MIG용접에서는 용착효율(deposition efficiency)이 약 98% 이상이므로, 용융 속도는 용착 속도(deposition rate)에 거의 일치한다. 그림 4－7은 알루미늄의 용융 속도를 나타냈다. 그림과 같이 용융 속도는 거의 전류에 비례하여 증가한다.

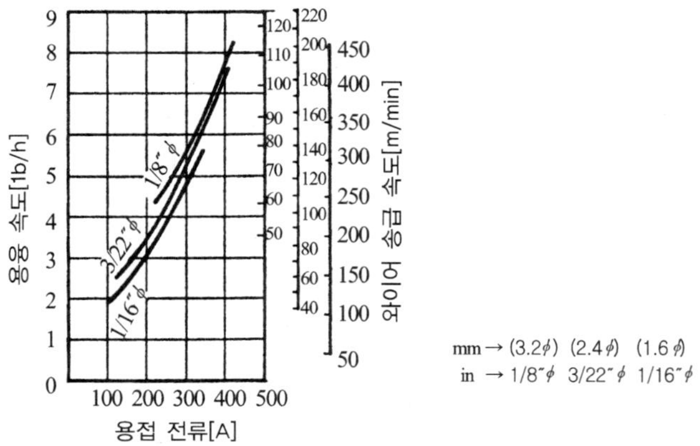

그림 4-7 알루미늄 전극선의 용융 속도(아르곤, 직류 역극성)

피복 아크 용접의 와이어의 용융 속도는 아크 전류 만으로 결정되고, 아크 전압에는 거의 관계가 없으나, MIG 용접에서는 아크 전압의 영향을 받는다. 그림 4-8은 알루미늄 합금의 용융 속도에 미치는 아크 전압을 나타냈다. 그림 4-8과 같이 동일 전류하에서는 아크 전압이 크면 용융 속도가 낮아진다.

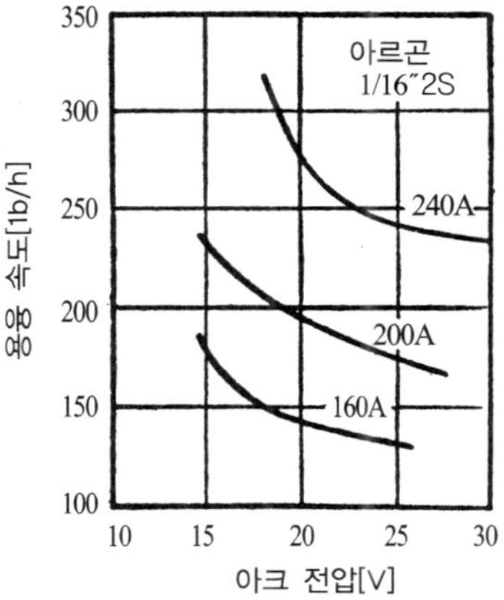

그림 4-8 용융 속도에 미치는 아크 전압의 영향

따라서 와이어의 송급 속도가 급격히 감소하든가 또는 용접물의 凹에 의해 아크의 길이가 길어져서 아크 전압이 커지면, 와이어의 용융 속도가 감소하므로, 아크의 길이가 짧아져서 본래의 길이로 되돌아 간다.

반대로 어떤 원인으로 아크의 길이가 짧아져도, 본래의 길이로 되돌아가는 작용이 와이어의 용융 현상 중에 존재한다. 이것을 MIG 아크의 자기제어기능(self-regulation)이라 한다. 이 때문에 와이어의 송급 속도의 조정이 간단하게 되며, 용접도 대단히 용이하다.

MIG 반자동 용접에 있어서 아크 전압에 따라서 와이어의 송급 속도를 자동 조절할 필요가 없음은 아크의 자기 제어능에 의하기 때문이다.

MIG 아크의 전압대 전류 특성도 피복 아크와 다른 아크 전압 특성 즉 상승특성(rising characteristics), 다시 말해서 전류가 증가하면 전압도 증가하는 특성을 가지고 있다. 따라서 용접 전원으로서도 이 특성에 적합한 정전압특성 또는 상승 특성을 가진 직류 용접기가 실용화되고 있다.

또 시일드 가스에 따라 아크 전압이 다르다. 동일한 아크 길이에 대해서 헬륨(He) 가스의 경우는 아르곤 가스의 경우보다 아크 전압이 대단히 높다. 이 때문에 헬륨 가스를 사용하면 입열량이 크고 용입이 증가하며 또 용접 속도가 커진다. 아크 길이는 보통 10~12mm 정도가 사용되며, 청정 작용이 필요하지 않은 탄소강이나 스텐레스강에서는 아르곤에 1~5% 정도의 산소를 혼입하여, 와이어의 용융 속도가 큰 직류 정극성(DCSP)으로 용접한다.

표 4-3 재료의 종류와 불활성 가스 아크 용접의 극성

재 료	교 류	직 류	직 류
	고주파전류 병용	정극성	역극성
마그네슘(판 두께 3.1m/m 까지)	1	N. R.	2
마그네슘(판 두께 4.7m/m 이상)	1	N. R.	N. R.
마그네슘합금	1	N. R.	2
알루미늄(판 두께 2.3m/m 까지)	1	N. R.	2
알루미늄(판 두께 2.3m/m 이상)	1	N. R.	N. R.
알루미늄 주물	1	N. R.	N. R.
스텐레스강	2	1	N. R.
청 동	2	1	N. R.
규소동	N. R.	1	N. R.
응	2	1	N. R.
철주물	1	1	N. R.

주 : 1…우수, 2…양호, N.R.…불량

제5장 | 탄산 가스 아크 용접법

5-1 원 리

탄산 가스 아크 용접법(CO_2 arc welding)은 불활성 가스 금속 아크 용접에 쓰이는 아르곤(Ar), 헬륨(He)과 같은 불활성 가스 대신에 탄산 가스를 이용한 용극식 용접 방법이며, 그 종류와 원리는 표 5－1 및 그림 5－1과 같다.

표 5-1 CO_2 **아크 용접법의 종류**

- 용극식
  - 순 CO_2법
  - 혼합 가스법
    - CO_2-O_2법
    - CO_2-CO법
    - CO_2-Ar법
    - CO_2-Ar-O_2법
  - CO_2 용접법
    - arcos arc 법(flux－cored)
    - Fusarc－CO_2법
    - union arc법(magnetic flux)
- 비용극식
  - 탄소 아크법
  - 텅스텐 아크법(2중 노즐식)

탄산 가스는 불활성 가스가 아니므로, 고온 상태의 아크 중에서는 산화성이 크고 용착 금속의 산화가 심하여 기공 및 그 밖의 결함이 생기기 쉬우므로, Mn, Si 등의 탈산제를 많이 함유한 Mn－Si계 와이어와 값싼 탄산 가스, 산소 등의 혼합 가스를 쓰는 CO_2-O2 아크 용접법 등이 개발되었다. 그 후 개발이 진전되어 시일드 가스(shield gas)로써 CO_2-Ar, CO_2-Ar-O_2등 여러 가지 혼합법이 발명되었다.

한편, 심선에도 용제가 들어 있는 와이어(flux cored wire)를 쓰는 방법도 개발되었다. 탈산제가 필요한 이유는 시일드 가스인 탄산 가스가 고온의 아크열에 의하여

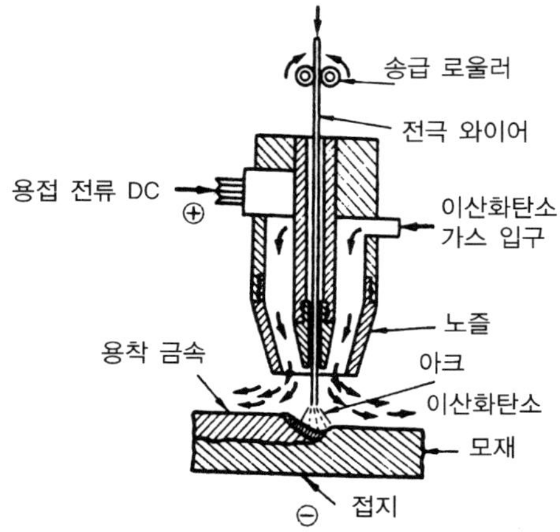

그림 5-1 탄산 가스 아크 용접법의 원리

$$CO_2 \rightleftharpoons CO + O \tag{5-1}$$

과 같이 해리하여 CO + O의 산화성 분위기를 생성하므로, 용융철은 산화된다.

$$Fe + O \rightleftharpoons FeO \tag{5-2}$$

이 산화철이 강 중에 함유된 탄소와 화합하여

$$FeO + C \rightleftharpoons Fe + CO\uparrow \tag{5-3}$$

의 반응에 의해 용융강 중에 CO의 기포가 생긴다. 그런데, 와이어에서 Mn, Si 등의 탈산제를 첨가하면

$$FeO + Mn \rightleftharpoons MnO + Fe \tag{5-4}$$

$$FeO + Si \rightleftharpoons SiO_2 + Fe \tag{5-5}$$

등의 탈산 반응에 의해서 용융강 중의 산화철(FeO)을 적당히 감소시켜 기포의 발생을 방지할 수 있다. 또 탈산 생성물인 MnO, SiO_2등은 용착 금속과의 비중차에 의해 슬랙(slag)으로서 용접 비드 표면에 떠 오른다.

5-2 용접장치

탄산 가스 아크 용접용 전원은 직류 정전압특성이라야 한다. 용접 장치는 그림 5-2와 같이 와이어를 송급하는 장치와 와이어 릴(wire reel), 제어 장치, 그 밖의 사용 목적에 따라 여러 가지 부속품 등이 있다. 그리고 탄산 가스, 산소, 아르곤 등의 유량계가 붙은 조정기(regulator)등이 필요하다.

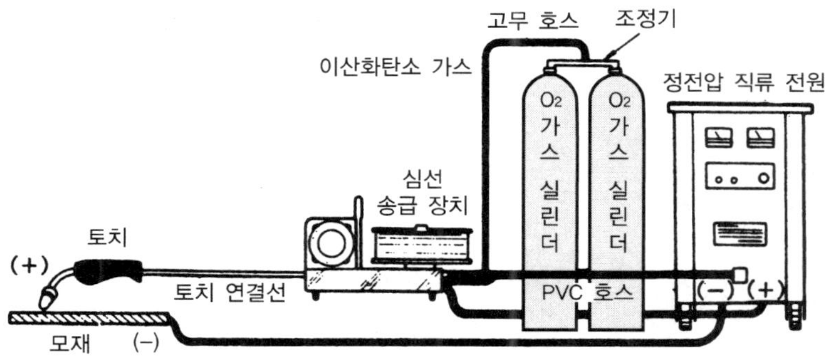

그림 5-2 반자동 탄산 가스 아크 용접 장치(공냉식)

5-3 용접용 재료

1. 와이어 및 용제

탄산 가스 아크 용접용 와이어에는 탈산제의 공급 방식에 따라 와이어 뿐인 솔릿 와이어(solid wire)와 용제가 미리 심선 속에 들어 있는 복합와이어(flux cored wire), 자성에 용제를 빨아들이는 것(magnetic flux)등이 있다.

그림 5-3은 탄산 가스 아크 용접의 용제 와이어의 방식을 나타냈다.

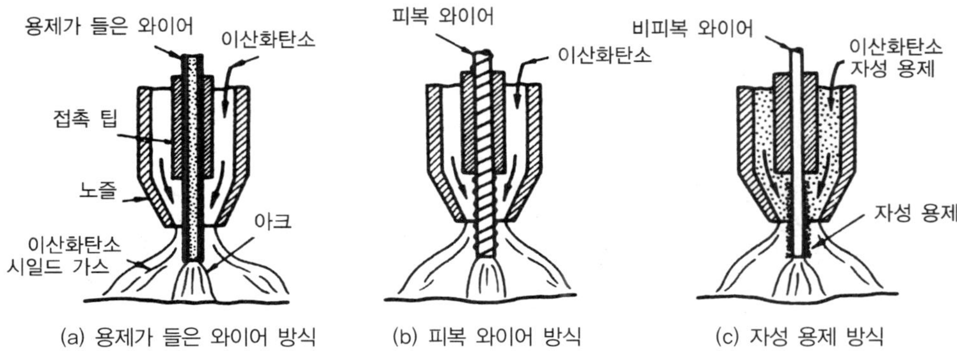

그림 5-3 탄산 가스 아크 용접의 용제 와이어 방식

(1) 솔릿 와이어(solid wire)

와이어에 Mn, Si, Ti 등의 탈산제를 함유한 것으로서, 시일드 가스로는 탄산 가스의 단일 가스 외에 CO_2-O_2, CO_2-Ar, CO_2-Ar-O_2 등의 혼합 가스에 사용되며, 시일드 가스의 종류에 따라서 탈산제의 함유량도 다르다. 표 5-2는 솔릿 와이어의 화학 성분을 나타냈다.

표 5-2 탄산가스 아크 용접용 솔릿 와이어의 화학 성분

<table>
<tr><th colspan="2" rowspan="2">종 류</th><th rowspan="2">기 호</th><th colspan="7">화학성분</th></tr>
<tr><th>C</th><th>Si</th><th>Mn</th><th>P</th><th>S</th><th>Al</th><th>Ti+Zr</th></tr>
<tr><td colspan="2">1종</td><td>YCW 1</td><td>0.15 이하</td><td>0.50~1.20</td><td>0.90~1.90</td><td>0.030 이하</td><td>0.030 이하</td><td>0.10 이하</td><td>0.30 이하</td></tr>
<tr><td colspan="2">2종</td><td>YCW 2</td><td>0.15 이하</td><td>0.50~1.20</td><td>0.90~1.90</td><td>0.030 이하</td><td>0.030 이하</td><td>–</td><td>–</td></tr>
<tr><td colspan="2">3종</td><td>YCW 3</td><td>0.15 이하</td><td>0.50~1.20</td><td>0.90~1.90</td><td>0.030 이하</td><td>0.030 이하</td><td>0.10 이하</td><td>0.30 이하</td></tr>
<tr><td rowspan="2">4종</td><td>A</td><td>YCW 4A</td><td rowspan="2">–</td><td rowspan="2">–</td><td rowspan="2">–</td><td rowspan="2">0.030 이하</td><td rowspan="2">0.030 이하</td><td rowspan="2">–</td><td rowspan="2">–</td></tr>
<tr><td>B</td><td>YCW 4B</td></tr>
</table>

(2) 용제 와이어(flux wire)

탈산제를 함유한 용제를 병용하여 사용하며, 시일드 가스로는 일반적으로 탄산 가스의 단일 가스만 사용하지만, 용제가 전기적으로 절연체이기 때문에 와이어에 대한 전류 도입에 관련하여, 용제의 공급 방식에는 여러 가지가 있다.

(3) 복합 와이어(flux cored wire)

속이 빈 와이어 속에 Mn, Si, Ti, Al 등의 탈산제 및 아크 안정제를 넣은 것으로서, 아크가 안정되므로 직류, 교류 용접에 사용할 수 있다. 그림 5-4는 용제가 든 와이어의 단면 형상을 나타냈다.

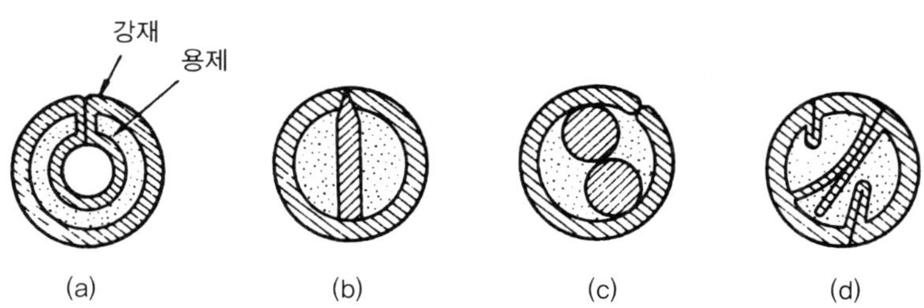

그림 5-4 용제가 든 와이어의 절단면 형상

(4) 자성 용제 와이어(magnetic flux wire)

자성을 가진 용제를 탄산 가스 기류에 혼합하여 송급하는 방식이며, 아크가 발생하여 와이어에 전류가 흐르면 와이어 둘레에 자장이 생기기 때문에 용제가 자화되어 와이어에 흡착되며, 일종의 피복 용접봉을 형성한다. 이 와이어와 탄산 가스의 공동 작용에 의해 아크와 용융 금속이 시일드 된다. 이런 방법을 유니온 아크(union arc) 용접법이라고 한다.

2. 탄산 가스 및 아르곤 가스

탄산 가스 아크 용접에서는 시일드 가스의 습도와 사용량이 용접부의 성질에 큰 영향을 미친다. 탄산 가스는 고압 용기에는 액화 탄산 가스가 사용된다. 용접용은 수분, 질소, 수소 등의 불순물이 될 수 있는대로 적은 것이 좋으며, 탄산 가스의 순도는 99.5% 이상, 수분 0.05% 이하의 것이 좋다. 수분이 많으면 용착 금속에 기포, 은점(fish eye)등이 발생하며, 질소는 1% 이상되면 용착 금속이 질화하여 취약하게 되며, 또 기포 발생의 원인이 된다. 따라서 0.1% 이하의 것이 좋다.

아르곤 가스의 순도는 99.9% 이상 수분 0.02% 이하의 것이 좋다.

표 5-3은 탄산 가스의 분류를, 표 5-4는 용접용 아르곤 가스를 나타냈다.

표 5-3 탄산 가스의 분류

종 별	CO_2순도 〔용량 %〕	수분 함유량 〔중량 %〕	취 기	용접의 가부
제 1 종	99.0 이상	-	취기가 없을 것	부
제 2 종	99.5 이상	0.05 이하	-	가
제 3 종	99.5 이상	0.005 이하	-	양

주〔참고〕

표 5-4 용접용 아르곤 가스

순도〔체적 %〕	산소〔체적 %〕	수소〔체적 %〕	수분〔mg/l〕	질소〔체적 %〕
99.9 이상	0.002 이하	0.01 이하	0.02 이하	0.1 이하

5-4 용접조건과 결함

1. 용접조건

여러 가지 방식에 따라서 용접 조건은 크게 달라진다. 용접을 대상으로 하는 제품에 따라 적합한 방식을 선택하여야 한다. 와이어의 용융 속도는 와이어의 지름에는 거의 영향이 없으며, 아크 전류에 정비례하여 증가한다. 또, 와이어의 돌출 길이(extension)가 길수록 빨리 용융된다.

그림 5-5는 와이어의 돌출 길이를 나타냈다. 순탄산가스 아크 용접에서 지름 1.6mm의 연강 와이어를 전류 300[A]로 사용할 때, 돌출 길이와 용융 속도는 표5-5와 같은 경우가 좋다. 와이어의 돌출부가 너무 길면 와이어 끝이 좌우로 흔들리며, 비드가 아름답지 못하고 아크가 불안정하게 된다.

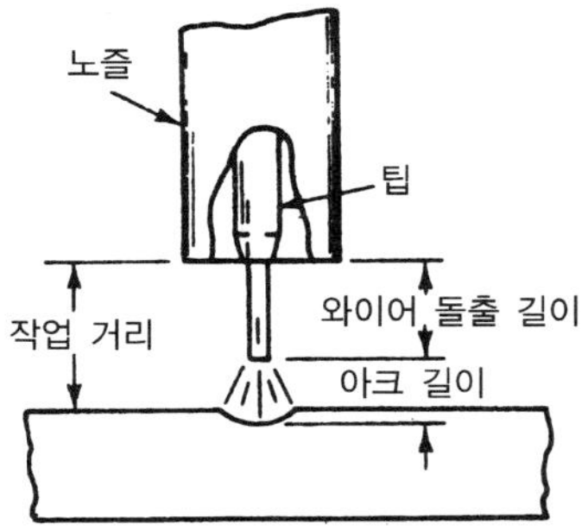

그림 5-5 와이어의 돌출 길이

표 5-5 탄산 가스 아크 용접의 와이어 돌출 길이와 용융 속도

돌출 길이〔mm〕	10	20	30
용융 속도〔m/min〕	8.5	12.4	15.4

용접 전원으로는 세렌 정류직류 또는 직류 전동 발전기에 의한 정전압 특성 또는 상승 특성의 것이 많이 사용된다. 복합 와이어를 쓸 때에는 교류 전원도 사용되며, 용접기의 용량은 300~750[A] 정도까지 여러 종류가 있다.

표 5-6은 와이어에 따른 용접 전류를 나타냈다.

그림 5-6은 용접 전류에 따른 용입 관계를, 그림 5-7은 아크 전압에 따른 용접 비드 관계를 나타냈다.

표 5-6 여러 와이어의 용접 전류

용접법	와이어 지름〔mm〕	전류 범위〔A〕
탄산 가스·솔릿 와이어	0.8 0.9 1.0 1.2 1.6	50~120 60~150 70~180 80~350 300~500
탄산 가스 복합 와이어	1.2 1.6 2.0 2.4 2.4 3.2	80~300 200~450 300~500 300~500 150~350 350~500

2. 용접결함

탄산 가스 아크 용접의 결함에는 기공, 피트(pit), 균열, 언더컷, 비드(bead) 형상 불량 등이 있다.

(1) 기 공

기공의 생성 원인은 $C + FeO \rightarrow Fe + CO$ 의 반응에서 생기는 CO 가스, 질소 및 수소 가스 등이다. CO 가스에 의한 기공 발생은 와이어나 용제에 의해 탈산제를 용융 금속에 공급하므로써 방지할 수 있다. 가스 시일드가 불안정하면 질소 가스에 의한 기공이 발생한다.

(2) 균 열

연강 용접부에 생기는 균열에는 크레이터 균열, 비드 중심부의 가로 균열, 두꺼운 판에서는 루트 균열 등이 있다. 이것을 방지하기 위해서는 이음 각도를 증가시키든가 또는 용접 조건을 바꿀 필요가 있다. 탄산 가스 아크 용접봉은 저수소계이므로, 용접부의 수소 균열은 비교적 적으나, 이음 홈이나 와이어의 건조가 불충분하든가 또는 탄산 가스 중의 수분량이 약간 많으면 냉간 균열을 일으키기 쉽다.

이와 같은 결함은 가스 시일드의 불량, 모재 이음부나 와이어의 청정(cleaning) 부족, 와이어에서의 탈산제의 공급 부족 등으로 일어난다.

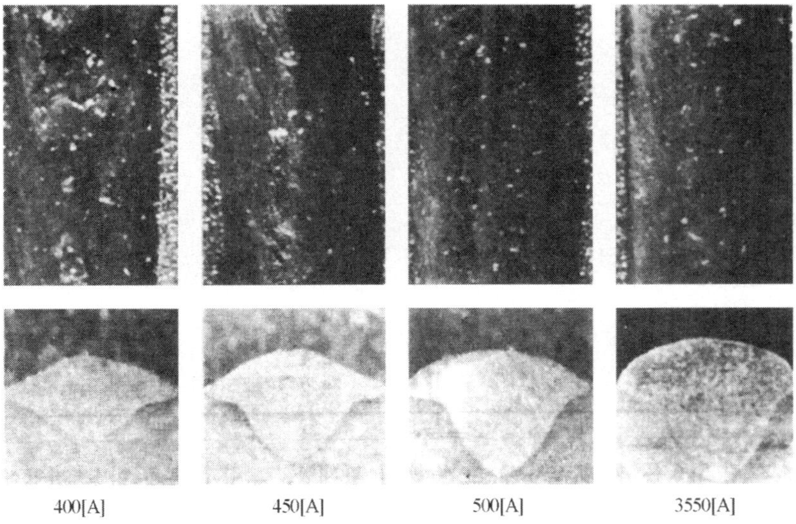

그림 5-6 용접 전류와 용입 관계

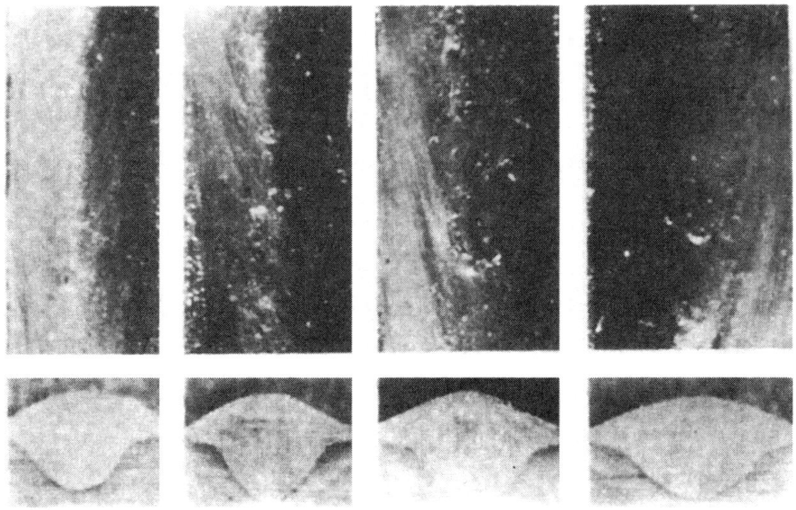

27[V] 29[V] 31[V] 33[V]

그림 5-7 아크 전압과 용접 비드 관계

연습문제

01 서브머지드 아크 용접법의 원리를 설명하여라.

02 서브머지드 용접용 용제에 대해서 설명하여라.

03 불활성 가스 아크 용접법의 원리를 설명하여라.

04 불활성 가스 아크 용접의 청정 작용에 대해서 설명하여라.

05 불활성 가스 금속 아크 용접의 자기 제어능에 대해서 설명하여라.

06 탄산 가스 아크 용접법의 종류에 대해서 설명하여라.

07 탄산 가스 아크 용접의 금속학적 원리를 설명하여라.

08 탄산 가스 아크 용접법에서 용제 와이어 및 용제에 대해서 설명하여라.

09 다음 낱말을 설명하여라.
㉠ 용융형 용제(fused flux) ㉡ 본드 용제(bonded flux)

제6장 | 가스 용접법

가스 용접법은 가연성 가스의 연소열을 이용하여, 금속을 가열하여 용접하는 방법이다. 모재의 종류, 판 두께, 이음 형상 등에 의해 용접봉을 사용할 때와 사용하지 않을 때가 있다.

가스 용접의 잇점은 가열할 때 열량 조정이 비교적 자유스러우므로, 열감수성에 의해 균열 발생의 우려가 있는 금속이나 얇은 판, 파이프, 비철 금속 및 그 합금, 특히 용융점, 비등점이 낮은 금속을 용접하는 데 적합하다.

6-1 가스 용접

1. 원 리

가스 용접(gas welding)은 아세틸렌 가스, 수소 가스, 도시 가스, LP가스 등의 가연성 가스와 산소와의 혼합 가스의 연소열을 이용하여 용접하는 방법으로, 가장 많이 쓰이는 것은 그림 6-1과 같은 산소-아세틸렌 용접(oxy-acetylene welding)이다. 산소 아세틸렌 불꽃의 성질은 토치(torch) 내에 있어서 아세틸렌과 산소의 혼합비에 의하여, 환원염, 산화염 또는 중성염으로 된다.

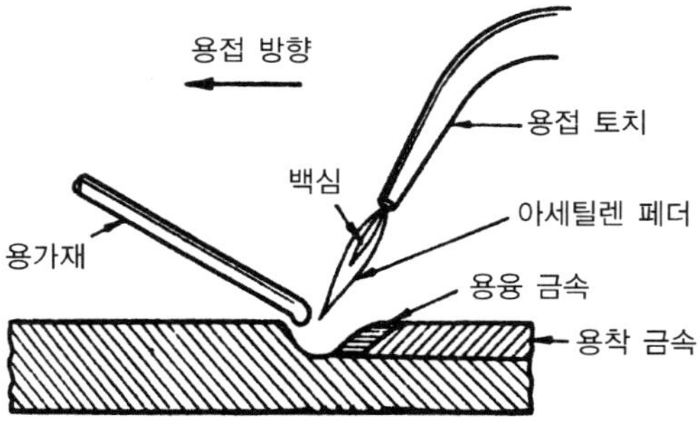

그림 6-1 산소 아세틸렌 용접

일반적으로 많이 쓰이는 용접에서는 중서염이 사용된다. 중성염은 표준염이라고도 하며, 산소와 아세틸렌의 용적비가 1 : 1의 비율로 혼합될 때 얻어지지만 실제로는 1.1～2.1 : 1의 비율로 되어 산소가 약간 많다.

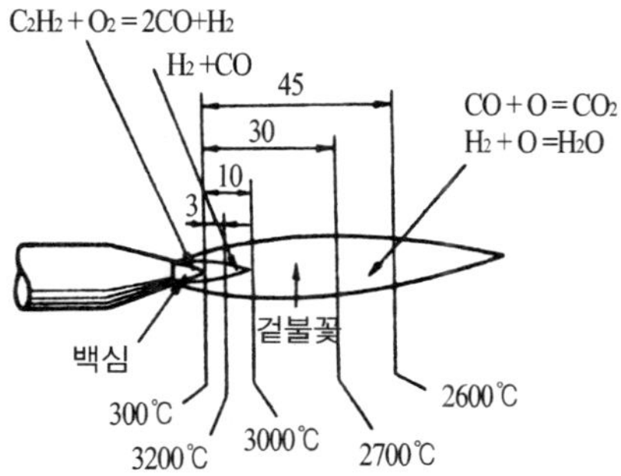

그림 6-2 중성 불꽃

이 중성 불꽃의 온도 분포는 그림 6-2와 같으며, 백심의 끝 부분 바로 밑이 가장 온도가 높으며, 불꽃의 끝으로 갈수록 온도는 점점 감소한다. 이 중성 불꽃의 반응은

$$C_2H_2+O_2 \rightarrow 2CO+H_2 \text{(백심)}$$

과 같이 되며, 이 때 O_2는 산소 용기(oxygen bombe)에서 공급되었으며, 다음에 겉불꽃(outer flame)에서는 공기 중의 산소에 의하여 다음과 같은 반응이 일어난다. 즉,

$$\left.\begin{array}{l} 2CO+O_2 \rightarrow 2CO_2 \\ 2H_2+O_2 \rightarrow 2H_2O \end{array}\right\} \qquad \text{(2차 염)}$$

이것이 2차 반응이며, 최종 생성물은 탄산 가스와 물이 된다. 가스 용접에 있어서 불꽃의 온도는 약 3,000℃정도며, 아크 용접의 아크 온도는 약 5,000℃에 비하면 대단히 낮으며, 또한 열의 집중이 좋지 않으므로 용접이 비능률적이나, 토치와 용접물 사이의 거리와 가열을 조절할 수 있으므로, 아크 용접으로는 곤란한 두께 1mm 이하인 얇은 판의 용접에 적합하다.

2. 가스 용접장치

(1) 산소－아세틸렌 용접장치

산소－아세틸렌 용접 장치는 그림 6－3과 같다. 산소는 보통 용기에 넣어 두고, 아세틸렌 가스는 발생기를 사용하거나 용해 아세틸렌 용기에 넣어 기화하여 사용한다.

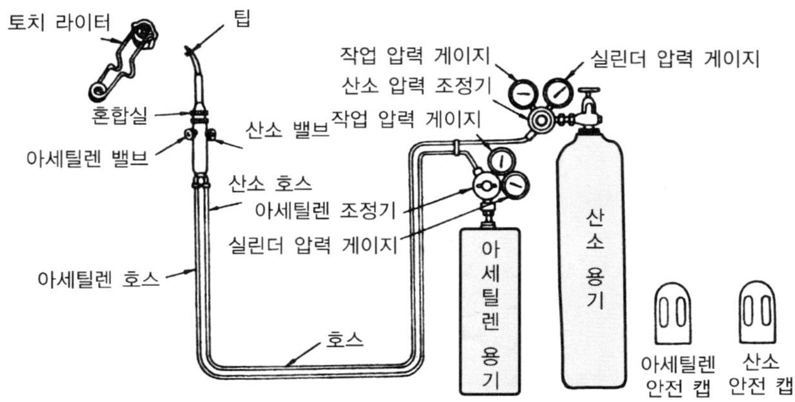

그림 6-3 산소-아세틸렌 용접장치

(2) 용접용 가스

1) 아세틸렌 가스

아세틸렌 발생기 내에서 칼슘 카바이드(CaC_2)에 물을 작용시키면 다음과 같은 반응에 의하여 쉽게 아세틸렌 가스가 발생하고 백색의 수산화 칼슘[$Ca(OH)_2$]이 남는다.

$$CaC_2 + 2H_2O = C_2H_2 + Ca(OH)_2 + 31{,}872\text{cal}$$

순수한 카바이드에서 이론적으로는 카바이드 1kg 당 348l의 아세틸렌 가스를 발생하나, 순수한 카바이드는 존재하지 않으므로, 보통 사용하고 있는 카바이드 1kg은 230 ~ 280l 밖에 발생하지 못한다. 한국 공업 규격에서는 카바이드 1kg이 발생하는 아세틸렌 가스의 양에 따라 표 6-1과 같이 규정하였다.

보통 사용하고 있는 아세틸렌 가스는 불순물로서 황화 수소(H_2S), 인화 수소(PH_3, P_2H_4) 암모니아(NH_4)등을 함유하고 있으므로 매우 불쾌한 냄새를 발생하지만, 순수한 것은 냄새가 나지 않는다. 또, 카바이드에서 발생하는 아세틸렌 가스 중의 불순물의 양은 표 6-2의 규정에 합격한 것이 좋다.

아세틸렌 가스는 매우 불안정한 탄소와 수소의 화합물(C_2H_2)이므로, 열을 가하거나 압축하여 압력을 올리든지 하면 곧 분해하여 폭발한다.

표 6-1 아세틸렌 가스의 발생량

가스량 / 분류	가스 발생량[l]	발생가스[%]	불순물 용적[%]
1호	290 이상	인화 수소 0.05 이하	황화 수소 0.25 이하
2호	260 이상	인화 수소 0.07 이하	황화 수소 0.25 이하
3호	230 이상	인화 수소 0.10 이하	황화 수소 0.25 이하
4호	200 이상	−	−

표 6-2 아세틸렌 가스 중의 불순물

불순물	함유량(%)	불순물	함유량(%)
산 소	0.03~0.9	규화수소	0.01~0.63
질 소	0.1~0.45	일산화탄소	0~0.22
수 소	0.05~0.16	메 탄	0~0.22
황화수소	0.3~0.10	인화수소	0.12~1.23
기타 황화합물	0.02~0.08	기타 인화합물	0.02~1.23
암모니아	0.12~1.23		

그러므로 그늘진 곳에 안전하게 보관하여야 한다. 이것은 아세틸렌 가스에 불순물이 많이 섞여 있기 때문이며, 동, 황동 등의 기구와 접촉하면 폭발성이 화합물 즉 아세틸라이드(acetylide)가 생기는데 기인되므로 특히 주의하여야 한다. 이와 같이 대단한 폭발성 가스의 성질이 있으므로, O_2나 CO_2와 같은 가스 상태로는 저장하기 어렵다.

2) 용해 아세틸렌

아세틸렌은 아세톤[acetone,$(CH_3)CO$]에 잘 용해되는 성질이 있으므로 고압 용기 속에 목탄, 또는 규조토 등의 다공질 물질을 고르게 넣어 일정한 양의 아세톤을 흡수시키고, 아세틸렌을 15kg/cm^{2}까지 충전시킨 것을 용해 아세틸렌(dissolved acetylene)이라 한다. 용해 아세틸렌은 그 취급이 매우 간단하여, 아세틸렌과 산소의 혼합비 조절이 용이하며, 경제적이고 폭발의 위험성이 없으므로 최근 많이 사용되고 있다. 특히, 용해 아세틸렌은 순도가 높으므로 용접 작업에 좋다.

용해 아세틸렌은 보통 15℃에서 15기압으로 충전한다. 15℃, 1기압에서 1l의 아세톤은 25l의 아세틸렌 가스를 용해하며, 15℃, 15기압에서는 375l의 아세틸렌 가스가 용해된다.

(3) 산소 용기

산소는 보통 액체 공기를 분류하여 제조되나, 때로는 물을 전기 분해하여 얻을 경우도 있다. 산소 용기(oxygen bombe)는 양질의 강제의 고압 용기로서, 정기적으로 250kg/cm^{2}의 수압 시험을 하여 그 시험에 합격한 것이라야 한다. 산소는 이 용기 속에 35℃에서 150기압으로 압축하여 충전하고 있다. 산소는 순도가 높을수록 좋으며, KS 규격에 의하면 공업용 산소의 순도는 99.3% 이상으로 규정되어 있다.

현재, 일반적으로 사용되고 있는 용기의 크기는 표 6-3과 같다. 가장 많이 쓰이는 것은 산소 용기 내용적 33.7l, 산소 용적 호칭 5,000l의 것이다.

산소 용기의 크기는 일반적으로 충전되어 있는 산소의 대기압 환산 용적(대기압에서, 즉 1기압[1kg/cm^2]의 상태로 환산한 양)으로 나타낸다.

$$L = P \times V$$

$$\left[\begin{array}{l} L : \text{용기 속의 산소량}[l] \\ P : \text{용기 속의 압력}[kg/cm^2] \\ V : \text{용기의 내부 용적}[l] \end{array}\right.$$

표 6-3 산소 용기의 크기

호칭[l]	내부 용적 [l]	지 름[mm]		높이[mm]	중량[kg]
		안 지 름	바깥지름		
5,000	33.7	205	187	1,825	61
6,000	40.7	235	216.5	1,230	71
7,000	46.7	235	216.5	1,400	74.5

예를 들면, 35℃에서 150기압으로 압축하여 내부 용적 40.7l의 산소 용기에 충전하였을 때, 용기 속의 산소량은 약 6,000l이다.

산소 용기 취급에 대해서는 고압 가스 단속법 시행 규칙에 따르지 않으면 안 된다.

① 운반 중에 충격을 주지 말아야 한다.

② 산소 용기를 뉘어 두어서는 안 된다.

③ 연소될 염려가 있는 기름이나 먼지를 피해야 한다.

④ 산소 용기는 화기로부터 멀리 두어야 한다.

⑤ 직사 광선을 피하여 그늘진 곳에 두어야 한다.

⑥ 산소 밸브의 개폐는 천천히 해야 한다.

⑦ 산소 누설 시험에는 비눗물을 사용해야 한다.

3. 아세틸렌 가스 발생기

(1) 발생기의 원리 및 특징

아세틸렌 가스 발생기(acetylene gas generator)는 카바이드에 물을 작용시켜 아세틸렌 가스를 발생시키고 동시에 아세틸렌 가스를 저장하는 장치이다.

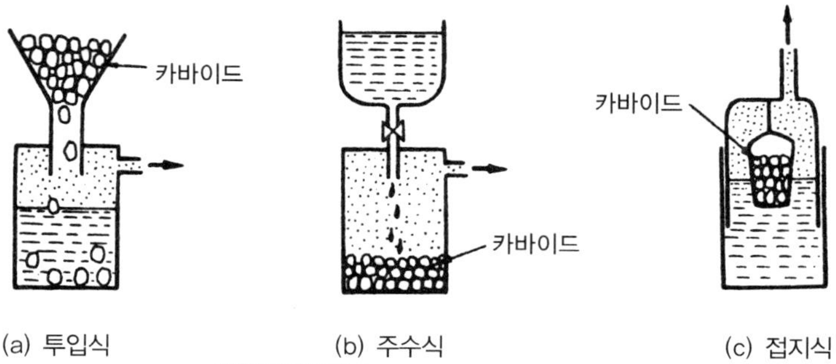

그림 6-4 아세틸렌 가스 발생기

아세틸렌 가스 발생기를 분류하면 그림 6-4와 같이 투입식(carbide to water type), 주수식(water to carbide type), 침투식(carbide recession type)의 3종류가 있다.

또, 아세틸렌 가스의 압력에 따라 분류하면 저압식(수주 300mm까지), 중압식(수주 2,000mm까지), 고압식(수주 15,000mm까지)이 있다. 사용 목적에 따라 작업상 이동할 수 있는 것을 이동식 발생기, 정치하여 사용하는 것을 고정식 발생기라 한다.

투입식은 그림 6-4(a)와 같이 비교적 많은 양의 아세틸렌 가스를 발생시킬 경우에 사용되며, 많은 양의 물속에 카바이드를 소량씩 투입하는 방식이다. 이 발생기는 아세틸렌 발생기 중에서 반응에 의한 물의 온도 상승이 가장 작고, 암모니아(NH_4), 황화수소(H_2S), 등의 불순 가스의 발생이 비교적 적다. 그러나, 결점으로는 물의 소비량이 많으며, 카바이드 1kg에 대하여 약6~7l의 물을 사용하는 점이다.

주수식은 그림 6-4(b)와 같이 발생기에 들어 있는 카바이드에 필요한 양의 물을 주수할 수 있도록 된 방식이다. 온도 상승이 일어나기 쉬우므로, 불순 가스를 발생하게 되며, 또 지연 가스 발생 상태를 일으키기 쉬운 결점 등이 있다.

침지식은 그림 6-4(c)와 같이 카바이드를 물에 침지시켜 아세틸렌 가스를 발생시키는 방식이다. 이 발생기는 그 구조가 대단히 간단하고 가스 사용량에 따라 발생량을 자동적으로 조절할 수 있는 장점이 있다. 그러나, 다른 발생기에 비해서 반응열에 의한 온도 상승이 가장 많으며, 따라서 불순 가스가 많이 발생한다.

(2) 아세틸렌 청정기와 안전기

발생기에서 발생하는 아세틸렌 가스 중에는 인화수소(H_2P_4), 황화수소(H_2S), 암모니아(NH_4), 수소(H_2), 질소(N_2) 등의 불순물을 포함하고 있으므로, 이것을 그대로 사용하면 용착금속의 성질을 나쁘게 할 뿐만 아니라, 인화수소 0.02% 이상 포함할 때에는 폭발의 위험이 있기 때문에 이것들을 제거하기 위하여 청정기(purifier)를 사용한다. 제거법에는 수세법, 여과법, 화학적 청정법 등을 사용한다.

용접 작업중 역화(back fire)를 일으키든가, 저압식 토치(torch)가 막혀 산소가 아세틸렌 발생기에 역류(contra flow)하여 폭발의 위험성이 있으므로, 그림 6-5와 같이 토치와 가스 발생기 중간 위치에 안전기(safety valve)를 설치하여 이 위험을 방지하며, 일반적으로 수압식 안전기(hydraulic safety valve)가 많이 쓰인다.

특히, 저압식 아세틸렌 발생기를 사용할 때 또는 산소 절단을 할 때에는 산소 압력이 아세틸렌 가스 압력보다 높은 압력으로 사용되고 있으므로, 토치가 고장이 생기든가, 또는 토치의 취급을 잘못했을 때에는 고압의 산소가 아세틸렌 호스로 역류하여 결국은 아세틸렌 발생기까지 산소가 흘러들어가서 위험한 폭발성의 혼합 가스를 만들어 역화 폭발을 일으키게 된다. 이 역류는 역화, 인화(flash back)의 원인이 된다.

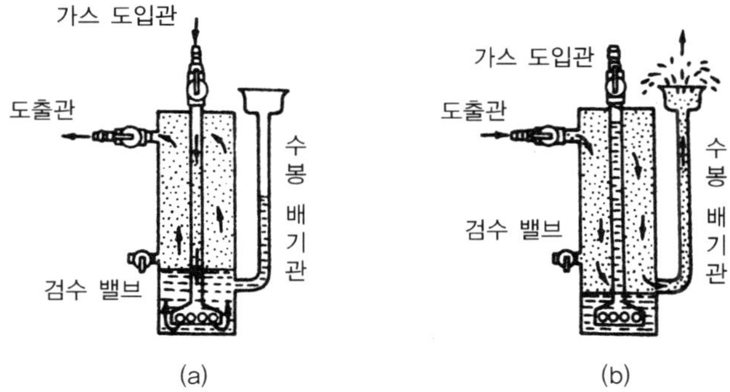

그림 6-5 저압 수봉식 안전기

4. 압력 조정기

산소나 아세틸렌 용기에 충전된 가스의 압력은 고압이므로, 그대로는 사용할 수 없다. 그러므로 토치(troch)의 크기나 용접 작업 조건 등에 따라 필요한 압력으로 감압하여 그 조정 압력을 유지하기 위하여 사용되는 기기가 압력조정기(pressure regulator)이다.

보통 작업을 할 때에는 산소 압력을 3~4kg/cm^{2}이하, 아세틸렌 가스 압력을 0.1~0.3 kg/cm^{2}정도로 하며, 현재 많이 사용되는 것으로는 독일식과 프랑스식이 있다. 현재는 독일식보다 방출량과 압력 저하, 압력이 우수한 프랑스식이 많이 사용되고 있다.

압력 조정기의 구조는 용기의 내압을 재는 압력계와 적당한 압력으로 낮은 용접 압력을 지시하는 2개의 압력계로 되어 있으며, 감압한 압력을 항상 일정하게 유지하기 위해서 자동적으로 감압 조정하는 자동 압력 조절 장치와 안전 밸브로 구성되어 있다.

산소 압력 조정기나 아세틸렌 압력 조정기는 모두 그 원리와 구조는 같으며, 밸브가 1차측 기밀실에 있는 스템형(stem type)과 밸브가 2차측 기밀실에 있는 노즐형(nozzle type)en 종류가 있다.

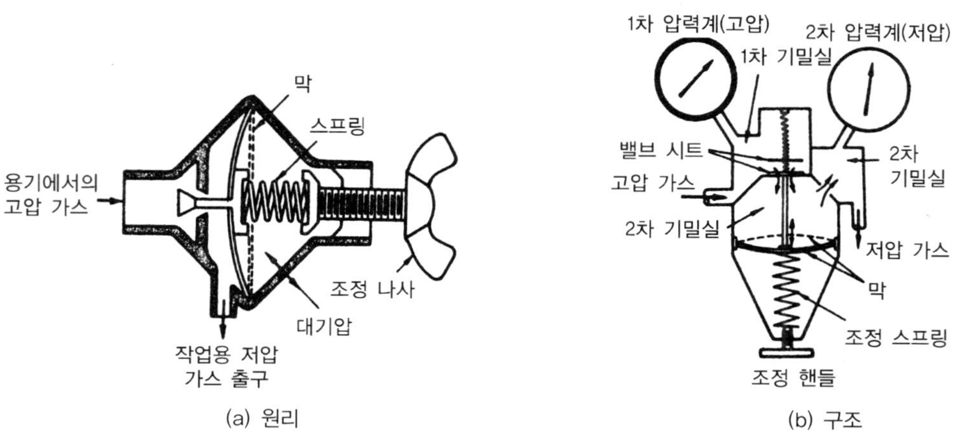

그림 6-6 스템형 압력 조정기

그림 6-6(a)는 1단식 스템형 압력 조정기의 작동 원리를 나타낸 것이다. 압력 조정기의 조정 나사를 돌리면 용기 안의 밸브는 열리고 고압 가스는 1차측 기밀실에 들어간 고압 가스가 2차측 기밀실에 유입하여 사용 압력에 도달하였을 때, 막(diaflame)을 밑으로 밀게 되며, 따라서 밸브는 닫히게 된다. 그러나, 2차 기밀실 안의 가스는 저압 가스 출구를 통하여 토치에 흘러 나가므로 압력이 떨어진다. 이렇게 되면 스프링의 힘에 의하여 막은 위로 밀려서 다시 밸브는 열리게 되며 이런 작동이 계속된다.

이와 같이 조정 스프링의 힘을 조정 나사로 조정함으로써 밸브를 열었다, 닫았다 하는 두 힘이 막을 통하여 항상 일정한 압력의 가스가 계속적으로 토치에 흘러나가게 된다.

노즐형은 그림 6-7과 같이 2차 기밀실과 1차 기밀실측을 차단하는 밸브 시트(valve sheet)가 스템형과는 반대로 1차 기밀실측에 있는 점이 다르며, 작동 원리는 스템형과 같다.

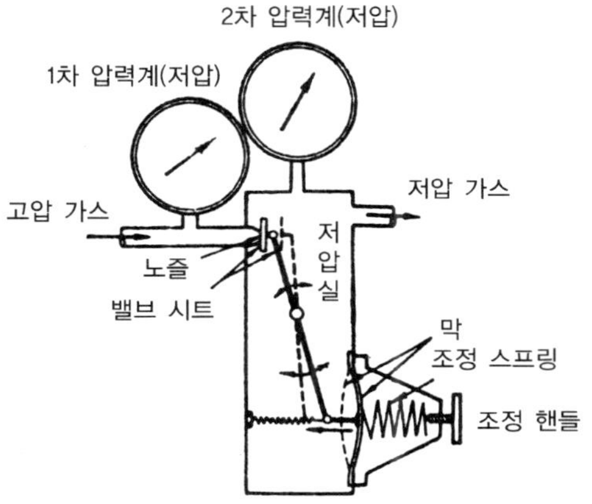

그림 6-7 노즐형 압력 조정기

5. 용접 토치

산소 아세틸렌 가스 용접에 사용되는 토치(torch)는 사용되는 아세틸렌 가스의 압력의 크기에 따라 저압식, 중압식, 고압식으로 분류된다.

저압식 토치(low pressure torch)는 아세틸렌 가스의 공급 압력이 0.07kg/cm^2 이하의 것에 사용되며, 고압의 산소로 저압의 아세틸렌 가스를 흡입하는 인젝터(injector) 장치를 가지고 있다. 산소 분출구의 모양에 따라 그림 6-8과 같이 가변압식(프랑스식)과 불변압식(독일식)이 있다.

토치의 혼합실은 그림 6-8과 같이 인젝터 노즐(injector nozzle)에서 분출되는 고압의 산소 기류 때문에 주변에 진공이 생겨, 저압의 아세틸렌 가스를 흡인하여 혼합실(mixing chamber)에서 두 가스가 혼합된다.

가변압식은 니들 밸브를 앞뒤로 이동시켜 노즐의 단면적을 변화시킴으로써 아세틸렌 가스의 흡입량을 변화시킬 수 있기 때문에 불꽃의 능력을 필요에 따라서 변화시킬 수 있는 토치이다.

(a) 가변압식 인젝 터

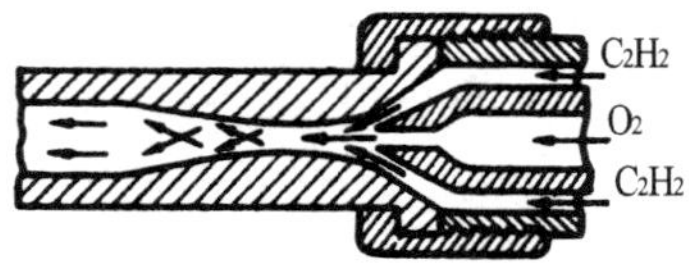

(b) 불변압식 인젝 터

그림 6-8 저압식 토치의 혼합실

더구나, 산소 분출구가 토치에 설치되어 있으므로, 팁이 소형, 경량으로 작업이 쉽다. 팁의 능력은 표준 불꽃으로 용접할 때, 매 시간당 아세틸렌 가스의 소비량(l/h)으로 표시한다. 즉, 팁 번호가 100, 200이라고 하면, 그 팁의 한 시간 동안 표준 불꽃으로 용접하였을 때에 아세틸렌의 소비량이 100l, 200l라는 뜻이다.

표 6-4(a) 불변압식(A형) 토치의 팁 번호와 산소 압력(KS B 4602)

종 류	번 호	산소압력 〔kg/cm^2〕	흰 불꽃의 길이 〔mm〕	판 두께〔mm〕
A 1 호	1	1	5	1~1.5
	2	1.5	8	1.5~2
	3	1.8	10	2~4
	5	2	13	4~6
	7	2.3	14	6~8
A 2 호	10	3	15	8~12
	13	3.5	16	12~15
	16	4	17	15~18
	20	4.5	18	18~22
	24	4.5	18	22~25
A 3 호	30	5	21	25 이상
	40	5	21	25 이상
	50	5	21	25 이상

표 6-4(b) 가변압식(B형) 토치의 팁 번호와 산소 압력(KS B 4602)

종 류	번 호	산소압력 〔kg/cm^2〕	흰 불꽃의 길이 〔mm〕	판 두께〔mm〕
B 00 호	10	1.5	2	0.5
	16	1.5	3	
	25	1.5	4	
	40	1.5	5	
B 0 호	50	2	7	0.5~1
	71	2	8	1~1.5
	100	2	10	
	140	2	11	1.5~2
	200	2	12	

B 1 호	250 315	3 3	12 13	}3~5
	400 500	3 3	14 17	}5~7
	630 800	4 4	19 20	}7~10
	1,000	4	20	}9~13
B 2 호	1,200	5	21	
	1,500 2,000	5 5	21 21	}12~20
	2,500 3,000	5 5	21 21	}20~30
	3,500 4,000	5 5	21 21	}25이상

불변압식 인젝터는 산소를 분출하는 노즐의 단면적이 일정하므로 산소의 분출량을 변화시킬 수 없으므로, 산소의 압력 조정은 산소 압력 밸브로 조정한다. 팁의 번호는 연강판을 용접할 때, 용접할 수 있는 판의 두께를 기준으로 나타낸다.

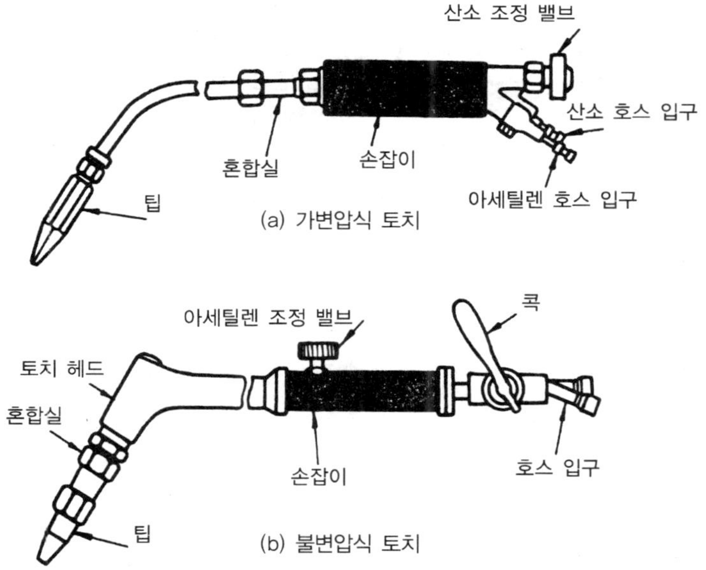

그림 6-9 저압식 토치

즉, 팁 번호 1번은 두께 1~1.5mm의 연강판을 용접하는 데 적합하다. 그림 6-9는 저압식 토치를, 표 6-4는 저압식 토치의 팁 번호와 용접 조건을 나타냈다.

(2) 중압식 토치

중압식 토치(medium pressure torch)는 아세틸렌 가스의 압력이 0.07~1.3kg/cm^2 범위에서 사용되며, 아세틸렌과 산소가 거의 같은 압력으로 혼합실에 공급되는 것으로서, 저압식 토치와 같이 산소 분출구를 가지고 있지 않으므로 구조가 매우 간단하다. 이것도 인젝터식 토치이다.

그림 6-10은 중압식 토치의 구조와 혼합실을 나타냈다. 이 형식은 아세틸렌 가스의 압력이 저압식 토치에 비해 높으므로, 인젝터에 의한 흡인 작용을 별로 필요로 하지 않으며, 따라서 산소의 압력도 아주 높게 할 필요가 있다. 또, 중압식 토치에서는 산소의 압력은 아세틸렌 압력과 같거나 약간 높으므로, 아세틸렌 가스 쪽으로 산소가 역류할 우려가 없고 혼합 상태도 좋으므로, 안정된 불꽃을 얻을 수 있다.

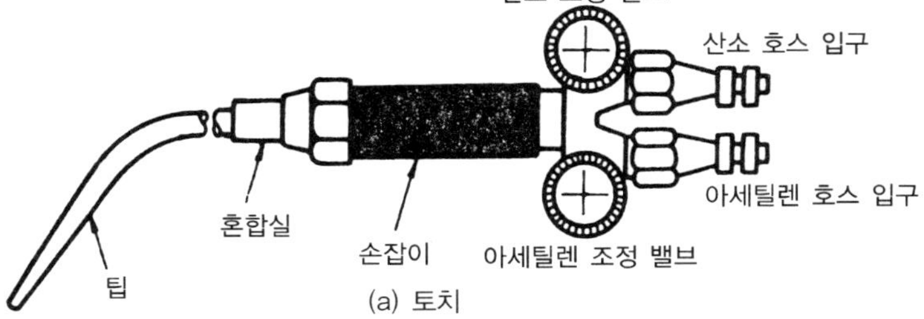

(a) 토치

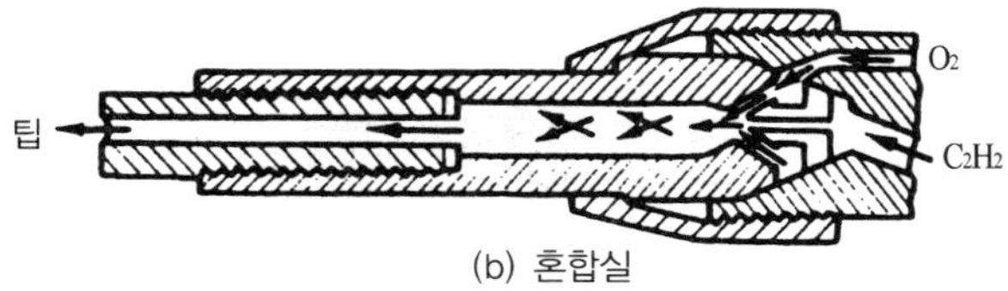

(b) 혼합실

그림 6-10 중압식 토치와 혼합실

(3) 고압식 토치

고압식 토치(high pressure torch)는 아세틸렌 가스의 압력이 1.3kg/cm^2 이상의 것에 사용되며, 원칙적으로는 산소와 아세틸렌을 같은 압력으로 사용하므로 등압식 토치라고도 한다. 이 때는 혼합실에서 산소가 아세틸렌 관내로 역류하는 위험성이 있다.

6-2 용접봉과 용제

1. 용접봉

연강용 가스 용접봉의 규격은 표 6-5와 같이 KS D 7005에 규정되었으며 아크 용접봉의 심선과 같이 인(0.040% 이하), 황(0.040% 이하) 등의 유해 성분이 극히 적은 저탄소강이 사용된다. 용접봉의 지름은 1~6mm가 사용되며, 모재의 두께에 따라 표 6-6과 같이 선택한다.

표 6-5 연강용 용접봉의 종류와 기계적 성질(KS D 7005)

용접봉의 종류	시험편의 처리	인장 강도(kg/mm²)	연신율(%)
GA 46	SR	46 이상	20 이상
	NSR	51 이상	17 이상
GA 43	SR	43 이상	25 이상
	NSR	44 이상	20 이상
GA 35	SR	35 이상	28 이상
	NSR	37 이상	23 이상
GB 46	SR	46 이상	18 이상
	NSR	51 이상	15 이상
GB 43	SR	43 이상	20 이상
	NSR	44 이상	15 이상
GB 35	SR	35 이상	20 이상
	NSR	37 이상	15 이상
GB 32	NSR	32 이상	15 이상

• NSR : 용접한 그대로 응력을 제거하지 않은 것.
• SR : 625±25℃에서 1시간 응력을 제거한 것.

표 6-6 연강의 판 두께와 용접봉의 지름

(단위 : mm)

모재의 두께	2.5 이하	2.5~6.0	5~8	7~10	9~15
용접봉의 지름	1.0~1.6	1.6~3.2	3.2~4.0	4~5	4~6

2. 용 제

용제(flux)는 주로 산화물의 용해, 제거하는 목적에 쓰인다. 연강의 용접에서는 표준 불꽃을 사용할 경우, 불용성 산화물의 생성이 비교적 적고, 표면의 산화철 자신이 어느 정도 용제의 작용을 하기 때문에 보통 용제를 쓰지 않는다. 때로는 충분한 청정 작용을 돕기 위하여 붕사($Na_2B_4O_7$), 붕산(H_3BO_3), 규산 나트륨($NaSiO_3$)등이 사용된다.

고탄소강, 주철, 특수강 등의 용접에는 중탄산 소다($NaHCO_3$), 탄산나트륨(Na_2CO_3), 붕사, 붕산, 황혈염($K_4[Fe(CN)_6]$)등이 사용된다. 동 및 동합금에서는 붕사, 붕산 불화 나트륨(NaF), 규산 나트륨 등이 쓰인다. 또 경합금의 용접에는 염화 칼륨(KCl), 염화 리듐(LiCl), 불화 칼륨(KF)등의 혼합물로 된 용제가 쓰인다.

용제는 단독으로 사용되기도 하나 혼합제로 사용하는 것이 결과가 좋으며, 용제는 용접 전에 모재 및 용접봉에 엷지 바른 다음, 불꽃으로 태워서 쓰면 좋다. 지나치게 많은 양의 용제를 쓰면 용접을 곤란하게 한다.

강 이외의 많은 금속은 그 산화물보다 용융점이 낮기 때문에 산화물을 제거하기 위하여 중요하며, 또 용융 금속의 산화, 질화를 감소시키고, 모재 표면을 청정하여 용착을 돕는 역할을 한다.

6-3 가스 용접조작법

가스 용접법은 용접 진행 방향과 토치 팁이 행하는 방향에 따라 전진 용접법(foreward welding)과 후진 용접법(back hand welding)의 두 종류로 나누어진다. 일반적으로 많이 쓰이는 것은 전진 용접법이다.

전진 용접법은 그림 6－11(a)와 같이 오른쪽에서 왼쪽으로 진행시키는 경우이며, 모재와 용접봉을 충분히 녹이기 위하여 누비듯이 움직인다. 용접봉은 토치의 전진에 따라 용접선 위를 직선적으로 이동한다. 후진 용접법은 그림 6－11(b)와 같이 토치와 용접봉을 왼쪽에서 오른쪽으로 진행시키고, 용접봉은 약간 누비듯이 좌우로 움직이나 토치는 직선적으로 이동한다.

전진 용접법은 불꽃으로 용융금속을 녹지 않는 쪽으로 흘려 보내게 되므로 용입을 방해하게 된다. 또, 모재를 과열시키고 변형시키며, 용융 금속의 산화가 심한 결점이 있다. 그러나 용접 조작이 용이하므로 두께 3mm 이하의 얇은 판과 두께 9mm 이하의 파이프 용접에 적합하다.

후진 용접법은 불꽃의 흰 불꽃심이 작은 부분이 홈 각도(groove angle)의 낮은 곳으로 향하고 있으므로, 열의 이동도가 높아 모재와 용접봉을 잘 용융한다.

토치를 별로 움직이지 않기 때문에 홈의 간격(root)은 좁아도 된다. 그러므로, 가스 소비량, 용접봉 사용량 및 용접 소요 시간이 적어지며, 용접 변형도 적어진다. 또, 불꽃에 의한 용융 금속의 교란 작용이 없고 용융부는 환원성 분위기에 싸여 산화 작용을 덜 받는다. 더구나, 용접부는 겉불꽃에 의해서 급냉을 방지하게 된다. 두께 3mm 이상의 가스용접에 대해서는 가장 좋은 방법이다.

그러나 강도를 필요로 하는 용접이나, 연강과 같은 구조용 강재의 용접에는 용접 속도와 용접 강도의 점에서 아크 용접법이 더 널리 이용된다.

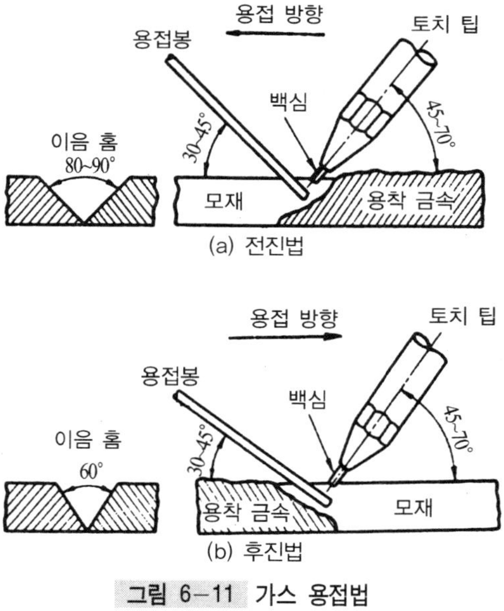

그림 6－11 가스 용접법

연습문제

01 산소-아세틸렌 불꽃 중의 화학 변화를 설명하여라.

02 중성 불꽃에 대하여 설명하여라.

03 투입식, 주수식, 침지식 아세틸렌 가스 발생기에 대하여 설명하여라.

04 압력 조정기에서 스템형과 노즐형의 작동 원리를 설명하여라.

05 저압식 토치에서 가변압식 인젝터와 불변압식 인젝터의 차이를 설명하여라.

06 다음 낱말에 대하여 설명하여라.

㉠ 역류　　㉡ 역화
㉢ 인화　　㉣ LP가스

07 가스 용접에서 용제를 사용해야 하는 이유를 설명하여라.

08 가스 용접에서 전진법과 후진법에 대하여 설명하여라.

제7장 | 테르밋 용접법

7-1 원 리

테르밋 용접법(thermit welding)은 용접 열원을 외부로부터 가하는 것이 아니라, 테르밋 반응에 의해 생성되는 열을 이용하여 금속을 용접하는 방법이다.

테르밋 반응(thermit reaction)이란 금속 산화물과 알루미늄 간의 탈산반응을 총칭하는 것으로서, 현재 실용되고 있는 철강용 테르밋제는 다음과 같은 반응을 일으킨다.

$$3FeO + 2Al \rightarrow 3Fe + Al_2O_3 + 187.1kcal \tag{7-1}$$

$$Fe_2O_3 + 2Al \rightarrow 3Fe + Al_2O_3 + 181.5kcal \tag{7-2}$$

$$3Fe_3O_4 + 8Al \rightarrow 9Fe + 4Al_2O_3 + 719.3kcal \tag{7-3}$$

미세한 알루미늄 분말과 산화철 분말, 즉 FeO, Fe_2O_3, Fe_3O_4을 약 3～4 : 1의 중량비로 혼합한 테르밋제(thermit mixture)에 과산화 바륨과 알루미늄(또는 마그네슘) 등의 혼합 분말로 된 점화제를 놓고, 이것을 점화하면 점화제의 화학 반응에 의하여, 테르밋 반응을 시작하는데, 필요한 약 1,200℃ 이상의 고온이 얻어진다. 이 고온에 의해 강렬한 발열을 일으키는 테르밋 반응으로 되어 약 3,000℃에 달한다.

그 결과 산화철은 환원되어 용융 상태의 순철로 된다.

그러나 실제로는 용접 금속의 품질과 성질을 조정하기 위하여 테르밋제에 다른 합금 원소나 탈산제 등을 배합하여 사용한다. 또, 이 용접법에는 용융 테르밋 용접법과 가압 테르밋 용접법이 있는데, 주로 용융 테르밋 용접법이 사용되고 있다.

1. 용융 테르밋 용접법

용융 테르밋 용접법은 그림 7－1과 같이, 접합 부재간에 적당한 틈새를 만들고 그 후 주위를 주형(mold)으로 둘러싸고, 주형 밑 부분에 있는 예열 구멍으로부터 보재를 적당한 온도까지 예열(강의 경우 800～900℃)한 후, 도가니 속에서 테르밋 반응에 의해 생성된 용융 금속, 슬랙순으로 도가니 밑부분에서 주입한다. 주입 후 용접 금속이 응고될 때까지 그대로 방치하고, 적당한 온도까지 냉각 후 주형을 해체하고 탕구, 압탕 등을 제거한다. 필요에 따라서는 용접부의 열처리도 한다.

그림 7－2는 레일의 테르밋 용접법을 나타냈다.

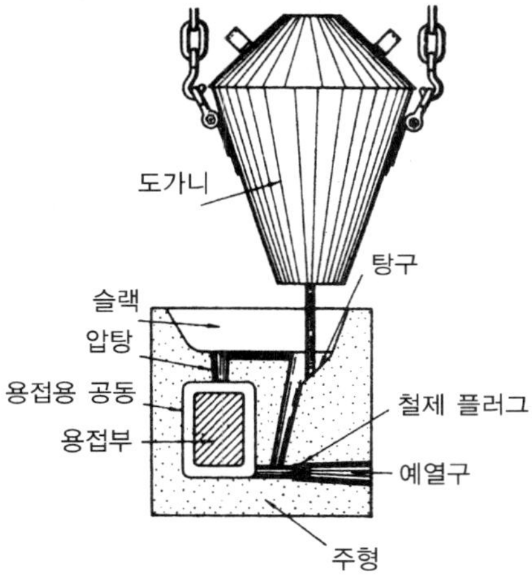

그림 7－1 용융 테르밋 용접법

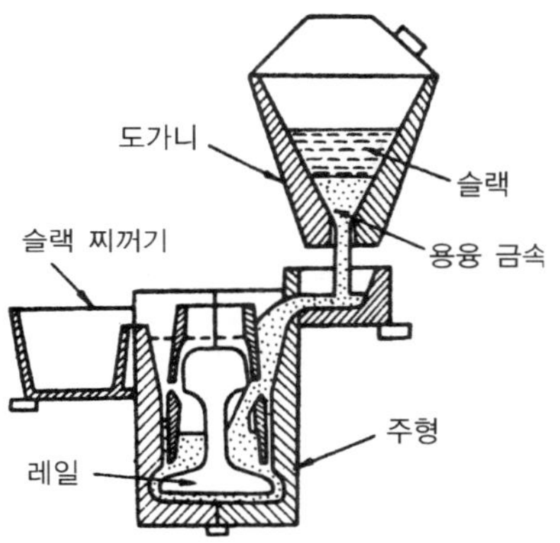

그림 7－2 레일의 테르밋 용접법

2. 가압 테르밋 용접법

가압 테르밋 용접법은 일종의 압접으로 모재의 양단면을 맞대어 놓고 그 주위에 테르밋 반응에 의해서 생긴 슬랙 및 용융 금속을 주입하여 가열시킨 후, 센 압력을 가해서 접합한다. 이 방법에서는 우선 모재의 양 단면을 청정하고, 주철제 주형으로 둘러싸고, 용융 금속과 슬랙의 비중의 차를 이용하여, 모재와 주형의 내면이 슬랙만으로 둘러싸여, 용융 금속은 접하지 않게 하여 용융 슬랙으로 급가열하여, 모재 양단면간에 센 압력을 가해서 압접을 하는 것이다. 따라서 이 용접에 있어서는 용융 금속은 전혀 사용하지 않는다.

그림 7－3 은 가압 테르밋 용접법을 나타냈다.

테르밋 용접법의 용도는 철강 계통으로는 주로 레일의 접합, 차축, 선박의 선미 프레임(stern－frame)등 비교적 큰 단면을 가진 주조나 단조 품의 맞대기 용접과 보수 용접에 사용되며, 동 계통으로는 주로 전기용품 재료의 이음 분야에 이용되고 있다. 또, 동과 철강과의 용접에도 사용된다.

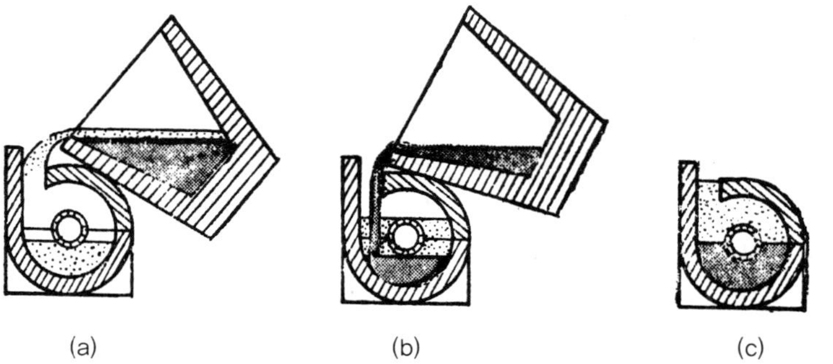

(a) 슬랙인 알루미나가 우선 유입하고, 관의 외면과 주형의 내면을 덮는다.
(b) 다음에 용융 금속이 유입하여, 주형이 밑에 고인다.
(c) 용융 금속과 슬랙에 의하여 관은 가열된다. 그러나 슬랙의 얇은 층에 의하여 주입한 용융 금속은 주형과 직업 접촉하지 않으므로 주형을 제거하면 이들은 용접부에서 제거할 수 있다.

그림 7-3 가압 테르밋 용접법

제8장 | 스터드 용접법

8-1 원 리

스터드 용접법(stud welding)은 동봉 또는 황동봉 등을 보울트 대신에 모재에 심는 방법이며, 아크 용접의 일종이다.

용접 원리는 그림 8－1과 같이, 우선 스터드(stud) 선단에 페룰(ferrule)이라고 불리우는 보조링을 끼우고, 스터드를 모재에 접촉시키고 통전한 상태에서 스터드를 모재에서 약간 떼어 놓아 아크를 발생시켜 적당히 용융하였을 때 스터드를 용융지(molten pool)에 압입하여 용착시킨다. 일반적으로 아크 발생 시간은 0.1～2초 정도로 선정된다.

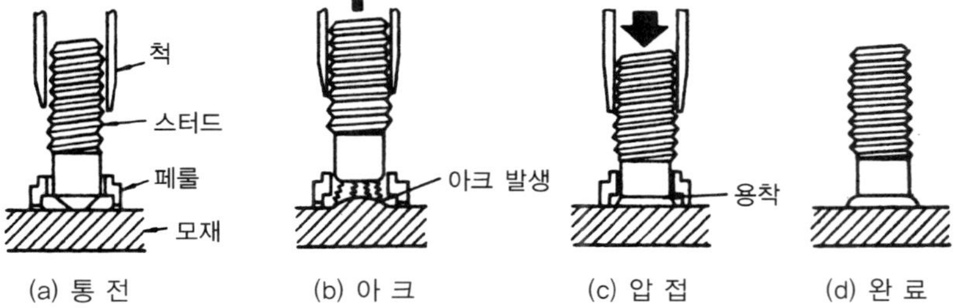

그림 8－1 스터드 용접의 원리

용접 작업은 모두 전기적으로 자동화되었으며, 스터드 용접 총(stud welding gun)으로 스터드는 심을 때가 많다. 용접 전원은 직류나 교류 모두 사용되지만, 일반적으로 세렌 정류 방식의 직류 용접기가 많이 사용된다.

그림 8−2는 스터드 용접기를 나타냈다.

스터드 용접은 아크열에 의한 순간적인 국부 가열이므로 용접 응력이 대단히 작아서 실용상 문제가 되지 않는다. 그러나 용접 후의 냉각 속도가 비교적 빠르므로 경화성이 큰 모재를 사용할 경우에 균열이 생기기 쉬우므로, 중요한 구조물에서는 적당한 예열을 한다.

스터드 용접은 철강 재료 외에 동, 황동, 알루미늄, 스텐레스강에도 적용되며, 조선, 교량, 건축, 보일러관 등에 널리 응용되고 있다.

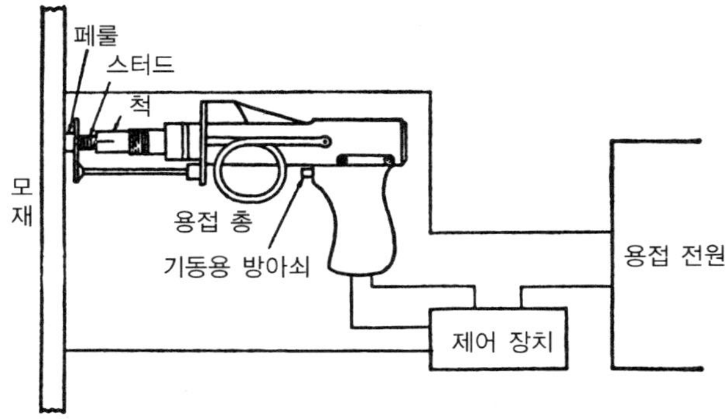

그림 8−2 스터드 용접기(직류식)

제9장 | 일렉트로 슬랙 용접법

9-1 원 리

일렉트로 슬랙 용접법(electro slag welding)은 전기 용융법의 일종으로 아크열이 아닌 와이어와 용융 슬랙 사이에 흐르는 전류의 저항열(joule heat)을 이용하여 용접을 하는 특수한 용접 방법이다.

용접 원리는 그림 9－1과 같이 용융 슬랙과 용융 금속이 용접부에서 흘러 나오지 않도록 용접 진행과 더불어 수냉된 동판을 미끄러 올리면서 와이어를 연속적으로 공급하여, 슬랙 안에서 흐르는 전류의 저항 발열로써 와이어와 모재 맞대기부를 용융시키는, 연속 주조 방식에 의한 단층 상진 용접법을 하는 것이다.

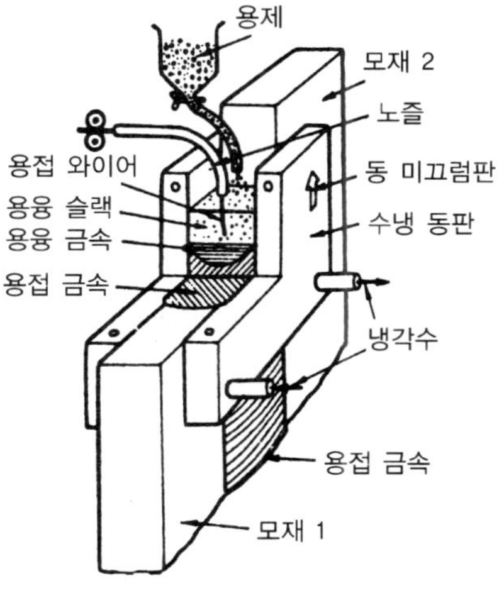

그림 9－1 일렉트로 슬랙 용접법의 원리

저항열은 처음부터 발생하는 것이 아니고, 용접이 시작될 때 입상 용제 속에서 아크가 순간적으로 발생하지만, 용제가 용융하면 아크는 소멸하고, 와이어는 주로 용융 슬랙의 저항열로 녹는다. 즉, 용융 슬랙 및 모재 내를 흐르는 저항열은 다음과 같다.

$$Q = 0.24EI[\text{cal/sec}] \qquad (9-1)$$

E : 전극 와이어와 모재간의 전압[V]
I : 용전 전류[A]

전극 와이어의 지름은 보통 2.5~3.2mm 정도이고, 피용접물의 두께에 따라서 1~3개를 사용한다. 18개의 전극으로 두께 ,1000mm까지도 용접이 가능한 다극식의 것도 연구, 시도되고 있다. 또, 평판 모양의 띠 전극을 사용하는 경우도 있으며, 이것은 대형 주단강 제품의 용접에 적합하다.

용전 전류는 주로 교류의 정전압 특성을 갖는 대전류를 사용하고, 피용접물의 두께에 따라서 400~1,000[A], 전압은 35~50[V] 정도이고, 전극 와이어와 용제는 서브머지드 아크 용접과 거의 같은 계통의 것이 사용되고 있다. 미끄럼 수냉 동판은 모재와 밀착하여, 용접 금속 사이에 얇은 슬랙막을 만들어 비드 외관이 아름다운 것이 좋다.

전극은 그 끝을 고정시키는 고정식과 진동시키는 진동식이 있으나, 두께 약 150mm 이상의 두꺼운 판에는 일반적으로 진동식이 사용된다.

또, 미끄럼판의 상승 속도는 일반적으로 다음과 같다.

$$V_s = \frac{\pi}{4} \cdot \frac{d^2 \cdot v_e \cdot n}{t \cdot b}[\text{cm/h}] \qquad (9-2)$$

d : 전극 와이어 지름[mm]
t : 판 두께
b : 이음 간격
v_e : 전극 와이어 송급 속도[m/h]
n : 전극 와이어 개수

9-2 소모 노즐식 일렉트로 슬랙 용접

이 용접법은 본래의 일렉트로 슬랙 용접을 보다 간이, 경량화한 방법이다. 이 방식은 그림 9-2와 같이 와이어를 용제로 피복한 소모형 노즐(nozzle) 즉, 강제의 가이드 튜브를 통하여 슬랙 속으로 송급하여, 피복제의 슬랙 생성, 용접 금속으로 합금 원소 첨가, 탈산 작용 등에 의해 용접성의 향상을 도모한 것이다. 또, 와이어를 가이드하는 강관도 동시에 용융하며, 아무리 두꺼운 판도 1 패스로 용접할 수 있다.

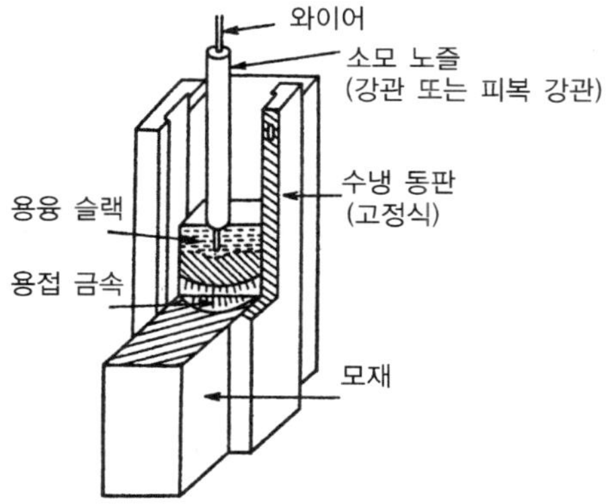

그림 9-2 소모 노즐식 일렉트로 슬랙 용접의 원리

전극 와이어의 지름은 보통 2.4mm이다. 용접이 가능한 판 두께는 노즐을 요동할 수 없으므로, 전극 1개로 용접 가능한 최대 두께는 70~80mm 정도이다. 그 이상의 두께를 용접할려면 전극 수를 늘리든가, 분할하여 용접을 하여야 한다. 또 동 미끄럼판이 고정되어 있기 때문에 미끄럼식에 비해서 보다 얇은 판까지 용접이 가능하다.

9-3 용접부의 성질

일렉트로 슬랙 용접에서는 용융 금속의 응고가 늦으므로 그림 9-3과 같이 수지상(dendrite) 조직이 생겨, 용접 금속과 열영향부의 노치 인성(notch toughness)이 낮다. 용접 금속의 조립화를 방지할려면, 강인 경우 알루미늄, 바나듐, 보론 등을 소량 첨가하면 어느 정도 미세화되며, 열처리로도 가능하다. 응고가 늦고 항상 슬랙으로 덮어져 있으므로 용접 금속 내의 기공 발생은 거의 없다.

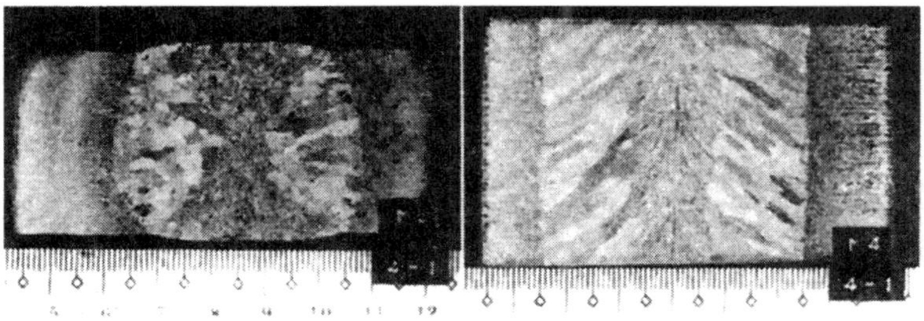

(a) 횡단면 (b) 종단면

그림 9-3 일렉트로 슬랙 용접부의 단면(연강)

9-4 적용과 특징

일렉트로 슬랙 용접법은 매우 두꺼운 판과 후판의 용접에 있어서 다른 용접법에 비하여 경제적이다. 즉 수력 발전소의 터빈축, 두꺼운 판으로 만든 보일러 드럼, 대형 프레스, 대형 주형 고압 탱크, 대형 공작 기계류의 베드, 차량 관계에 많이 적용되고 있다.

이와 같은, 대형 물체의 용접에 있어서는 아래보기 자세 서브머지드 용접에 비하여, 용접 시간, 홈 가공비, 용접봉 비용, 준비 시간 등을 정도로 감소시킬 수 있다. $\frac{1}{3} \sim \frac{1}{5}$ 정도로 감소시킬 수 있다.

이 용접법은 정밀을 요하는 복잡한 홈 가공이 필요 없으며, 가스 절단 그대로의 I형 홈이면 된다. 용접 홈의 간격이 넓으므로 용착 금속의 양이 많게 되고, 전술한 바와 같은 용접 결함이 발생하기 쉽다.

제10장 | 일렉트로 가스 용접법

10-1 원 리

일렉트로 가스 용접(electro gas welding)도 용접의 일종으로 저항열이 아닌 탄산 가스 중에서 아크열을 이용하여 용접하는 방법이다.

용접 원리는 그림 10-1과 같이, 용융 금속이 흘러 나오지 않도록 용접 진행과 더불어 수냉된 동판을 미끄러 올리면서 와이어를 연속적으로 공급하는 것은 일렉트로 슬랙 용접법과 동일하다.

용접부를 대기 중에서 보호하기 위하여 시일드 가스(shield gas)로서, 주로 탄산 가스를 사용하여, 가스 분위기 속에서 와이어 가이드 노즐을 통하여 용접 와이어를 송급하여, 용접 와이어 끝과 모재간에 발생하는 아크에 의해, 용접 와이어와 모재를 용융하여 용접을 진행한다.

전극 와이어의 지름은 보통 1.6~2.0mm 정도이고 솔릿 와이어(solid wire) 또는 복합 와이어(flux-coared wire)의 전극을 보통 1개 사용한다. 시일드 가스는 모재의 재질에 따라서 사용되며 강에 대해서는 주로 탄산 가스가 사용되지만, 탄산 가스-아르곤, 아르곤-산소 등의 혼합 가스를 사용할 때도 있다.

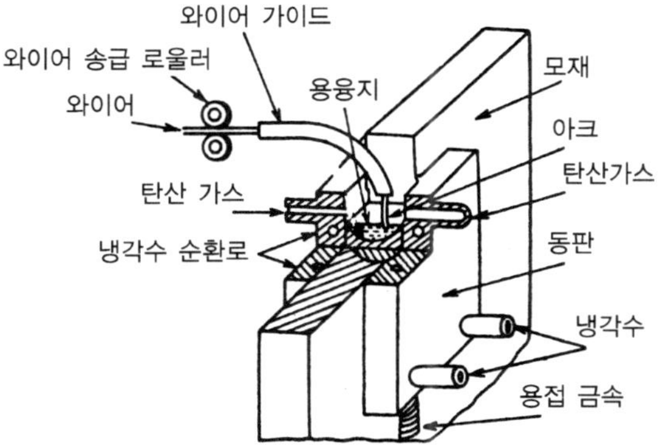

그림 10-1 일렉트로 가스 용접법의 원리

적용할 수 있는 판 두께는 10~35mm 정도이지만, 전극의 요동이나 다층 용접에 의해 60~80mm 정도의 것도 용접할 수 있다. 용접 전류는 와이어의 지름에 대해서 각각 250~400[A](1.6mmϕ), 350~600[A[(2.4mmϕ), 450~700[A](3.2mmϕ)의 것이 사용된다.

용접 전압은 28~40[V] 정도이고, 일반적으로 전류가 증가함에 따라서 높은 전압을 사용한다. 또, 전압은 용입을 좌우하며, 전압이 높을수록 용입은 커진다.

10-2 용접부의 성질

이 용접법은 보통, 입열이 크고 냉각 속도가 늦으므로 용접 금속은 주상조직을 나타낸다. 열영향부는 본드 부근에서 조립화되며, 본드 부근에서 멀어짐에 따라서 세립화된 조직으로 된다. 그림 10-2는 연강 용접부의 현미경 조직을 나타냈다. 용접 금속의 인장 강도는 용입이 크기 때문에, 모재의 용입율에 의해서 좌우된다. 또, 일반적으로 굽힘 강도는 양호하다.

열영향부의 노치 인성(notch toughness)은 본드 부근의 조립화부에서 낮고, 본드에서 4~8mm 떨어진 세립화부에서 좋은 값을 가진다. 입열이 저하하면 열영향부의 폭은 좁아지며 또, 다층-용접을 하면 입열의 저하와 후열 효과에 의해서 열영향부의 인성이 개선된다.

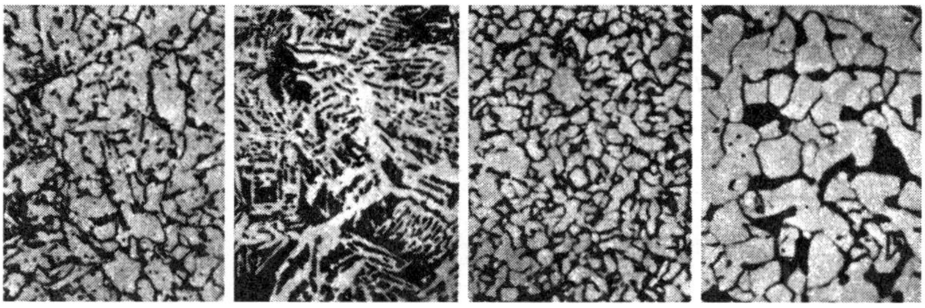

(a) 용착 금속 (b) 조입부 (c) 세입부 (d) 모재

그림 10-2 연강 용접부의 현미경 조직(X 150)

10-3 적용과 특징

일렉트로 가스 용접법은 10~35mm 정도의 중·후판의 용접에 능률적이고 또한 효과적이다. 즉, 압력 용기의 구형 탱크, 원유 탱크, 저수 탱크, 시멘트 탱크 등에 많이 적용되고 있다.

일렉트로 슬랙 용접법에서는 용접 홈의 간격이 넓으므로 용착 금속의 양이 많게 되나, 이 방법은 판 두께와 관계없이 12~16mm 정도로 좁으므로 용접 속도가 빠르고 작업성도 양호하다. 용접 홈은 보통 I형 홈 또는 V형 홈이 사용되며, 용접 금속의 노치 인성이 낮은 결점이 있으나, 결정입의 미세화 원소인 알루미늄을 미량 첨가하므로써 개선할 수 있다.

제11장 | 전자 비임 용접법

11-1 원 리

전자 비임 용접법(electronic beam welding)은 진공 중에서 고속의 전자 비임을 형성시켜 그 전자류가 가지고 있는 에너지를 용접 열원으로 한 방법이다.

용접 원리는 그림 11－1과 같이 10^{-4}mmHg 이상의 높은 진공 안에서 음극 필라멘트를 가열하여 방출된 전자를 양극 전압으로 가속하는 것과 함께 전자 코일에 의하여 수속(focasing)하여, 용접물에 충돌시켜 이 충돌에 의한 전자 운동 에너지를 열 에너지로 변환시켜 용접을 하는 방법이다.

(10^{-4}mmHg)과 저진공형(10^{-1}～10^{-2}mmHg정도)및 대기압형으로 분류된다. 다른 하나는 전류, 전압 등의 전기적 분류며 저전압 고전류형(가속 전압 : 10～60kV, 전류 : 15～500mA)과 고전압 저전류형(가속 전압 : 80～150kV, 전류 : 10～20mA)이 있다.

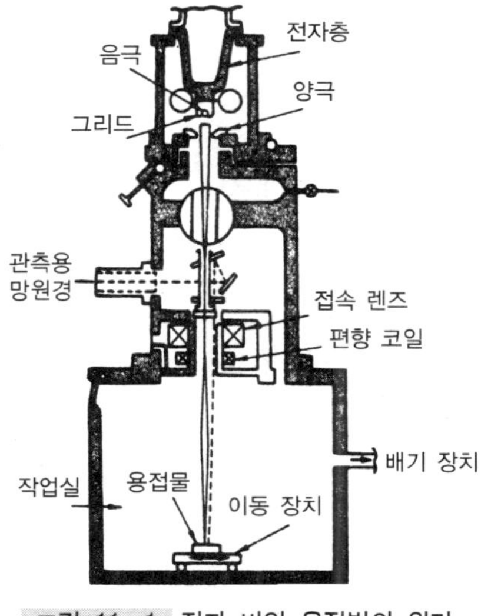

그림 11－1 전자 비임 용접법의 원리

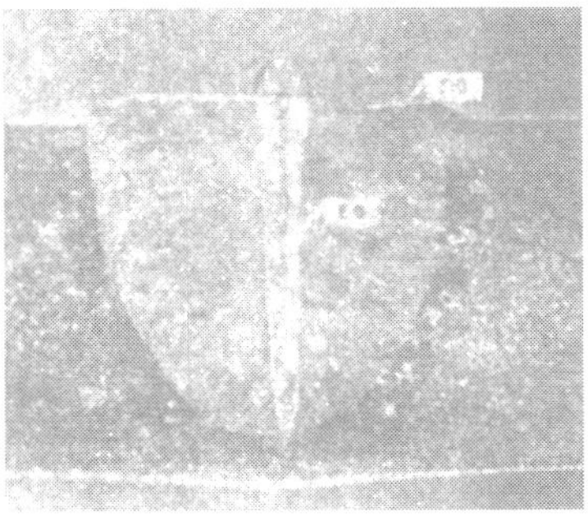

그림 11-2 전자 비임 용접부의 용입 형상

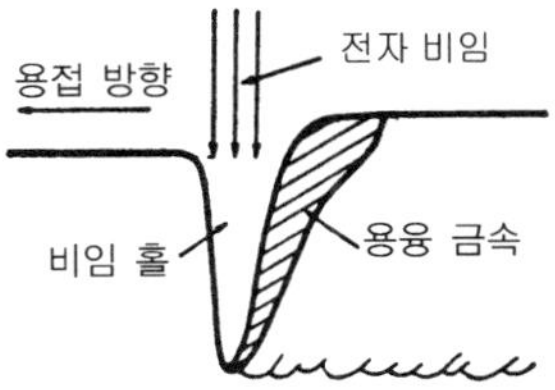

그림 11-3 전자 비임 용접의 비임 홀

전자 비임 용접법에서는 전자 비임의 가속 및 수속이 가능하기 때문에, 높은 에너지 밀도 용접이 가능하며, 그림 11-2와 같이 용접 폭이 좁고 용입이 깊은 용접부가 얻어진다.

이것은 그림 11-3과 같이 전자 비임 바로 밑의 용융 진행부에 폭이 좁고 깊은 비임 홀(beam hole)이 형성되여, 높은 에너지 밀도의 비임이 모재의 깊은 곳까지 직접 침입하기 때문이다.

11-2 용접조건과 용입형상

전자 비임 용접에 있어서 용입 형상은 종래의 용융법과 다른 비드 형성 기구에 의하므로, 즉, 용접 입열 뿐만 아니라, 비드 형상 및 에너지 밀도에 의해 변화한다.

연강의 용입 깊이에 미치는 용접 조건의 영향은 그림 11-4, 그림 11-5 및 그림 11-6과 같다. 용입 깊이는 가속전압, 비임 전류의 증가에 따라 직선적으로 증가하고, 용접 속도의 증가에 따라 감소한다. 또 용입 깊이와 입력 관계는 그림 11-7과 같이 입력의 증가에 따라 용입 깊이는 직선적으로 증가하고 있다.

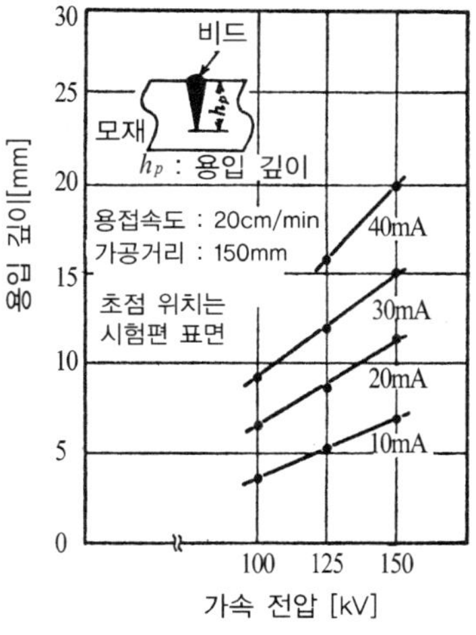

그림 11-4 가속 전압과 용입 깊이

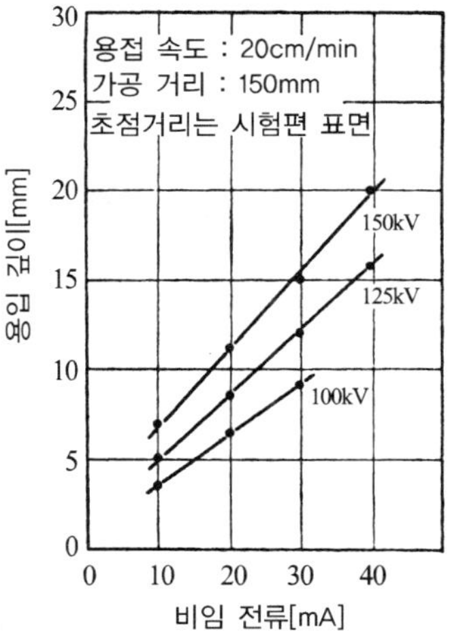

그림 11-5 비임 전류와 용입 깊이

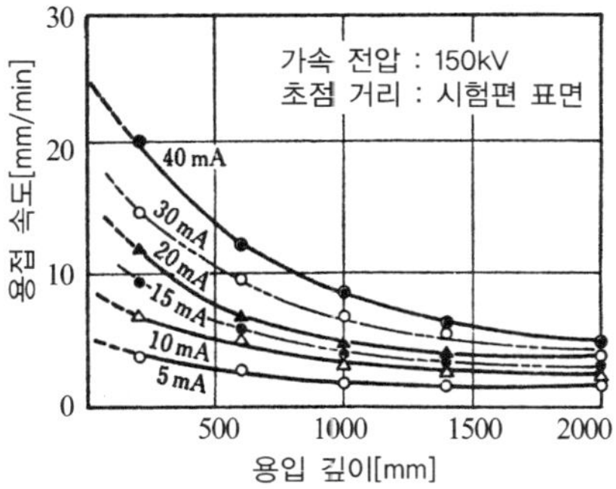

그림 11-6 용접 속도와 용입 깊이

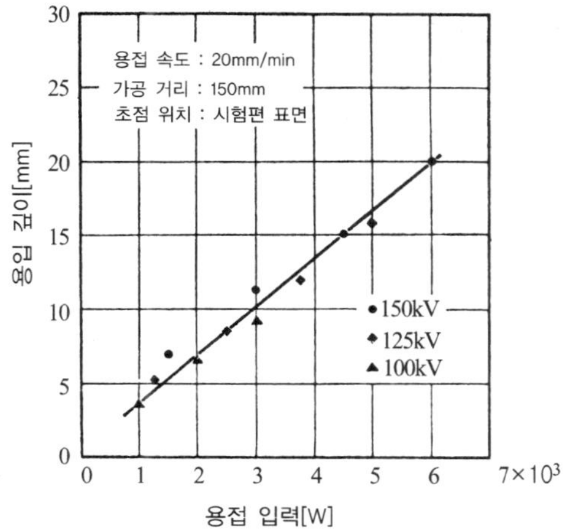

그림 11-7 용입 입력과 용입 깊이

11-3 용접결함

전자 비임 용접에 있어서는 응고 속도가 빠르므로 기공이 생기기 쉬우며 또, 냉각속도가 크므로 강의 용접에서는 경화하여 저온 균열이 발생하기 쉽다. 따라서, 용접전의 청정은 중요하며, 접합부 표면의 산화 스킬은 충분히 제거해야 한다. 또, 침탄, 질화 등의 표면 경화부, 도금 부분은 균열이나 기공이 생길 가능성이 크므로 될 수 있는 대로 용접을 피해야 한다. 이 외에, 전자 비임 용접의 특유한 결함 형태로서 스파이킹(spiking) 및 콜드 셧(cold shut)이 있다.

1. 스파이킹(spiking)

전자 비임 용접에서는 뒷면까지 완전히 용입할 수 없는 부분용입 용접을 할 때가 많다. 그림 11-8과 같이 용입 깊이가 스파이크상으로 변동한 것이며, 이 변동이 심할 때에는 용입이 불균일하게 된다.

이 스파이크 현상은 비임의 에너지 밀도와 밀접한 관계가 있으며, 에너지 밀도의 증대에 의해 심하게 된다. 이 현상을 감소할려면, 비임의 에너지 밀도를 작게 하는 것도 효과적이지만, 이 때 용입은 얕아진다.

그림 11-8 전자 비임 용접부의 결함

2. 콜드 셧(cold shut)

일종의 융합불량이며 그림 11－9와 같이 주로 용입의 선단부에 발생한다. 이 결함은 용접부의 폭을 넓게 하든가, 냉각 속도를 늦게 하므로써 제거할 수 있다.

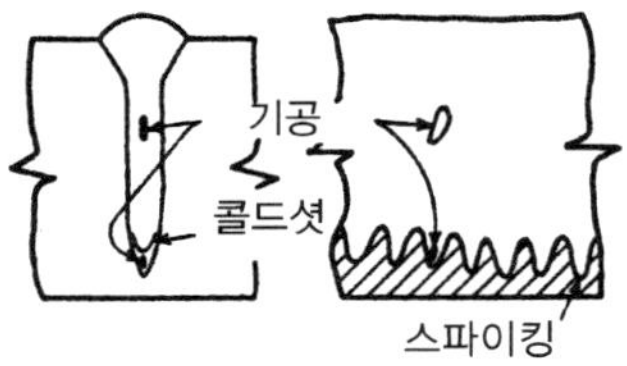

그림 11－9 콜드 셧

11－4 용접부의 성질

강전자 비임 용접에 있어서는 용접부의 냉각 속도가 크므로, 경화성의 강은 종래의 용융 용접법인 경우에 비해서, 한층 더 단단해진다.

또 입열량이 다른 용융 용접법인 때와 비교해서 작으므로, 열처리강 등을 용접하였을 때의 경화역의 폭은 작아진다. 알루미늄의 전자 비임의 연화 및 이에 따른 강도 저하를 일으킬 때가 있다. 전자 비임 용접법의 특징은 다음과 같다.

1. 장 점

① 진공 중에서 용접하므로, 불순 가스에 의한 요염이 적고 금속학적 성질이 양호한 용접부를 얻을 수 있으며, 활성 금속의 용접도 가능하다.

② 용접 입열이 적으므로 용접 변형이 적고, 또 용접부의 폭이 좁으므로 정밀 용접이 가능하다.

③ 텅스텐, 몰리브덴 등의 고융점 재료 또는 열전도율이 다른 이종금속의 용접도 가능하다.

④ 에너지 밀도가 높기 때문에, 용융부나 열영향부가 좁고, 용입이 깊으며 또 용접 속도가 빠르다.

2. 단 점

① 진공 용접에서 증발하기 쉬운 아연, 카드뮴 재료 등은 부적당하다.

② 산소, 질소, 수소, 탄소 등의 불순물을 다량 함유한 재료에서는 증발 현상과 용융부의 빠른 냉각 속도와 더불어 기공의 발생, 합금 성분의 감소 등이 발생할 때가 있다.

③ 용융부가 좁기 때문에 냉각 속도가 빨라져서 경화 현상을 일으키기 쉬우며, 심할 때는 용접 균열의 발생 원인이 된다.

④ 대기압형의 용접기를 사용할 때에는 X선 방호가 필요하다. 전자 비임 용접법은 활성 금속의 용접, 기계 부품의 정밀한 용접, 용입이 깊은 특성을 활용하여 두꺼운 판의 용접 등에 사용된다. 또, 적용 금속도 대단히 많으며, 압연 강재, 구조용 합금강, 알루미늄 및 그 합금, 동 및 그 합금 등 많은 종류의 금속이 있다.

제12장 | 초음파 용접법

12-1 원 리

초음파 용접법(ultrasonic welding)은 두 모재를 가압한 후 초음파 진동 에너지를 접촉면에 국부적으로 작용시킴으로써 모재를 접합하는 고상용접법이다.

이 원리는 그림 12-1과 같이 용접팁(tip)과 받침대(anvil)사이에 가압된 모재에 팁으로부터 1~7초 정도의 단시간 진동 에너지가 작용되면 접촉면에 있는 불순물은 축출되고, 접촉면에 국부적인 소성변형이 일어나 금속 원자 사이에 결합이 이루어진다. 이 접합부는 약간 냉간 가공된 상태로 미세한 입자를 갖는 조직이 되고 진동 에너지의 일부가 열로 변화되어 접합부의 온도를 약간 상승시킨다.

이 온도의 상승은 모재의 특성과 조직을 일부 변화시키나 전체 조직이나 특성에 큰 영향을 미치지 못한다.

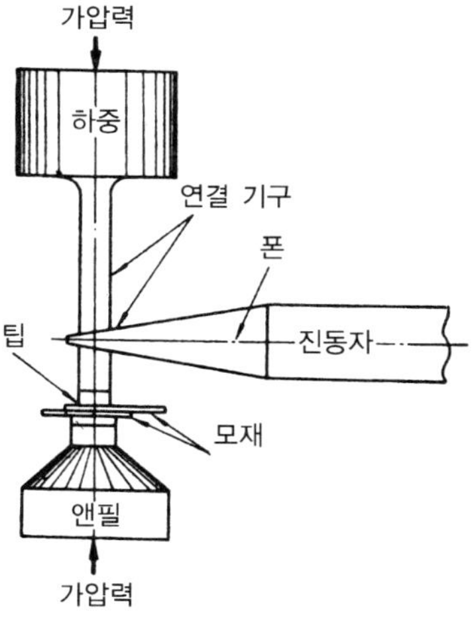

그림 12-1 초음파 용접법의 원리

12-2 용접장치 및 용접조건

용접기의 주요 구조는 주파수 60[kHz]인 입력 전원을 고주파로 변화시키는 진동 전달 기구와 진동자(transducer), 가압 장치와 받침대 및 용접 시간과 전기 회로를 자동 조절하는 자동 제어 장치 등으로 구성되어 있다.

진동자 재료에는 진동에 의한 연속 사용에 견디기 위해 니켈 또는 니켈 합금과 세라믹 재료가 사용된다.

용접에 미치는 주요 인자에는 진동 에너지, 용접부에 발생하는 열, 전극 압력, 용접 시간, 주파수, 용접 재질 등이 있다. 초음파 용접에서는 그림 12－2 와 같이 용접 팁의 가압면(Ⅰ), 모재의 용접면(Ⅱ), 받침대의 가압면(Ⅲ)과 세 가지 접촉 계면이 있으나, 이중에서 진동 에너지를 전달시킬려고 하는 것은 용접면(Ⅱ)이며, 접촉면(Ⅰ)과 받침대의 가압면(Ⅲ)에는 될 수 있는 대로 미끄럼이 없는 것이 좋다. 용접면에 전달되는 진동 에너지의 효율은 용접 팁의 재질, 형상 및 각 접촉 계면의 표면조도 즉, 마찰 저항에 의해 변하며, 용접 결과에 큰 영향을 미친다.

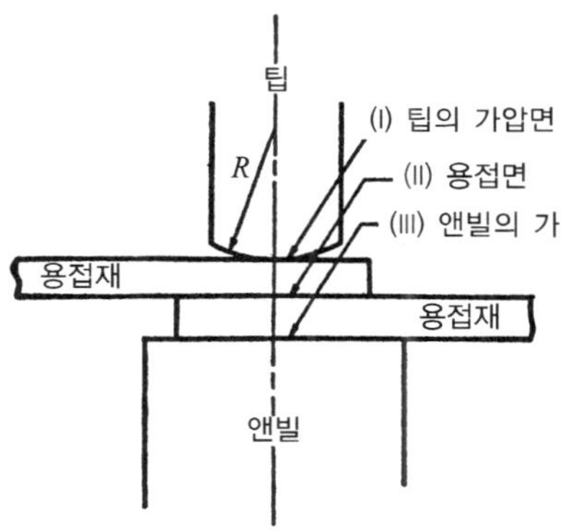

그림 12－2 초음파 용접에 있어서 각 접촉 계면

그러므로, 접촉면(Ⅰ), 받침대 가압면(Ⅲ)의 마찰 계수를 모재의 용접면(Ⅱ)보다 크게 하기 위하여, 용접 팁과 받침대의 표면 조도에 대해서 특히 유의하여야 한다. 또, 모재의 재질, 두께에 따라서 용접 팁의 형상 및 가압력을 적당히 선정할 필요가 있다. 용접 시간은 모재의 재질, 판 두께 기타 조건에 따라서 다르며, 1～7초 정도이지만, 될 수 있는 대로 진동자 입력을 크게 하고 용접 시간을 짧게 하는 것이 좋다.

또, 연질과 경질 재료를 용접할 경우에는 연질 재률르 용접 팁쪽으로 놓고 진동을 가하며, 얇은 판과 두꺼운 판을 용접할 때에는 얇은 판을 용접 팁쪽에 놓고 구동하는 것이 효율이 좋다.

12-3 적용과 특징

초음파 용접법은 종래의 용접법으로는 곤란한 금속이나 플라스틱의 용접 및 이종금속의 접합 등에 좋으며, 스텐레스강, 알루미늄, 지르코늄, 티타늄, 몰리브덴 등의 접합에 쓰인다. 본 용접에 적용할 수 있는 금속의 판 두께는 0.01~2mm, 플라스틱은 1~5mm, 정도이며 주로 얇은 판의 접합에 사용된다.

초음파 용접을 냉간 압접과 비교하면 다음과 같다.

① 표면 처리가 간단하다.

② 요(오목)부가 냉간 압접에서는 70% 정도이지만, 초음파 용접에서는 5% 정도이다.

③ 냉간 압접에서는 대단히 큰 가압력이 필요하지만, 초음파 용접은 가압력이 작아도 좋다.

④ 용접부의 온도가 비교적 낮고, 열영향부가 작다.

제13장 | 플라즈마 아크 용접법

13-1 원 리

기체를 수천도의 높은 온도로 가열하면 그 속의 가스 원자가 원자핵과 전자로 유리되어 양(+), 음(−) 이온(ion) 상태가 된다. 이것을 플라즈마(plasma)라고 한다.

용접 아크도 그 아크주(arc column)는 플라즈마 상태이다. 아크열로 가스를 가열하여 플라즈마상으로 토치의 노즐에서 분출되는 고속의 플라즈마 제트(plasma jet)를 이용한 용접법이다.

발생 원리는 그림 13−1과 같이 아크 플라즈마의 외주부를 가스로 강제적으로 냉각하면, 아크 플라즈마의 열손실이 대단히 증가하므로, 전류를 일정하게 유지하면 아크 전압은 상승한다. 동시에, 아크 플라즈마는 열손실이 최소한으로 되도록 그 단면을 수축시킨다.

그 결과 아크 단면은 수축되고 전류밀도는 증가하여 아크 전압이 높아지므로 대단히 높은 온도의 아크 플라즈마가 얻어진다. 이와 같은 아크의 성질을 열적핀치 효과(thermal pinch effect)라고 한다.

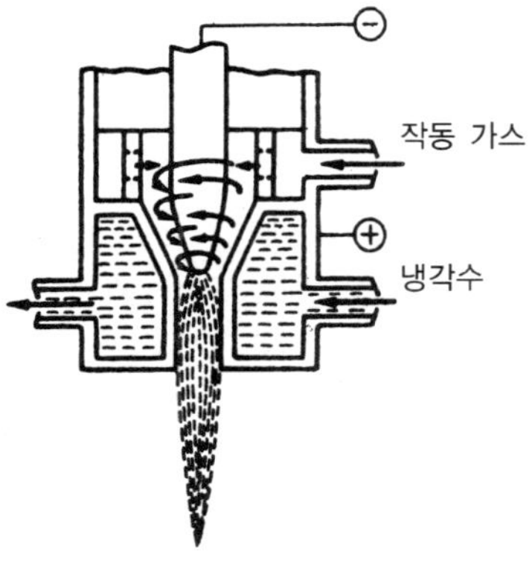

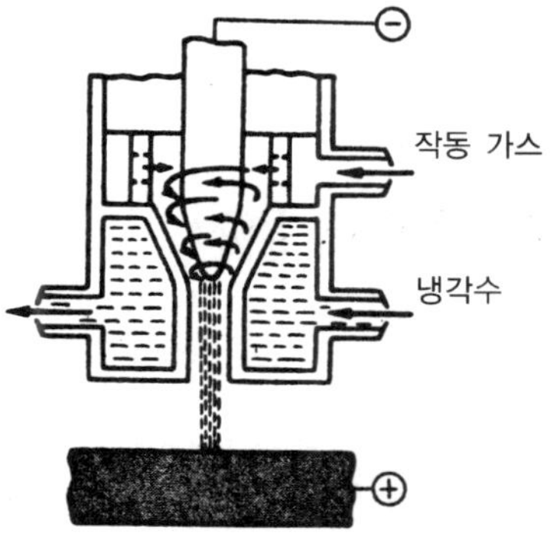

그림 13−1 플라즈마 제트와 플라즈마 아크

또한 아크 플라즈마는 대전류가 되면 방전 전류에 의하여 생기는 자장과 전류의 작용으로 아크의 단면이 수축한다. 그 결과 아크 단면이 수축하여 가늘게 되고, 전류 밀도는 증가한다. 이와 같은 성질을 자기적 핀치 효과(magnetic pinch effect)라고 한다.

일반적으로, 대전류를 사용한 아크 플라즈마에서는 자기적 핀치 효과의 영향도 생각되지만 열적 핀치 효과보다 크지 않다. 이와 같은 핀치 효과에 의해서 아크 플라즈마의 온도는 10,000~18,000℃ 이상의 온도에 달하여 모재를 가열 용융하여 용접 및 절단을 한다.

13-2 플라즈마 아크의 종류

플라즈마 발생 장치는 그림 13-1과 같이 노즐 내의 텅스텐 전극과 모재 또는 노즐 선단부간에 아크를 발생시켜, 텅스텐 전극 주위에 아르곤, 수소, 질소 가스 등을 선회 기류로 공급하면, 노즐 내부에서 아크열로 가열 팽창된 고온 가스(플라즈마)가 노즐에서 고속으로 분출하여 플라즈마 제트로 된다. 그림 13-1(b)와 같이 가공재를 양극으로 한 방식을 이행형 아크(transferred arc)라고 하고, 그림 13-1(a)와 같이 노즐 자체를 양극으로 한 방식을 비이행형 아크(non-transferred arc)라고 한다.

플라즈마 아크쪽이 열이 높아 용접에는 주로 이행형 아크 형식이 쓰이며, 비금속 물질의 절단 또는 용사에는 플라즈마 제트인 비이행 아크 형식이 사용된다.

전원은 직류를 사용하며, 아크 발생용으로 고주파 전원을 병용한다. 아르곤은 아크주의 냉각 작용과 동시에 텅스텐 전극을 보호한다. 적당량(수 %)의 수소를 혼입하면, 수소는 아르곤에 비해서 열전도율이 크므로, 열적 핀치 효과를 촉진하고 가스의 분출 속도를 증가시킨다. 또, 수소와 같은 2원자 분자 가스에서는 아크열을 흡수, 분리하여 원자상 수소로 되어 모재 표면에서 냉각되어, 원래의 분자상 수소로 재결합 할 때 열을 방출하므로, 모재의 입열을 증가시킨다.

$$H_2 \xrightarrow[\text{열적핀치}]{\text{흡열반응}} H \xrightarrow[\text{용접입열}]{\text{발열반응}} H_2$$

13-3 적용과 특징

플라즈마 아크 용접법은 스텐레스강, 탄소강, 티타늄, 니켈 합금, 동, 황동 등에 적용된다. 핀치 효과에 의해 전류 밀도가 크므로, 용입이 깊고 비드 폭이 좁으며, 또 용접 속도가 빠르다. 1층으로 용접할 수 있으므로 능률적이고, 용접부의 금속학적, 기계적 성질이 좋으며, 변형도 적다. 그러나 모재 표면에 기름, 먼지, 녹 등이 오염되었을 때에는 플라즈마 아크의 상태가 변화하여 비드의 불균일, 용접부의 품질 저하 등 원인이 되므로, 화학 용재로 청정해야 한다.

연습문제

01 테르밋 용접법의 원리를 간단히 설명하여라.

02 스터드 용접법의 원리를 설명하여라.

03 일레트로 슬랙 용접법의 특징을 들어 보아라.

04 일렉트로 가스 용접법의 원리에 대해서 설명하여라.

05 전자 비임 용접법의 원리와 그 특징을 설명하여라.

06 초음파 용접법의 원리에 대해서 설명하여라.

07 플라즈마 아크 용접법을 설명하여라.

08 플라즈마/아크 용접의 자기적 핀치 효과에 대해서 설명하여라.

제14장 | 절단 및 가공

용접시공에 앞서 재료의 절단, 용접 홈의 가공, 접합부의 가열 및 가우징(gauging)등의 작업은 없어서는 안 될 중요한 공작법이다. 기계적인 방법이 아니고 열에너지에 의해 금속을 국부적으로 용융하여 절단하는 방법을 열절단이라고 한다.

열절단에는 가스 절단(gas cutting) 및 아크 절단(arc cutting)등이 있는데, 이것을 용단작업(fusion cutting)이라 한다. 최근 용단의 이용은 대단히 중요하며, 그 정밀도도 기계적 절단에 비하여 일반적으로 비교가 안 될 정도로 고능률적이다.

가스 절단은 산소 가스와 금속과의 산화반응을 이용하여 금속을 절단하는 방법이고, 아크 절단은 아크열을 이용하여 절단하는 방법이다.

14-1 원 리

1. 가스 절단

가스 절단은 강 또는 합금강의 절단에 널리 이용되며, 비철금속에는 분말 가스 절단 또는 아크 절단에 이용된다. 강의 가스 절단은 산소 절단 이라고도 하며, 산소와 철과의 화학반응을 이용하는 절단법이다. 이 방법은 강재의 절단 부분을 그림 14－1 및 14－2와 같이 팁(tip)에서 불어나오는 산소－아세틸렌 가스 불꽃으로 약 800～900℃로 될 때까지 예열(pre－heating)한 후, 팁의 중심부에서 고압의 산소(절단 산소)를 불어내면 철은 연소하여 산화철이 되고, 그 산화철의 용융점은 강보다 낮으므로 용융과 동시에 절단된다.

이 절단시의 강의 산화는 보통 다음과 같은 열화학 반응에 의하여 발열이 수반된다고 생각되고 있다.

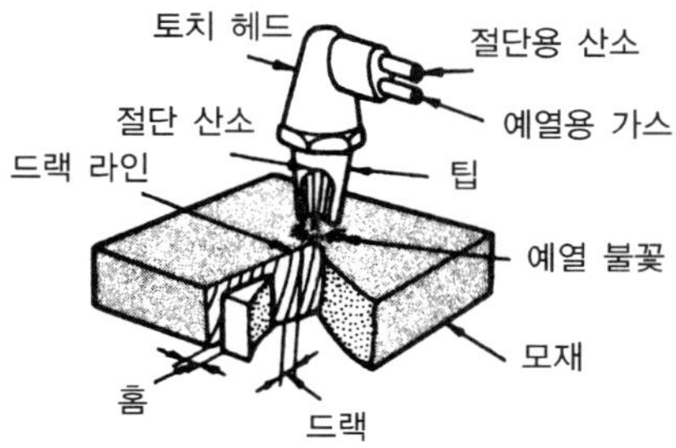

그림 14-1 가스절단

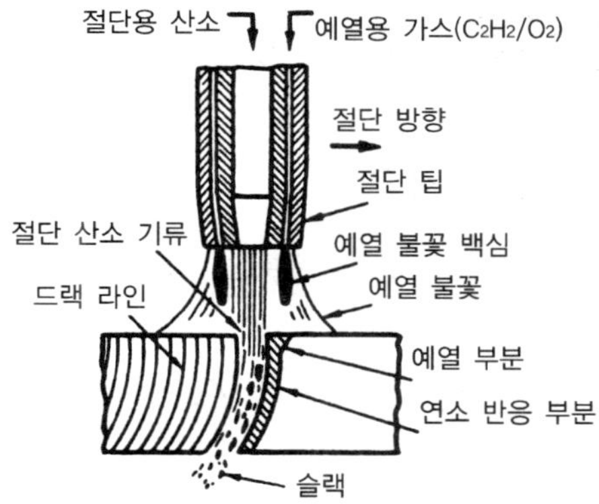

그림 14-2 가스 절단의 원리

$$Fe + \frac{1}{2}O_2 \rightarrow FeO + 63.8kcal$$

$$2Fe + 1\frac{1}{2}O_2 \rightarrow Fe_2O_3 + 96.8kcal$$

$$3Fe + 2O_2 \rightarrow Fe_3O_4 + 267.8kcal$$

이 산소 절단은 탄소강이나 저합금강과 같이 연소할 때 발열 반응이 심한 재료는 절단이 쉽게 이루어지나, 주철, 비철금속 및 10% 이상의 크롬을 함유한 스텐레스강과 같은 고합금강에서는 곤란하다. 그 이유는 주철에서는 용융점이 연소온도 및 슬랙의 용융점보다 낮고, 또 주철 중의 흑연은 연속적인 연소를 방해하기 때문이다.

스텐레스강이나 알루미늄의 경우에는 절단 중에 생기는 산화물인 산화 크롬(Cr_2O_3), 산화 알루미늄(Al_2O_3)이 모재보다 용융점이 대단히 높기 때문에 이들 유동성이 나쁜 슬랙이 절단 표면을 덮어서 산소와 모재와의 반응을 방해하므로, 철이나 탄소강과 같이 쉽게 절단되지 않는다.

이 경우에는 내화성의 산화물을 용해, 제거하기 위하여 적당한 분말 상태의 용제(flux)를 산소 기류 중에 혼입하든가, 또는 가스 불꽃 중에 철분을 혼합하여 불꽃의 온도를 높인다. 이것을 분말절단(powder cutting)이라 한다.

2. 아크 절단

아크 절단은 전극과 절단 모재 간에 아크를 발생시켜, 이 아크열로 모재를 용융시켜 절단하는 방법이다. 이 때 압축공기나 산소기류를 이용하여 용융 금속을 불어내면 능률적이다. 아크 절단은 절단면의 정밀도가 가스 절단보다 낮으므로, 현재는 별로 사용하지 않으나 가스 절단이 곤란한 알루미늄, 동, 스텐레스강 및 고합금강의 절단에 사용되고 있다.

14-2 가스 절단장치

1. 절단장치의 구성

가스 절단 장치는 절단 토치(cutting torch), 산소 및 연소 가스용 호스(hose), 압력조정기(regulator) 및 가스 용기(bombe)로 구성되어 있다. 절단 토치의 팁(tip)은 절단하는 판의 두께에 따라 임의의 크기의 것으로 교환할 수 있게 되어 있다.

2. 절단 토치와 팁

절단 토치는 그 선단에 붙어 있는 절단 팁으로부터 분출되는 가스 유량을 조절하는 기구이다. 또한, 산소-아세틸렌 용접 토치와 같이 아세틸렌의 사용 압력에 따라 저압식과 중압식으로 나누어진다. 저압식 토치는 아세틸렌의 공급 압력이 $0.07kg/cm^2$ 이하이고, 중압식 토치는 $0.07 \sim 0.4kg/cm^2$ 의 것이다.

토치의 구조는 그림 14-3(a),(b)와 같이 산소와 아세틸렌을 혼합하여 예열용 가스를 만드는 부분과 고압의 산소만을 분출시키는 부분으로 나누어져 있다.

프랑스식 절단 토치의 탑은 그림 14-3(c)와 같이 혼합 가스를 이중으로 된 동심원의 구멍에서 분출시키는 동심형이며, 전후 좌우 및 직선 절단을 자유롭게 할 수 있다.

독일식 절단 토치는 절단 산소와 혼합 가스를 각각 다른 팁에서 분출 시키는 이심형이며, 예열팁과 산소 팁이 각각 별개로 되어 있어 예열팁이 붙어 있는 방향으로만 절단할 수 있으며, 가로 방향으로 절단하는 것은 불가능하다.

저압식 절단 토치는 산소 압력을 아세틸렌 압력보다 높게 함으로써 그 분출력을 이용하여 아세틸렌을 혼합실에 빨아내는 구조로 되어 있으며, 현재 가장 널리 사용되고 있다.

중압식 절단 토치는 아세틸렌 가스와 산소 가스가 거의 같은 압력으로 혼합실에서 공급되는 것으로서 저압식 토치와 같이 산소 분출구를 가지고 있지 않으므로 구조가 매우 간단하다.

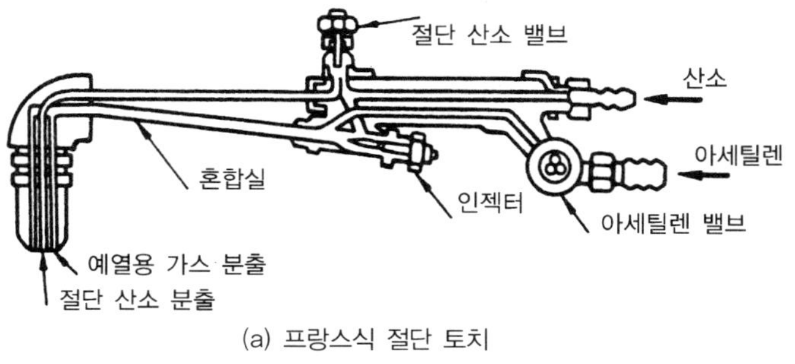

(a) 프랑스식 절단 토치

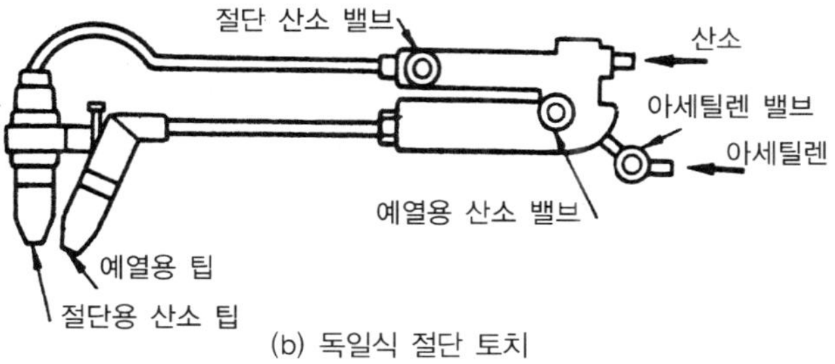

(b) 독일식 절단 토치

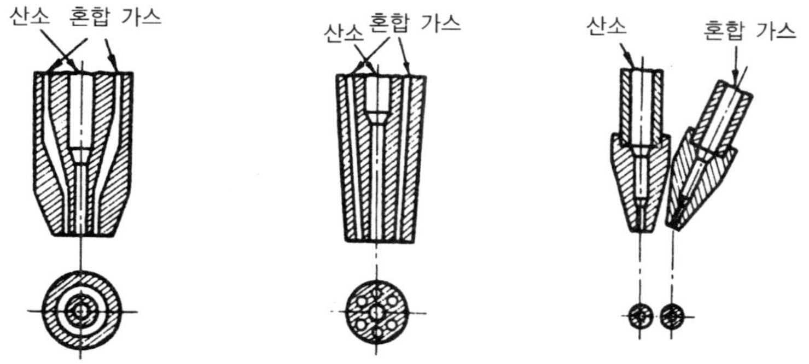

(c) 팁의 모양

그림 14-3 절단 토치

3. 가스 공급

(1) 예열용 가스

가스 절단 때의 예열용 가스로는 아세틸렌 가스, 프로판 가스, 수소 가스, 천연 가스, 도시 가스 등 여러 종류가 있으나, 특별한 경우를 제외하고는 아세틸렌 가스가 가장 많이 이용된다.

최근에 와서는 프로판 가스도 발열량이 높고 값이 싸므로 널리 사용되고 있다. 적당한 연소 상태를 얻으려면 예열용 산소량의 3.5~4.5배 정도를 송급한다. 그러나, 이 가스는 공기보다 비중이 크므로 밀폐된 장소에서 사용하면 위험을 초래할 때가 있다. 또, 수소 가스는 고압 에서도 액화하지 않고 완전히 연소하므로, 수중절단의 예열용 가스로 유용하다. 표 14-1은 여러 가지 예열용 가스의 성질을 나타냈다.

표 14-1 예열용 가스의 성질

가스의 종류	발열량 [kcal/m^3]	혼합비(연료 : 산소)		최고 불꽃 온도[℃]
		저	고	
아세틸렌	12,690	1 : 1.1	1 : 1.8	3,430
수 소	2,420	1 : 0.5	1 : 0.5	2,900
프로판	20,780	1 : 3.75	1 : 4.75	2,820
메 탄	8,080	1 : 1.8	1 : 2.25	2,700
일산화탄소	2,865	1 : 0.5	1 : 0.5	2,820

(2) 절단용 산소

절단용 산소는 절단부를 연소시켜서 그 산화물을 깨끗이 밀어내는 역할을 하므로, 산소의 압력과 순도는 절단 속도에 큰 영향을 미치게 된다. 절단시의 절단 속도는 산소의 압력과 소비량에 따라 거의 비례하고 있다. 또한 산소의 순도(99.5% 이상)가 높으면 절단 속도가 빠르고 절단면이 매우 깨끗하다. 반대로, 순도가 낮으면 절단 속도는 느리고 절단면도 거칠게 된다.

(3) 압력조정기

산소나 아세틸렌 용기 내의 압력은 고압이므로 이 고압을 실제의 절단 작업에 필요한 압력으로 저하시켜 필요한 유량(flow rate)을 확보하기 위해 압력 조정기가 사용된다.

4. 자동 가스 절단기

(1) 직선절단기

직선 절단기는 그림 14-4와 같이 강판에 놓인 직선 레일 위를 필요한 일정 속도로 주행하는 전동대차에 1개 또는 여러 개의 토치를 부착하여 강판을 직선 절단하거나 2개 또는 3개의 토치를 사용하여 일시에 X형 홈을 가공하는 자동 절단기이다.

그림 14-4 직선 자동 절단기

(2) 형 절단기

형 절단기는 토치를 원형에 맞추어서 이동시키는 트레이스(trace) 장치가 필요하다. 형을 트레이스하는 방식에는 기계식, 전자석식, 광전관을 사용한 전자관식, 수치 제어식 등이 있다.

그림 14-5는 전자석식 형 절단식의 보기를 나타냈다.

그림과 14-5와 같이 자성을 가진 로울러가 원형에 따라서 이동하게 되어 있다.

광전관을 사용하는 트레이스 장치는 원형 대신에 도면을 사용하여, 정밀하게 제조한 도면 위의 검은 선을 광전관을 이용하여 정확하게 추적하게 한 것이다.

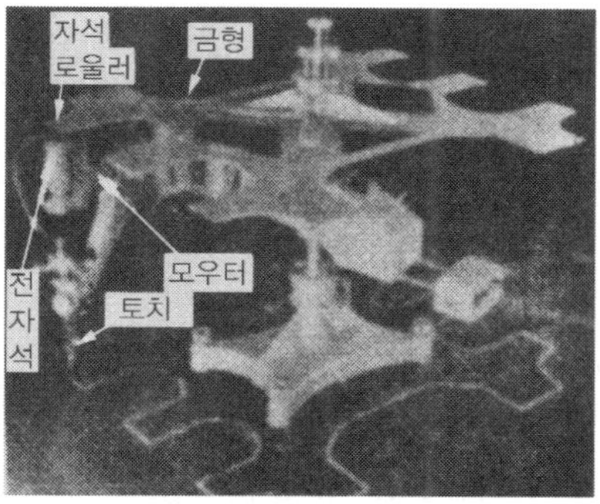

그림 14-5 형 절단기

최근에는 형 또는 도면을 이용하는 대신 수치제어(numerical control) 방식을 이용한 형 절단기도 발달하고 있다. 철 구조물 등에 많이 사용되며, 파이프를 용접할 때나 용접 이음의 홈 가공 등을 할 때에 자동적으로 절단이 가능하다.

14-3 가스 절단방법

1. 절단의 기초

(1) 절단에 영향이 되는 요소

가스 절단 결과의 좋고 나쁨은 절단면의 모양, 절단 효율 등에 의하여 판정된다. 절단에 영향을 미치는 요소로서는 팁의 크기와 모양, 산소 압력, 절단 속도, 절단재의 재질 및 두께, 절단재의 표면 상태, 사용 가스, 특히 산소의 순도, 예열 불꽃의 세기, 절단재 및 산소의 예열 온도, 팁의 거리 및 각도 등을 들 수 있다.

(2) 합금 원소의 영향

① 탄소(C) 탄소 0.25% 이하의 강은 쉽게 절단할 수 있으나, 그 이상되면 절단면의 경화나 균열을 방지하기 위해 예열을 해야 한다. 흑연 또는 시멘타이트(cementite)는 해롭지만, 4% 정도의 탄소를 함유한 주철은 분말절단을 한다.

② 규소(Si) : 규산(SiO_2)의 용접은 1,710℃이며, 규소 함유량이 적을 때에는 별로 영향이 없으나, 고규소강판의 절단은 곤란하다.

③ 망간(Mn) : MnO의 융점은 1,785℃이며, 보통 강 중에 함유된 정도이면 별 문제가 없으나, 약 14% 망간과 탄소 1.5% 정도를 함유한 고망간강은 절단이 곤란하다. 그러나, 예열을 하면 절단이 가능하다.

④ 니켈(Ni) : NiO의 융점은 1,950℃이며, 탄소량이 적은 니켈강의 절단은 용이하다.

⑤ 크롬(Cr) : Cr_2O_3의 융점은 2,275℃이며, 크롬 5% 이하의 강은 재료 표면이 깨끗하면 절단이 비교적 용이하다. 크롬 10% 이상의 고크롬강은 분말 절단을 한다.

⑥ 몰리브덴(Mo) 크롬과 같은 영향이 있다. 순수한 몰리브덴은 절단이 곤란하다.

⑦ 텅스텐(W) 12~14%까지는 절단이 가능하지만, 20% 이상되면 절단이 곤란하다.

⑧ 구리(Cu) 2%까지는 영향이 없다.

⑨ 알루미늄(Al) 10% 이상은 절단이 곤란하다.

인(P), 황(S)은 보통 강에 함유되어 있는 정도로는 영향이 없다.

(3) 예열 불꽃

산소 절단시의 예열 불꽃의 역할은 절단 개시점을 급속히 연소 온도까지 가열하는데 있으나, 그 밖에도 절단 진행 중에 절단부를 항상 연소 온도로 유지하며, 또 강재 표면의 스케일(scale)을 용해, 박리하고 절단 산소와 철과의 접촉을 좋게 하며, 연소 반응을 촉진시키기도 한다. 예열 불꽃은 중성 불꽃이 가장 좋으나, 산소와 아세틸렌의 혼합비가 1.4~1.7 : 1일 때 불꽃의 온도는 최고로 된다.

(4) 팁 거리

팁 끝에서 모재 표면까지의 간격, 즉 팁 거리는 속불꽃(백심)의 끝에서 1.5~2.0mm 정도 떨어져 있으면 좋으나, 팁 거리가 너무 가까우면 절단의 윗모서리가 용융하고, 그 부분이 심하게 가탄된다.

(5) 절단 속도

절단 속도는 가스 절단의 좋고 나쁨을 판정하는데 중요한 요소이며, 여기에 영향을 주는 것은 산소의 순도, 팁의 모양, 모재의 온도, 산소압력 등이다.

절단 속도는 절단 산소의 압력이 높고, 따라서 산소 소비량이 많을수록 거의 비례적으로 증가한다. 또 모재의 온도가 높을수록 고속절단이 가능하며, 또한 산소의 순도가 낮아지면 절단 속도는 급격히 저하되며, 순도 99.5% 이상이면 별 문제가 없다.

절단 속도는 절단 산소의 분출 상태와 속도에 따라 크게 좌우된다. 다이버전트 노즐(divergent nozzle)은 고속 분출을 얻는 데 가장 적합하며, 보통 팁에 비하여 산소 소비량이 같을 때 절단 속도는 20~25% 증가시킬 수 있다. 가스 절단에 있어서의 효율은 일반적으로 다음 식으로 나타낸다.

$$\eta = Tm \cdot v / V [\mathrm{mm}^2/l]$$

v : 절단 속도[mm]
V : 절단 산소 유량[l/min]
T_m : 최대 절단 두께[mm]

(6) 드랙(drag)

가스 절단을 일정한 속도로 실시하면 절단 홈의 하부에 가까워질수록 슬랙의 방해, 산소의 오염, 산소 속도의 저하 등에 의하여 산화작용과 절단이 지연되어 절단면은 그림 14-6과 같이 일정 간격의 나란한 직선을 볼 수 있다.

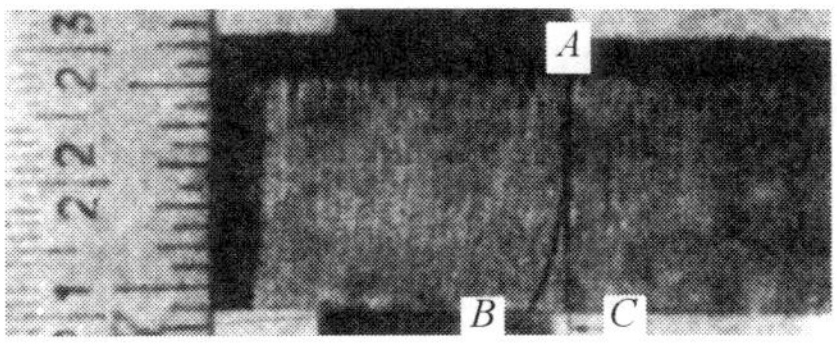

그림 14-6 드랙 라인

이 곡선을 드랙 라인(drag line)이라 하며, 진행 방향으로 측정한 하나의 드랙 라인의 시종 양단이 거리 B,C를 드랙 또는 드랙 길이(drag length)라고 한다. 드랙 길이는 주로 절단 속도, 산소 소비량 등에 의하여 변화한다. 절단 속도가 일정할 때는 산소 소비량을 증가시키면 드랙은 짧아진다. 경제적인 면에서 볼 때 드랙은 가능한 한 긴 편이 좋으며, 절단면 말단부가 남지 않을 정도의 드랙을 표준 드랙이라고 하며, 보통 판 두께의 $\frac{1}{5}$ 정도이고 그 값은 표 14-2와 같다.

표 14-2 표준 드랙 길이

판 두께(mm)	12.7	25.4	51	51~152
드랙 길이(mm)	2.4	5.2	5.6	6.4

2. 가스 절단면의 성질

(1) 경도와 현미경 조직

탄소강의 가스 절단면은 급냉에 의해 용접 열영향부와 같은 정도로 소입경화되지만, 그 정도는 재질, 판 두께 및 절단 조건에 따라서 다르다. 일반적으로 연강에서는 경화가 적고, 고장력강에서는 많이 경화하며, 합금강에서는 대단히 경화하여 냉각 중에 절단면에 미소한 가로 균열이 생기기 쉽다. 이 때에는 강판을 200~300℃ 정도로 예열하여 절단하면 균열을 방지할 수 있다. 또 가스 절단의 열영향부의 조직은 용접 때와 유사하다.

(2) 절단면의 기계적 성질

가스 절단면은 소입경화된 결과, 일반적으로 연성이 약간 저하한다. 그러나 연강이나 저탄소의 고장력강은 실온에서 절단면을 굽힘 가공하여도 갈라질 정도는 아니다. 그러나 -50℃정도의 저온에서는 정적 굽힘 도중에 취성파괴를 일으키기 쉽다.

가스 절단면은 그대로 용접하면, 절단 표면 부근의 취하부는 응용되므로 별 문제는 없지만, 절단 상태의 것을 용접 구조물의 일부에 사용하면, 그곳에 응력이 작용할 때, 또는 절단면이 매끈하지 않으면 취성균열이 발생하기 쉽다.

14-4 특수절단 및 가공

1. 분말절단

주철, 비철 금속, 고합금강 등은 가스 절단이 용이하지 않으므로, 그림 14-7과 같이 철분 또는 용제를 자동적으로 또는 연속적으로 절단용 산소에 혼합 공급함으로써, 그 산화열 또는 용제의 화학 작용을 이용하여 절단하는 방법이다.

이것을 분말절단(powder cutting)이라 하며, 철, 비철 등의 금속 뿐만 아니라 콘크리트 절단에도 이용한다. 그러나, 절단면은 가스 절단면에 비하여 아름답지 못하다.

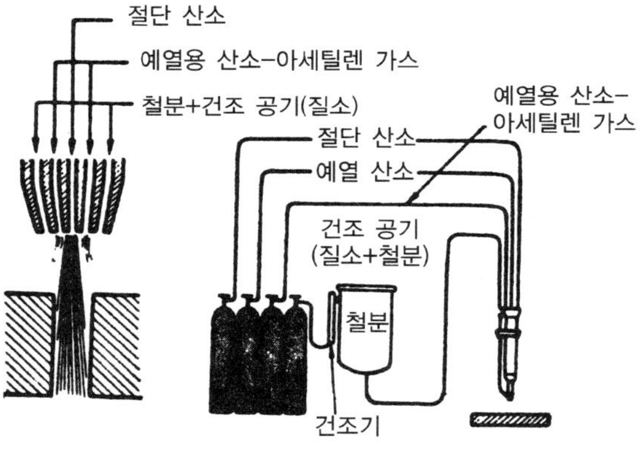

그림 14-7 분말 절단

2. 수중절단

수중 절단(under water cutting)은 침몰선의 해체나 교량의 개조 등에 사용된다. 토치의 구조는 근본적으로 육상에서 사용하는 것과 큰 차이가 없으나, 수중에서 예열 불꽃을 안정하게 착화하고 연소시키기 위해서 그림 14-8과 같이 절단 팁의 외측에 압축 공기를 보내서 물을 배제하고, 이 공간에서 절단이 행해지도록 커버(cover)가 붙어 있다.

또, 물 속에서는 점화할 수 없기 때문에 토치를 물 속에 넣기 전에 점화용 보조 팁에 점화하며, 연료 가스로는 수소, 아세틸렌, 프로판, 벤젠 등을 사용하나 수소가 가장 많이 사용된다.

수소는 고압에서 사용이 가능하고 수중 절단 중 기포의 발생이 적어 작업이 쉽다. 또, 물속에서는 절단부가 계속 냉각되므로, 육지에서 보다 예열 불꽃을 크게 하고 절단 속도도 천천히 하여야 한다.

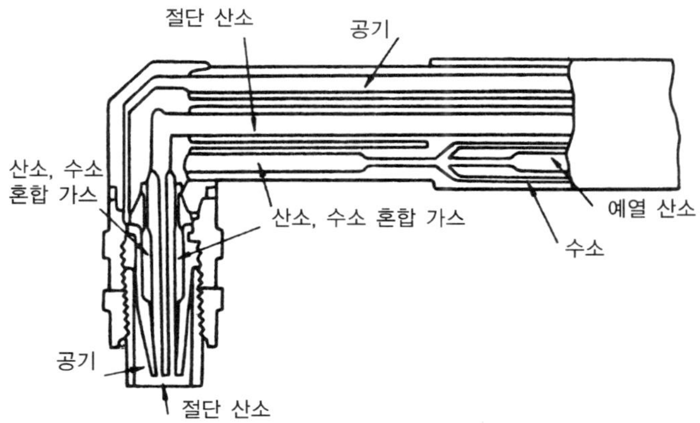

그림 14-8 수중 절단 토치

3. 산소창 절단

산소창 절단(oxygen lance cutting)은 토치 대신에 가늘고 긴 강관을 사용하여 그림 14-9와 같이 절단 산소를 보내서 절단하는 방법이다.

렌즈는 내경 3.2~6mm, 길이 1.5~3mm 정도의 강관이며, 잘단 중에 이 강관이 타면서 그 발생열에 의해 절단되는 철분말 절단법과 같은 원리이다. 이 때, 아세틸렌 가스는 필요하지 않으며, 주로 강괴(ingot)의 절단, 두꺼운 판의 절단, 암석의 천공 등에 이용된다.

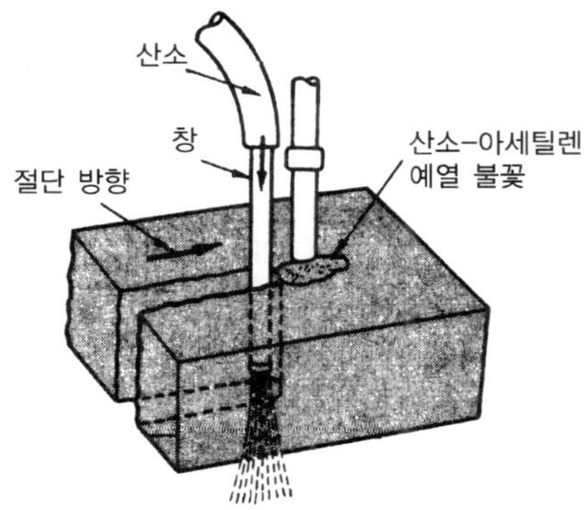

그림 14-9 산소창 절단

산소창의 렌즈 지름과 절단구 지름은 표 14-3과 같다.

표 14-3 산소창의 지름과 절단구 지름

렌즈 지름(mm)	3.2	6.4	9.5	12.7
절단구 지름(mm)	12~25	19~50	50~70	75~87

4. 가스 가우징

가스 가우징(gas gauging)은 용접 부분의 뒷면을 따내든지, U형, H형의 용접 홈을 가공하기 위하여 깊은 홈을 파내는 가공법이다.

장치는 가스 용접 또는 가스 절단용의 장치를 그대로 이용할 수 있으나 단지 팁은 비교적 저압으로 대용량의 산소를 방출할 수 있도록 슬로우 다이버전트(slow divergent)로 설계되어 있다. 또, 작업이 쉽도록 팁의 끝이 구부러져 있는 것이 많다.

가우징은 스카핑(scarfing)에 비해서 폭이 좁은 홈을 가공한다. 그림 14－10은 가우징 작업의 모양을 나타낸 것이고, 표 14－4는 가우징 작업 조건을 나타냈다.

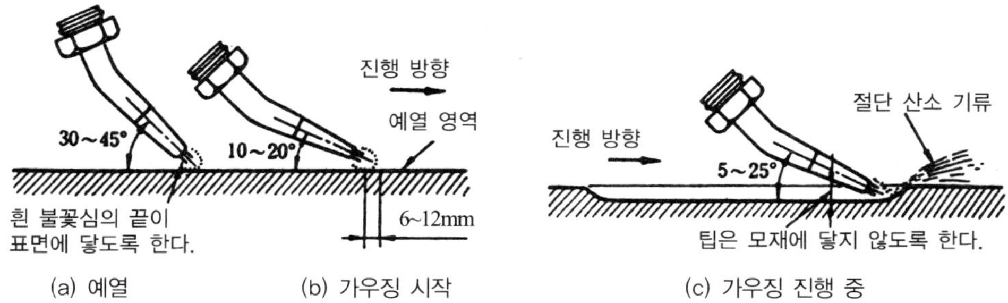

그림 14－10 가우징 작업

표 14－4 가스 가우징 조건

탑지름 〔mm〕	산소압력 〔kg/cm²〕	가스 소비량〔m³/h〕			속도 〔mm/min〕	홈폭 〔mm〕	홈 깊이 〔mm〕
		아세틸렌	예열산소	가우징산소			
3.3	4.6	1.0～1.1	1.0～1.1	2.2～2.3	25.4～40.4	7.9	3.2～4.8
3.3	4.9	1.0～1.1	1.0～1.1	2.5～2.6	35.6～40.6	7.9	4.0～5.6
3.3	5.3	1.0～1.1	1.0～1.1	2.8～2.9	38.1～45.7	7.9	4.8～6.4
4.8	5.6	1.4～1.6	1.4～1.6	4.8～5.0	40.6～48.3	9.5	4.8～6.4
4.8	5.8	1.4～1.6	1.4～1.6	5.3～5.4	45.7～50.8	11.1	5.6～7.1
4.8	6.3	1.4～1.6	1.4～1.6	6.8～5.9	48.3～55.4	11.1	6.4～9.5
6.4	6.3	1.6～1.7	1.6～1.7	7.9～8.0	48.0～55.4	12.7	6.4～9.5
6.4	6.7	1.6～1.7	1.6～1.7	8.7～8.8	58.4～66.0	12.7	6.4～9.5
6.4	7.0	1.6～1.7	1.6～1.7	9.3～9.4	63.5～71.1	12.7	7.9～11.1

5. 스카핑

스카핑(scarfing)은 강괴 표면의 홈이나 개재물, 탈탄층 등을 제거하기 위하여 될 수 있는대로 얇게, 그리고 타원형 모양으로 표면을 깎아 내는 가공법으로 주로 제강 공장에서 많이 이용되고 있다. 토치는 가우징 토치에 비하여 능력이 크며, 팁은 슬로우 다이버전트이나, 수동용 토치는 서서 작업을 할 수 있도록 긴 것이 많다.

6. 홈 가공

용접 이음의 홈 가공(grooving)은 여러 개의 팁으로 강판의 V형 홈, X형 홈을 일시에 가공하는 방법이다.

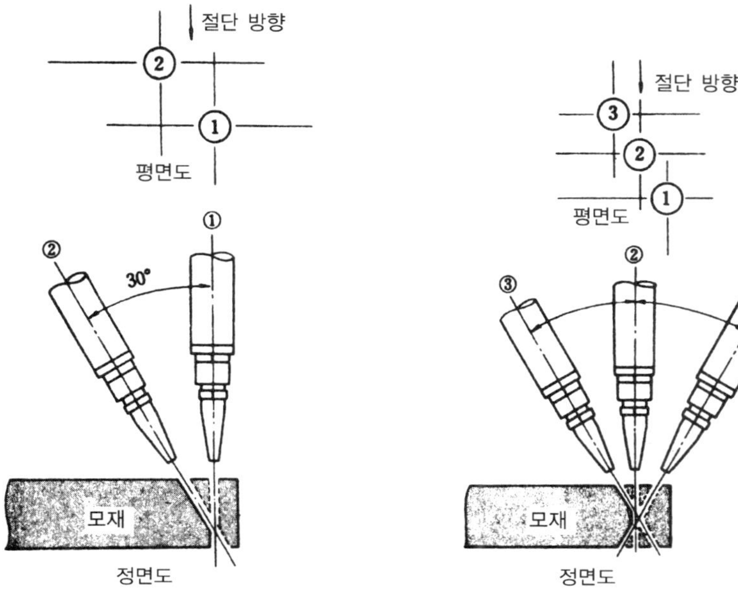

(a) 평면 홈　　　　(b) 양면 홈

그림 14-11 홈 가공

홈의 길이가 짧을 때에는 수동 절단기나 소형 절단기로 가공하나, 홈의 길이가 길어지면 정밀도가 높은 가공을 하기가 어려우므로, 홈 가공 전용기를 사용하도록 한다. 그림 14-11은 홈 가공 때의 위치를 나타낸 것이다.

14-5 아크 절단

1. 탄소 아크 절단

탄소 아크 절단(carbon arc cutting)법은 탄소 또는 흑연 전극과 모재 사이에 아크를 일으켜 절단하는 방법으로, 전원은 직류, 교류 모두 사용되지만, 보통은 직류정극성이 사용된다.

절단은 용접과 달리 대전류를 사용하고 있으므로, 전도성 향상을 목적으로 전극봉 표면에 동도금을 한 것도 있다.

흑연 전극봉은 탄소 전극봉보다 전기저항이 적기 때문에 많이 사용되며, 절단은 아래보기 자세가 표준으로 되어 있으나, 중후판 이하에서는 전자세로 한다.

저탄소강 및 소입 경화성이 없는 재료는 절단부의 기계 가공성이 저하하지 않으나 소입 경화성이 높은 금속은 절단 열영향부가 경화하여 기계 가공이 곤란해진다. 주철 및 고탄소강의 절단면은 가스 절단면에 비해 약간의 탈탄이 생기게 되므로 절단면은 가스 절단면에 비해서 대단히 거칠다. 그림 14-12는 탄소 아크 절단 때의 회로를 나타냈다.

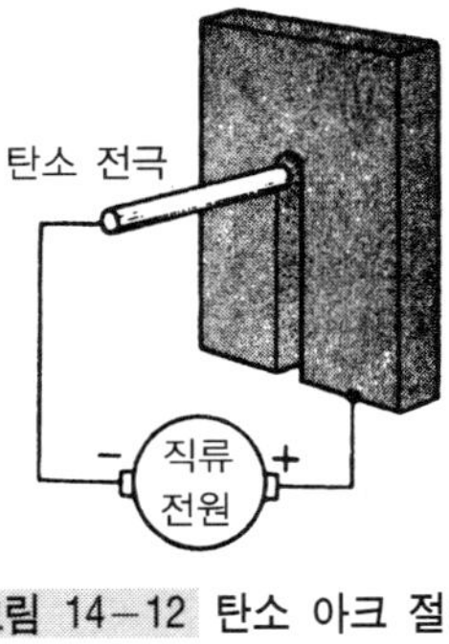

그림 14-12 탄소 아크 절단

2. 금속 아크 절단

금속 아크 절단(metal arc cutting)에서는 탄소 전극봉 대신에 피복봉을 사용하며, 비피복 용접봉은 거의 사용하지 않는다. 따라서, 피복 금속 아크 절단(shield metal arc cutting)이라고도 한다.

전원은 직류정극성이 적합하나 교류도 사용되며, 피복제는 발열량이 많고 산화성이 풍부한 것으로 되어 있으므로, 심선 및 피복제의 용융물은 유동성이 좋아야 한다. 피복봉을 사용하는 것은 모재와의 단락(short) 방지 및 아크의 집중을 좋게 하기 위한 것이다.

절단 조작 원리는 탄소 아크 절단의 경우와 같으며, 절단면은 가스 절단면에 비하여 대단히 거칠다. 저탄소강, 연강 및 소입 경화성이 없는 재료에서는 절단부에서의 기계 가공성에 별로 영향이 없으나, 주철, 고탄소강 등, 소입 경화성이 강한 재료의 절단부는 기계 가공이 곤란하게 된다.

3. 산소 아크 절단

산소 아크 절단(oxygen arc cutting)은 아크 절단과 가스 절단을 조합한 절단법이며, 그림 14-13과 같이 중공의 피복 용접봉과 모재 사이에 아크를 발생시켜, 이 아크열을 이용한 가스 절단법이다.

이 아크열로 예열된 모재절단부에 중공으로 된 전극 구멍에서 고압 산소를 분출하여 그 산화열로 절단된다. 이와 같이 하면 모재는 아크의 예열 효과 외에 산소에 의한 산화 발열 효과 및 산소 분출의 기계적 에너지 등에 의하여 단순한 아크 절단 때보다 높은 절단 속도를 얻을 수 있다.

전원은 보통 직류역극성이 사용되나 교류도 사용된다. 절단면은 가스 절단면에 비하여 거칠지만, 절단 속도가 크므로 철강 구조물의 해체, 특히 수중 해체 작업에 널리 이용된다.

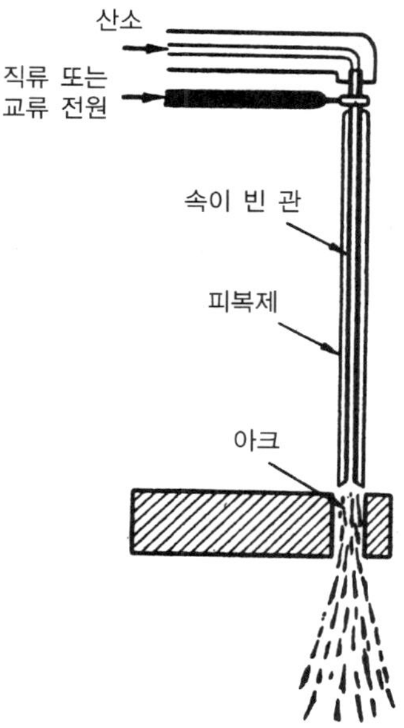

그림 14-13 산소 아크 절단

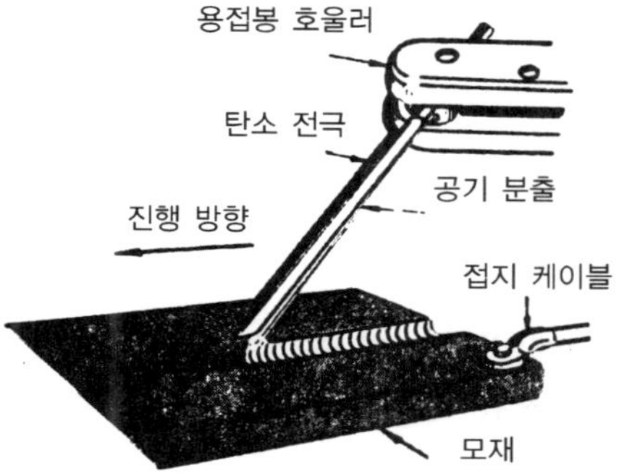

그림 14-14 아크 에어 가우징

4. 아크 에어 가우징

아크 에어 가우징(arc air gauging)법은 탄소 아크 절단에 압축 공기를 병용한 방법으로서, 그림 14-14와 같이 용융부에 전극 호울더(holder)의 구멍에서 탄소 전극봉에 나란히 분출하는 고속의 공기 제트(jet)를 불어서 용융 금속을 불어 내어 홈을 파는 방법이며, 때로는 절단을 하는 수도 있다.

이 방법은 용접부의 가우징, 용접 결합부의 제거, 절단 및 구멍 뚫기 등에 사용되며, 특히 가우징에 많이 이용된다.

전극은 탄소 전극봉과 표면에 동 도금을 한 것을 사용하고, 전원은 직류역극성을 이용한다. 압축 공기의 압력은 5~7기압 정도가 좋으며, 아크 에어 토치에서 공기의 흐름은 토치 손잡이의 압축 공기 밸브(air valve)에 의해서 조절되며, 토치 헤드(torch head)는 탄소 전극의 위치를 바람직한 각도로 회전시킬 수 있다.

그림 14-15는 탄소 전극 호울더를 나타냈다.

작업 요령은 전극을 약간 뒤쪽으로 경사시키고 아크가 발생한 직후에 압축 공기를 분출시키면서 전극을 회전시킨다. 아크 에어 가우징법은 가스 가우징법보다 작업 능률이 2~3배 높고 모재에 나쁜 영향도 거의 없으나 용접 결함으로 균열이 발생하기 쉽다. 또, 철, 비철 어느 경우에도 사용된다.

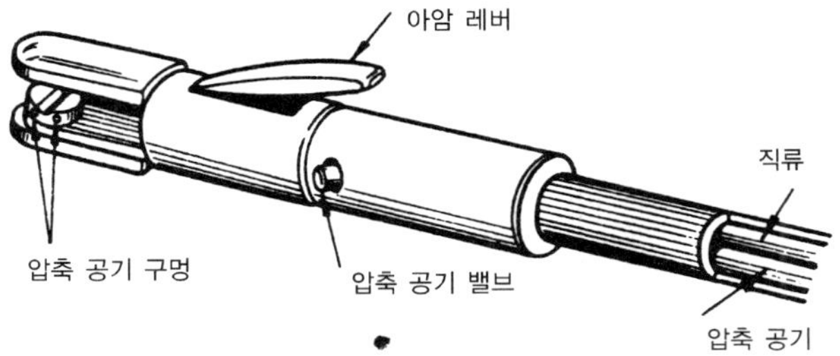

그림 14－15 탄소 전극 호울더

5. 플라즈마 아크 절단

플라즈마 아크 절단(plasma arc cutting)은 아크 플라즈마의 성질을 이용한 절단법이다.

그림 14－16(a)와 같이 텅스텐 전극과 모재 사이에 아크 플라즈마를 발생시키는 것을 이행형 아크 절단(transferred plasma arc cutting)이라 하며, 이에 대하여 그림 14－16(b)와 같이 텅스텐 전극과 수냉 노즐과의 사이에서 아크를 발생시켜 절단하는 것을 비이행형 아크 절단(non－transferred arc cutting)이라 한다.

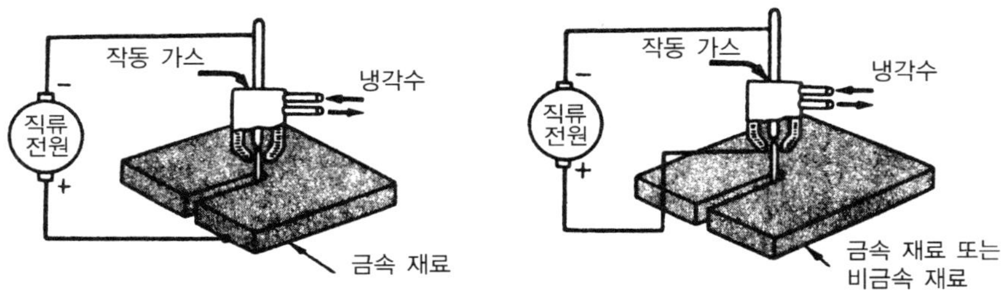

(a) 플라즈마 아크 절단 (b) 플라즈마 제트 절단

그림 14－16 플라즈마 절단 방식

이행형 플라즈마 아크 절단은 수냉식 단면 수축 노즐을 써서 국부적으로 대단히 높은 전류밀도의 아크 플라즈마를 형성시키고, 이 플라즈마를 이용하여 모재를 용융 절단한다. 그림 14－17은 플라즈마 제트의 불꽃과 토치를 나타낸 것이다.

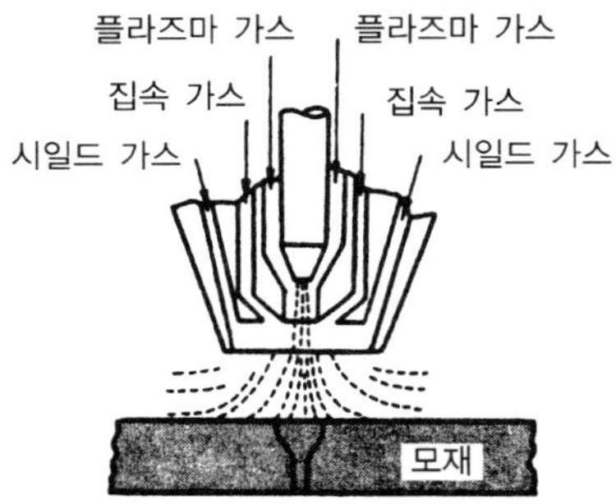

(a) (b)

그림 14－17 플라즈마 제트의 불꽃

동작 가스로는 알루미늄 등의 경금속에 대해서는 아르곤과 수소의 혼합 가스가 사용되며, 스텐레스강에 대해서는 질소와 수소의 혼합 가스가 일반적으로 사용되고 있다.

절단 장치의 전원에는 직류가 사용되지만 아크 전압(100~200V)이 높아지므로 무부하 전압도 높은 것이 필요하다. 플라즈마 절단은 가스 절단과 같은 화학적 반응열을 이용하지 않고 고온 고속의 플라즈마를 사용하므로 경금속, 주철, 동합금, 텅스텐 합금 등의 금속 재료 또는 콘크리트, 내화물 등의 비금속 재료의 절단에 사용된다.

6. TIG 절단

TIG 절단은 그림 14-18의 TIG용접과 같이 텅스텐 전극과 모재와의 사이에 아크를 발생시켜 모재를 용융하는 동안 아르곤 가스 등을 공급해서 절단하는 방법이다. 이 절단법은 플라즈마 제트(plasma jet)와 같이 아크를 냉각하고, 주로 열적 핀치 효과에 의하여 고온, 고속의 제트상의 아크 플라즈마를 발생시켜 용융한 금속을 불어 내어 절단하는 방법이다.

이 절단법은 주로 알루미늄, 동 및 동합금, 스텐레스강 등의 금속 재료의 절단에만 이용되며, 절단면이 매끈하고 열효율이 좋으며 능률이 대단히 높다. 전원은 직류정극성을 사용하며, 아크 냉각용 가스에는 주로 아르곤과 수소의 혼합 가스가 사용된다.

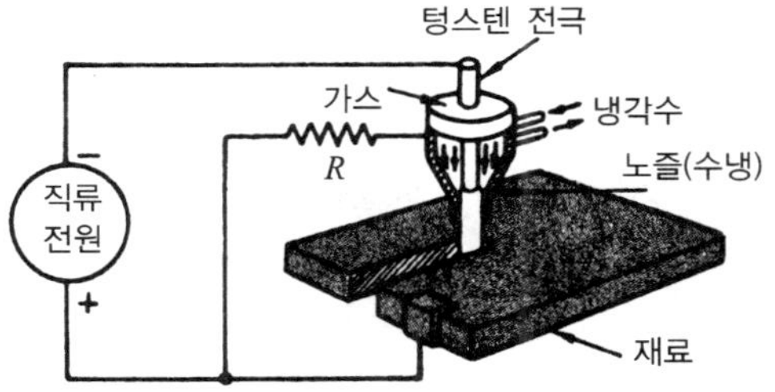

그림 14-18 TIG절단 원리

연습문제

01 강의 가스 절단의 원리를 설명하여라.

02 합금 원소가 절단에 미치는 영향을 설명하여라.

03 드랙 길이에 대하여 설명하여라.

04 절단면의 변형에 대하여 설명하여라.

05 분말 절단에 대하여 설명하여라.

06 수중 절단에 대하여 설명하여라.

07 산소창 절단에 대하여 설명하여라.

08 산소 가우징과 아크 에어 가우징을 설명하여라.

09 스카핑에 대하여 설명하여라.

10 플라즈마 아크 절단법을 설명하여라.

제15장 | 용접야금

용접야금(welding metallurgy)은 용접과 가장 관계가 깊은 금속학의 입장에서 용접 기술을 취급하는 학문이다. 일반 야금학은 제조 야금(process metallurgy)과 물리 야금(physical metallurgy)의 두 가지 부문이 있다. 제조 야금에서는 광석에서 금속의 분리 환원, 정련, 주조 및 제품의 가공 성형을 취급하며, 물리 야금에서는 열처리, 재료 시험, 금상학 및 제품의 여러 가지 검사에 관하여 취급한다.

그런데, 용접에서는 금속이 국부적으로 융해 응고하여 용접 금속이 생기므로 용해, 정련, 주조 등 제조 야금의 지식이 필요하다. 이와 동시에 물리 야금의 지식도 매우 필요하다. 그 취급 범위는 용접 재료의 특성, 용접 열사이클, 용접열영향, 용접금속, 용접부의 제 결함 및 용접부의 모든 성능 등이다.

15-1 용접열영향

탄소강이나 저합금강 아크 용접 또는 스폿 용접한 용접부의 매크로(macro) 단면은 그림 15-1과 같이 용접금속(weld metal), 열영향부(heat-effected zone) 및 열 영향을 받지 않은 모재(base metal) 부분으로 되어 있다.

용접 금속은 한번 용융한 금속이 응고한 부분이며, 주조조직을 나타내며 모재와 명확히 구별할 수 있다. 또 열영향을 받은 모재 부분은 용접 금속으로부터 전도된 용접열에 의해 급열 급냉의 열이력(thermal hysteresis)을 받아, 용융점 직하에서 광범위한 여러 온도로 가열되어서 열영향부를 형성한다. 이 때 각 부분에 도달한 최고 온도를 최고가열온도(peak temperature)라고 한다. 그림 15-2는 아크 용접에 의한 열영향부를 도시한 것이다.

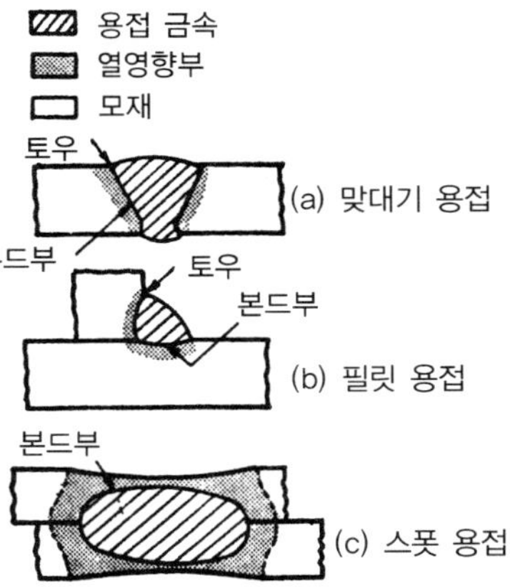

그림 15-1 용접 금속과 열영향부

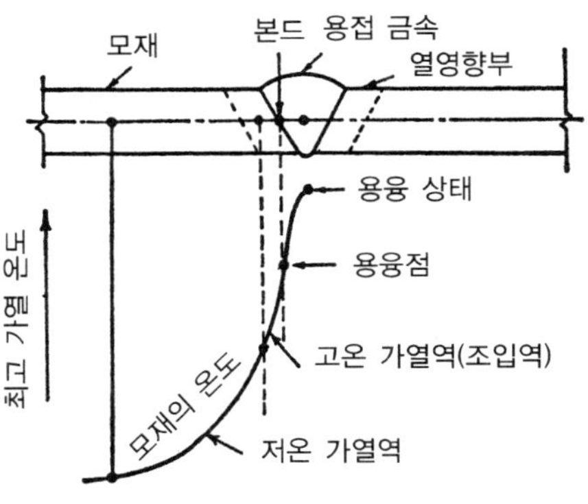

그림 15-2 아크 용접 열영향의 도해

용접 금속과 열영향부와의 경계를 본드(bone)라고 한다. 본드는 용융점(melting point)또는 응고 온도 범위(melting range)까지 가열되었으며, 용접 금속과 열영향부 사이를 원소가 이동 확산(diffusion)한 부분이므로, 균열의 발생 등 금속 조직학적으로 문제가 많은 곳이다.

강에서는 본드의 주변 수 mm 부분을 매크로 부식에 의해 모재와 식별할 수 있으므로 이 부분을 열영향부라고 한다. 이 부분은 최고 가열 온도가 Ac_1점 이상이기 때문에 현미경 조직과 기계적 성질이 심하게 변화한 곳이다. 열영향부의 기계적 성질과 조직의 변화는 모재의 화학 성분, 냉각 속도, 용접 속도, 예열 및 후열 등에 따라 달라지므로 이부분을 변질부라고도 한다.

열영향부에 인접한 모재 중 약 200~700℃로 가열된 부분은 현미경 조직의 변화를 볼 수 없으나, 기계적 성질의 변화는 알 수 있으므로 준열영향부라고도 한다. 이 부분은 연강에서는 노치 인성(notch toughness)이 저하하므로 포화 영역이라고도 한다.

또 이 밖의 부분을 원질부(unaffected zone)라 하며, 이 부분은 모재가 열의 영향을 크게 받지 않은 부분으로, 조직과 기계적 성질이 변하지 않은 모재 부분을 말한다.

오스테나이트(austenite)강, 페라이트(ferrite)강, 동합금 및 알루미늄 합금 등에서는 온도 변화에 의한 변태가 일어나지 않으므로, 펄라이트(pearlite)강과 같이 명확한 열영향부와 용접 이음 단면을 매크로 조직으로 확인하기 어렵다. 그러나, 결정립의 조대화 또는 재결정, 기계적 성질 및 물리적 성질의 변화가 나타나는 영역이 있다.

15-2 용접 중의 온도변화

용접열에 의한 모재의 재질 변화, 용접물의 변형, 잔류 응력의 발생 등 모든 열영향은 용접부의 온도 변화에 영향을 받아 일어난다.

1. 용접부의 온도분포

용접은 아주 높은 온도의 열원을 이용하여 금속을 용융시켜 아주 짧은 시간에 모재를 접합시키는 방법이다. 따라서, 용접부 부근의 온도는 대단히 높다. 그림 15−3은 용접 중의 온도 분포를 나타낸 것이다. 그림 15−3에서 열원 근방의 온도는 대단히 높고, 열원에서 멀어짐에 따라 온도는 내려가고 있다.

따라서, 모재는 용착 금속에서의 거리에 따라서 여러 온도로 급열, 급냉된다. 이 온도 변화를 열사이클(heat cycle)이라고 한다. 이와 같이 열사이클에 있어서 온도구배(temperature gradient), 즉 냉각 속도(cooling rate)가 클수록 용접부 부근은 급냉된다. 그림 15−3(a)는 아주 짧은 시간에 있어서의 모재 온도의 등온곡선을 나타냈으며, 용접이 끝나면 모재의 가열 최고점은 그림 15−3(b)와 같이 되어 여러 온도에 따라서 모재의 조직 변화를 일으킨다.

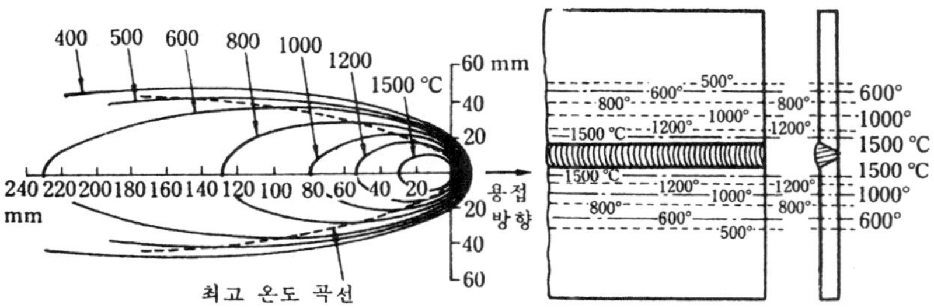

(a) 등온 곡선 (b) 온도 분포

그림 15−3 용접 중의 온도 분포

이 온도 구배의 대소는 용접 방법, 이음 형상, 예열 온도, 용접하는 금속의 종류 등에 따라 다르다. 일반적으로, 어떤 점에서 열을 가한 후 일정한 거리에 떨어져 있는 점이 일정 시간을 경과하면 온도가 내려가는 상태, 즉 냉각 속도는 같은 열량을 주었다 하더라도 열이 확산하는 방향이 많을수록 냉각 속도는 커진다.

용접시의 냉각 속도의 대소를 생각해 볼 때 얇은 판보다는, 두꺼운 판, 맞대기 이음보다는 T형 이음 용접의 경우가 냉각 속도가 크다.

2. 열영향부의 열사이클

열영향부의 금속 조직학적 변화는 용접에 의해서 어떠한 온도 이력과 또는 열이력을 받는가에 따라서 달라진다. 이 열사이클(thermal cycle)에 대해서는 (1) 가열 속도 (2) 최고 도달(가열) 온도, (3) 최고 도달 온도에 있어서의 유지 시간 (4) 냉각 속도 등이 중요한 인자이며, 이것들은 계산에 의해서 구할 수가 있다.

일반적으로 아크 용접 등에 있어서의 열 사이클은 4∼5초 정도의 짧은 시간에 그 금속의 용융점에서 실온까지의 여러 위치에서 각각의 온도로 급열되어, 수 초간 그 가열 온도에서 유지된 후 상당히 빠른 속도로 급냉된다.

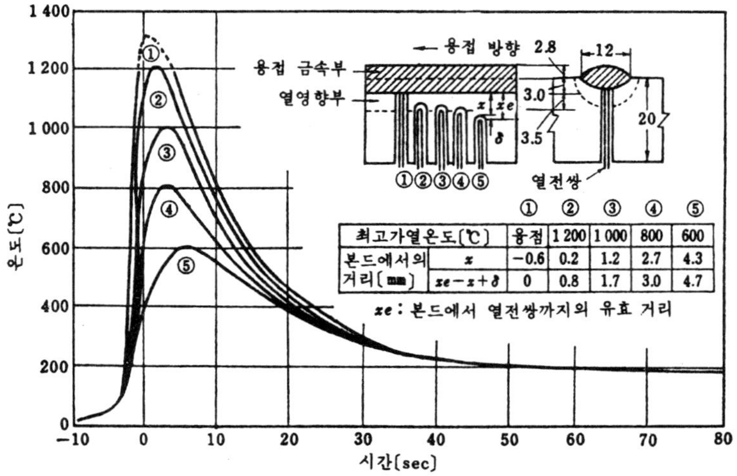

그림 15-4 아크 용접에 의한 강의 열사이클 (판 두께 20mm, 170A, 28V, 150mm/min, 용접봉 4mmϕ)

열사이클의 속도는 용접 방법, 용접 입열, 이음 형상, 판 두께, 용접전의 모재의 온도, 모재의 온도 확산율(thermal diffusity) 및 용접 등에 따라서 심하게 달라진다. 그림 15-4는 열영향부의 여러 위치에서의 열사이클의 일예를 나타냈다. 가열 속도가 대단히 빠르고, 최고 가열 온도가 높고 또한 열영향부의 각 위치에서의 온도가 각각 다른 것 등은 용접에 있어서 열사이클의 특징이다.

또 최고 가열 온도는 그림 15-4와 같이 본드에서의 거리 x가 멀어짐에 따라 점차적으로 낮아지며, 냉각 속도는 다르다. 또한 보통 탄소강, 고장력강 및 저합금강 등에서는 열전도율이나 비열 등의 물리적 성질이 유사하므로 어느 강으로 측정한 열사이클 또는 냉각 속도를 그대로 다른 동종에 적용하여도 상관없다.

표 15-1 주요 금속의 열적 성질

금 속	응고범위 (℃)	열전도율(실온) (cal/cm·s·℃)	열수축률 (융점에서 실온까지%)	선팽창계수 (1/℃)(온도역)(℃)
0.2%C 연강	1520~1490	0.108	3.0	14.3×10^{-9}(0~600)
0.5%C 탄소강	1500~1420	0.100	3.4	14.6×10^{-9}(0~600)
18-8Cr-Ni스텐레스강	1420~1395	0.038	3.7	19.0×10^{-9}(0~600)
황동(70Cu-30Zn)	950~915	0.290	2.2	18.6×10^{-9}(0~500)
모넬(70Ni-30Cu)	1350~1300	0.060	2.5	16.0×10^{-9}(0~500)
주철(저인)	1240~1120	0.148	1.6	13.0×10^{-9}(0~500)
알루미늄	660	0.520	1.7	28.5×10^{-9}(0~500)

그러나 오스테나이트계 스텐레스강 및 알루미늄 등의 재료에서는 표 15-1과 같이 열적 정수가 다르므로 따로 구하여야 한다.

3. 열영향부의 냉각속도

열영향부의 냉각 속도는 측정 위치 외에 용접 입열, 판 두께, 이음 형상, 용접전의 모재의 온도, 비드(bead) 길이 등에 따라 대단히 다르다. 용접 열사이클에서의 냉각 속도는 고온일수록 빠르고, 저온으로 냉각됨에 따라 작아진다.

냉각 속도는 편의상 어떤 일정 온도에 있어서의 열사이클 곡선의 구배로 나타내며, 철강의 용접에서는 700℃, 500℃ 및 300℃를 통과하는 냉각 속도의 값(℃/s)에 의해 나타낸다. 이 중에서 700℃의 값은 오스테나이트계 스텐레스강의 열영향을, 540℃의 값은 탄소강이나 저합금강의 변태 특성이나 경도를, 300℃의 값은 열영향부의 저온 균열을 관련하여 나타내는데 유효한다.

4. 용접방법

가스 용접은 아크 용접에 비하여 가열 상태가 능률적이 못되고, 용접 금속 이외의 모재를 넓게 가열하므로, 그 가열 냉각의 열사이클은 아크 용접에 비하여 매우 늦다. 또 저항 용접의 스폿 용접이나 시임 용접 중의 열사이클은 대단히 빠르다. 판 두께 2mm인 강의 용접에서는 불과 0.1초란 짧은 시간 내에 접촉면이 용융하게 되고 수초 정도의 짧은 시간에 냉각하게 된다.

강의 대표적인 용접법에 있어서, 열영향부가 임계온도역(약 800~700℃)부근을 냉각하는 속도는

가스 용접 …… 300~110℃/min(0.5~2℃/sec)

아크 용접 …… 110~5,600℃/min(2~100℃/sec)

스폿 용접 …… 2,800~22,200℃/min(50~370℃/sec)

정도이다.

5. 용접입열

용접에 의해서 용접선(weld line)의 단위 길이에 가해지는 열량이 많을수록 냉각이 늦어진다. 예를 들면 피복 아크 용접봉을 사용하였을 때 용접 속도 125~300mm/min 범위에서는 아크 전압 E, 아크 전류 I 및 용접 속도 v의 영향은 용접선의 단위 길이당의 용접 입열(heat input) EI/v로 결정된다. 이 중에서 아크 전압의 영향은 비교적 적고, 아크 전류가 클수록 또 용접 속도가 늦을 수록 입열이 커져서 열영향부의 냉각 속도가 늦어진다. 비드(bead)의 개시점과 종료점 및 아크 스트라이크(arc strike)에서는 입열이 적으므로 냉각 속도가 비교적 빨라진다.

6. 비드 길이

용접 비드가 어떤 값(연강에서 약 35mm)보다 짧게 되면 그림 15-5에서 보는 바와 같이 냉각 속도는 급격히 크게 된다. 극단적인 경우로서 1/4초 정도의 짧은 시간만 아크 스트라이크한 경우에는, 540℃를 통과할 때의 속도가 420℃/sec 정도로 되어, 연강의 임계속도를 넘으므로 아크 스트라이크의 흔적은 완전한 마르텐사이트(martensite)로 되어 경화하고 작은 균열이 생기게 된다.

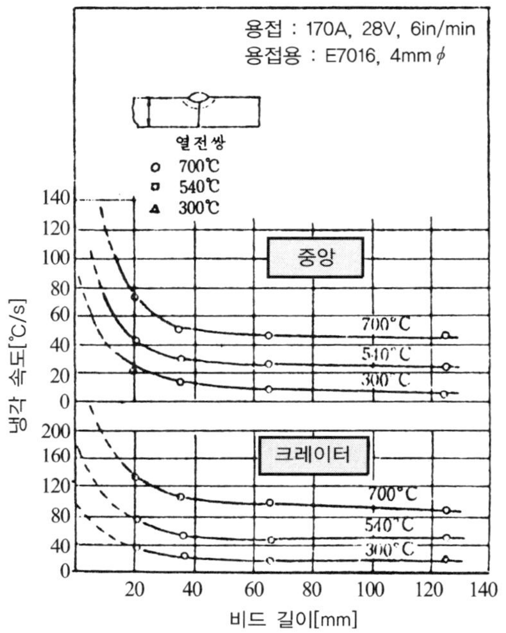

그림 15-5 비드의 중앙부와 크레이터의 냉각 속도에 미치는 비드 길이의 영향

7. 이음 형상

입열이 동일한 경우에는 모재 중에 열이 방산하기 쉬운 형상의 이음부일수록 본드(bond)의 냉각 속도가 빠르다. 이음 형상에 따라서, 열영향부의 냉각 속도가 다르므로 강의 최고경도(maximum hardness)에 심한 차가 생긴다. X형 홈의 제 1층의 냉각 속도는 그림 15-6에서 보는 바와 같이 판 위의 비드 용접인 경우와 거의 같다.

또 겹친 필릿 용접(fillet welding)의 냉각 속도는 동일한 판 두께로 동일한 용접 조건인 비드 용접보다 1.4배 크다. 이는 판 두께, 비드 길이, 입열, 예열의 유무에는 관계없이 성립니다.

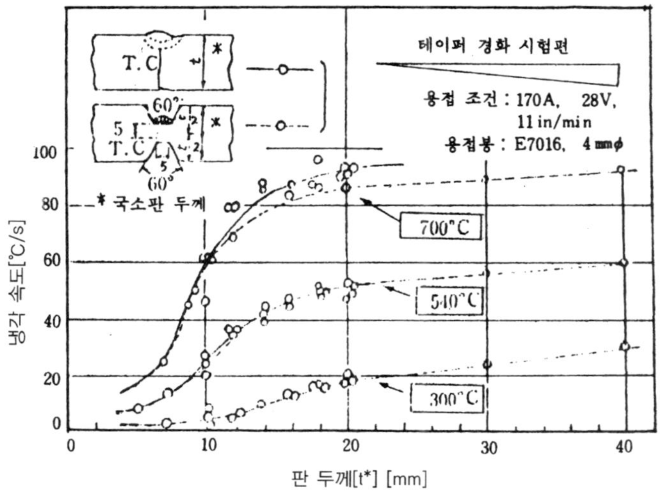

그림 15-6 X형 홈(흑점)과 비드 용접(백점)에 있어서 본드부의 냉각 속도의 비교

8. 판 두께와 용접 전의 모재의 온도

동일한 용접 입열에 대해서는 판 두께가 두꺼울수록 냉각 속도가 빨라진다. 예컨대 지름 4~5mm인 봉을 사용한 피복 아크 용접에서는 그림 15-6에서 보는 바와 같이 판 두께 약 25mm까지는 판 두께의 영향이 크지만, 그 이상인 두께에서는 거의 관계없이 일정하다. 또 용접 전의 모재의 온도가 높을수록 냉각 속도가 느리다.

9. 모재의 온도 확산율

모재의 열전도도(thermal conductivity)가 좋을수록 용접열이 모재 속으로 넓게 방산되기 쉽다. 이에 따라 모재가 온도 상승을 일으키는 양은 온도 확산율(thermal diffusity)로서 정해진다. 온도 확산율은 열전도도 K를 비열 C와 밀도 ρ를 곱한 것으로 나눈 $K/C\rho$이고, 재료의 온도 변화의 속도를 정하는 정수이다. 예를 들면 알루미늄의 온도 확산율은 연강의 약 10배이므로, 그 만큼 온도 변화가 신속하게 일어나고, 또 용접 금속 이외의 모재가 폭 넓게 가열되므로, 용접 후의 변형이 크다.

탄소강과 저합금강은 온도 확산율과 융점이 거의 같으므로, 열사이클은 실용상 같다고 보아도 좋다. 그러나 스텐레스강, 동합금, 알루미늄 합금 등은 온도 확산율과 용융점이 매우 다르므로, 탄소강의 열사이클과는 매우 다르다.

15-3 열영향부의 조직과 기계적 성질

1. 조 직

용접 금속 및 열영향부는 가열 속도가 크고, 또한 가열 시간도 짧고 급냉되기 때문에 보통 열처리에서는 볼 수 없는 조직으로 된다. 강의 열영향에 의한 조직 변화는 다음과 같다.

그림 15-7은 Fe-C계 상태도와 열영향부의 용접 열사이클과의 관계를 모형적으로 나타냈으며, 오른쪽의 그림은 비드 용접 단면을 관찰한 것이다. 지금 x인 탄소량을 갖는 강이 용접 중에 가열되었을 때, A_3(GS선)점 이상으로 가열된 부분은, 어느 순간에 오스테나이트(austenite)조직으로 변한다. 그러나 결정입 성장의 정도는 최고 가열 온도의 고저에 의해서 다르며, 도달 온도가 높을수록 결정입은 커진다.

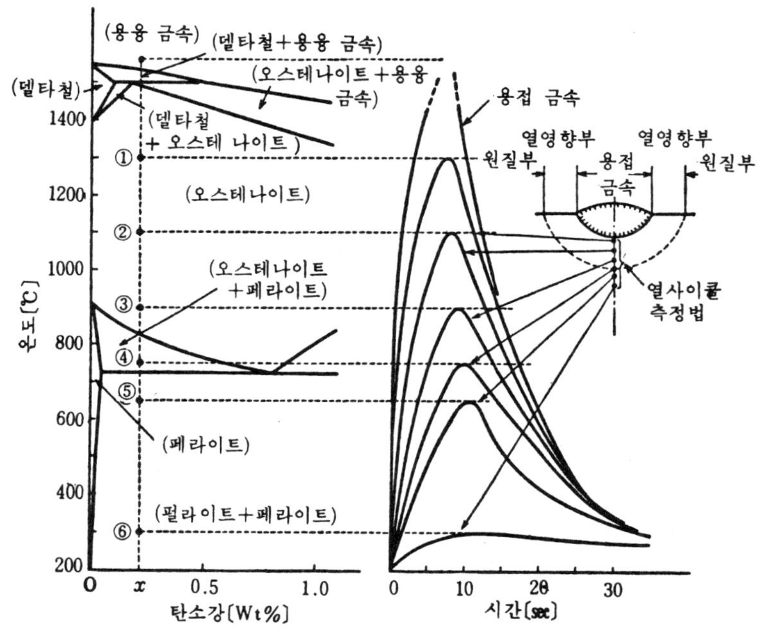

그림 15-7 강의 상태도와 용접 열영향부의 열사이클 관계

점 ①의 용융점 부근으로 가열된 위치에서는 결정입이 이상하게 조대화한다. 그 후 냉각 과정에 들어가 G-S선(A_3점)에 있어서 오스테나이트(austenite) 입계에 페라이트(ferrite)가 석출하기 시작한다. 그러나 결정입이 크고 또 냉각 속도가 빠르면 페라이트는 특정면에 층상으로 석출하여 위드만스테턴 조직(widmanstätten structure)으로 된다. 그림 15-8은 저탄소강의 용접부의 현미경 조직을 나타냈다.

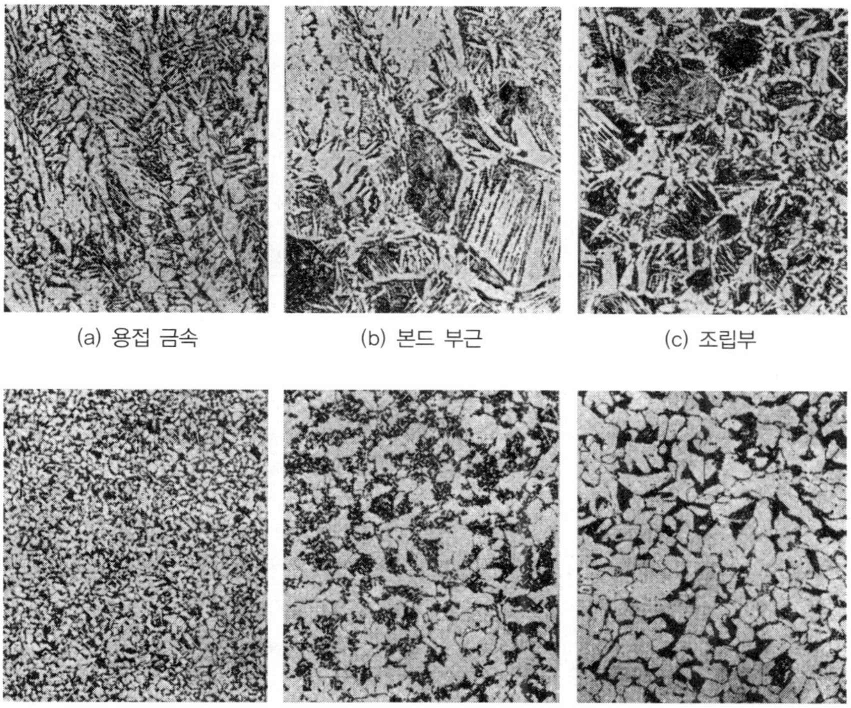

(a) 용접 금속 (b) 본드 부근 (c) 조립부

(d) 미세부 (e) 입상 펄라이트부 (f) 모재

그림 15-8 저탄소강 용접부의 현미경 조직(×100)

그림 15-7의 점 ②는 점 ①보다 최고 가열 온도가 낮고, 오스테나이트립이 적다. 이 부분의 조직은 그림 15-8(c) 조직과 같다. 점 ③은 한번 오스테나이트로 변태한 수 결정입이 조대화하기 전에 냉각 과정에 들어가, 페라이트와 펄라이트로 변태한 위치며, 대단히 미세화된 상태의 영역이다. 이 부분의 조직은 15-8(d)와 같다. 점 ④는 $A_1 \sim A_3$ 변태점의 중간 온도로 가열되었으므로, 펄라이트(변태점은 A_1점)만이 오스테나이트로 변태하려고, 펄라이트 중의 시멘타이트(cementite)의 일부분이 입상화한 상태로 냉각된 영역이다. 이 부분의 조직은 그림 15-8(e)와 같으며, 검은 부분의 펄라이트 중에 점상의 시멘타이트가 구상화한 상태이다.

점 ⑤는 A_1변태점 직하까지 가열된 위치며, 조직적 변화는 거의 생기지 않는다. 그러나 마이크로(micro)적으로는 석출이 생겨서 취하가 따른다. 점 ⑥이하는 조직적으로도 그 성질도 모재와 같으며, 그림 15-8(f)와 같이 검은 부분이 펄라이트, 흰 부분이 페라이트이다.

강의 용접 열영향 각부의 조직과 특징은 표15-2와 같이 분류할 수 있다. 강 중에 탄소나 합금 원소가 많이 함유될 때나 냉각 속도가 빠를 경우, A_3점 이상으로 가열된 열영향부는 경화하는 경향이 현저하다.

표 15-1 저탄소강 용접부의 조직 변화

명 칭	가열된 온도 (℃)	적 요
용착금속	>1500	완전히 용융하여 응고한 부분이며, 수지상 결정조직으로 됨.
융합부	>1400	모재의 일부가 용해하여, 일부는 고체로만 되어 대단히 조립이며 위드만 조직이 발달함.
조립부	140~1200	과열로 조립화 위드만 조직도 볼 수 있음.
미세부	1200~900	세립균질(소준 미세화)(Ac_3이상 가열)
입 상 펄라이트부	900~750	펄라이트가 세입상으로 분할된 부분(Ac_1 ~ Ac_3로 가열)
취화부	700~100	조직에는 거의 변화가 없다.
원질부	100~상온	용접열에 영향을 받지 않은 모재 부분

2. 경도분포

강의 열영향부는 본드(bond)에서 멀어짐에 따라 최고 가열 온도가 낮아지며 또한 냉각 속도가 늦어지므로, 그 현미경 조직에 차이가 있는 것과 같이 기계적 성질도 변화한다.

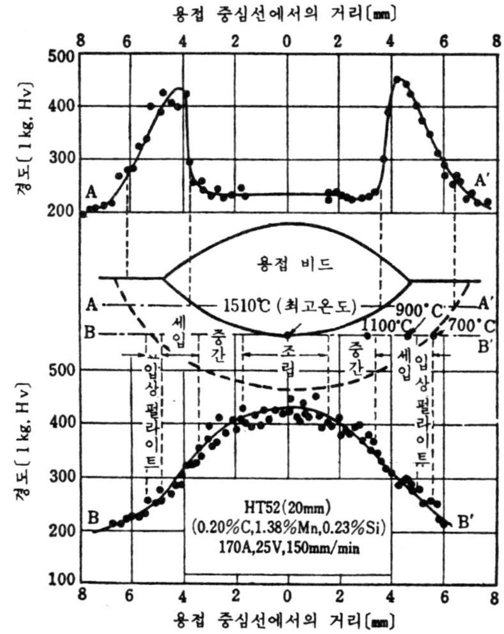

그림 15-9 고장력강의 용접 열영향부의 경도 분포

이와 같은 기계적 성질을 손쉽게 조사하는 데는 열영향부의 경도 분포를 많이 이용한다. 특히 하중이 작은(1~0.02kg) 현미경 경도계를 사용하면 그 분포를 잘 알 수 있다.

그림 15-9는 판 두께 20mm의 고장력강의 열영향부의 경도 분포를 나타냈다. 본드에 인접한

조립부에서는 최고경도(maximum hardness ; H_{max})가 생긴다. 일반적으로 최고 경도가 클수록 마르텐사이트(martensite)량이 많아졌음을 의미하며, 열영향부가 취약하게 되므로 최고 경도는 낮은 것이 좋다.

보통 연강에서는 냉각 속도가 빨라도 마르텐사이트가 거의 생성하지 않으므로 그다지, 경화하지는 않는다. 그러나 고장력강, 고탄소강, 저합금강 등에서는 경도의 증가가 심하다. 소입경화성이 없는 오스테나이트계 스텐레스강이나 알루미늄에서는 최고 경도가 생기지 않으며, 도리어 조립부는 연약하게 된다.

열영향부의 경화성은 강의 조성이나 용접시의 냉각 속도, 다시 말해서 용접 조건에 의해서 다르다. 탄소강에서는 탄소 함유량이 증가할수록 최고 경도는 높아지나 합금강에서는 탄소 함유량뿐만 아니라 합금 원소에 의해서도 영향을 받으므로 일반적으로 강의 경화성을 나타내는 값으로 탄소당량(carbon equivalent ; C_{eq})을 쓰는 것이 편리하다.

$$C_{eq}\%(\mathrm{WES}) = \mathrm{C} + \frac{1}{6}\mathrm{Mn} + \frac{1}{24}\mathrm{Si} + \frac{1}{40}\mathrm{Ni} + \frac{1}{5}\mathrm{Cr} + \frac{1}{4}\mathrm{Mo} + \frac{1}{14}\mathrm{V} \quad (15-1)$$

$$C_{eq}\%(\mathrm{IIW}) = \mathrm{C} + \frac{1}{6}\mathrm{Mn} + \frac{1}{5}(\mathrm{Cr} + \mathrm{Mo} + \mathrm{V}) + \frac{1}{15}(\mathrm{Ni} + \mathrm{Cu}) \quad (15-2)$$

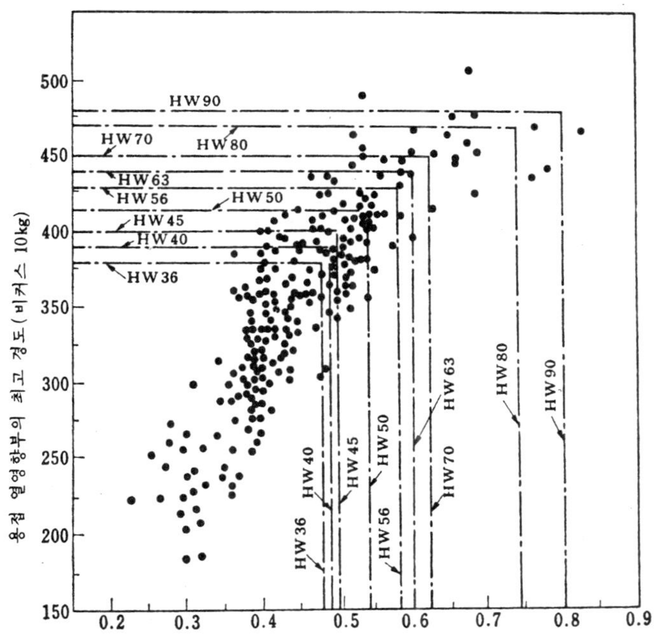

탄소 당량$(C_{eq}) = \mathrm{C} + \frac{1}{6}\mathrm{Mn} + \frac{1}{24}\mathrm{Si} + \frac{1}{40}\mathrm{Ni} + \frac{1}{5}\mathrm{Cr} + \frac{1}{4}\mathrm{Mo} + \frac{1}{14}\mathrm{V}$ [%]

그림 2– 그림 15-10 고장력 저합금강의 탄소당량과 열역향부의 최고 경도 [판 두께 20mm, 실온 표준 용접 조건인 경우(540℃의 냉각 속도 28℃/s=800℃에서 500℃까지의 냉각 시간(6s))의 최고 경도와의 관계]

최고 경도는 탄소당량의 증가에 따라 일반적으로 직선적으로 증가한다. 탄소 함유량 또는 탄소당량이 낮을수록 용접성이 좋으며, 일반 용접용 강재의 탄소 함유량은 0.3% 이하일 때 탄소당량은 0.35% 이하이다.

표준 용접 조건(판 두께 20mm, 피복 아크 용접봉 40mmϕ, 용접전류 170A, 용접 속도 150mm/min)으로 용접한 경우의 최고 경도($H_{\max}$)는 식 (15－1)의 C_{eq}를 사용하면 다음과 같이 나타낸다.

$$H_{\max} = (10\mathrm{kg}, \mathrm{H_v}) = (666 \times C_{eq}\% + 40) \pm 40 \qquad (15-3)$$

단, $H_{\max}$는 하중 10kg에서의 비커스 경도의 값을 나타낸다. 저탄소 합금강에서는 이 식이 잘 적용된다. 그림 15－10은 여러 고장력 저합금강에 대한 탄소당량과 용접 열영향부의 최고 경도를 나타냈다.

3. 기계적 성질

열영향부의 기계적 성질을 조사하기 위해서는, 실제의 열영향부의 폭이 대단히 좁으므로 충분히 큰 시험편을 채취하여 조사하기가 힘들다. 그림 15－11 고장력강의 재현 열영향부의 기계적 성질에 미치는 최고 가열 온도의 영향 그러므로 일반적으로 열사이클의 재현 장치를 사용하여 실제의 열영향부 또는 열사이클을 시험편에 재현하여 인장 시험이나 충격 시험을 한다.

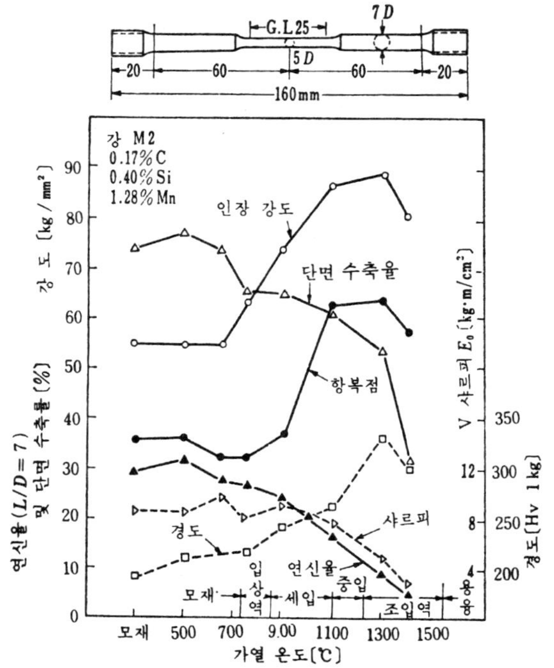

그림 15－11 고장력강의 재현 열영향부의 기계적 성질에 미치는 최고 가열 온도의 영향

그림 15-11은 열영향부의 기계적 성질에 미치는 최고 가열 온도의 영향을 나타냈다. 인장 성질은 조직으로도 추정할 수 있는 것 같이, 최고 가열 온도 A_1점 이상에서 변화가 나타나며, A_3점 이상으로 가열되면 성질이 급격히 변화한다. 이것은 오스테나이트(austenite)화된 후, 급냉에 의해 마르텐사이트(martensite)나 베이나이트(bainite)가 생기기 때문이다.

또, 조립역에서 인장 강도는 최대로 되지만, 1,300℃이상의 최고 가열 온도인 경우에는 인장 가도가 어느 정도 저하한다. 이것은 결정입의 조대화 때문이며, 연신율, 단면 수축률 및 충격값도 저하한다. 이와 같은 부분이 용접 이음 중에 존재하면, 용접 균열이나 파괴를 일으키기 쉽다.

15-4 모재의 균열

모재의 열영향부에는 용접 금속 근처에 현미경적 또는 육안적 균열이 생기는 일이 있다. 강의 균열에는 2종류가 있으며, 그 중 하나는 비교적 고온(550℃ 이상)에서 발생하는 고온균열(hot cracking)과 다른 하나는 약200℃이하에서 생기는 저온균열(cold cracking)이다.

1. 고온균열과 저온균열

강의 고온 균열은 응고 온도 직하에서 발생하는 응고균열(solidification cracking)이 대부분이며, 때로는 응고 온도 구간에서도 발생한다. 대부분이 용접 금속 내의 균열이며 때로는 열영향부의 균열도 있다.

강의 고온 균열은 적열취성에 원인이 있다. 그 원인은 약1,000℃이상의 고온도에서 강의 결정입계에 저융점의 불순물이 녹아서, 입계의 결합력이 영으로 되어 판단되기 쉽게 되므로 압연 또는 단조 중에 균열이 일어난다. 불순물로서 해로운 것은 황화철, 산화물, 동 등이다.

강의 저온 균열은 대부분 조립화와 급냉에 기인하는 경화에 의해 생기며, 경화하기 쉬운 고장력강 및 저합금강 등에 생기기 쉽다. 특히 저합금강에서는 그림 15-12와 같이 비드 밑 균열(under bead crack) 및 토우 균열(toe crack)이 많다. 이 외에 저합금강인 강에는 비드에 나란한 세로 균열(longitudinal crack) 및 비드에 직각인 가로 균열(transverse crack)이 모재부에 발생할 때가 있다.

일반적으로 토우 균열은 용착 후 수분이 지나 발생하기 시작하고, 비드 밑 균열은 수 시간 후에 발생하며, 가로 균열은 다시 수 시간 경과한 후에 발생한다. 때로는 수 개월 후에 발생하는 모재 균열도 있다. 이 중에서 비드 밑 균열과 가로 균열만이 수소와 깊은 관계가 있으며, 다른 균열은 수소와 관계없는 구속균열(restraint cracking)이다.

이와 같은 저온 균열의 발생 시기에는, 용접 직후의 마르텐사이트(martensite) 변태시에 일어나는 경우와 용접 후 많은 시간이 경과한 후에 생기는 소위 지체 파괴(delayed fracture)의 2종류가 있다.

A : 토우 균열
B : 비드 및 균열

그림 15-12 SAE 4130(Ni-Cr-Mo)강판의 비드 용접의 횡단면(×7)

2. 비드 밑 균열

비드 밑 균열은 저합금 고장력강에 생기기 쉬운 미소한 균열이며, 비드 직하에 생긴다. 이들 균열은 보통 본드에 접하는 조립부에 생긴다. 비드 밑 균열의 발생은 용접 중에 용융 금속이 흡수한 수소가 중요한 원인이 된다고 생각되고 있다. 미국의 밧텔(battelle) 연구소에서 다년간 연구한 결과 비드 밑 균열의 이론은 다음과 같다. 비드 밑 균열은 다음 세 가지 원인에 의한 응력에 의하여 약200℃이하의 저온에서 발생한다.

즉 ① 용착강 및 열영향부의 수축 ② 오스테나이트→마르텐사이트 변태 ③ 수소가 갖는 정역학적 압력으로서, 이들에 의하여 생긴 응력이 비드 밑 균열을 일으키는 기주는 다음과 같다.

① 수소를 발생하기 쉬운 용접봉으로 용접하면, 용접봉에서 아크 분위기를 통과한 금속입자가 수소를 흡수하므로, 용접 금속은 수소를 다량 함유하게 된다.

② 용융 금속이 응고할 때 용해도가 급격히 감소하므로 남은 수소는 용융 금속으로부터 달아나려 하나, 일부는 용착 금속에 남고, 일부는 가열에 의하여 오스테나이트로 된 열영향부 내에 확산한다. 이는 오스테나이트가 특히 수소를 흡수하는 능력을 가졌기 때문이다.

③ 냉각함에 따라 용착 금속 자신은 수소의 흡수 능력이 점차 감소하고 일부는 표면에서 공기 중에 가스로 되어 달아나며, 일부는 용착 금속에 근접한 열영향부 내에 확산하여 열영향부의 수소량은 다시 증가한다.

④ 한편, 열영향부도 냉각함에 따라 오스테나이트 상태에서 변태되므로 수소의 흡수 능력이 감소한다.

⑤ 저탄소강인 경우에도 오스테나이트 상태에서 급격히 냉각하면, 실온 부근에서 마르텐사이트로 변태하는 오스테나이트가 어느 정도 잔류한다.

⑥ 잔류 오스테나이트는 수소로 과포화되었기 때문에, 마르텐사이트로 변태할 때에 새로 생긴 조직 중에 미세한 균열이 생길 때가 있다.

이 균열은 ① 마르텐사이트 격자 중의 수소에 의한 취하(embrittle-ment), ② 용착 금속 및 열영향부의 수축응력 ③ 오스테나이트→마르텐사이트 변태의 체적 팽창에 의한 변태응력, ④ 미시적인 기공 중에 존재하는 분자상 수소가 갖는 정역학적인 압력에 의하여 유기된다고 생각된다.

또 아크 분위기 중의 수소량과 저합금강의 비드 밑 균열과의 관계를 그림 15-13에 나타냈다. 밧텔의 실험 결과에 의하면 E 6010, 6012, 6013, 6020 등의 용접봉은 아크 분위기 중에 35~40%의 수소를 함유하므로, 저합금강의 비드 밑 균열이 일어나기 쉽다.

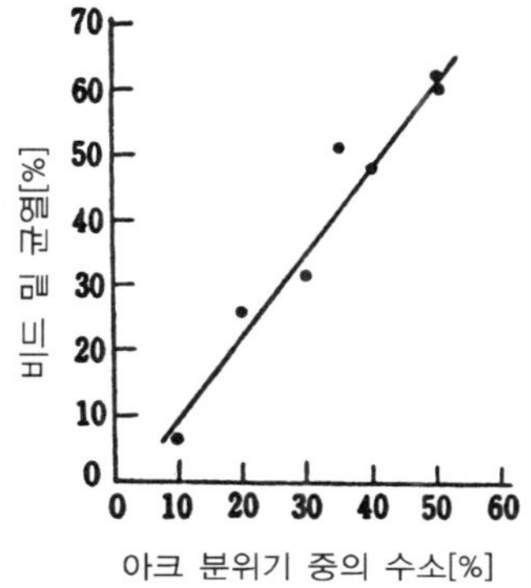

그림 15-13 아크 분위기 중의 수소량과 비드 밑 균열(Mallet, Rieppet)

또 실험에 의하면 비드 밑 균열은 마르텐사이트 생성과 수소 중 어느 하나가 결핍하면 전혀 발생하지 않는다. 따라서 저수소계의 용접봉을 사용하든가 또는 마르텐사이트 생성을 감소시키기 위하여 100~150℃로 예열하면 비드 밑 균열을 방지하는데 유효하다.

이 외에 오스테나이트계 Cr-Ni용접봉도 비드 밑 균열 방지에 효과가 크다. 그 이유는 용착 금속이 실온에서도 오스테나이트이므로 그 자신이 수소를 다량 흡수할 수 없으므로, 열영향부에 수소가 과포화되게 용입하는 것을 피할 수 있기 때문이다. 또 용착 금속의 연성이 풍부하기 때문이다.

15-5 용접금속과 결함

1. 용접금속과 가스

(1) 용접금속과 가스의 흡수

용융 금속은 고온이므로 매우 짧은 시간 내에 다량의 가스(산소, 질소, 수소 등)를 흡수하기 쉽다. 흡수된 가스는 해로운 화합물을 만들뿐 아니라, 온도 강하에 따라 용해도가 감소하므로 용접 금속에 여러 가지 나쁜 영향을 끼친다. 포화된 가스는 직접 또는 간접으로 기공, 균열 및 취화의 원인이 된다.

용융 금속 중의 가스의 용해량은 가스 압력의 제곱근에 정비례하여 증가하며, 또 1기압의 가스 압력하에서는 온도의 증가에 정비례하여 용해도가 증가한다. 예를 들면 1기압하에서 1,600℃ 및 2,000℃의 용융철 중의 가스의 단독 용해도는 표 15－3과 같다.

표 15－3 용융철 중의 가스의 용해도

온 도	용해도〔%〕			100g의 철 속의 용해량 표준 상태(1기압 0℃)cc/100g Fe		
℃	산 소	질 소	수 소	산 소	질 소	수 소
1,600	0.33	0.040	0.0026	228	39	30
2,000	0.84	0.046	0.0037	590	45	43

이 용해도에서 보는 바와 같이 산소가 가장 많고, 질소, 수소의 순으로 적게 되어 있다. 표 15－3에 의하면 1,600℃의 용해도는 탄소강의 평로강에 있어 실온에서 함유된 가스량의 수배의 양이다. 이들 용해량은 다른 가스가 동시에 용해할 때는 표 15－3의 값보다 감소한다.

(2) 산 소

1) 산소의 용해량

산소는 용융철에는 다량으로 용해하지만, 고체인 철 속에는 응고 온도에 있어서 0.1～0.2%, 1,000℃ 이하에서는 최고 0.1%, 다시 온도가 강하하면 용해도는, 그림 15－14와 같이 급속히 감소한다.

아크 중의 산소의 근원은 공기 중의 산소, 피복제 중의 산화물, 첨가재 및 모재 이음에 있어서의 습기, 수분 등이다. 연강의 아크 용착 금속내의 산소의 전함유량은 예컨대 0.04～0.1%(피복봉) 또는 0.15～0.30%(비피복봉) 정도이며, 비피복봉인 경우가 훨씬 많다. 또 염기성 평로강에서는 림드강(rimmed steel)은 0.1%(주로 FeO) 이하, 킬드강(killed steel)에서는 0.05～0.020% 정도이다.

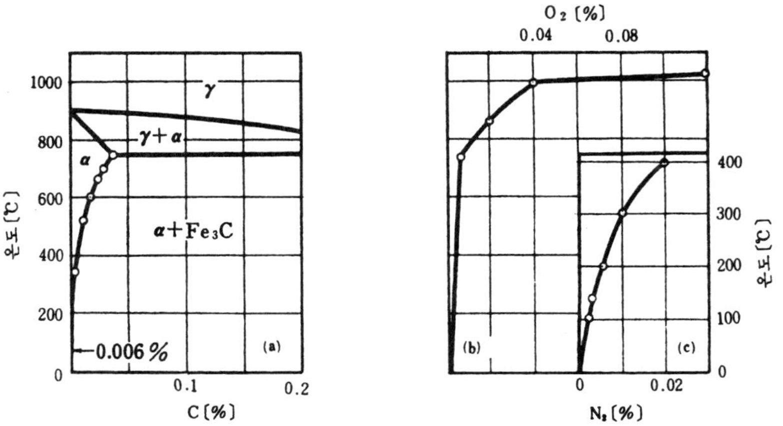

그림 15－14 페라이트 중의 탄소, 산소, 질소의 고용도(Metals Handbook)

2) 산 화

산소는 철과 화합하여 산화제일철(FeO, 22.3% O), 사삼산화철(Fe_3O_4, 22.7% O) 및 산화제이철(Fe_2O_3, 30.1% O)이 생긴다. 철은 고온에서는 고체인 경우에도 산화되기 쉬우며, 용융 상태에서는 더욱 강하게 산화되어 FeO로 된다.

$$Fe + O \rightleftarrows FeO$$

3) 탈 산

산화철이 많게 되면 강은 적열취성(red shortness)을 나타내며, 기계적 성질이 나빠지므로 피복제 또는 심선 중에 첨가한 Mn, Si, Al 등을 사용하여 용융 금속 중의 산소를 강제적으로 탈산하는 것이 보통이다. 즉, 탄산 능력은 Al이 가장 크며, Si, Mn순으로 약하다.

$$FeO + Mn \rightleftarrows MnO + Fe$$

$$2FeO + Si \rightleftarrows SiO_2 + 2Fe$$

$$3FeO + 2Al \rightleftarrows Al_2O_3 + 3Fe$$

4) 기 공

평형 상태에 있어서 철 중의 산소는 그림 15-15와 같이 탄소량에 반비례하여 감소한다. 강은 응고시 우선 고융점의 저탄소강의 결정이 정출하므로, 잔액은 탄소 함유량이 증가하고 따라서 과포화된 산소는 다음 반응에 의하여 CO가스를 발생하여

$$FeO + C \rightleftarrows CO + Fe$$

이것이 용강 중에 남으면 기공으로 된다. 림드강(rimmed steel)의 기공은 주로 CO가스에 의하여 생긴다.

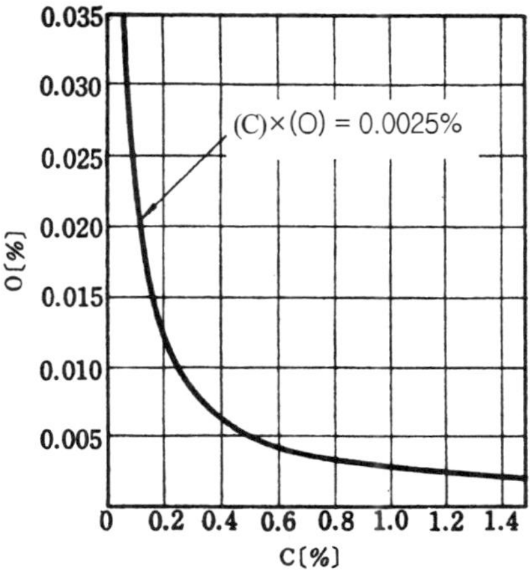

그림 15-15 용강 중에 평형하는 산소와 탄소

5) 영 향

강 중의 산소는 소부분이 FeO 대부분이 기타 원소의 산화물이나 규산염등의 불순물로서 존재한다. 또 특별한 경우 림드강에서는 기공중의 CO가스로서 존재한다. 용접 금속 중의 산소는 연신율 및 충격값을 감소시킨다. 또 적열취성의 원인이 된다. 이 외에 불순물로서의 탈산생성물이 용접 금속의 주상정(columnar) 입계에 개재하여 용접 금속을 취약하게 할 때가 있다.

(3) 질 소

1) 질소의 용해도

용융철의 질소용해도는 응고와 더불어 불연속적으로 감소한다. 1기압 하에서 γ 철에는 2% 이상 고용하지만, α 철에는 500℃에서 약 0.1%이며, 온도의 강하와 더불어 용해도가 감소하여 실온에서는 그림 15－16과 같이 0.001% 이하에 지나지 않는다. 아크 용접 중의 질소의 근원은 대부분이 공기 중의 질소이므로 아크의 시일드(shield)가 필요하다.

연강의 아크 용착 금속 내의 질소량은 예컨대 피복 용접봉일 때 0.01～0.03% 또는 비피복 용접봉일 때 0.10～0.15% 정도이며, 비피복 용접봉인 경우가 훨씬 많다. 또 보통 염기성 평로강에서는 질소 함유량은 약 0.005% 정도이다. 그러나 전기로강에서는 평로강의 2배정도이며, 전로강에서는 0.015% 정도로 매우 많다.

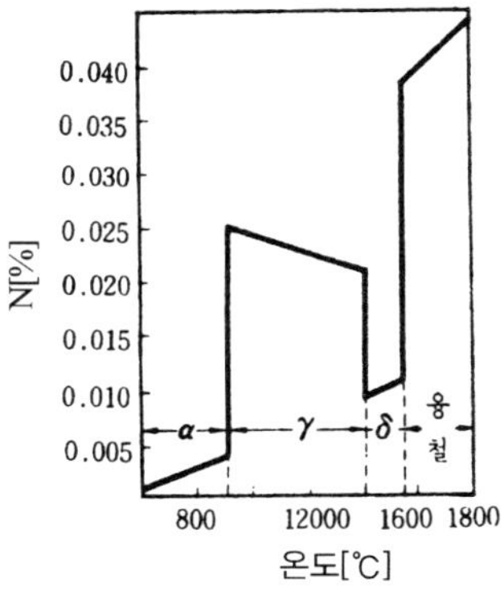

그림 15－16 순철 중의 질소 용해도

2) 질 소

질소는 실온에서는 이너트 가스(inert gas)이지만 아크 또는 가스 용접과 같은 고온에서는 분자상 질소(N_2)가 해리하여 원자상 질소(N)로 되어, 이것이 용융 금속에 활발히 작용한다. 용융철에 용해한 질소는 응고 중에 거의 방출되지 않고 일반적으로 γ 철 중에 고용되어 있으나, 온도가 590℃로 강하하면 과포화로 된 질소가 질화철(Fe_4N)로서 기지중에 석출한다. 질화철은 그림 15－17과 같이 침상조직이고, 하중을 받으면 이것이 노치(notch)로 되어 강이 취약하게 파단되는 원인이 된다.

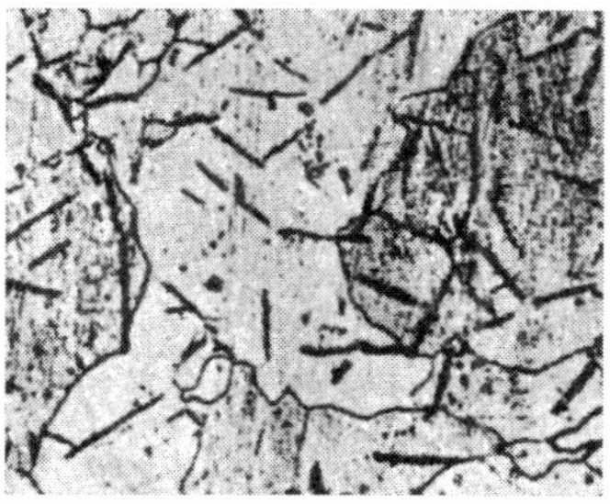

그림 15-17 침상의 질화철(Fe_4N)×400

3) 영 향

용접 금속의 질소 함량이 증가하면 인장 강도는 증가하나, 연신율과 충격값은 저하하여 취약하게 된다. 또 보통 용접의 냉각 속도 하에서는 간혹 과포화로 된 질소는 그 일부분만이 침상의 Fe_4N로 석출할 뿐이고, 나머지는 시간의 경과 또는 변형 가공 등에 자극되어 석출하여 강을 시효경화(age hardening)시킨다. 이 외에 질소는 소려취성(temper brittleness), 청열취성(blue shortness)의 주원인이라고 생각된다. 또 용접 금속 내의 기공의 원인도 된다. 그림 15-16은 강중의 N_2의 용해도에 미치는 온도의 영향을 나타냈다.

응고와 더불어 용해도는 불연속적으로 감소하여 실온에서는 매우 근소하다. 그림 15-18은 강중의 각종 원소의 질소 용해도에 미치는 영향을 나타냈다.

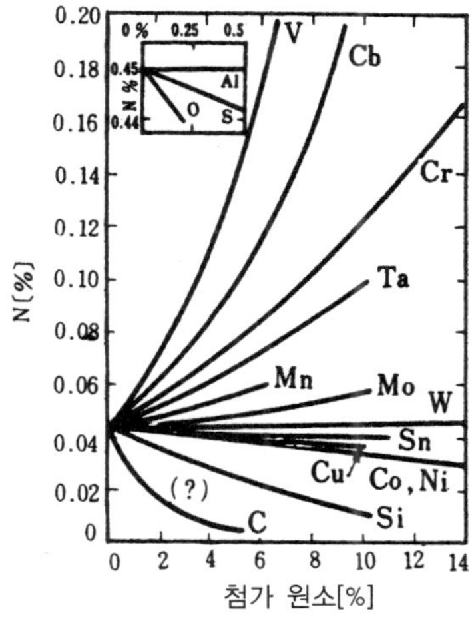

그림 15-18 철 중의 질소 용해도에 미치는 각종 합금 원소의 영향

(4) 수 소

1) 수소의 용해량

수소는 원자상수소(H)로 되어 철 중에 고용한다. 1기압 하에서의 철중의 용해도는 그림 15-19와 같으며, 응고 및 $\gamma \rightarrow \alpha$ 변태시에 용해도는 불연속적으로 감소한다.

용융철에 용해하는 수소량은 그림 15－20과 같이 철 중의 산화철(FeO)량으로 제한 된다. 킬드강(dilled steel)은 림드강(rimmed steel)에 비해서 용접에 적합하다고 생각되고 있으나, 림드강에 비해서 FeO의 함유량이 적으므로 반대로 수소를 다량 흡수하기 쉬우며, 이 때문에 기공, 은점(fish eye) 및 균열 등 많은 결함이 생기기 쉽다.

강의 아크 용접 중의 수소는 처음부터 기체의 수소로서 공급되는 것은 적으며, 거의 대부분이 아크열에 의한 수분(H_2O)의 분해에 의하여 공급된다. 그리고 이 수분은 피복제 중의 유기물의 연소, 피복제 중에 포함된 미소한 물방울, 피복제 중의 광물성 원료에 포함된 결정수, 심선 또는 용접 홈 표면의 습기 등에서 공급된다. 따라서 용착 금속 내의 수소량을 감소시키기 위해서는 용접봉, 입상 용제 및 용접 홈의 건조와 유지, 수분, 이물질 등의 청정이 매우 중요하다.

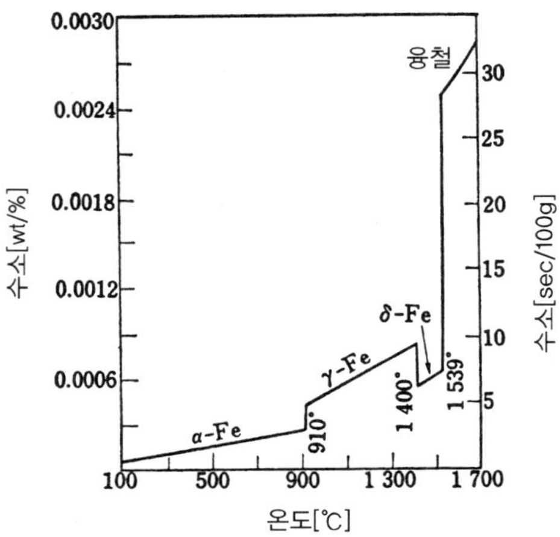

그림 15－19 철 중의 수소의 용해도(1 기압)

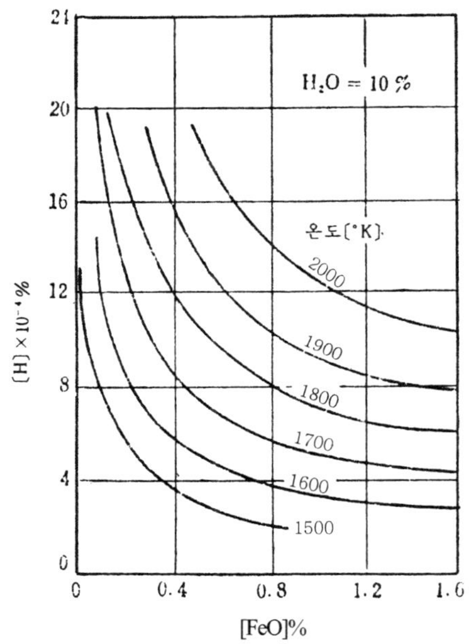

그림 15－20 용융철에 용해된 FeO와 H의 관계

2) 용착강의 수소방출

수소는 O_2나 N_2와 달라서 원자가 작으므로 결정 내를 자유로이 확산하는 특징이 있다. 과포화 수소의 대부분은 용접 후 시간과 더불어 외부에 방출하며, 가열하여 온도를 올리면 확산은 점차 진행된다. 용착 금속을 실온에 방치하면 그림 15－21과 같이 점차 수소가 방출되어 용착강 내의 수소는 감소하며, 가열하면 한층 더 급속히 감소한다.

400℃ 이상에서는 1시간 내에 거의 제거된다. 응력제거 소순(stress relief annealing)은 수소 제거의 점에서도 유효하다. 또 예열을 하면 200~500℃에서의 냉각이 늦어져서 수소의 방출이 촉진된다. 또 상온에서 용이하게 이동하는 수소를 특히 확산성 수소(diffusible hydrogen)라 하고, 온도를 올리지 않으면 이동하지 않는 수소를 비확산성 수소(non-diffusible hydrogen)라고 한다.

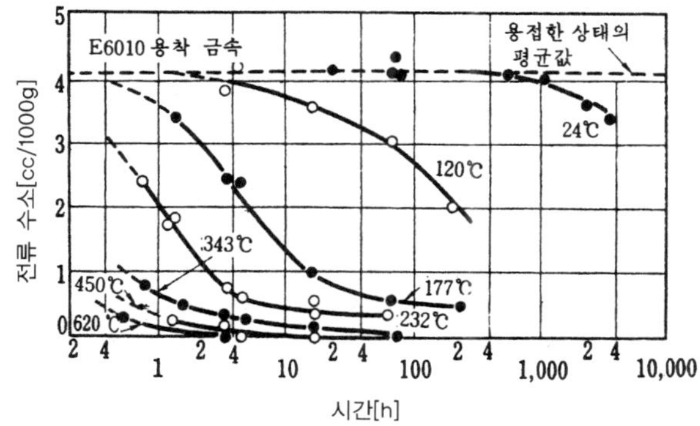

그림 15-21 후열에 의한 E 6010용착강 중의 수소의 방출

3) 영 향

강 중에 과포화하게 포함된 수소는 일반적으로 강을 취약하게 한다. 뒤에 설명한 바와 같이 용착강 내에 기공, 이상조직(은점, 선사조직) 및 균열이 생길 뿐 아니라, 모재 중에 비드 밑 균열(under bead cracking)을 생기게 한다.

2. 용접 금속의 응고

용접 금속의 응고 과정은 그 조직, 합금 원소의 편석, 기공 및 응고 균열의 발생 및 인성에 큰 영향을 미친다. 아크 용접의 용융 금속은 그림 15-22와 같이 아크 바로 밑을 제하고는 슬랙의 엷은 피막으로 덮여져 있다. 아크 바로 밑에서는 슬랙의 세립이 용융지(molten pool)속에 혼입 후, 곧 상승하여 용융 금속의 표면을 덮는 액상의 슬랙층 속에 들어간다. 또한 크레이터(crater)내의 용융 금속은 냉각시 비드 측면으로부터 응고가 시작하여 결정이 중앙 상부로 향하여 성장한다.

그러므로 단층용접의 비드 내의 결정은 그림 15-23과 같이 주상(columner)으로 발달하여 주조 조직을 이룬다. 이때 최후에 응고하는 것은 비교적 고융점의 순도가 높은 금속이며, 최후에 응고하는 용착 금속의 중앙 상부 또는 주상점(columner stracture)의 틈새에는 비교적 많은 불순물이 고인다. 따라서 이 부분은 연성과 인성이 낮다.

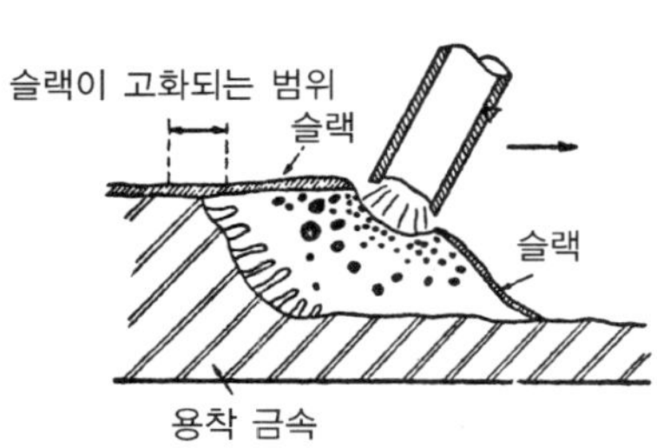

그림 15-22 용융 금속과 그 응고

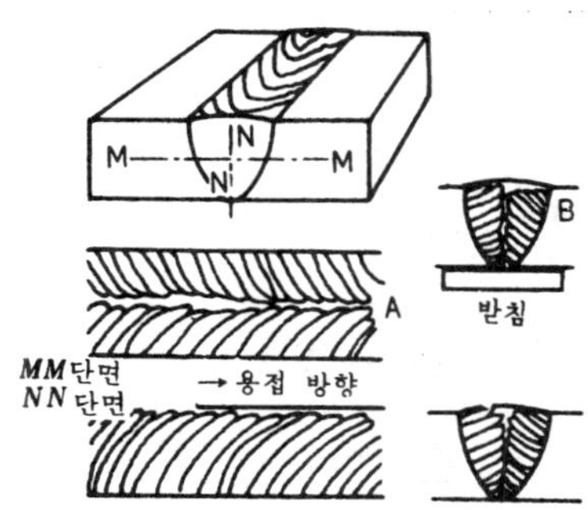

그림 15-23 단층 용접 금속 내의 결정 발달

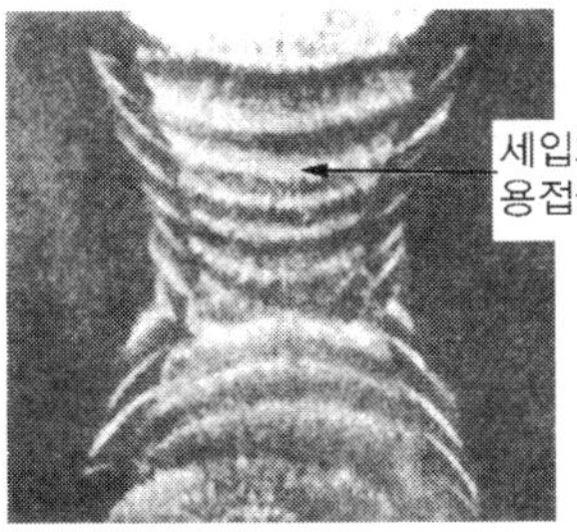

그림 15-24 다층 용접에 의한 결정의 미세화

강의 다층용접에서는 앞 층이 다음 층의 용접열로 재가열되므로, 주조 조직(cast stracture)의 일부가 그림 15-24와 같이 미세한 열처리 조직으로 되기 쉽다. 피복 아크 용접에서는 용착 금속의 두께를 3mm정도로 하면, 앞 층이 모두 미세화되어 용접 금속의 연신율 및 인성이 대단히 향상한다.

오스테나이트계 스텐레스강, 알루미늄 합금과 같이, 변태하지 않는 금속을 저속도의 아크로 얇은 판을 용접하였을 때의 비드(bead) 표면의 주상결정립의 형태는 그림 15-25와 같이 된다.

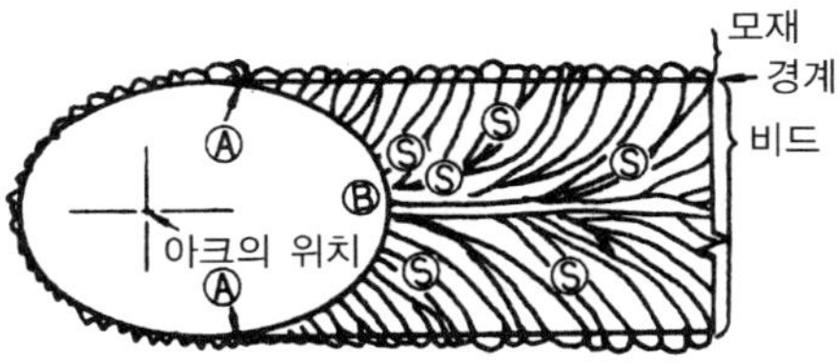

그림 15-25 얇은 판의 저속도 TIG 용접 금속 내의 주상 결정의 성장

비드 내에는 실선으로 표시한 주상정 결정이 형성하고 있다. 점 Ⓐ는 주상 결정이 모재에서 발생하는 위치며, 그 후의 성장은 응고면에 거의 직각으로 진행하기 때문에 그림 15-25와 같이 만곡한다.

다시 말해서 아크열에 의해 조립화한 모재 본드(bond)부의 결정입의 일부가 용융하여, 응고시에 이 나머지 립을 핵으로 하여 주상정이 새로이 성장하고 또한 동일 결정 방향을 갖는다.

이 결정 방향을 계승하여 새로운 립이 성장하는 것을 에피택셜 성장(epitaxial growth)이라고 한다. 따라서 오스테나이트계 스텐레스강, 동 또는 알루미늄 합금 등과 같이 변태하지 않는 금속의 다층 용접에서는 주상정이 다층에 연속적으로 성장한다. 이와 반대로 변태하는 강에서는 그림 15-24와 같이 주상정은 다층으로 분단된다.

3. 용접금속의 결함

용접 금속에는 전술한 바와 같이 각종 가스를 다량 포함된 것 등이 원인이 되어 여러 가지 결함을 수반하여 용접부의 성능을 저하시킨다. 용접 금속의 결함으로서 일반적으로 (1) 용접 금속의 균열 (2) 기공 (3) 슬랙 섞임 (4) 은점 (5) 선상조직 및 (6) 형상 불량 등이 있다. 용접 결함(weld defect)에는 이 외에 모재에 생기는 균열이 있지만, 이것은 이미 앞에서 설명하였다.

(1) 용접금속의 균열

용접부에 생기는 결함 중 가장 두려운 것으로서, 극히 작은 균열이라도 차차 커지게 되어 결국에는 파괴되는 원인이 되므로 균열은 발견 즉시 치핑(chipping)하여 완전히 손질하여 둘 필요가 있다. 그림 15－26과 같이 육안으로 볼 수 있는 각 균열 외에 그림 15－27과 같이 현미경으로 볼 수 있는 미소한 균열도 있다.

용접 금속에 생기는 균열은 응고온도 범위 또는 응고 후 700～300℃에서 발생하는 고온균열과 약 300℃ 이하에서 발생하는 저온균열이 있다. 고온 균열은 오스테나이트계 스텐레스강이나 알루미늄 및 동합금 등에서 많이 볼 수 있으며, 저온 균열은 특히 페라이트(ferrite)및 마르텐사이트강에서 볼 수 있다.

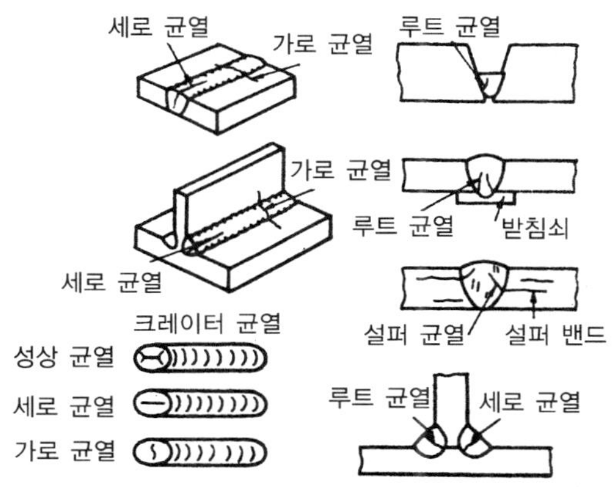

그림 15－26 육안으로 볼 수 있는 용접 금속의 균열

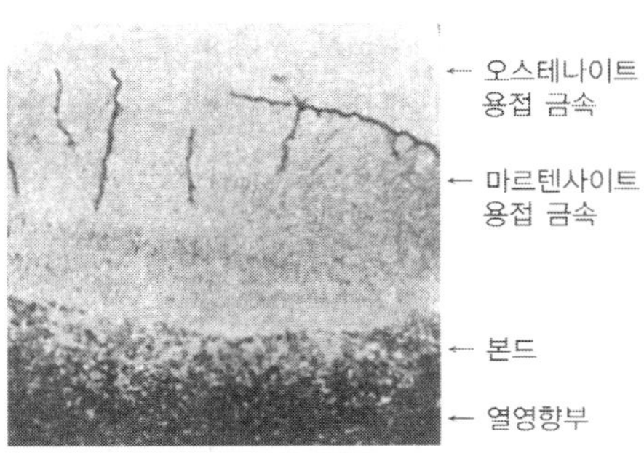

그림 15－27 그림 15－27 두께 12mm의 $2\frac{1}{4}$% Cr－1% Mo 강판상의 25－20 Cr－Ni 스텐레스 비드 시작부의 마르텐사이트 용착강 내에 생긴 미소 균열(X50)

1) 고온균열

고온균열은 주형(mold)내에서 구속(restraint)된 철강의 고온 균열(hot tear) 현상과 유사하며, 응고 직후 또는 연성이 적은 용접 금속이 수축응력에 의해서 결정입계에 생긴다. 이 균열은 필릿 용접(fillet weld) 및 크레이터(crater)에 많이 나타난다. 이때 균열면은 산화되여 육안으로 쉽게 볼 수 있으며, 현미경 관찰에 의하면 균열이 입계에 따라 평행하게 되어 있는 것이 특징이다. 그림 15－28은 고온 균열의 예를 나타냈다.

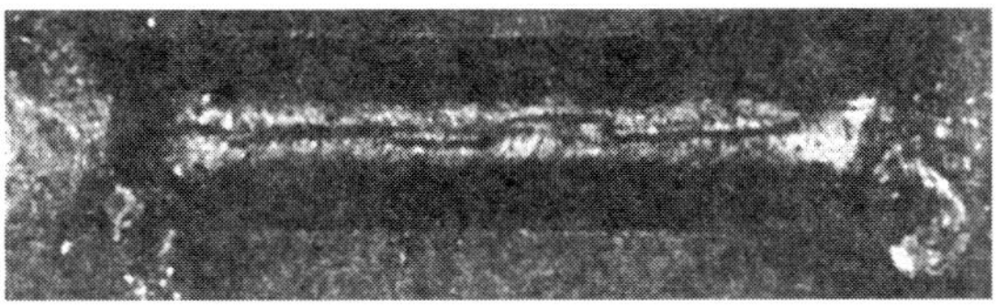

그림 15－28 고장력강의 비스 세로 균열(고온 균열)

① 성분의 영향 : 응고 직후 입계에 모인 저융점의 불순물이 원인이 되어 고온 균열을 일으키는 경우가 많다. 예를 들면 모재에 황 성분이 많으면 황화철(FeS)이 생겨, 이것이 저융점(988℃)의 공정을 만들어, 강의 결정 입계에 모여서 결정입의 고착을 방해한다. 여기에 수축 응력이 작용하면 고온의 입계균열의 발생 가능성이 생긴다. 이 황에 의한 고온 균열을 감소시키려면 Mn 함유량을 증가시키면 좋다. Mn은 S와 화합하여 황화물 MnS를 만들어, 해로운 황화철을 감소시킨다. 또 롤라손(Rollason)등의 연구에 의하면 강의 용착 금속 내의 Si, P, C, Ni도 고온 균열을 촉진 시킨다고 한다. Si와 P은 황의 편석(segregation)을 촉진하는 역할을 하므로 간접적으로 균열을 조장한다. 탄소가 증가하면 용착 금속의 고온연성을 감소하므로 균열이 잘 일어나며, 니켈은 0.5%정도 함유하여도 황을 입계에 편석시키므로 고온 균열을 촉진시킨다.

② 설퍼 균열 : 림드강(rimmed steel)판은 일반적으로 황 편석이 층상으로 압연된 다수의 설퍼 밴드(sulphur band)를 포함하고 있다. 이것을 서브머지드 용접을 하면 강한 설퍼 밴드에서 그림 15－29와 같이 용접 금속 내의 입계에 따라서 균열이 생기는 일이 많다.

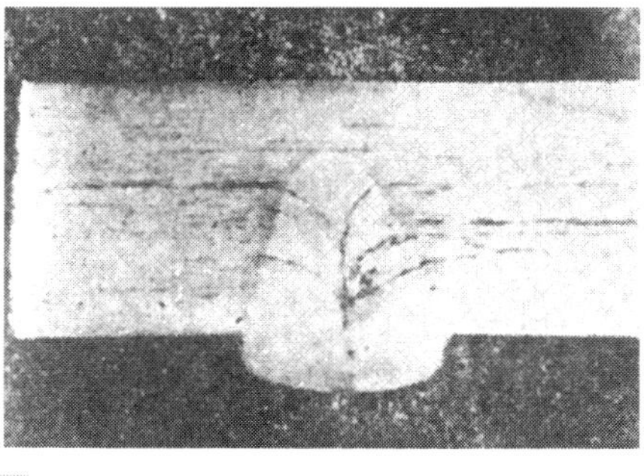

그림 15－29 림드강의 서브머지드 아크 용접에 있어서의 설퍼 균열

이것을 설퍼균열(sulphur crack)이라고 한다. 설퍼 균열이 일어나는 또 하나의 조건으로 수소에 관계가 있다. 수소가 용착 금속 중에 흡수되지 않는 한 설퍼 균열은 거의 발생하지 않는다. 설퍼 균열을 방지하려면 적당한 심선과 용제를 조합하여 사용하였을 때 효과가 있으며, 또 서브머지드 아크 용접 대신에 수용접(bench welding)으로 다층덧살 용접을 하는 것이 좋다. 근본적 대책으로는 림드강보다 설퍼 밴드가 훨씬 적은 세미킬드강이나 킬드강을 사용하여야 한다.

2) 저온균열

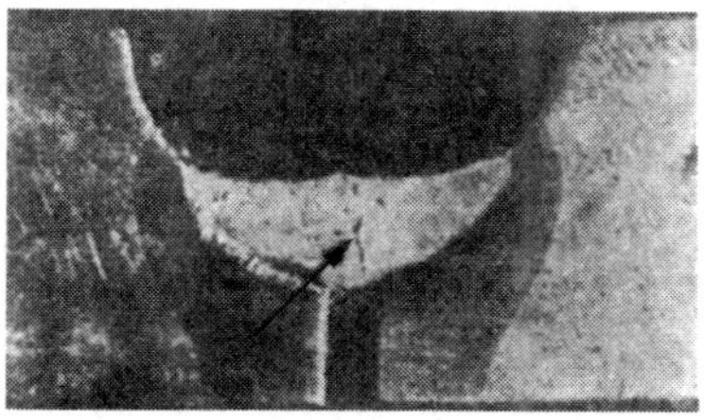

그림 15-30 맞대기 용접의 저온 루트 균열(×2)

저온 균열(cold cracking)은 용접 금속이 약 300℃이하로 냉각하였을 때 발생한다. 이 저온 균열은 그림 15-30과 같은 맞대기 용접 또는 필릿 용접의 제1층에 루트 균열(root cracking)로서 특히 발생하기 쉽다. 또 비드 밑 균열에서 용접 금속 내로 들어간 저온 균열도 있다. 저온 균열은 주로 수소에 의한 지체 균열(delayed cracking)이며, 용접 후 수분에서 수일 후에 발생한다. 그림 15-30은 맞대기 용접의 제1층에서 볼 수 있는 루트 균열과, 비드밑 균열에서 들어간 균열을 자기 검사(magnetic test)한 것이다. 이외에 연강의 용착 금속 내에 발생하는 마이크로 균열도 있다.

① 루트 균열 : 루트 균열은 용착 금속 주위의 어느 곳에 응력 집중을 일으키는 노치(notch)와 저온에서 생긴 수축 응력 및 확산성 수소가 모여서 부가적 내부 압력을 일으켰을 때 발생하기 쉽다. 루트 균열은 실험에 의하면 약 200℃이하의 저온에서 일어난다. 즉 용착 금속은 냉각하여 수축하려고 하므로 모재로부터 좌우로 당김을 받는다. 용착 금속이 아직 고온이고 연성이 충분한 동안은 용착 금속이 늘어나므로 균열을 일으키지 않는다. 그러나 온도가 저하 함에 따라 강도는 증가하지만 연성은 저하하여, 루트의 노치부는 응력 집중에 의해서 국부적으로 소성변형(plastic deformation)을 받는다. 그 부분은 가공경화(재가 hardening)와 변형시효(strain aging)를 받아서 취약하게 된다. 이리하여 실온에 이르기까지 균열의 위험이 점차 증가하여, 용접 후 수시간 후에 균열이 생기는 경우도 있다.

루트 균열은 비드 단면이 고르지 않던가 비드가 작을수록 일어나기 쉽다. 또 연강보다 고장력강에 많이 발생한다.

② 연강 용착강의 마이크로 균열

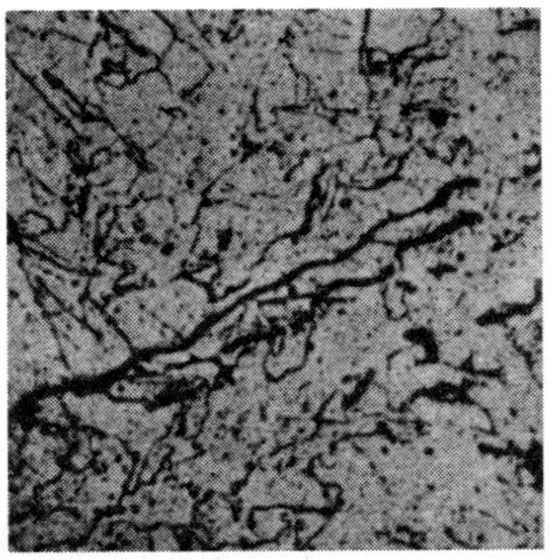

그림 15-31 용착 금속 내의 마이크로 균열

용접 금속에 일어나는 저온 균열의 일종이며, 수소가 많은 셀룰로스(cellulose) 계 연강 용접봉(E 4311)의 용착 금속 내에 그림 15-31과 같이 0.01~1mm정도의 많은 현미경적 균열이 저온에서 발생하여, 용착 금속의 굽힘 연성이 매우 감소할 때가 있다. 이것을 마이크로 균열 또는 마이크로 피셔(micro fissure)라고 한다.

이 균열은 용착 금속의 200℃이하에서의 냉각 속도를 늦게(delayed)함으로써 매우 감소시킬 수 있다. 또 저수소계 용접봉에서는 마이크로 피셔가 매우 적으므로 발생 원인은 수소라고 생각된다. 구속이 강한 저합금 고장력강 용접 금속 내에는 마이크로 균열이 발생할 때가 있다. 이것은 용접봉의 건조 및 예열에 의해 방지할 수 있다.

③ 기타 균열

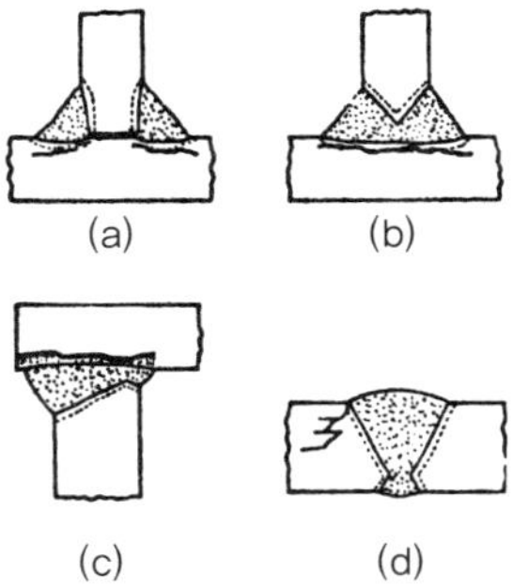

그림 15-32 층상 균열

㉠ 층상균열 : 두꺼운 압연 강판을 다층 용접할 때와 같이 비교적 다량의 용접 금속으로 용착하였을 때 그림 15-32와 같이 판 표면에 나란한 균열이 계단적으로 열영향부 및 인접한 모재에 생길 때가 있다. 이런 균열을 층상 균열(lamellar tearing)이라 한다. 그림 15-33은 층산 균열의 예를 나타냈다.

층상 균열의 발생은 산화물, 황화물이 많은 강을 압연할 경우 이들이 층상을 이루어, 층상부가 용접열과 응력에 의해서 박리한다. 또 수소 취화도 관련될 때가 있다. 이 균열을 방지하려면 층상 편석이 적은 강재를 선택하여야 하며, 이 외에 용접시의 응력, 변형을 적게 하는 이음을 선정할 것, 용접 금속량을 감소할 것, 비교적 강도가 약한 용접봉을 선정할 것 등을 유의하여야 한다.

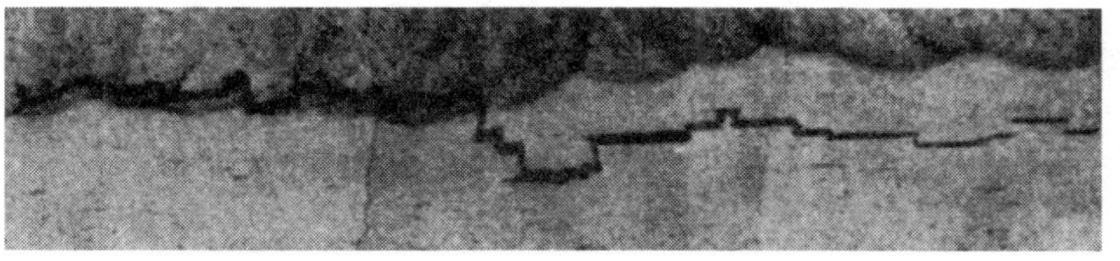

그림 15-33 층상 균열의 예

㉡ 재열균열 : HT 80 이상의 고장력강, Cr-Mo-V강 등을 용접 후 600~700℃로 후열 처리(post-heat treatment)를 하면 그림 15-34와 같이 열영향부의 본드에 가까운 조립부에 입계 균열이 생길 때가 있다. 이 균열을 재열 균열(reheat cracking) 또는 SR균열(stress-relief cracking)이라고 하며, 후열 처리를 하지 않으면 발생하지 않는다. 재열 균열을 방지하려면 적절한 강재의 화학 성분의 선정과 응력 집중을 적게 설계할 것, 용접 입열을 높혀서 경화를 방지할 것 등이 유효하다. 강의 SR 균열 감수성은 다음과 같이 P_{SR}에 의해서 나타낸다.

$$P_{SR} = Cr - Cu + 2Mo + 10V + 7Nb + 5Ti - 2[\%] \quad (15-3)$$

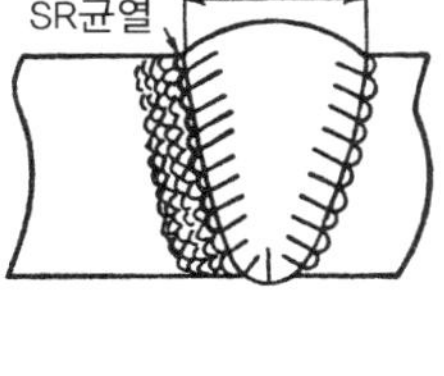

그림 15-34 재열 균열

그림 15-35 재열 균열의 예

단, $P_{SR} \geq 0$일 때 SR균열이 발생한다. 또 위 식은 극저탄소강(<0.10%), 고 Cr 첨가강(Cr>1.5%)에는 적용되지 않는다.

④ 저온균열에 미치는 인자 : 저온 균열은 부적당한 이음 홈에서는 다축응력의 발생, 수분을 함유한 용접봉 또는 분위기 및 마르텐사이트 변태와 잔류 오스테나이트의 존재 등이 원인이 된다. 이것을 종합하면 특히 지체 균열(delayed cracking)의 발생에 필요한 여러 인자에는 열영향부의 경화, 용접부의 수소량, 이음의 구속(restraint)을 들 수 있다. 그러나 이들 인자는 단독이 아니고, 상호 작용하여 균열이 발생한다.

용접부의 균열감수성(cracking parameter) 평가는 대단히 중요하며, 밧텔형 비드 밑 시험(battelle underbead cracking test), CTS균열 시험(controlled thermal serverity cracking test), 슬릿형 구속 균열 시험(slit type restraint cracking test), 및 TRC 시험(tensile restraint cracking test) 등 용접 열영향부에 생기는 균열을 대상으로 한 많은 시험법이 있다.

㉠ 열영향부의 경화는 재료의 화학 조성과 냉각 속도에 좌우된다. 일반적으로 경화도가 큰 재료일수록 균열 감수성이 크다. 고장력강 중에서 HT 50에서는 최고 경도(H_{max})가 290~360H_v이상(하중 1kg), HT 60에서는 H_{max}290~400이상, HT 80에서는 360~415이상에서 균열이 생기기 쉽게 된다. 이 저온 균열의 방지법에는 용접 입열을 크게 하여 냉각 속도를 늦게 하는 방법도 있으나, 본드부의 취화를 촉진하므로, 예열하는 것이 효과적이다.

㉡ 용접부의 수소량 : 그림 15-36은 HT 60 및 HT 80의 루트 균열 발생률에 미치는 수소량과 예열 온도와의 관계를 나타냈다. HT 60에서는 수소량이 1.0에서 2.8ml/100g Fe로 증가하면 균열율이 급격히 증대한다. 또 HT 80에서는 예열 온도를 150℃이하에서 용접할 경우에는 수소량이 2ml/100g Fe이하가 아니면 균열이 발생하기 쉽게 된다.

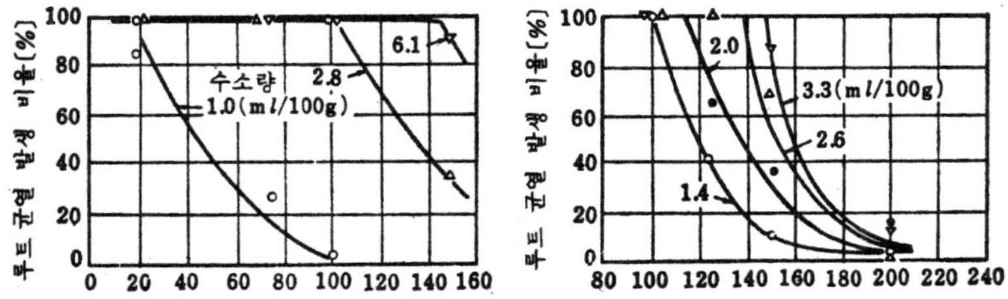

(a) HT 60강 (b) HT 80강

그림 15-36 루트 균열율(균열 발생)과 수소량, 예열 온도의 관계(판 두께 20mm의 단면에서 검출, V홈)

용접부의 수소량은 용접법, 용접봉의 종류, 그 건조 조건 및 용접 분위기의 온도에 영향된다. 또 용접부에서의 수소의 확산은 용접부의 온도, 결함 및 응력 집중 등에 의해서 변화한다. 수소는 루트부나 토우부 등과 같이 응력

집중이 일어나는 부분에 집적하기 쉽다. 토우 균열(toe crack)이나 루트 균열(root crack)은 조직 변화, 수소 확산 및 열영향부에서의 응력 집중에 의해 생긴다고 한다.

㉢ 이음의 구속 : 용접 이음에는 용접열에 의해서 내부 응력이 발생하지만, 이 외에 치수 형상 및 홈 형상에 의해서 역학적 구속이 변화하고, 또한 외부적 부하가 생긴다. 저온 균열은 용접 비드에 수직하게 작용하는 인장 구속력에 크게 영향된다. 이 상태를 재현하기 위해서 TRC 시험(인장 구속 균열 시험 ; tensile restraint cracking test) 및 RRC 시험(완전 구속 균열 시험 ; rigid restraint cracking test)이 고안되었다.

슬릿형 구속 균열 시험편에서는 구속 응력을 자유롭게 바꿀 수 없지만, TRC 시험에서는 한 쌍의 맞대기 시편을 용접한 직후에 좌우(용접 비드에 수직한 방향)로 당겨서, 장시간 동안 임의의 일정 응력으로 유지하여 루트의 발생 시기를 구한다. RRC시험은 TRC시험과 유사한 기계를 이용하여, 시험 용접 비드를 사이에 두고 모재 위에 표점을 정하고, 용접 직후에 그 표점 간격을 항상 일정하게 유지한 상태에서 루트 균열의 발생을 조사하는 방법이다.

그림 15−37은 HT 50에 대한 TRC 시험의 한 예를 나타냈다. 이것은 슬릿부를 저수소계 용접봉으로 단층 비드(single bead)로 용접하여, 용접 개수 이후부터 이음의 횡수축량의 시간적 변화를 조사한 것이다. 용접 후 약 10분인 곳에서 횡수축량의 불연속적 변화를 볼 수 있으며, 이것은 루트 균열(지체 균열)이 발생한 것을 의미한다. 회수축량이 200시간 정도까지 계속 감소하고 있는 것은 비드 내에 균열이 진행하였기 때문이다.

㉣ 균열감수성 지수 : 루트 균열 방지에 필요한 예열 온도에 대한 열영향부의 경화, 용접부의 수소량, 판 두께(구속도)의 영향을 용접 균열 감수성 지수(weldment cracking parameter) P_C와 균열 감수성 조성(weldment cracking composition) P_{CM}을 사용하여 간단히 나타내고 있다.

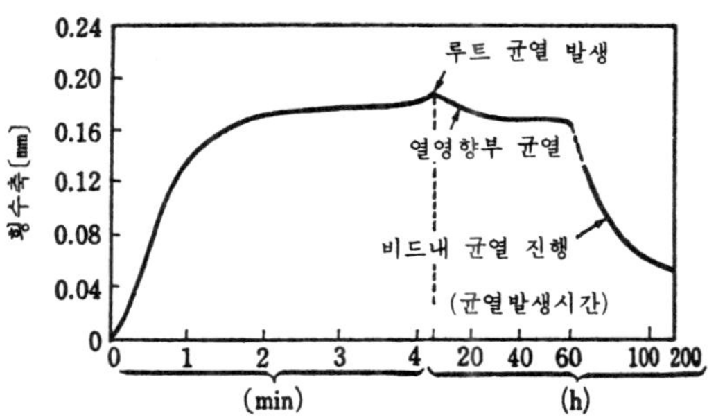

그림 15−37 Y−슬릿 시험판의 횡수축량의 변화에 의한 균열 발생 시기

$$P_C(\%) = P_{CM} + \frac{H}{60} + \frac{t}{600}$$

$$P_{CM}(\%) = C + \frac{Si}{30} + \frac{Mn}{20} + \frac{Cu}{20} + \frac{Ni}{60} + \frac{Cr}{20} + \frac{Mo}{15} + \frac{V}{10} + 5B$$

H : 용접봉의 확산성 수소량[ml/100g Fe]
t : 판 두께[mm]

P_C는 y홈 구속 균열 시험에 의해서 강재의 균열 감수성을 판정하는 지수(parameter)이다. 수소량 H=1~5ml/g Fe, 판 두께 t=19~50mm에 적용된다. 또 구속이 비교적 큰 슬릿형 시험에서 루트 균열 방지에 필요한 예열 온도는 다음과 같다.

$$T_o(℃) = 1440\,P_c - 392$$

단, 확산형 수소량이 1m/100g 이하인 경우에는 적용할 수 없다.

⑤ 용접금속 균열의 대책 : 용접 금속의 균열 발생은 수축에 의한 인장응력이 제일 큰 원인이다. 그러므로 수축 응력의 대소에 영향을 주는 인자는 용접 금속의 형상과 크기, 이음 형상 및 구속의 대소 등이 균열 발생에 큰 영향을 미친다. 또 용접 금속의 조성을 저탄소로 하여 연성을 높이는 것이 균열 방지에 효과가 있다.
용접 금속 균열을 방지하려면 ① 적당한 용접봉과 모재의 선택 및 건조, ② 적당한 용접 설계, ③ 적당한 예열과 서냉, ④ 적당한 용접 조건, 기법 및 순서 ⑤ 피이닝(peening)의 이용 등이 있다.

표 15-4 용접 균열의 종류와 그 원인

종 류	균 열	발생 장소	균열 형사 예	원 인	일반적 대책
저온균열	루트 균열 (세로 균열)	열영향부 용착금속	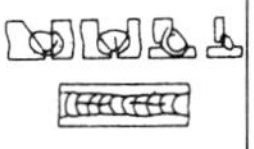	① 확산성 수소 ② 강재의 경화성 ③ 구속도 ④ 응력 집중	• 예열,후열 시공 • 저수소계 용접봉의 사용과 건조
	가로 균열	열영향부 용착금속	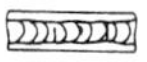	① 확산성 수소 ② 강재의 경화성 ③ 용접선에 직각 방향의 구속력	위와 같음.
	비드 밑 균열	열영향부		① 확산성 수소 ② 강재의 경화성	위와 같음.
	토우 균열	열영향부		① 확산성 수소 ② 강재의 경화성 ③ 언더 컷, 형상적 불연속에 의한 응력 집중	• 예열,후열 시공 • 저수소계 용접봉의 사용과 건조 • 토우부의 정형

저온균열	힐 균열	열영향부		① 확산성 수소 ② 강재의 경화성 ③ 용접 금속의 수축에 의한 응력 집중	• 예열,후열 시공 • 저수소계 용접봉의 사용과 건조 • 용접 비드 길이를 길게 한다. • 가접에 의해 각 변형을 억제한다.
	각 변형 균열	열영향부	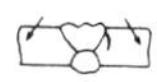	① 언더 컷 등 형상 불연속에 의한 응력 집중 ② 뒷면 용접에 의한 각 변형	• 토우부의 정형 • 용접 순서의 적정화
	다층 필릿 균열(층상균열)	모재 열영향부 용착금속		① 판 두께 방향의 연성 저하 ② 판 두께 방향에 작용하는 수축 응력 ③ 각변형에 의한 변형 수축 ④ 확산성 수소 ⑤ 강재의 경화성	• 강재중 개재물의 저감 • 이음 설계의 배려 • 용접 방법의 선택 • 예열,후열 시공 • 저수소계 용접봉의 사용과 건조
고온균열	입계 마이크로 균열	열영향부 용착금속	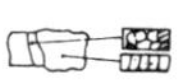	① 용접열에 의한 강재의 S,P등 불순물이 결정 입계에 석출 ② 1,000℃부근에서의 구속도	강재 중의 불순물의 감소
	크레이터 균열	용착금속	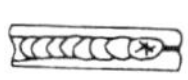	① 크레이터 중심부에 불순물의 석출 ② 수축에 의한 공공	크레이터 처리
	비드 균열(응고균열)		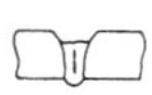	저융점 불순물의 편석	용접 조건의 선택에 의해 비드 단면 형상 조정

(2) 기 공

용착 금속 내의 기공(blow hole)은 구상의 미소 기공(microvoid)으로 그 크기는 0.01mm~1mm 정도이며, 기공 발생은 용착 금속 내의 수소와 산소에 기인하며, 모든 기공의 원인으로 우선 수소를 들 수 있다. 이유로는 응고에 따라 용해도가 격감하므로 수소 기포가 방출되지 못하여 기공이 된다. 기공은 그림 15－38과 같이 그 형상에 의해서 핀홀(pin hole), 블로우 홀(bolw hole) 및 웜 홀(worm hole) 등으로 분류 된다.

기포의 성장에 비해 계면의 성장이 빠를 때에는 그림 15－38(a) 또는 (b)와 같이 되고, 계면의 성장이 기포의 성장보다 늦을 때에도 (c)와 같이 웜 홀이 형성된다.

그림 15－39는 탄소강의 용접 비드에 나타난 기공의 X선 사진이다.

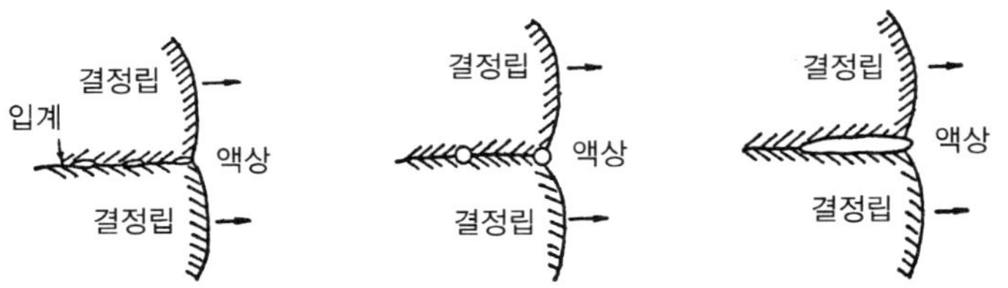

(a) 핀홀 (b) 블로우 홀 (c) 웜홀

그림 15-38 기공의 종류

연강에서는 C + FeO ⇄ CO + Fe 반응에 의한 CO가스가 기공의 원인이 된다. 또 아래보기 용접에 비해 위보가 용접 때 기공의 발생이 많다. 기공은 노치 취성(notch brittleness) 및 기밀성이 좋지 않으므로 내식성에 약하다. 방지책으로는 저수소계 용접봉이 유리하다.

용접 금속에 기공이 생성하는 주원인이 되는 가스 원소는 재질에 따라서 다르다. 철계 용접 금속에서는 기공 발생의 주원인은 CO가스며, 알루미늄에서는 시일드 가스 중의 수소가 또 니켈계 합금에서는 질소가 주원인이라고 생각되고 있다.

(a) 블로우 홀

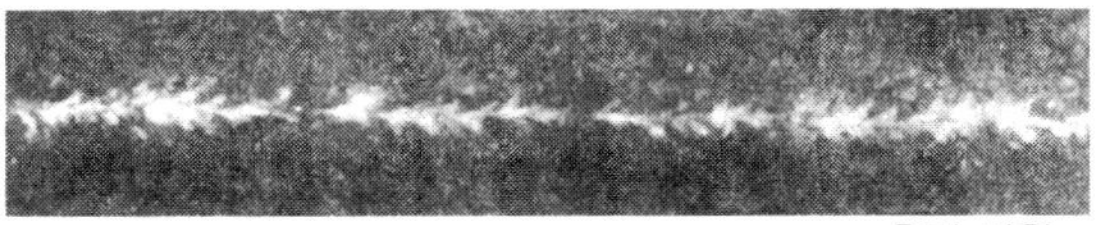

(b) 웜 홀

그림 15-39 용접 금속의 기공(X선 사진)

(3) 슬랙 섞임

용착 금속 내의 개재물(inclusion)은 2가지 원인으로부터 발생한다. 그 중 하나는 그림 15-40과 같은 슬랙 섞임(slag inclussion)과 다른 하나는 그림 15-41과 같은 비금속 개재물이 있다. 앞에 것은 전층의 잔류 슬랙이 그대로 다음 용착 금속 내에 남았든가 또는 용접공의 기능부족으로 용융 금속 내에 슬랙이 혼입하였을 때다.

그림 15-41은 아크 분위기 중의 산화성 가스나 공기가 용융 금속 중의 Fe,Mn,Si 등과 반응하여 생기는 산화물, 질화물 등의 미소한 개재물이며, 이들은 보통 용착 금속내에 미세하게 분포하고 있지만, 지나치게 존재하지 않는 한 거의 해롭지 않다. 이들의 현미경적 개재물은 X선으로 검출할 수 없으나, 그 분포가 한쪽에 쏠리면 선상조직(ice flower structure)등의 원인이 되어 금속을 취약하게 한다.

슬랙 섞임은 아래보기 용접에 비하여 수직 및 위보기 용접시에 많이 생긴다. 슬랙 섞임은 기계적 성질을 매우 해치며, 또한 내식성도 저하시키므로 운봉법(motion of electrode tip)에 익숙하여야 하며 적당한 용접 조건을 준수하여야 한다.

그림 15-40 슬랙 섞임(×1.5)

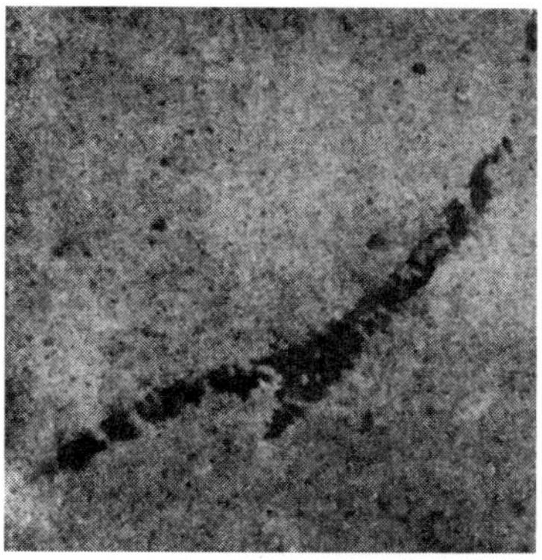

그림 15-41 비금속 개재물

(4) 은 점

은점(fish eye)은 용착 금속의 인장 또는 굽힘 시험의 파단면에 나타난다. 그림 15-42에서 볼 수 있는 고기눈 모양의 원형의 은백색의 취약한 파면이며, 그 중심에는 보통 작은 기공, 슬랙 섞임 등이 있다. 은점 생성의 주원인은 외력에 의해 변형을 일으킬 때 강 중의 수소가 중심의 결함부에 집중하여 그 압력에 의해 파단을 일으키는 것으로서 일종의 수소취하현상(hydrogen embrittlement)이라고 생각되고 있다.

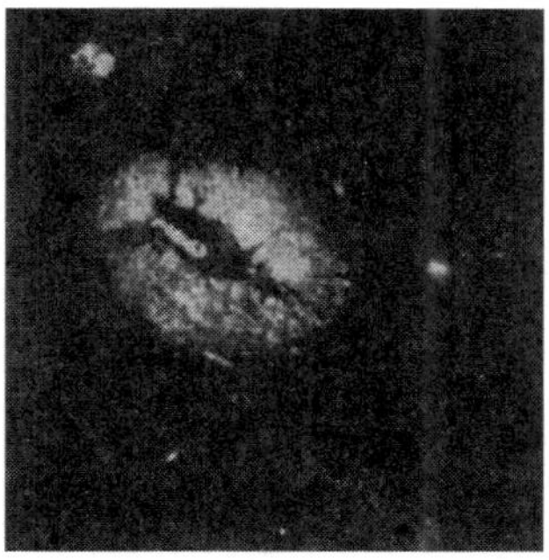

그림 15-42 은 점

은점은 용착 금속의 항복점이나 인장 강도에는 거의 영향을 미치지 않으나 연신을 감소시킨다. 용착 금속 중의 수소는 용접 후 가열하든가 상온에서 오래동안 방치하면 방출되어 은점이 자연 해소된다. 저수소계 피복 아크 용접봉을 사용하고 예열을 하면 은점 방지에 효과가 있다.

(5) 선상조직

선상 조직(ice flower structure)은 은점과 같이 아크 용접부에 생기는 특이한 조직이다. 그림 15-43과 같이 용접 금속을 파단하였을 때 그 일부가 서리 모양(ice flower)의 미세한 주상정으로 보이는 조직을 말한다. 현미경으로 보면 결정입간에 미소한 기공과 비금속 개재물이 존재하며 그림 15-44는 선상파면(ice flower fracture)을 나타냈다.

그 생성은 냉각 속도와 응고 과정에서 주상정 간에 생긴 SiO_2, Al_2O_3, Cr_2O_3 등의 탄산 생성물 및 수소 등이 그 원인이라고 보고 있다. 선상 조직은 개재물의 분포와 양에 따라서 대단히 다르므로 신뢰성이 없다. 그 방지책으로는 급냉을 방지하고 예열과 후열을 하며, 건조된 저수소계 피복 아크 용접봉을 쓰면 좋다.

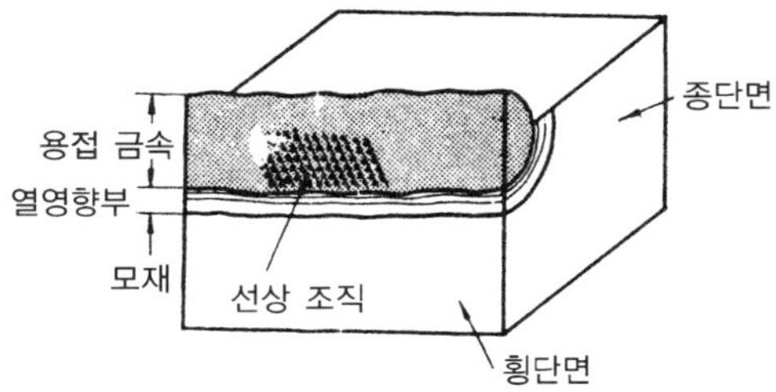

그림 15-43 선상 조직

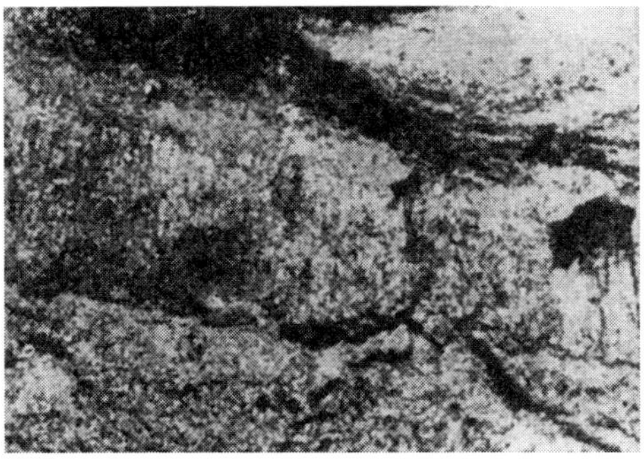

그림 15-44 선상 파면

(6) 형상불량

용접 금속의 결함 중에서 특히 형상과 관계되는 것에는 그림 15-45와 같은 용입 불량(poor penetration), 언더 컷(under cut), 오우버 랩(over lap), 크레이터(crater), 비드 파형(bead ripple)의 불균일, 치수불량(improper weld size) 등이 있다. 이들은 완성 제품의 외관에 크게 영향을 주며 또 강도의 부족이나 응력 집중을 일으키는 노치(notch)로 되므로, 파괴의 원인이 된다.

이 결함들은 용접홈의 모양, 루트 간격 또는 용접봉의 선택 방법 등이 적당하지 않을 때 발생하나 그것보다 용접 전류, 아크 길이 또는 운봉법 등 용접사의 기술에 좌우되는 일이 많으므로, 용접사는 충분한 주의를 하여야 한다.

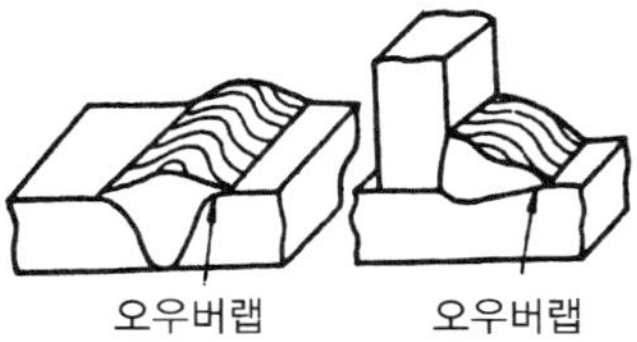

(a) 오우버랩

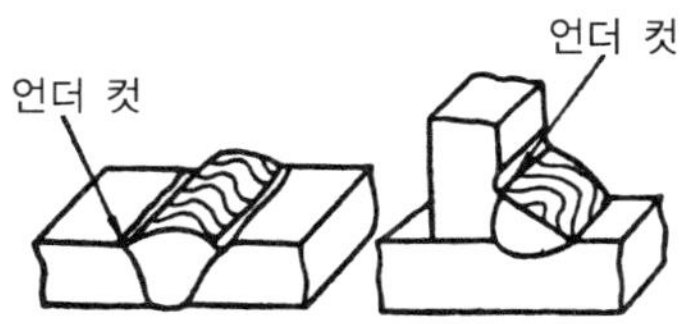

(b) 언더 컷

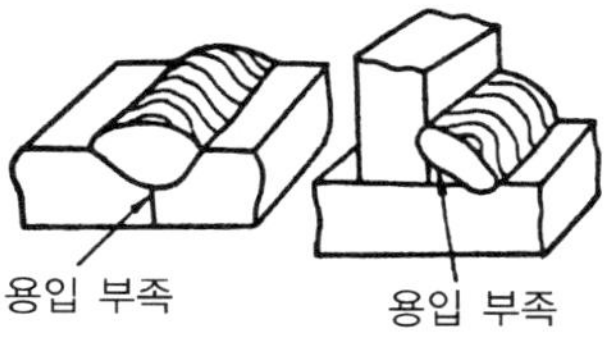

(c) 용입 부족

그림 15-45 용접 금속의 형상 불량과 제 결함

연습문제

01 용접 열영향에 대해서 설명하여라.

02 연강의 아크 용접에서 열영향부의 열사이클에 대해서 설명하여라.

03 연강 용접부의 현미경 조직 변화에 대해서 설명하여라.

04 용접 금속 균열의 종류를 들고 설명하여라.

05 저온 균열의 종류를 들고 설명하여라.

06 비드 밑 균열의 원인과 그 방지책을 설명하여라.

07 용접 금속의 탈산에 대해서 설명하여라.

08 고온 균열의 원인에 대해서 설명하여라.

09 저온 균열에 미치는 인자를 들고 설명하여라.

10 용착강 속의 기공의 생성에 대해서 설명하여라.

11 다음 낱말을 설명하여라.

㉠ 열영향부
㉡ 열영향부의 최고 경도
㉢ 탄소 당량
㉣ 균열 감수성
㉤ 비드 밑 균열
㉥ 설퍼 균열
㉦ 루트 균열
㉧ 토우 균열
㉨ 마이크로 피셔
㉩ 은 점
㉪ 선상 조직
㉫ 층상 균열
㉬ 재열 균열
㉭ 균열 감수성 지수

제16장 | 강재의 노치 취성

16-1 강재의 취성파괴

노치(notch)를 가진 철강 재료를 저온에서 인장, 굽힘 또는 충격 시험을 행하면, 실온에서 행하는 보통 인장 시험 등에서 볼 수 있는 연성을 잃고, 낮은 응력에서 대단히 취약한 파괴, 즉 취성파괴(brittle fracture)를 일으킨다는 사실은 예부터 알려져 있다.

그러나, 취성 파괴가 공업 기술계에서 주목을 받게 되고, 대단히 중요한 연구 과제로서 취급된 계기는 강구조물의 건조에 용접 공작법이 대폭 채용되게끔 되었던 세계 제2차 대전 이후부터이다.

강구조물의 취성 파괴는 강이 저온, 충격 하중, 또는 노치의 응력집중 등에 따라서 취약하게 되는 성질, 즉 노치 취성(notch brittleness, notch sensitivity)의 원인이 되어 발생한다.

취성 파괴의 사고는 공업 기술계의 연구 과정에 의하여 강재 재질의 개선, 용접 공작 기술의 진보, 용접 구조물의 설계 개량, 정밀화에 따라서 점차 그 수가 감소되고 있다. 그러나 눈부실 정도의 기술 혁신에 의한 구조물의 대형화, 경량화와 더불어 선박, 교량, LNG 저장 탱크, 운반선 등의 건조와 소위 저온용 구조물의 출현에 따라서, 취성 파괴의 문제는 구조 기술자에 있어서 대단히 중요한 문제의 하나로 되어 있다.

지금까지의 강구조물의 파괴 사고의 예를 조사, 검토한 바에 의하면, 취성 파괴의 주된 특징은 다음과 같은 것을 들 수 있다.

① 파괴는 온도가 낮을수록 생기기 쉽다.

② 파괴의 발생점은 응력 및 변형이 집중하는 구조적 불연속부나 용접열에 의해 취화된 부분일 때가 많다.

③ 파괴는 극히 낮은 응력에서 발생하고, 강재의 항복점 이하의 평균 응력에서도 발생한다.

④ 취성 균열의 전파 속도는 최고 200[m/s]에 달하며, 그 파면은 판의 표면에 거의 직각이고, 판 두께의 감소는 거의 없다.

1. 취성파괴의 특징

용접 구조물의 파면의 대부분은 그림 16-1과 같이 유리나 도자기를 파단한 것과 같이 취약한 파면이며, 일반적으로 정하중 하에서 돌연 순간적으로 발생하는 것이 특징이다. 또 파괴는 겨울에 저온일 때 노치에서 발생하는 일이 많았다. 또 취성 파괴면 부근에서 절취한 강재를 인장 시험을 하면 강도 및 연신율도 충분히 규격에 합격하는 것이 보통이었다. 그러나 충격값이 대단히 작으며, 소위 노치 인성(notch toughness)이 결핍하였다.

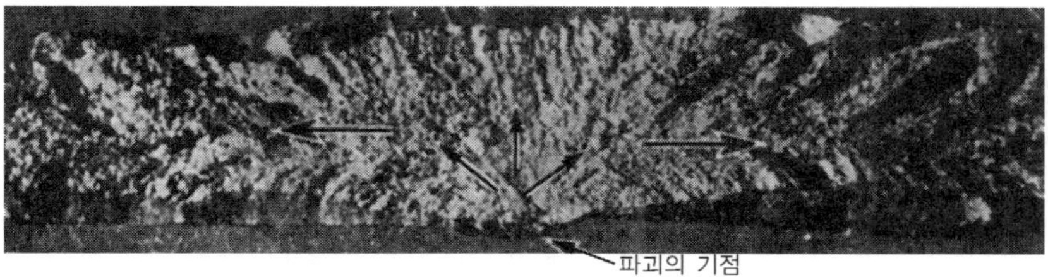

그림 16-1 강재의 취성 파면 → 은 크랙의 진행 방향

이와 같은 구조물의 취성 파괴는 용접 구조물에 한하여 일어나는 것이 아니며, 이 외의 리벳 구조물이나 다른 구조물에서도 발생한다. 연강의 취성 파괴는 노치에서 발생한다. 이 노치는 응력집중을 일으키는 것을 의미하며, 구조상의 불연속부 뿐만 아니라, 용접 금속과 모재와의 재질의 불연속 및 용접 결함에서도 일어난다. 취성 파괴의 대부분은 구조상의 불연속부가 전체의 약 50%를 언더 컷, 용입 불량, 균열, 슬랙 섞임 등의 용접 결함이 약 40%를 차지하며, 용접 열영향부, 가스 절단부 등 재료의 불균일에 의한 야금학적 노치에도 기인된다. 이들은 모두 넓은 의미에서 노치(notch)라고 생각되는 것이며, 여기에 응력집중과 3차원적 응력이 생겨서 체심입방정계인 연강이나 저합금 탄소강과 같은 구조용 강이나 페라이트계 고크롬강은 노치나 저온에 의해서 취약하게 되지만, 알루미늄, 동, 오스테나이트계 스텐레스강 등과 같은 면심입방정계에서는 취성 파괴를 나타내지 않는다.

2. 연성파괴와 취성파괴

금속을 탄성한도 이내의 하중에서 당기면 결정격자 간격이 고루 늘어나나, 하중을 제거하면 격자간격은 환전히 되돌아간다. 그러나 탄성 한도 이상의 하중을 가하면 결정이 그림 16-2와 같이 슬림(slip) 또는 쌍정(twin) 변형을 하여 영구변형 즉 소성변형(plastic deformation)을 일으킨다.

금속은 전단응력(shearing stress)의 작용으로 그림 16-3과 같이 슬립 변형을 한다. 둥근막대를 당기면, 인장 방향으로 약 45°경사된 단면에 슬립이 일어난다. 이것은 그 방향에 최대의 전단 응력이 작용하고 있으므로 둥근막대는 그림 16-3과 같이 슬립 변형을 하면서, 점차 단면이 가늘어지며 동시에 결정은 가늘고 길게 늘어난다.

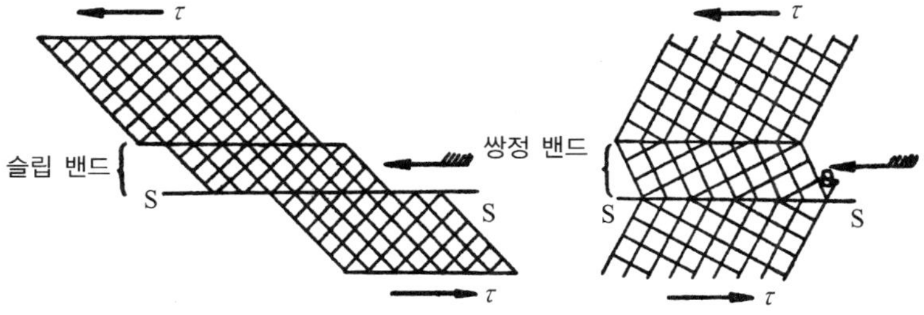

(a) 축방향 (b) 쌍정 변형

그림 16-2 결정의 슬립과 쌍정 변형

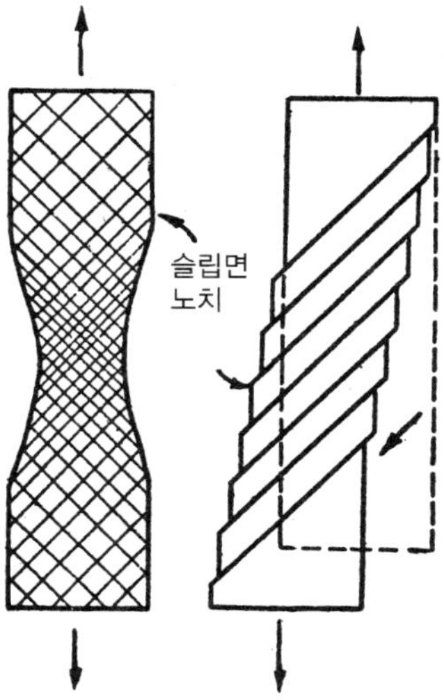

그림 16-3 슬립 변형

결정은 소성 변형하면 가공경화되어 차차 슬립이 잘 일어나지 않으므로 결국 슬립은 멎고 파단한다. 이와 같이 충분히 전단 변형(슬립)이 생긴 후의 파면은 결정이 잘 늘어나서 미세하여진다. 이 때의 파면을 연성파면(ductile fracture) 또는 전단파면(shear fracture)이라고 한다. 파면을 현미경으로 보면 그림 16-4(a)와 같이 각 단결정 내부에는 많은 슬립면이 있고, 파면은 슬립면에 따라서 지그재그(zig zag)로 통과하였다.

(a) 연성 파괴(전단형) (b) 취성 파면(벽개형)

그림 16-4 연성 파면과 취성 파면

이에 대해서 신율이 적은 금속을 당기면, 슬립 변형이 일어나기 힘들며, 재료는 인장 방향에 거의 직각으로 취약하게 파단하기 쉽다. 이때의 파면을 취성파면(brittle fracture)이라고 한다. 현미경적으로 이것을 조사하면 취성 파면은 그림 16－4(b)와 같이 각 단결정 내의 특정 결정면에 따라서 절단되었으므로 벽개형파면(cleavage fracture)이라고도 한다.

16-2 파면관찰의 기초

1. 매크로 관찰

매크로 관찰(macrography)은 파괴의 기점 및 전파 경로를 결정하는데 있어서 중요하다. 그림 16－5는 봉재의 인장 시험에서의 육안적 파괴 상황의 모형도를 나타냈다. 그림 16－5(a)는 보통, 취성파괴라고 불리우며, 육안적으로는 소성 변형을 거의 수반하지 않고 인장 방향에 수직한 평면에서 파괴(수직 파괴 ; rectangular fracture)하였다.

그림 16－5(b), (c), (d)순으로 연성 즉, 파괴에 따른 소성 변형이 커진다. 일반적으로, 파괴를 그에 따른 소성 변형의 대소에 따라 연성파괴와 취성파괴로 나누지만 구별하기가 애매하다. 그림 16－5(a)와 같이 육안으로 소성 변형을 볼 수 없는 것을 취성 파괴라고 하지만, 파면을 전자현미경으로 보면 현저한 소성 변형을 수반한 경우도 많으며, 이것은 미시적으로는 연성 파괴이다.

또 그림 16－5(b) 속에도 미시적으로는 취성 파괴의 부분이 포함될 때도 있다. 그림 16－5(b)는 일반적으로 볼 수 있는 컵 앤드 콘(cup and cone) 파괴라고 불리어지며, 국부 수축 후에 시험편 중심부에 균열이 발생하여, 인장 방향에 수직하게 주변에 전파하여, 최후에 남은 부분이 인장 방향과 45°의 최대전단응력 방향에 전단파괴한 것이다.

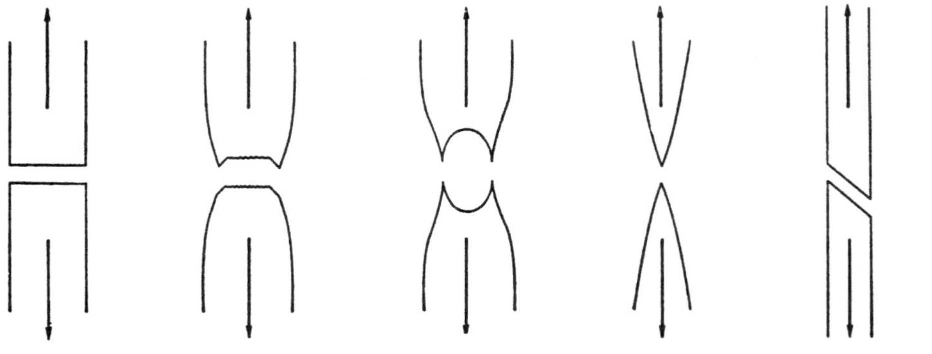

그림 16－5 인장 시험에서의 여러 가지 파괴 양식

그림 16−5(c)는 2중컵(double cup)이라고 불리우며, 그림 16−5(d)는 단면 수축률이 100%의 파단을 나타내는 칼날형(chisel edge) 파괴라고 불리운다. 또, 얇은 판이나 단결정에서 하나의 슬립면에서 미끄러질 경우에는 그림 16−5(e)와 같이 전단파괴(slant fracture)할 때가 있다.

2. 마이크로 관찰

마이크로 관찰(micrography)은 매크로 관찰에 의해 파괴의 기점 및 전파 경로를 결정한 후에, 전자현미경에 의해 미시적 모양을 관찰하는 것이다. 특징적 모양을 크게 나누면 입내파괴와 입계파괴로 나누어지며, 각각 연성 파괴와 취성 파괴 및 피로 파괴로 분류할 수 있다.

(1) 입내파괴

1) 연성파괴

공업용 금속 재료의 연성 파면은 미소 공동의 합체(microvoid coalescence)에 의하여 파괴가 일어나는 경우로 파면의 특징은 딤플(dimple)이라고 불리는 다수의 작은, 움푹 패인 자국의 모양을 갖는 점이다. 이것은, 재료의 소성 변형에 따라서 재료 내의 석출물, 개재물의 미립자가 핵이 되어 미소 공동(microvoid)이 많이 형성되어 이것들이 합체하여 파괴에 이름으로써 파면이 움푹 패인 자국 즉, 딤플이 형성된다.

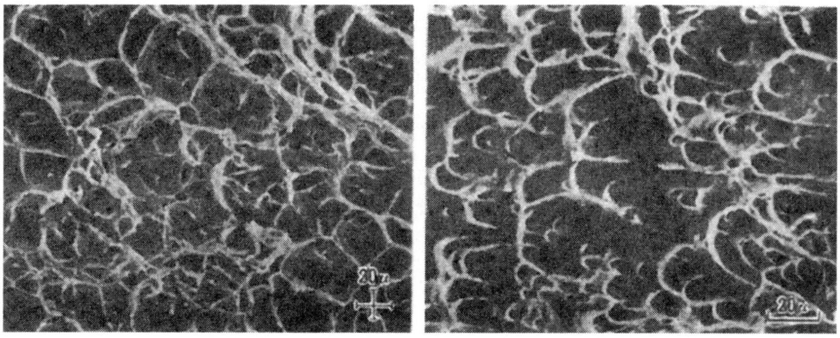

(a) 동축 딤플　　(b) 신장형 딤플

그림 16−6 딤플(5052−0 알루미늄 합금)

그림 16−6(a)와 같이 국소적인 변형이 균일한 인장인 경우에는 원형의 등축 딤플(equiaxed dimple)이고, 그림 16−6(b)는 전단이나 불균일한 인장(tear)의 경우에는 포물선 형상의 신장형 딤플(elongated dimple)로 된다.

2) 취성파괴

취성파괴의 전형적인 것은 그림 16−7과 같은 벽개 파괴(cleavage fracture)이며, 거의 소성 변형을 동반하지 않고 벽개 파괴하기 때문에, 파면은 결정립 정도의 크기의 패시트(facet)로 이루어진다. 또한 파괴는 하나의 벽개면에서 일어나지 않는 경우가 많고 평행한 몇 개의 벽개면에 걸쳐 있으므로 패시트 표면에는 단(step)이 생긴다.

이 과정에서 단(step) 형성 에너지의 관계로 크랙이 전파함에 따라 이벽개단(cleavage step)이 합류하여 하천에 유사한 모양 즉, 리버 패턴(river pattern)을 형성한다. 이것은, 하천이 하류로 감에 따라 합류하는 것과 같으며, 이것으로부터 크랙 전파 방향을 알 수 있다. 그림 16-8과 같이 벽개면의 리버는 인접한 결정립의 방위차 때문에 입계에 발생할 때가 많다. 균열 전파 시에 기계적 쌍점(twin)이 형성되기 때문에, 텅(tongue)모양으로 관찰될 때가 있다.

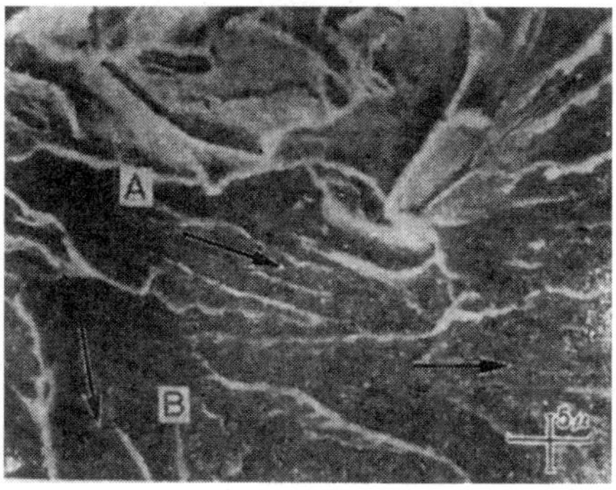

그림 16-7 벽개 파면(저탄소강, 저온 충격 파괴, A, B는 결정 입계, →은 균열 전파 방향)

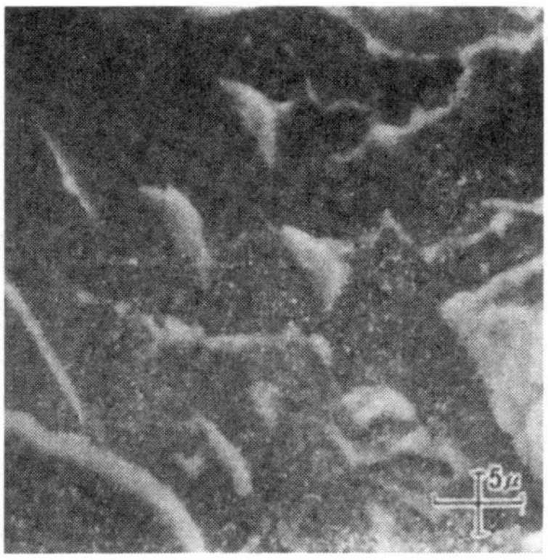

그림 16-8 텅(저탄소강, 저온 충격 시험)

벽개 파면은 소성 변형을 거의 나타내고 있지 않지만, 그림 16-8과 같이 벽개 파괴와 유사하나 약간의 소성 변형을 동반하고 있는 경우가 있다. 이와 같은 파괴를 응벽개파괴(quasi-cleavage fracture)라고 한다.

(2) 입계파괴

입계 파괴(intergranular fracture) 중에서 가장 일반적인 것은 그림 16-9와 같은 입계 취성 파괴이다. 이것은 입계로서 석출 또는 그 외의 원인으로 입계에 따라서 거의 소성 변형을 하지 않고 파괴한 것이며, 파면은 입상이며, 입의 표면은 매끈하고 모양이 거의 없다. 지체 파괴(응력 부식 균열, 수소 취화 균열), 크립 파괴, 소려 취화(tempered brittleness), 소입 균열(quenched crack) 등에 이 양식이 많다.

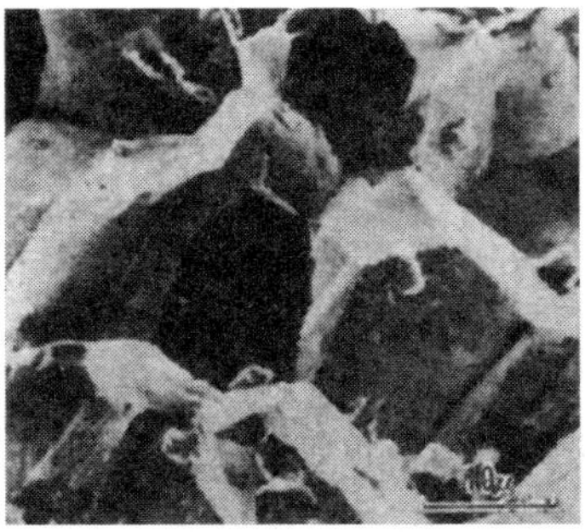

그림 16-9 입계 취성 파면(18-8스텐레스강, 응력 부식 균열-염화마그네슘 수용액)

입계 연성 파괴는 입계에 따라서 미소 공동이 형성되어, 합체해서 파괴하며, 그림 16-10과 같이 입상의 파면 위에 딤플을 볼 수 있다. 피로의 경우에도 입계에 따라서 균열이 전파할 때가 있으며, 그림 16-11과 같이 입상 파면 위에 스트라이에이션(striation) 모양을 볼 수 있다.

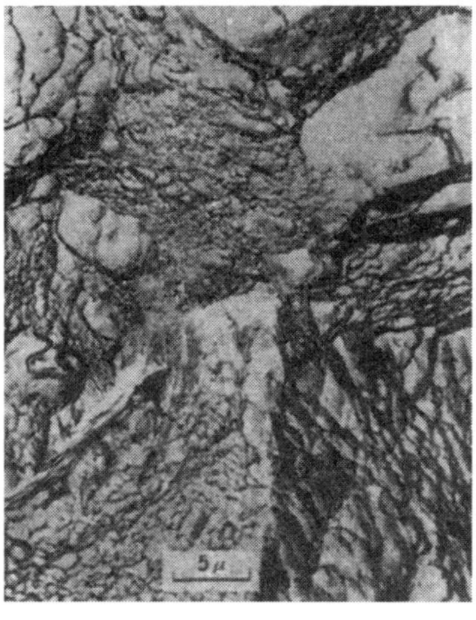

그림 16-10 입계 연성 파면(알루미늄 합금)

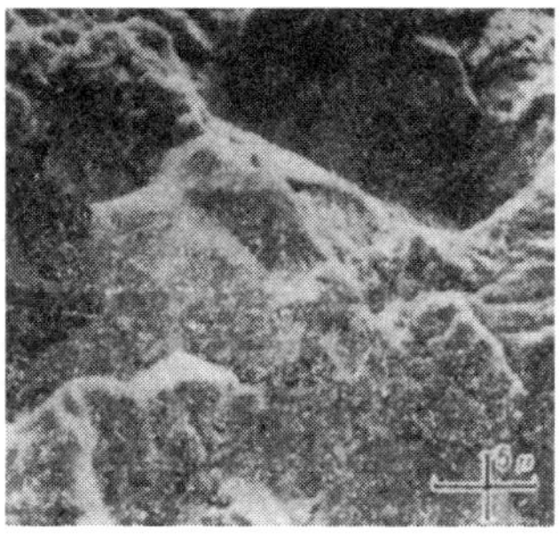

그림 16-11 입계 피로 파면(탄소강)

16-3 용접부의 파괴

1. 용접부에 생기는 파괴의 종류

용접부는 용접 금속, 열영향부 및 모재로 이루어지며, 용접 금속에 인접한 열영향부는 용접열에 의해서, 용점 바로 밑에서 여러 온도로 급열, 급냉된 영역이며, 각 부분은 열이력에 의해 재질 변화를 한다.

이와 같이 용접부는 금속 조직학적으로 또 역학적으로 복잡한 상태에 있으며, 파괴 형식은 보통 모재에 비해서 복잡하다. 따라서, 이들 인자 중에서 특히 금속 조직학적 인자를 충분히 파악하여 파면 해석을 할 필요가 있다.

용접 금속 및 열영향부가 재질 변화에 따른 문제는, 노치 인성의 저하와 용접 균열이다. 이 용접 균열은 용접 구조물의 파괴의 기점이 되는 경우가 많다. 따라서, 균열 형태를 파악하는 것은 실제의 파괴 사고 원인을 규명하는데 중요하다.

용접 균열을 15장에서 설명한 바와 같이 발생 기구에 의해서 고온 균열, 저온 균열, 층상 균열, 재열 균열 등으로 분류되며, 이와 같은 균열 및 재질 변화를 수반한 용접부는 모재에 비해서 사용 중에 응력 부식 균열, 용접 부식(weld decay), 크립 파괴, 피로 파괴를 일으키기 쉽다. 여기서는 주로 용접부의 특유한 균열에 대해서 그 특징을 설명하겠다.

(1) 고온균열

알루미늄 합금이나 오스테나이트계 스텐레스강 등의 열팽창 계수가 큰 재료는 용접에 의해 변형 발생이 심하며, 용접 응고시에 용접 금속이나 열영향부에 고온 균열이 발생하기 쉽다.

용접 금속의 고온 균열은 응고 균열이라고도 불리우며, 용접시 응고 온도 영역 또는 응고 온도 직하의 온도에 있어서 수축 응력에 의한 변형 때문에, 결정 입계에 존재하는 잔류 용액막이 파괴됨으로서 일어난다고 한다.

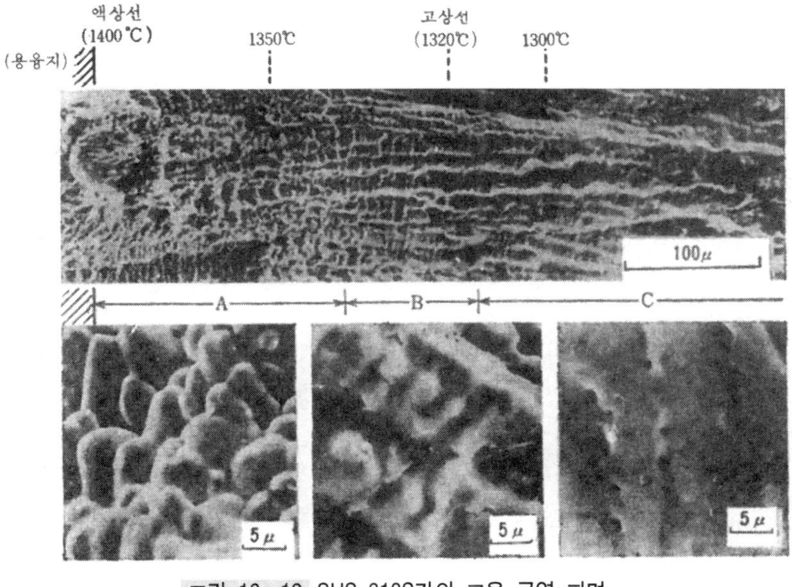

그림 16-12 SUS 310S강의 고온 균열 파면

응고 균열의 형태는 균열 발생 온도 즉, 잔류 용액의 상태, 응고시의 고액계면의 형상에 의해서 결정된다. 그림 16－12는 완전 오스테나이트계 스텐레스강(SUS 310 S)의 용접 금속의 응고 균열의 파면을 나타냈다.

고온측의 파면은 셀상 수지상정(cell dendrite)의 1차 또는 2차의 가지에 대응한 돌기를 현저하게 볼 수 있다. 온도 저하에 따라서 파면은 2차의 돌기가 명료하지 않게 되어, 점차 평탄한 입계 파괴를 이루고 있다. 이 파면은 잔류 융액의 응고에 의한 필름(film)상의 막으로 둘러싸여서 명료하지 않을 때가 많으며, 때때로 파면상에 공정생성물을 볼 수가 있다.

또한 SUS 310 S에서는 응고 균열과 더불어 연성 저하 균열이 생기기 쉽다. 이 균열은 1,200℃~850℃부근에서 탄화물의 입계편석(boundry segregation)에 의한 연성 저하 때문에 그림 16－13과 같이 주상정에 따라서 입계파괴가 생긴다.

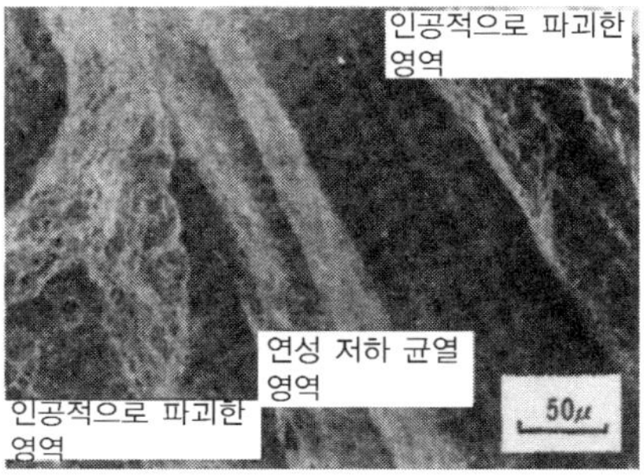

그림 16－13 SUS 310S강의 연성 저하 균열 파면

또한, 본드 근방의 열영향부에서 볼 수 있는 고온 균열은 공정융해에 의한 마이크로 균열 및 입계액화 균열의 2종류가 있다. 그림 16－14는 Al－Mg계 5083 알루미늄 합금의 용접 균열 시험에 의해서 생긴 공정 융해에 의한 마이크로 균열을 나타냈다.

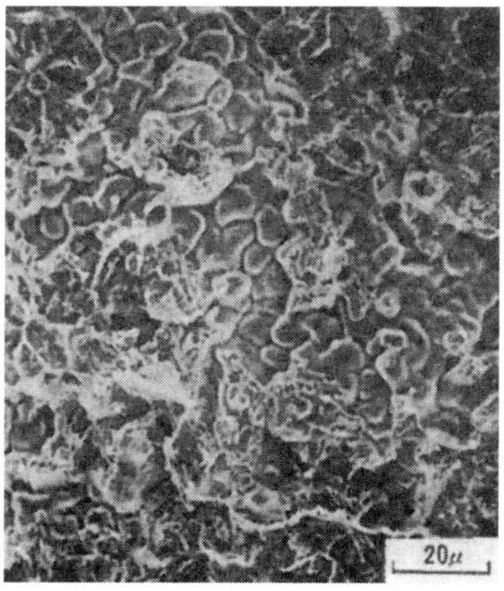

그림 16－14 5083 알루미늄 합금의 열영향부의 공정 융해에 의한 마이크로 균열 파면

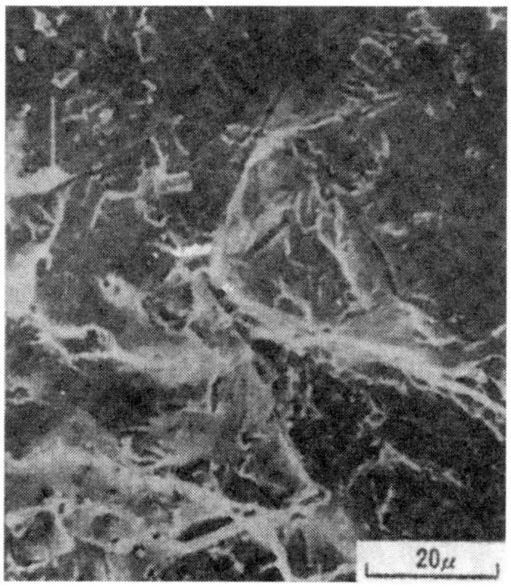

그림 16－15 5083알루미늄 합금의 열영향부의 입계 액화 균열 파면

이것은 Fe, Mn, Si, Mg 등의 원소에 의한 자융점의 공정 생성물의 국부 용융 응고에 의해서, 기지(matrix)와의 사이에 틈새가 생겨서 마이크로 균열로 된 것이다. 마이크로 균열의 주위에는 기지에 대단히 미세한 딤플을 볼 수 있다.

입계 표면에 필름상의 막이 생긴 파면으로 되며, 입계 표면에는 공정 생성물을 많이 볼 수 있다. 이와 같은 균열은 용접 입열이 클 때 현저하게 나타난다. 이상과 같이 고온 균열은 액상－고상의 응고 온도 폭을 크게 하는 원소가 균열 감수성을 높이며, 오스테나이트계 스텐레스강은 P,S, 알루미늄 합금은 Fe, Si, Mn 등이 공정 생성물을 만들어, 고온 균열을 일으키기 쉽게 한다.

또한, 모재의 고온 균열은 본드부와 같이 결정입이 큰 영역에서 생기기 쉬우며, Ni 첨가량이 많은 고장력강, 저온용강, 내열강 등에서도 외적 구속도(external restraint)가 큰 용접에서도 일어날 수 있다. 알루미늄 합금, 스텐레스강의 융합 불량으로서 가공, 기포가 있지만, 이들은 응고 균열 파면과 유사하다.

(2) 저온균열

고장력강의 용접에서는 저온 균열이 발생하기 쉬우며, 용접 구조물로써 사용 중에 취성 파괴 또는 피로 파괴를 유발할 때가 있다. 저온 균열은 주로 수소에 의한 지체 균열(delayed cracking)이며, 이 균열은 용접부의 경화 조직, 용접부의 확산성 수소량 및 구속 응력 등의 제 인자를 들 수 있다.

일반적으로 저온 균열은 고장력강일수록 일어나기 쉬우며, HT 80 이상의 강종인 경우, 2ppm 정도의 수소 함유량에서도 일어날 수 있다. 저온 균열은 그 발생 장소, 전파 방향에 의해, 루트 균열, 힐 균열(heel cracking), 토우 균열, 비드 밑 균열 등으로 분류되며, 용접 금속과 열영향부에 일어난다.

열영향부는 보통, 용접 입열이 작으면 마르텐사이트 조직, 용접 입열이 클 때에는 베이나이트(bainite) 조직으로 되기 쉬우며, 이들의 조직이 저온 균열의 발생에 관여한다.

열영향부의 저온 균열의 파면 형태는 구속 응력, 용접 중에 침입한 수소량에 의해서 변화한다. 일반적으로 구속 응력이 클 경우, 균열의 거시적 전파 속도는 빠르고, 딤플 파괴가 지배적이다. 구속 응력의 저하에 따라서 수소의 벽개 파괴, 입계 파괴가 지배적으로 되고, 균열의 거시적 전파 속도는 늦어진다.

그림 16－16 및 그림 16－17은 SM 50강 및 HT 80강의 용접 균열 시험에 의한 저온 균열 파면을 나타냈다. 어느 강종이나, 균열은 본드 근방의 마르텐사이트 조직에서 생겼다. SM 50강의 경우, 그림 16－16(a)는 중앙에 MnS계 개재물을 함유한 수소응벽개 파괴를 나타냈다.

수소 취하 균열은 구조물의 응력 집중부 뿐만 아니라, 미시적으로는 개재물을 기점으로 하여 생길 경우가 있다. 그림 16－16(b)는 수소의 벽개 파괴와 입계 파괴가 혼재한 파면을 나타냈다. HT 80강의 경우, 그림 16－17(a)는 수소의 벽개 파괴를 나타내고, 그림 19－17(b)는 입계 파괴를 나타냈다.

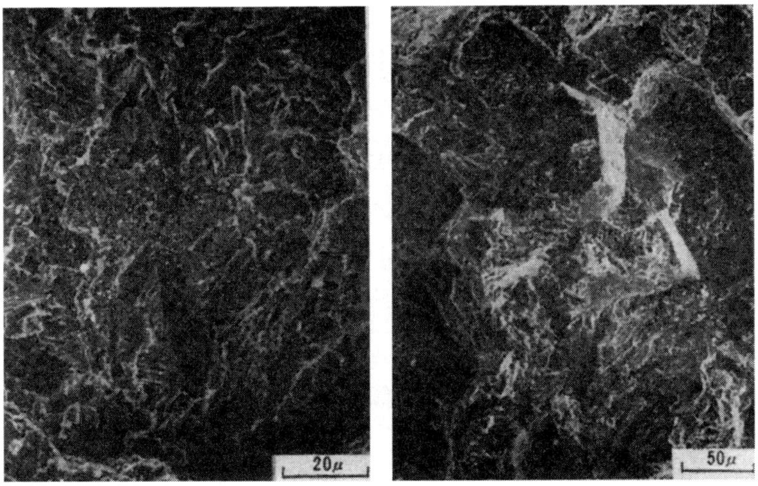

그림 16－16 SM 50 강의 저온 균열 파면

보통 열영향부의 저온 균열 파면에 있어서는, 딤플 파괴, 수소의 벽개 파괴, 입계 파괴가 각각 단독으로 존재하는 일은 적고, 혼재하고 있는 경우가 많다. 그 혼재량은 주로 구속 응력 및 마르텐사이트, 베이나이트 조직의 혼재 상태에 의해서 변화한다.

저온 균열 파면은 조직, 강종에 의해서도 다르다. 탄소량이 많은 강종일수록, 마르텐사이트 조직을 이루고, 입계 파괴를 하기 쉽고, 수소의 벽개 파괴가 적다.

베이나이트 조직의 경우는 탄소량에 의존하지 않고, 수소의 벽개 파괴가 지배적이며, 입계 파괴는 거의 생기지 않는다. 동일한 화학 조성의 강종에서도 마르텐사이트 조직의 경우는 결정 입계가 클수록 입계 파괴를 하기 쉽다. 베이나이트 조직의 경우는 입자가 조대한 경우에도 입계 파괴가 잘 일어나지 않으며, 수소의 벽개가 지배적으로 되는 것 같다.

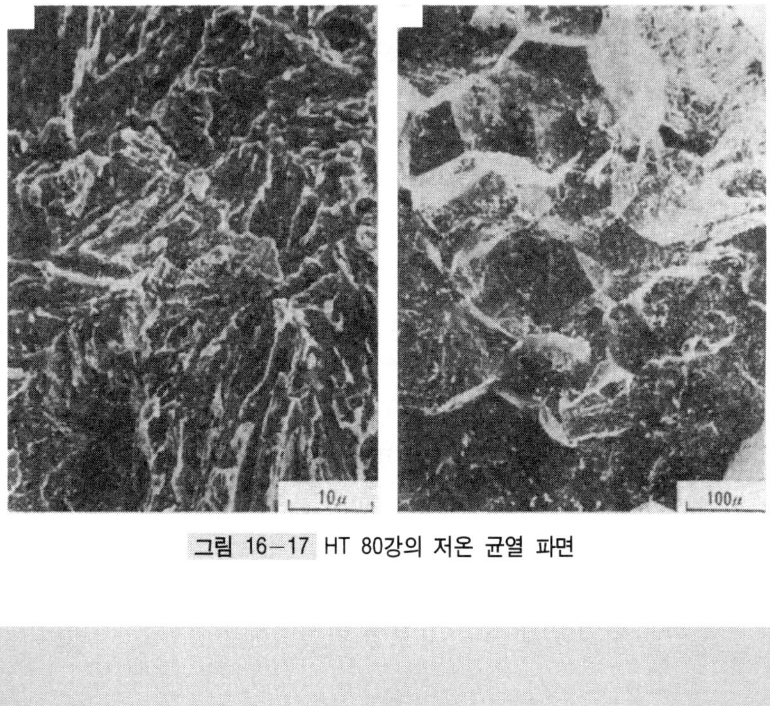

그림 16－17 HT 80강의 저온 균열 파면

(3) 층상균열

제15장에서 설명한 바와 같이, 일반적으로 사용되고 있는 구조용 재료는 압연에 의해서 판 두께를 제어하고 있으며, 재료 중에 함유된 개재물 등이 압연면에 나란이 분포되고 있다. 따라서 기계적 성질은 압연 조직에 부하된 인장 하중 방향에 의해서 다르다.

특히 두께 방향의 강도, 연신율 및 단면 수축률은 낮으며, 층상 균열(lamellar tear)이 생긴다. 층상 균열은 용접시 또는 사용 중에 압연재의 두께 방향에 큰 구속이 생겼을 때, 판면에 나란한 비금속 개재물의 클러스터(cluster)를 전파하여 일어나는 계단상의 균열을 말한다. 층상 균열은 필릿 용접을 한 경우에 간혹 볼 수 있으며, 그 발생 장소는 열영향부에 생길 경우와 미열영향부에 생길 경우가 있다.

강의 층상 균열은 0.01wt% 이상의 황(S)을 함유할 경우, MnS계 개재물이 편평한 클러스터상으로 존재할 경우에 생긴다. 그림 16-18은 HT 80강의 층상 균열 파면을 나타냈다. 그림 16-18(a)와 같이, 흰 대상으로 보이는 월(wall)부와 흰 대상 영역으로 둘러싸인 검은 영역 테라스(terrace)부가 존재하고 있다.

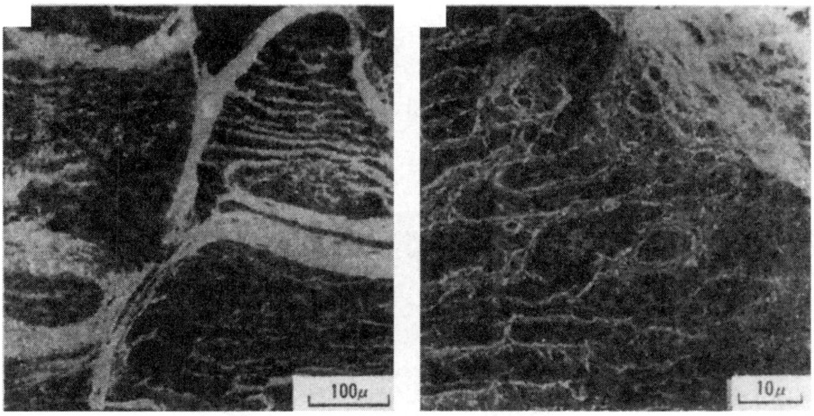

그림 16-18 HT 80강(0.012%S)의 층상 균열 파면

이 테라스부에는 그림 16-18(b)와 같이 비금속 개재물이 클러스터상으로 분포하고 있다. 수소가 관여하지 않을 경우, 테라스부에 있어서의 개재물간에는 딤플 파괴, 월(wall)부는 전단 딤플(shear dimple) 파괴로 된다.

열영향부에 있어서는 수소가 관여하고, 구속 응력이 높은 경우에는 수소의 영향이 적고, 수소가 관여하지 않을 경우와 같은 파면 형태를 나타내지만, 보다 낮은 구속 응력에서 테라스 월(terrace wall)의 층상 균열이 발생한다.

구속 응력이 더욱 낮은 경우, 수소의 영향이 커져서 테라스 월(wall) 형태를 볼 수 있으며, 테라스부 내에서의 개재물은 수소의 벽개 파괴로 되고, 또한 월부는 수소의 벽개 파괴 또는 입계 파괴로 된다.

더욱 구속 응력이 낮고, 수소의 영향이 지배적으로 되면 테라스 월 형태는 명료하지 않고, 보통의 수소의 벽개 파괴 또는 입계 파괴로 되고, 파면에 개재물은 보기가 힘들게 된다. 이들의 파면 형태의 변화는 수소의 미시적 거동과 관련하고 있다. 따라서, 저온 균열에 있어서의 층상균열은 0.01wt%S 이상 함유한 고유황 강재에서 또한 구속 응력이 큰 경우에 생기는 현상이라고 할 수 있다.

S량을 0.005wt% 이하로 낮추든가 또는 히토류 원소(REM)를 첨가함으로서 개재물을 구상화 시키면 층상 균열은 일어나기 힘들게 된다.

층상 균열은 LNG 탱크용의 Al－Mg계 5083 알루미늄 합금과 그 용접부에도 나타난다. 그림 16－19는 모재의 판 두께 방향 시편을 －196℃로 인장 파괴한 파면을 나타냈다. 그림 16－19(a)와 같이, 파단 경로는 테라스 월(wall)상을 나타냈으며, 그 파면은 그림 16－19(b)와 같이 테라스부와 흰 대상 영역 월부가 존재하고 있으며 월부는 전단 딤플이다. 이와 같이 층상 균열은 개재물이 클러스터상으로 존재하고, 클러스터에 인장 응력에 수직하게 작용할 때 생긴다.

(4) 재열균열

제15장에서 설명한 바와 같이 용접 구조물에서는, 용접 열이력에 의해서 열화된 영역의 성질을 개선하든가, 용접부의 취성 파괴를 조성하는 잔류 응력을 경감하기 위해서, 후열 처리를 할 때가 많다. V, Cr, Mo, Cu, Nb 등의 합금 원소를 비교적 많이 함유한 용접 구조용 강에서는 용접한 상태에서 균열이 발생하지 않아도, 후열 처리 중 또는 고온에서 사용 중, 용접부에 균열이 발생할 때가 있다.

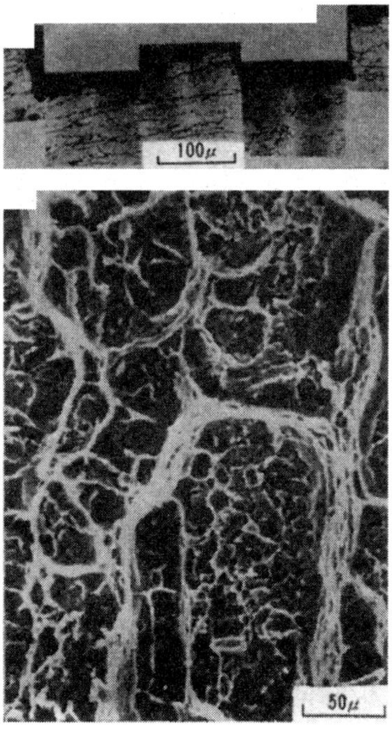

그림 16－19 Al－Mg계(5083) 알루미늄 합금의 층상 균열 파면과 파단 경로

이런 종류의 균열을 재열균열(reheat cracking)이라고 하며, 두꺼운 판의 토우(toe)부에서 일어나기 쉽다. 재열 균열은 열영향부에 조대한 결정입이 존재할 때, 두꺼운 판에서 구속이 크고 높은 잔류 응력이 존재할 때, 후열 처리 또는 고온 사용에서 400℃이상으로 가열되었을 때에 2차 경화 원소에 의한 석출경화 현상이 생기는 것, 이와 같은 3인자가 있을 때 일어난다. 따라서, 재열 균열은 모재나 용접 금속에는 거의 생기지 않는다.

그림 16－20은 Cr－Mo강 용접 열영향부의 재열 균열의 파면을 나타냈다. 전형적인 입계 파괴를 나타냈으며, 입계 표면은 평활한 경우가 많지만, 입계 표면에 딤플상의 요철이 보일때도 있다.

HT 80 및 HT 100강은 500～700℃에서 모두 입계 파괴를 나타낸다. 또 용접 후열 처리에 있어서 450℃에서 600℃까지의 가열 속도가 늦을수록 입계 파면율이 높고, 재열 균열이 일어나기 쉽다. P, Sb 등의 미량 원소가 많을수록 소려 취성(temper brittleness)과 같이, 재열 균열이 일어나기 쉽고 또 낮은 재열 온도에서 일어나기 쉽다.

보통, 재열 균열은 입자가 조대한 마르텐사이트 조직에서 생기며, 불완전 소입 조직이나 상부 베이나이트(upper bainite), 페라이트(ferrite) 조직에서는 입자가 조대하여도 잘 일어나지 않는다. 니켈기 내열 합금이나 18Cr－12Ni강에 Nb를 첨가한 오스테나이트계 스텐레스강 SUS 347에 있어서도, 고온에서 장시간 사용하면 용접부에 재열 균열이 생긴다.

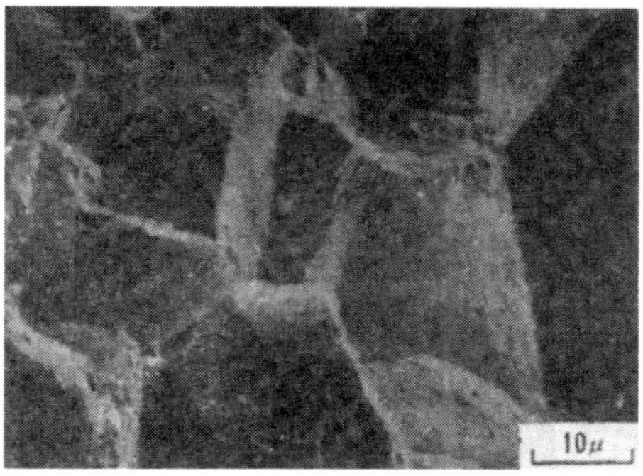

그림 16－20 Cr－Mo강(A 387－1)의 재열 균열 파면

16-4 용접부의 기타 균열

제29장에서 설명한 바와 같이 용접부의 특유한 현상으로 용접부 부식(weld decay)현상, 나이프 라인 어택(knife line attack)이 있다. 오스테나이트계 스텐레스강의 열영향부를 700～800℃로 장시간 노출된 영역은 내식성이 저하하고, 입계 부식이 생긴다. 이것을 웰드 디케이(weld decay)라고 부르며, 웰드 디케이가 기점으로 되어 용접부가 단시간에 파단할 때가 있다. 그림 16－21은 웰드디케이의 입계 부식 형태를 나타냈다.

웰드 디케이가 생긴 영역은 입계의 선택 부식에 의한 공극이 명료하게 식별되며, 이 공극은 Cr 결핍층의 폭 및 Cr농도에 의존한다.

이 현상은 용접열에 의해서 Cr을 주체로 하는 $M_{23}C_6$가 결정 입계에 석출하여, 입계 근방의 Cr함유량이 감소하기 때문에 내식성이 저하하여, 부식된다고 생각되고 있다. 또, 강력한 탄화물 형성 원소를 함유하여 $M_{23}C_6$의 석출을 방지한 SUS 321 이나 SUS 347에서도 용접 후 600~650℃로 후열 처리를 하면, 본드부 근방의 열영향부가 우선 부식된다. 이것을 나이프 라인 어택(knife line attack) 현상이라고 한다.

이 부식 형태는 그림 16-21과 유사하다. 이들의 강은 보통, TiC, NbC 등의 금속 탄화물(MC)에 의해서 $M_{23}C_6$의 입계 석출을 억제하고 있다. 본드 근방에서 이들은 고용하여, 후열 처리에서 $M_{23}C_6$가 석출하기 때문에 내식성이 저하한다고 생각되고 있다.

그림 16-21 오스테나이트계 스텐레스강 열영향부의 부식 파면

16-5 취성파괴의 특성시험

취성 파괴는 앞에서 설명한 바와 같이 보통 역학적 노치 또는 야금학적 노치로부터 구조물 속을 전파하게 되나, 현재 어떠한 조건에서 파괴가 발생하느냐 하는 파괴 발생(전파 개시) 특성과 또는 어떠한 조건에서 파괴가 정지하느냐 하는 전파(정지) 특성으로 나누어 생각하은 것이 보통이다.

이들 특성이 어떤 것이냐 하는 것을 강재 및 그 이음부에 대하여 구하기 위해서 현재까지 수많은 시험법이 개발, 제안되고 있으나 여기에서는 중요한 것에 대해서만 기술하기로 한다. 원래 취성 파괴 시험은 용접 구조 부재 즉 모재의 취성 파괴에 대한 저항력을 판정하기 위한 것이며, 실용적 시험법으로서 종래 샤르피(charpy) 충격 시험이 많이 이용되고 있으며, 근래 파괴 역학 시험법으로서 K_{IC} 시험, COD 시험, NRL 시험 등을 행하고 있다.

1. 파괴 양식의 천이온도

노치 인성은 넓은 의미로는 노치 시험편의 충격 파괴에 대한 저항성을 의미하지만, 좁은 의미로는 V－노치 샤르피 충격값을 나타낸다.

취성 파괴에 관련하는 강의 노치 인성은 V－샤르피 충격값(V－charpy impact value)으로 평가하는 것이 보통이다. 시험편의 형상은 그림 16－22와 같으나, 노치 형상에는 여러 가지가 있다.

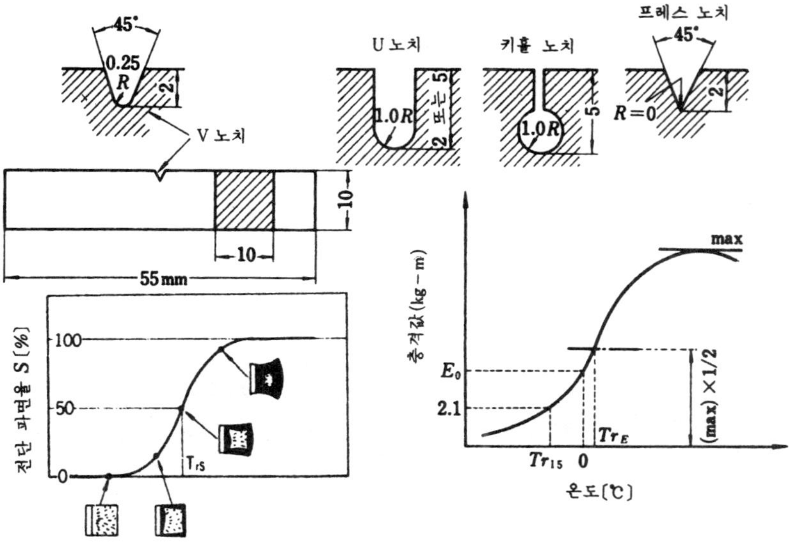

그림 16－22 샤르피 충격 시험편과 천이 온도의 방법

V－샤르피 충격값($_vE$)은 그림 16－22와 같이 저온의 낮은 값에서 고온의 높은 값으로 급격히 변화한다. 이에 따라 파면은 저온에서는 변형이 적은 취성 파면(brittle fracture)을 나타내고, 고온에서는 변형이 심한 연성 파면(ductile fracture)이 생긴다. 그 중간 온도에서는 취성과 전단의 양 파면이 혼합하여 나타난다. 전파면 중에 차지하는 전단 파면(shear fracture)의 면적%를 전단파면율(shear precent)이라고 한다.

충격값과 전단 파면율은 다같이 약 30～50℃의 좁은 온도 범위에서 연성에서 취성으로 천이하므로, 그 대표 온도를 천이온도(transition temperature)라고 한다.

충격값 곡선에서는 최고 최저의 평균값의 온도를 에너지 천이 온도(energy transition temperature)라고 하며, 파면율에서는 S=50%의 온도를 파면천이온도(fracture transition temperature)라고 한다.

V－샤르피 충격 시험은 두께 10mm의 표준 치수로 절취한 시험이므로 단지 재질의 상대 비교에는 사용되지만, 구조물의 안정성의 평가에는 문제가 있다. 취성 파괴에 대한 연구에는 뒤에 설명한 바와 같이 여러 가지의 노치 시험편이 사용되고 있다. 각각의 시험편에 대해서 에너지 또는

파면의 천이 온도를 실험적으로 측정할 수 있으나, 이들의 천이 온도는 동일 강재의 V-샤르피 천이 온도의 값과 반드시 일치하지 않으므로, 양자간의 관련을 구하는 일이 중요하다.

그 이유는 동일 강재에서도 시험편의 천이 온도는 노치가 깊고 선단이 예리할수록, 시험편의 판 두께가 클수록, 노치부 부근의 구속이 강할수록, 시험편이 대형일수록, 잔류 응력이 클수록, 또 하중 속도가 클수록, 천이 온도가 상승하기 때문이다.

그림 16-23은 강의 샤르피 충격 파면을 나타냈다. 파괴의 기점부의 섬유상 파면(fibrous fracture surface) A 에서는, 노치 밑에 있어서의 슬립면 분리로 시작하여, 차차 딤플(dimple)이 명료하게 되었으며, 또 쉐어 립(shear rip) C는 딤플 파면(dimple fracture surface)이며, 모두 미소 공동 합체(microvoid coalescence)에 의하여 파괴된 것을 나타내고 있다. 방사상 파면(radial fracture surface) B에는 벽개 패시트(cleavage facet)와 리버 패턴(river pattern)이 관찰되며, 벽개 파괴(cleavage fracture)임을 나타내고 있다.

거시적으로 보았을 때, 방사상 모양이 있는 취성 파면(cleavage fracture surface)은 미시적으로 보면, 이와 같이 벽개 파괴인 경우와 딤플(입내 또는 입계)인 경우가 있다. 또, 벽개 패시트의 크기와 취성 파괴 특성간에는 관계가 있으며, 패시트의 크기가 클수록 취성 천이 온도가 높다.

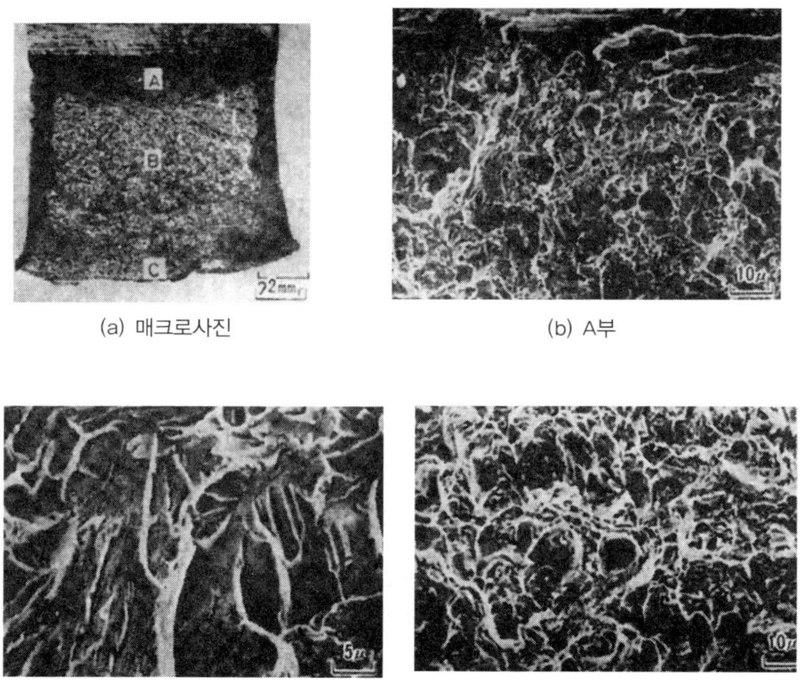

(a) 매크로사진 (b) A부

(c) B부 (d) C부

그림 16-23 샤르피 충격 파면(소강(S45C, 소준)

2. 파괴역학적 시험

파괴 역학에 있어서 파괴 특성값 평면변형파괴인성(plane-strain fracture toughness, K_{IC}) 또는 개구변위(crack opening displacement, COD)를 구하는 시험이며, 이들의 값이 취성 파괴 발생에 대한 파괴 역학적 지표가 된다.

각각 여러 가지 방법이 제한되고 있으며, 모재에 대한 파괴 인성(fracture toughness)의 판정에 사용되고 있지만, 용접 구조물의 사용 성능에 관한 기초 시험으로서도 때때로 이용되고 있는 것은 그림 16-24와 같은 피로 균열을 넣은 3점굽힘 시험편(3 point bending specimen)과 인장 시험편이다. 이 종류의 시험은 원칙적으로 재료의 원 판 두께(B)를 시험편 두께로 사용하며, 시험편 폭(W)은 그 판 두께의 2배가 되게(W=2B) 추천되고 있다.

그리고, 그림 16-25에 예시한 것 같은 용접 이음의 노치 시험편을 사용하면, 때때로 취성 파괴의 기점을 이른다고 생각되는 용접 이음의 열영향부, 본드부 또는 루트부 등의 취성 파괴를 추정할 수 있다.

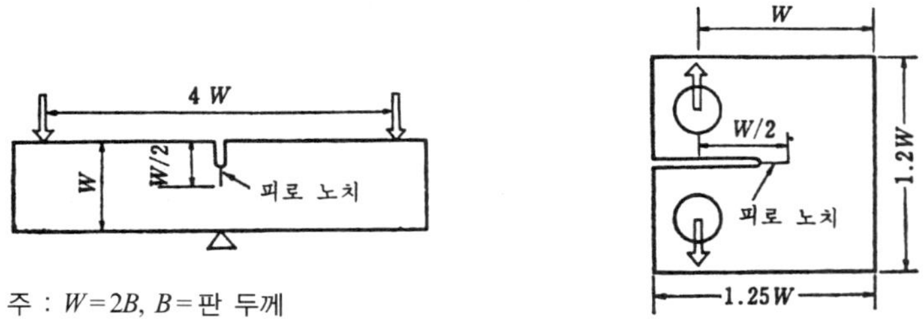

(a) 3점 굽힘 시험　　(b) 인장 시험

그림 16-24 K_{IC} 시험 및 COD 시험 예

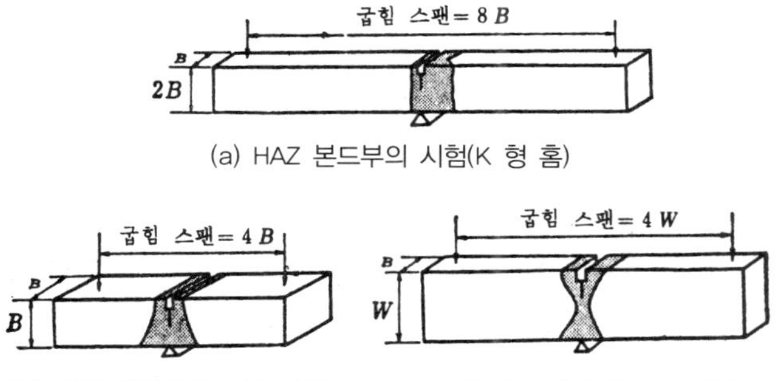

(a) HAZ 본드부의 시험(K 형 홈)

(b) 편면 용접의 루트부 결함　　(c) 양면 용접의 루트부 결합

그림 16-25 용접 이음부 노치 굽힘 시험 예

16-6 노치 취성에 미치는 야금학적 제인자

노치 취성(notch brittleness)에 미치는 야금학적 여러 인자에는 화학 성분, 제강법, 열처리와 소입 시효, 판의 이방성, 냉간 가공과 변형 시효, 부식, 흑연화 및 피로 등이 있다.

1. 화학성분

연강의 노치 인성(notch toughness)을 높여서 천이 온도(transition temperature)를 낮게 하려면 탄소량을 낮게 하고, 망간량을 높이 하는 것이 효과적이다. 예를 들면 그림 16－26과 같이 Mn/C의 증가와 더불어 천이 온도는 낮아진다.

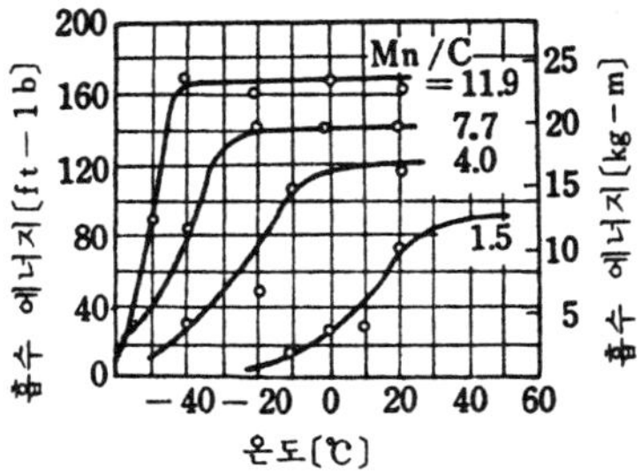

그림 16－26 V노치 샤르피 천이 곡선에 미치는 Mn/C비의 영향

고장력강의 노치 인성에 미치는 합금 원소의 영향을 종합해 보면, 천이 온도를 높여서 노치 인성을 낮추는 원소에는 P, V, Mo, C, N 등이 있으며, 반대로 천이 온도를 낮추는 원소에는 Mn, Ni, Ti, Al 등이 있다. 함유량이 비교적 적은 범위에서 노치 인성에 거의 영향을 미치지 않는 원소에는 Si(＜0.6%), Cu(＜0.6%), Cr(＜0.5%)등이 있다. 그러나 이 이상의 함유량에서는 이들 3원소는 모두 천이 온도를 증가시켜서 역효과가 생긴다. 또 압연 상태 또는 소준(normalizing) 상태로 사용하는 고장력강의 노치 인성은 인장 강도가 63∼65km/mm^2 이상이면 급격히 감소한다.

(1) 탈산방식

구조용 강재에서는 탈산(deoxidization)이 잘 될수록 노치 인성이 향상되는 경향이 있다. 즉 림드강보다 세미 킬드강, 킬드강으로 될수록 천이 온도가 일반적으로 낮다. 또 소량의 Al을 첨가하여 세립화한 킬드강은 더욱 노치 인성이 향상된다.

(2) 세립화

강은 소준 처리에 의해 결정입이 미세화(grain－refining)되며 또 소량의 Al, Ti, Zr, V, Nb, La, Ce 등을 첨가하면 압연 상태에서도 세립강을 얻으며, 노치 인성이 향상된다. 또 이들 특수 원소는 C와 N를 안정화시켜서 강의 시효성을 감소시키므로 이런 점에서도 노치 인성을 향상시킨다.

(3) 열간압연

열간 압연(hot rolling)의 압연 온도, 특히 압연 종료 온도가 높든가 또는 압연 후 서냉되면 페라이트(ferrite) 입도가 조대화하여 노치 인성이 저하한다. 예를 들면 연강판의 압연 끝마무리 온도는 820~930℃에서는 천이 온도에 거의 영향이 없으나, 약1,000℃이상이 되면 천이 온도를 심하게 상승시킨다. 이 때문에 압연 온도는 낮은쪽이 좋지만, 너무 낮아서 냉간가공경화(cold work hardening)가 생기면 도리어 노치 인성에 해롭다.

2. 열처리와 소입시효

열처리는 강의 노치 인성에 심한 영향을 미친다. 그림 16-27은 판 두께 20mm의 고장력강의 예이며, 850~900℃에서의 공냉(소준)은 최저의 천이 온도, 즉 가장 좋은 노치 인성을 나타내고 있지만, 1,000℃ 이상의 가열에서는 천이 온도가 상승하고 있다. 또 750℃의 가열에 의해서도 천이 온도의 저하를 볼 수 있다.

저합금강은 소입·소려(quenching and tempering) 또는 소입 후 구상화한 조직은, 압연 상태에 비해서 노치 인성이 대단히 우수함을 나타내고 있다.

강은 과열(overheating)되면 위에 설명한 바와 같이 노치 인성이 저하한다. 용접 열영향부 및 가스 절단의 세립부가 이에 해당된다. 이 외에 강을 A_1점 직하의 온도에서 급냉한 후, 실온에 방치하면 소입시효(quench aging)하지만, 이에 따라서도 노치 인성이 떨어진다. 예를 들면 용접 열영향부의 외측의 모재에 이 취화(brittleness)가 일어난다.

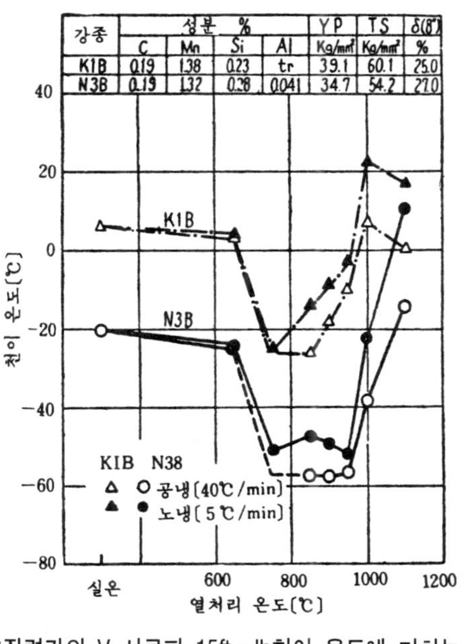

강종	성분 %				YP	TS	δ(8")
	C	Mn	Si	Al	Kg/mm²	Kg/mm²	%
K1B	0.19	1.38	0.23	tr	39.1	60.1	25.0
N3B	0.19	1.32	0.28	0.041	34.7	54.2	27.0

그림 16-27 고장력강의 V 샤르피 15ft-lb천이 온도에 미치는 열처리의 영향

그림 16－28은 연강을 690℃에서 수중 소입하여 시효 처리한 한 예이다. 급냉 후 1～8일간에 심하게 취화되고 1～3년을 경화하면 더욱 취약해져서 노치 인성이 소실된다. 소실된 인성을 완전이 회복하기 위해서는 소순 또는 소준 처리가 필요하지만, 600～650℃의 응력 제거 소둔을 하여도 어느정도 회복된다.

3. 판의 이방성과 편석

압연된 강재는 그 속에 불순물이나 편석(segregation)이 섬유상으로 늘어나 있으므로, 강재는 당연히 이방성이다. 예를 들면 그림 16－29는 판의 압연 방향(X), 가로 방향(Y) 및 표면에 직각 방향(Z)의 3방향에 대한 판의 강도, 연신율 및 노치 인성(충격값)을 비교하였다.

항복점은 3방향에 거의 차가 없지만, 인장 강도는 일반적으로 Z방향으로 약하다. X방향으로 과도하게 열간 압연한 강에서는 Z방향의 인장 강도가 항복점 가까이까지 저하하며, 따라서 Z방향의 신율이나 인성이 심히 약할 때가 있다.

판을 맞대기 용접할 때에는 이 약점이 나타나지 않지만, 필릿 용접에서는 용착 금속이 모재의 본드(bond)에서 박리될 때가 있다. 리벳(rivet)에서는 판의 Z방향의 강도는 문제가 없었지만, 용접에서는 Z방향의 강도도 문제시 될 때가 많다.

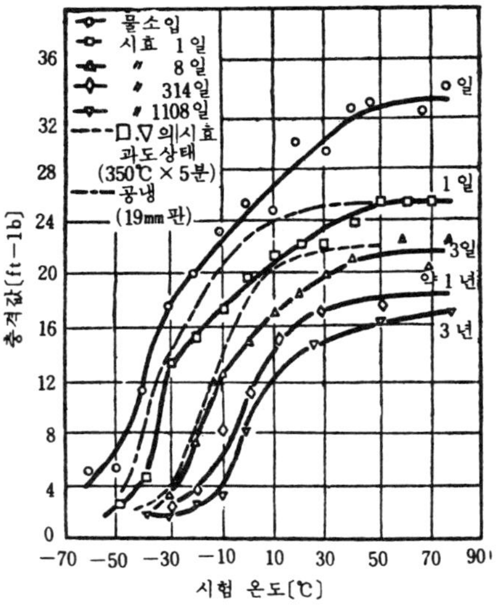

그림 16－28 690℃에서 물소입한 연강의 소입 시효

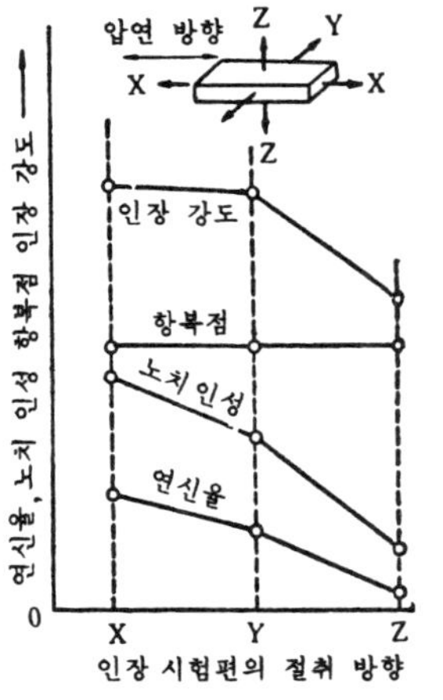

그림 16－29 압연 강재의 이방성

4. 냉간가공과 변형시효

저탄소강은 냉간 가공과 변형시효(strain aging)에 의해 노치 인성이 크게 떨어진다. 예를 들면 그림 16－30은 보일러용 킬드강의 스트레인가공과 변형 시효의 영향을 나타낸 실험 결과이

다. 1%의 스트레인 가공에서도 천이 온도는 상승하고, 10% 가공에서는 천이 온도가 60%로 상승하여 노치 인성을 크게 약화시킨다. 또 킬드강보다 일반적으로 림드강이 1%의 근소한 스트레인 가공에 의해서 훨씬 취약하게 되므로 주의를 요한다. 또, 그림에서 파선은 260℃에서 30분간 시효시킨 경우며, 가공도가 클수록 취화가 심하다.

변형 시효는 냉간 가공한 강재에는 물론 발생하지만, 냉간 가공하지 않은 강재에서도 용접 또는 가스 절단 중의 열팽창과 수축에 따른 약간의 냉간 가공 결과가 일어나기 쉽다. 이 변형 시효에 의한 취화를 일단 회복하려면 600~650℃로 가열하여 공냉하면 된다. 그러나 완전히 회복하려면 약 800℃로 가열하여 공냉하는 것이 이상적이다.

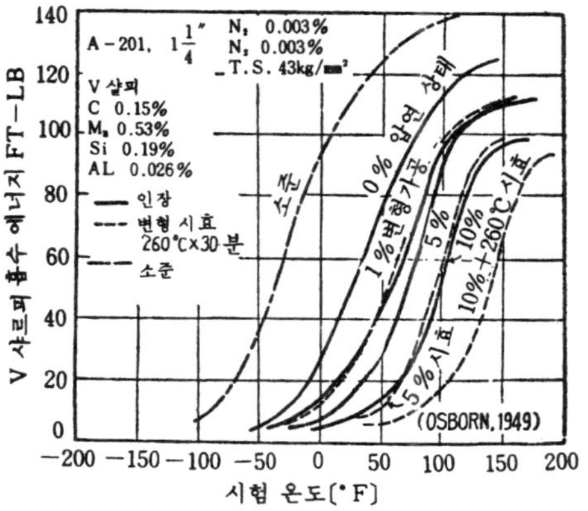

그림 16−30 킬드강의 스트레인 가공 변형 시효 및 소준의 영향

5. 부식, 흑연화

(1) 부 식

부식 중에서 중요한 것의 하나는 응력부식(stress corrosion)이다. 강이 부식되면, 표면에 피드(pit)가 생기며, 또 노치 부분은 특히 부식하기 쉬우므로, 부식에 의해 우선 노치가 깊어진다.

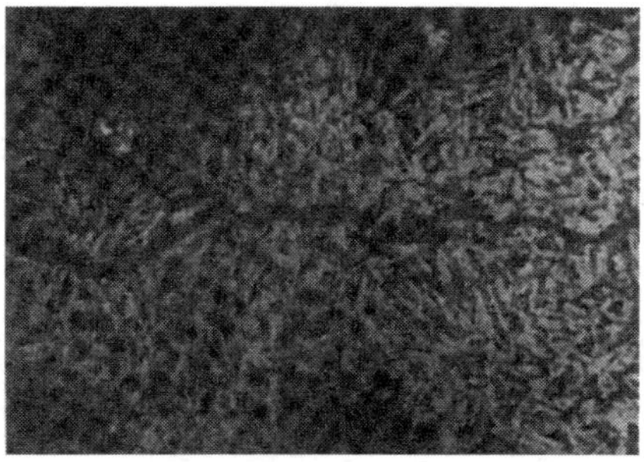

그림 16−31 오스테나이트계 스텐레스강의 입간 부식 예(×500×2/3)

만약 인장 응력이 작용하면 이 노치에 응력이 집중하여, 노치 선단에 미소한 균열이 생긴다. 이 균열 선단이 새롭게 부식되면, 인장 응력에 의해 균열이 깊이 진전된다. 이 균열은 주로 입계 또는 입내를 지나며, 대단히 예리한 노치로 되므로, 결국에는 취성파괴를 일으킬 때도 있다. 응력 부식은 보일러용 강재 외에 스텐레스강, 동합금 등에도 일어난다. 이것을 방지하기 위해서는 용접 후의 응력 제거 열처리가 필요하다. 그림 16-31은 오스테나이트계 스텐레스강의 입간 부식을 나타냈다.

(2) 흑연화

고온 고압용 Cr-Mo강이나 보일러용 강의 용접부를 400~700℃로 장시간 가열하면, 우선적으로 열영향부에 흑연상탄소가 발생하여 취약하게 될 때가 있다. 이것은 시멘타이트(cementite)가 분해하여 철과 흑연상의 유리 탄소로 된다. 즉,

$$Fe_3C \rightarrow 3Fe + C$$

이것을 흑연화(graphitization)라고 한다. 이 때문에, 고압 증기관과 같이 용접 후 오랜 시일 사용한 것에 취화가 일어나서 큰 사고를 일으킨 예가 적지 않다. 이것을 방지하기 위해서는 알루미늄의 첨가량을 최소한으로 하고, 크롬을 소량, 약 0.5% 첨가한다.

16-7 용접부의 노치 취성

노치 취성(notch brittleness)은 용접 가스 절단, 절단 가공 기계 절삭, 피이닝(peening) 등에 의해서 심하게 영향을 받는다.

1. 용접금속

연강 및 저합금의 구조용강의 용접봉은 보통 C : 0.10~0.15%, Mn : 0.35~0.65%의 림드강 심선에 적당한 피복제를 칠한 페라이트계 피복 용접봉이 사용된다. 또 제2장에서 설명한 바와 같이 피복제의 종류에 따라서 여러 가지 종류의 용접봉이 있다. 이들 용접봉에 의한 용착강은 탄소량이 대단히 낮으므로, 노치 인성이 보통 모재보다 월등히 좋다.

고장력강 특히 60kg/mm^2 이상의 저합금강의 용접에는 Mo을 0.40~0.60% 첨가한 피복 용접봉이 널리 사용되고 있지만, 이들 중에서 특히 80kg/mm^{2}이상의 페라이트계 용착강은 응력 제거 소둔(stress relief annealing)에 의해서 소려 취화(temper brittleness)를 일으킬 때가 있으므로 주의를 요한다.

2. 피복제의 영향

피복제에 의해서 용착 금속의 천이 온도에 어느정도의 차가 생기는 가는 실험자에 따라서 다르지만, 일반적으로 저수소계가 우수하며, 티타니아계가 특히 좋지 않다고 한다. 또, 판의 표면에 비드 용접을 한 경우 저수소계 이외의 용착 금속 내에는 마이크로적 균열이 생기기 쉽지만, 이것이 한 원인이 되어 저수소계 용착강보다 천이 온도가 높다고 한다. 또 비피복 용접봉의 용착강에는 산소와 질소가 다량 함유되고, 또 기공도 생기기 쉬우므로 그 V－샤르피 충격값이 피복 용접봉인 경우의 1/8 정도의 대단히 낮은 값을 가진다.

3. 용접금속의 결함

용접의 용입 불량, 언더 컷, 균열, 비드 표면의 큰 凹凸 등은 용접 구조물의 취성 파괴의 원인이 되므로, 용접 결함이 생기지 않게 특히 주의하여야 한다. 적당한 용접봉과 시공법 외에 될 수 있는 대로 아래보기 용접으로 할 수 있게 설계와 공작법을 주의하며, 중요한 부분은 X선 검사 등의 비파괴 검사를 하여야 한다.

4. 열영향부

열영향부는 강종 열사이클을 받으므로 용접 재료의 종류에 의해서 연성, 인성이 심하게 저하할 때가 있다. 이와 같은 재질의 저하는 열영향부의 경화, 세립부에서의 취화, 석출 취화, 강에 있어서는 수소 취화, 흑연화 등이 있다. 조입 취화 및 석출 취화는 강을 큰 입열로 용접한 경우든가, 내열강, 비철합금에 있어서도 중요하다.

그림 16－32는 연강 용접부의 충격값의 변화의 경향을 나타냈다. 용접부는 용착 금속부, 열영향부, 모재부로 이루어지지만 이들의 천이 온도는 서로 다르며, 그림 16－32와 같이 본드에서 1～2mm 떨어진 900℃부근까지 가열된 세입의 소준 조직 부분(B부)은 천이 온도가 가장 낮고, 400～600℃로 가열된 부분이 가장 취화한 부분(A부)으로 천이 온도가 가장 높다. 이 영역은 조직의 변화는 없으나 기계적 성질이 나쁜 곳이다.

천이 온도는 재료가 연성 파괴에서 취성 파괴로 변화하는 온도 범위를 말하며, 천이 온도가 높으면 충격값은 저하함을 나타내고 있다. 그러나, 앞에서 말한 열영향부의 경화, 수소 함유량의 과대, 취화역의 존재 등은 예열하여 냉각 속도를 작게 하든가, 또는 소순 처리를 하면 좋다. 더욱이, 이들 문제는 용접 조건에 의해서도 어느 정도 개선될 수 있으므로, 용접 시공 조건 선정에 충분하고 신중한 배려가 필요하다.

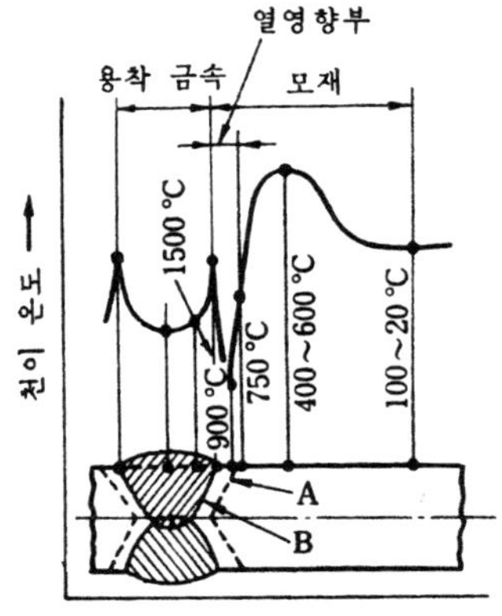

그림 16-32 연강 용접부의 천이 온도 분포

16-8 취성파괴방지책

용접 구조물의 취성 파괴에 관해서 앞에서 설명한 최종 목적은 말할 필요도 없이 구조물의 사고 방지에 있다. 파괴 사고의 원인으로서 다음 3가지를 들 수 있다.

먼저, 재료의 문제이다. 근래, 용접 구조물이 대형화됨과 동시에 구조물의 경량화가 필요하게 되고, 재료에 대한 요구가 한층 가혹하게 되었다. 항장력인 면에서는 100kg/mm^{2}급 정도의 용접 구조용 고장력강의 출현을 보게 되었다. 재료는 항장력이 증가함에 따라서 일반적으로 소성 변형이 적게 되므로 사용 상태에 알맞은 파괴 인성값을 가진 재료를 사용하는 것이 요망되고 있다.

다음으로, 구조 설계도 중요한 문제이다. 취성 파괴는 구조상의 불연속 등에 의해 응력 집중이 높은 곳, 다축 응력이 작용하는 변형 구속이 강한 곳으로부터 일어나므로, 구조 해석에 파괴 역학을 응용한 설계를 하지 않으면 안 된다.

다음으로, 공작상의 문제이다. 취성 파괴는 설계상의 문제와 관련하여 용접부로부터 발생하는 확률이 대단히 높다. 용접열에 의한 재질의 열화와는 별도로, 용입 불량, 언더 컷 등은 응력의 집중원으로 되고 용접 조건에 따라서는 용접 균열 등이 일어나며, 여기서부터 취성 파괴가 발생하게 되므로, 이들 원인을 억제하고, 파괴 역학에 의한 해석을 하고 재료의 선정, 설계, 시공, 공작 검사 기준의 설정을 할 필요가 있다.

16-9 취성파괴방지상의 주의

취성 파괴는 구조용 강의 용접 구조물에 있어서 매우 중요하므로 다음과 같은 점을 유의하여야 한다.

① 용접 및 리벳(rivet) 접합 구조물의 취성 파괴는 체심입방정계, 노치 및 저온이 주원인이며, 충격 하중은 취화를 촉진한다.

② 노치로서는, 응력 집중을 일으키는 구조상의 기하학적 노치나 용접 결함 뿐만 아니라, 조직의 불연속에 의한 야금학적 노치도 포함된다.

③ 용접 구조물의 취성 파괴를 예방하려면, 설계, 재료, 공작에 대해서 리벳 구조물과는 전혀 다른 고려가 필요하다.

④ 설계상 주의할 점은, 구조상의 노치 인성을 높이고, 동시에 용접 공작이 용이하며 용접 결함이 생기지 않는 설계나 용접용 재료를 사용해야 한다.

⑤ 재료상 주의할 점은, 용접 결함이 생기지 않게 용접성이 좋은 강재를 선정하는 동시에, 노치 인성이 풍부한 강재를 사용하여야 한다.

⑥ 공작상 주의할 점은, 용접, 열간 가공, 냉간 가공 및 절단을 하였을 때 구조물의 노치 인성이 저하하지 않게 주의하여야 한다.

⑦ 용접 구조물의 종류와 사용 조건(온도와 하중) 및 응력 제거 소둔 처리의 유무에 따라서, 노치 인성이 충분한 강재를 선택하여야 한다.

연습문제

01 연성 파괴와 취성 파괴에 대하여 설명하여라.

02 취성 파괴의 원인이 되는 노치에 대하여 설명하여라.

03 천이 온도의 의미와 종류를 설명하여라.

04 파괴 역학적 시험에 대하여 설명하여라.

05 노치 취성에 미치는 야금학적 인자를 들고 간단히 설명하여라.

06 열영향부의 성질에 대하여 설명하여라.

07 취성 파괴 방지상 주의할 사항을 열거하여라.

08 다음 낱말에 대해서 말하여라.

㉠ 노치 인성 ㉡ 노치 취성
㉢ 연성 천이 온도 ㉣ K_{Ic} 시험
㉤ 벽개 파면 ㉥ 스트라이에이션(striation)
㉦ 리버 패턴(river pattern) ㉧ 흑연화

제17장 | 잔류응력과 수축변형

17-1 용접에 의한 잔류응력

외력이 가해져 있지 않은 상태에서 존재하는 응력을 고유응력(inherent stress)이라고 한다. 용접할 때는 국부 가열을 받으므로 불균등한 온도 분포를 나타내며, 이로 인해서 응력이 발생한다. 용접응력(welding stress)은 고유 응력의 일종으로 수축응력(shrinkage stress) 또는 용접 잔류응력(welding residual stress)이라고 한다.

용접 응력은 냉각 과정의 불균등한 온도 분포에 따라서 발생한다. 즉 국부적 구속 때문에 일어나는 응력과 구조물 중에서 피용접재 주변의 구속, 즉 외적 구속(external restraint)에 의해서 일어나는 응력의 두 종류로 분류된다. 앞에 것을 협의의 잔류응력(residual stress)이라고 하고, 뒤에 것을 구속응력(locked-in stress)이라고 한다.

17-2 잔류응력의 발생

1. 응 력

그림 17－1과 같이 단면적 A의 봉을 외력 P로 당기면, 횡단면 A에 있어서 내력은 단면 A에 직각으로 작용하며, 그 단위 면적당의 크기를 수직응력(normal stress)이라고 하며, 보통 σ로 나타낸다. 즉

$$\sigma = P/A$$

또 봉내에 가상 사각 θ의 단면 S에는 역시 상하 방향에 크기 P의 내력이 작용하고 있으나,

이것을 면에 직각 및 평행한 분력을 각각 N과 T로 나누어 생각할 수 있으며, 이들을 단면적 S로 나누면 각각 수직응력 σ 및 전단응력(shearing stress) τ를 얻는다.

$$\sigma_\theta = N/S = (P/A)\cos^2\theta = \sigma\cos^2\theta$$

$$\tau_\theta = T/S = (P/A)\sin^2\theta = \frac{\sigma}{2}\sin 2\theta$$

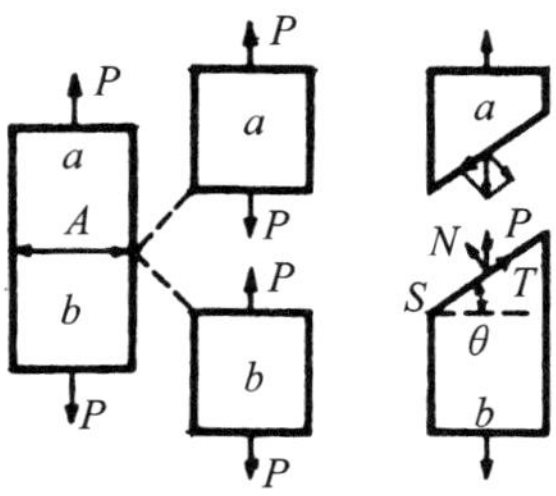

수직응력$=\frac{P}{A}$ 수직응력$=\frac{N}{S}$ 전단응력$=\frac{T}{S}$로 된다. $\theta=45°$의 면 내에서는 $\sigma_\theta=\sigma/2$, $\tau=\sigma/2$

그림 17-1 응 력

2. 잔류응력의 발생

금속 재료는 가열하면 팽창하여, 길이 l의 봉이 온도 변화 ΔT에 의해서 늘어나는 량 Δl은 선팽창 계수를 α라고 하면

$$\Delta l = l\alpha \cdot \Delta T$$

이다. 연강의 선팽창 계수는 실온에서는 $11.9\times10^{-6}/℃$, 800℃에서는 $14.9\times10^{-6}/℃$ 이다. 그림 17-2와 같이 양끝을 고정한 상태로 가열하면 자유 팽창량 Δl은 양 끝에 구속되므로 압축의 열응력 σ_c가 생긴다. 봉의 영(young)율을 E라고 하면

$$\sigma_c = E\frac{\Delta l}{l} = E_\alpha \cdot \Delta T$$

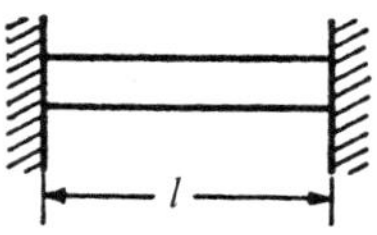

그림 17-2 양단을 고정한 봉

연강의 고온에서의 항복점과 영율은 그림 17-3과 같이 고온이 될수록 저하하며, 항복점은 700℃ 부근에서는 영(zero)이 된다. 실온 부근에서는 약 120~150℃의 온도 변화에서 압축력이 항복점에 도달하며, 그 이상의 온도차에서는 압축의 소성변형이 일어나 봉이 부푼다. 또 약 500℃이상의 온도에서는 비교적 적은 압축 응력에서 항복이 일어나며, 700℃이상에서는 열응력은 거의 영으로 된다.

반대로 그림 17－3에서 연강봉이 700℃ 이상의 고온에서 냉각될 경우에는, 봉 내부에 수축 인장응력이 생긴다. 일반적으로 $E_\alpha \cdot \Delta T$가 항복점보다 크므로 냉각 도중의 임의의 온도에서의 수축 인장 응력은 항복 응력과 같으며, 실온으로 냉각된 경우에는 실온의 항복점과 같다고 생각하여도 좋다.

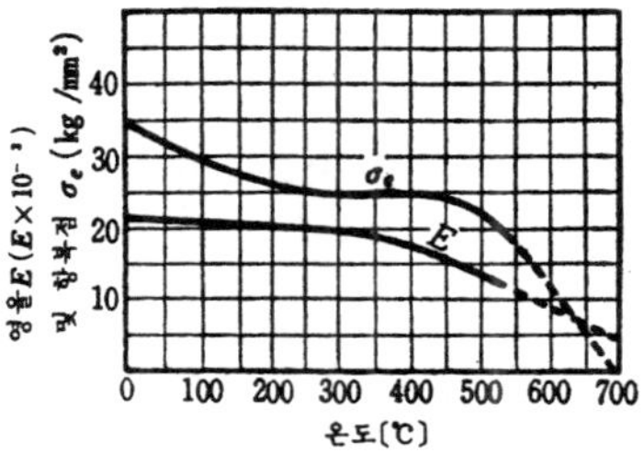

그림 17－3 연강의 고온에서의 항복점과 영율

용접 이음에는 물체에 외력이 작용하지 않아도 용접부의 온도 변화에 따라서 응력이 발생하며, 특히 냉각시의 수축 응력이 커서, 완전히 실온으로 냉각된 후에도 어떤 크기의 응력이 잔류한다. 이 잔류응력(residual stress)은 이음 형상, 용접 입열, 판 두께, 모재의 크기, 용착 순서, 외적 구속 등의 인자에 의해서 영향을 받는다. 특히 두꺼운 판에서는 모재의 변형이 거의 일어나지 않으므로 잔류 응력이 커지기 때문에, 용접부에 균열이 생길 때가 있다. 또 얇은 판에서는 모재가 변형하기 쉬우므로 잔류 응력은 작아지나, 그 대신 용접변형(welding distortion)이 심해진다.

3. 잔류응력의 분포

그림 17－4와 같이 양끝을 고정한 판을 맞대기 용접하였을 때의 잔류 응력은, 양끝의 외적 구속 결과 용접부에서 떨어진 a－a′ 단면에 있어서도 큰 인장응력이 생기며, 이것을 구속응력(reaction stress 또는 locked－in stress)이라고 한다. 또 용접선에 직각인 횡단면(c－c′) 내에는 용접 비드 부근에 큰 인장응력이 생기고, 그 양쪽에는 낮은 압축응력의 영역이 있다. 또 a－a′에서 절단해 버리면, 용접선에 평행한 b－b′ 단면의 직각 응력의 분포는 중앙에 인장응력, 양쪽에 수축응력이 작용하고 있다.

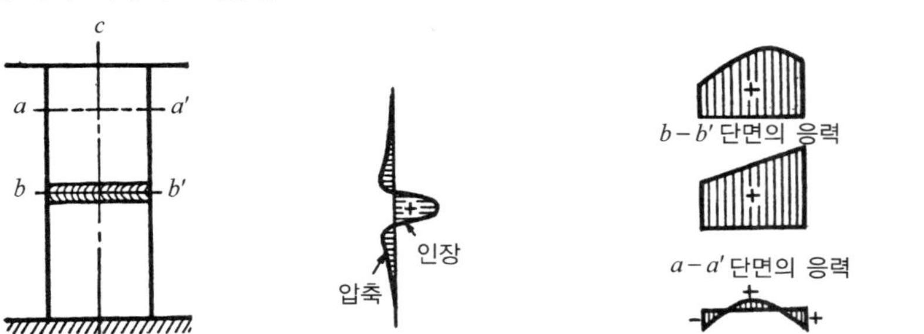

그림 17－4 구속된 맞대기 이음의 잔류 응력

4. 잔류응력의 영향

(1) 정적 강도

연성이 풍부한 연강 및 저합금강 등에서는 항복점에 가까운 잔류 응력이 존재하여도, 외력에 의해서 소성 변형이 진행하여, 잔류 응력이 완화되므로, 파단 강도에는 영향이 없다고 생각해도 좋다. 그 이유는 그림 17-5의 연강 맞대기 이음의 예와 같이, 비드 근방에는 높은 인장응력이 잔류되었던 부분은 외력의 증가에 따라 즉시 항복하여, 그 부분은 소성 변형을 시작하지만, 응력은 그다지 증가하지 않는다.

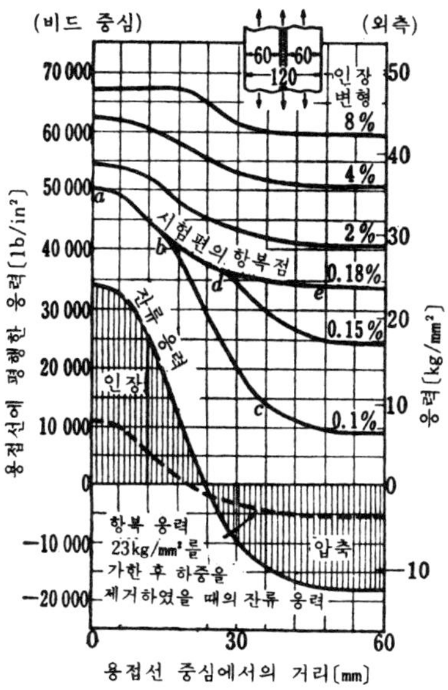

그림 17-5 세로 이음의 정적 인장에 의한 잔류 응력의 변화(용접선에 직각인 단면의 인장 응력, 한쪽만을 나타냄)

예를 들면, 이음 시험편 전체로서 0.18%의 연신 변형을 주면, 전 단면이 항복하여 abcde의 응력분포로 된다.(이 상태에서 만약 외력을 제거하면 잔류 응력은 점선과 같이 대단히 작게 되고, 이음에 근소한 소성 변형을 주면 잔류응력이 경감된다). 그 후 시험편의 소성 변형이 2~8%로 진행함에 따라 응력분포는 그림과 같이 거의 평탄하게 증가하며, 처음부터 잔류 응력이 없을 때와 거의 같이 파단하게 되며, 강도에는 거의 차가 나타나지 않는다.

(2) 취성파괴

보통 연성 재료인 연강과 같은 재료도 어떤 조건(재료 내부에 예리한 노치가 존재함으로서 3축 응력비의 증가, 온도가 낮을 경우, 변형 속도가 커지든가 또는 야금학적으로 취약하게 될 경우) 하에서는 연신이 대단히 작다. 소위 취성 파괴를 한다.

재료가 완전히 취성 파괴를 일으킬 수 있는 극단적인 악조건 하에서는, 잔류 응력이 있으면 잔류 응력과 외력이 중첩되어 비교적 낮은 외력에서, 또한 연신이 작은 상태에서 파괴가 일어난다.

(3) 피로강도

잔류 응력이 용접 이음의 피로 강도에 영향을 미치는 가에 대해서는, 아직 충분히 해석되지 않았다. 연성이 있는 재료에서 노치가 없는 평활 시험편에서는 잔류 응력은 피로 강도에 그다지 영향을 미치지 않는 것 같으나, 이것은 피로 균열이 발생하기 이전에 반복 하중에 의해 잔류 응력이 상당히 감소하기 때문이다.

그러나, 용접 균열, 언더 컷, 용입 불량 등의 예리한 노치가 있으면, 항복점에 비해서 훨씬 작은 응력에서 피로파괴가 일어나므로, 잔류 응력의 영향만을 취출하여 실험하기가 매우 힘들다.

(4) 부 식

응력이 존재하는 상태에서는, 재료의 부식저항이 변화한다. 특히 용접부의 근방에 잔류하는 응력과 같이, 응력 분포가 국부적으로 집중되고 있을 경우에는 고른 응력 상태의 경우보다 그 경향이 심하다. 응력부식의 정도는 응력의 크기, 부식액의 성질, 시간 및 재질에 의해서 다르다.

17-3 잔류응력의 경감

용접 잔류 응력을 작게 할려면, 용접 시공상 그 발생을 경감하는 방법과 일단 발생한 응력을 적당한 가열 또는 기계적 방법으로 강제적으로 완화시키는 방법이 있다.

1. 시공법에 의한 잔류응력의 경감

잔류 응력을 경감하는 데는 용접 시공상 다음과 같은 점을 유의하는 것도 한 방법이다. 즉, ① 용착 금속의 양을 될 수 있는 대로 적게 할 것. ② 적당한 용착법과 용접 순서를 선택할 것. ③ 예열을 할 것 등에 대해서 유의하여야 한다.

그림 17-6은 두께 6mm, 폭 100mm, 길이 500mm인 2매의 연강 맞대기 용접의 각종 용착법과 잔류 응력과의 관계를 비교한 것이다. 이에 의하면 비석법(skip method)이 가장 잔류 응력이 적고, 그 외의 직선 비드법, 후진법(back step method), 대칭법(symmetric method)은 모두 항복점에 가까운 잔류 응력이 생기고 있다.

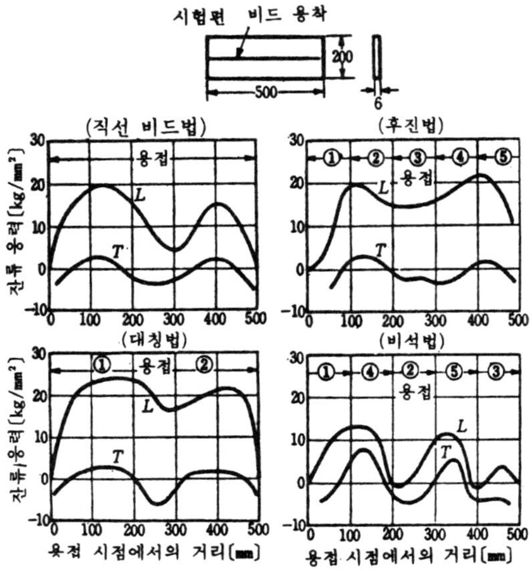

그림 17-6 용접선 상의 응력 분포에 미치는 각종 용착법의 영향

2. 잔류응력의 경감법

용접 시공법만으로는 잔류 응력을 어느 정도 이상 작게 할 수는 없다. 따라서 잔류 응력을 제거 또는 경감할 필요가 있을 때에는, 용접 후 응력 제거 처리를 하여야 한다. 그 방법에는 용접부를 가열하는 방법과 기계적 처리를 하는 방법이 있다. 또 응력 제거 소둔은 잔류 응력을 경감시킬 뿐만 아니라, 용접부의 기계적 성질을 개선하는데도 이용된다.

(1) 응력제거 소순법(stress-relief annealing)

금속은 고온으로 되면 항복점이 심하게 저하하고 또 항복점 이하에서도 응력을 준 상태로 방치하면 응력을 감소하는 방향에 크립(creep)되어 소성 변형이 생긴다. 잔류 응력이 있는 용접물에서는 인장응력 부분과 압축응력 부분이 서로 당기고 있으므로, 이것을 적당한 고온으로 유지하면, 크립에 의한 소성 변형결과 잔류 응력이 거의 소실한다. 그 정도는 그림 17-7과 같이 온도가 높을수록 또 유지 시간이 길수록 심하다.

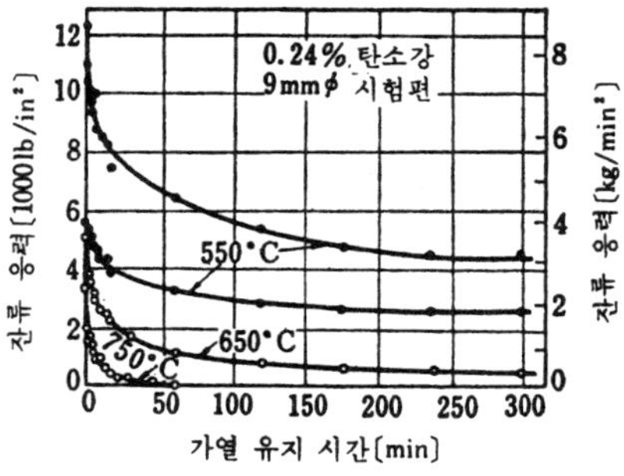

그림 17-7 연강 환봉의 응력 완화에 미치는 유지 온도와 시간 관계

이상과 같이 잔류 응력의 완화는 주로 고온에서의 단시간 크립에 의한 것이다. 그러나 고온의 크립 강도는 재료의 종류에 따라서 다르다.

일반용 강재는 625℃정도로 판 두께 25mm에 대해서 1시간 가열하며, 표 17－1과 같이 정해진 예가 있다. 규정에 의하면 최대 두께와 최소 두께와의 비가 4를 넘지 않을 경우, 제품을 노내에서 넣고 꺼내는 온도가 300℃를 넘어서는 안 된다. 또 300℃이상에 있어서의 가열 및 냉각 속도 R은 다음 식을 만족시켜야 한다.

$$R \leqq 200 \times \frac{25}{t} (℃/t)$$

여기서, t는 가열부에 있어서의 용접부의 최대 두께[mm]이다.

표 17－1 노내 및 국부 소둔의 유지 온도와 시간

강 재	기호(KS)	유지 온도	유지 시간
보일러용 압연 강재	SBB	625±25℃	판 두께 25mm에 대해 1h
용접 구조용 압연 강재	SWB	625±25℃	판 두께 25mm에 대해 1h
일반 구조용 압연 강재	SB	625±25℃	판 두께 25mm에 대해 1h
탄소강 단강품	SF	625±25℃	판 두께 25mm에 대해 1h
탄소강 주강품	SF	625±25℃	판 두께 25mm에 대해 1h
보일러용 강관	STH 1～5종	625±25℃	판 두께 25mm에 대해 1h
	6～8종	725±25℃	판 두께 25mm에 대해 2h
고온 고압 배관용 강관		625±25℃	판 두께 25mm에 대해 1h
		725±25℃	판 두께 25mm에 대해 2h
화학 공업용 강관		625±25℃	판 두께 25mm에 대해 1h
		725±25℃	판 두께 25mm에 대해 2h

표 17－2에 각종 금속의 응력 제거 소둔 온도와 시간을 나타냈다.

응력 제거 소둔은 단지 잔류 응력의 제거에 유효할뿐 아니라, 특히 열영향부의 연성이 증가한다는 야금학적 효과가 잔류 응력의 제거보다 도리어 중요한 의미를 갖을 때가 많다. 응력 제거 소둔의 효과는 용접 잔류 응력의 제거, 치수 변형의 방지, 응력 부식에 대한 저항력의 증대, 열영향부의 소순연화, 용접부의 함유 수소의 방출에 의한 연성의 증대, 인성의 회복 또는 강도의 증대(석출 경화) 등이다.

(2) 저온응력 경감법(low－temperature stress－relief)

이 방법은 용접선 방향의 응력 제거를 목적으로 하는 것으로서, 그림 17－8과 같이 용접선의 양측을 가스 불꽃에 의하여 폭 약60～130mm에 걸쳐서 150～200℃정도의 비교적 낮은 온도로 가열한 다음 곧 수냉하는 방법이며, 주로 용접선 방향의 인장 응력을 완화한다. 이 이유는 용접선의 양측의 압축 응력 부분을 가열하면 용착부에 인장 응력이 생겨, 이것이 잔류 인장 응력과 겹쳐서 용착부에 인장 소성 변형이 생겨서 완화된다.

표 17-2 각종 금속의 응력 제거 소둔

재 료	가열온도(℃)	가열 시간(h) (판 두께 25mm 당)
탄소강	600~680	1
1/2% Mo 강	650~720	2
1% Cr-1/2% Mo 강	680~730	2
2% Cr-1/2% Mo 강	700~750	2
$2^1/_4$% Cr-1% Mo 강	720~760	2
5% Cr-1/2% Mo 강	730~760	2
9% Cr-1% Mo 강	750~775	3
12% Cr 강	730~760	2
15% Cr 강	760~790	4
오스테나이트 Mn 강	1040~1000(공냉)	1
오스테나이트 Cr-Ni 강	850~900	2
저합금 Cr-Ni-Mo 강	600~680	1
2.5% Ni 강	600~620	1
9% Ni 강	540~600	2
모 넬	600~680	1
인코넬	600~680	1
니 켈	600~680	1
주 철	560~680	1

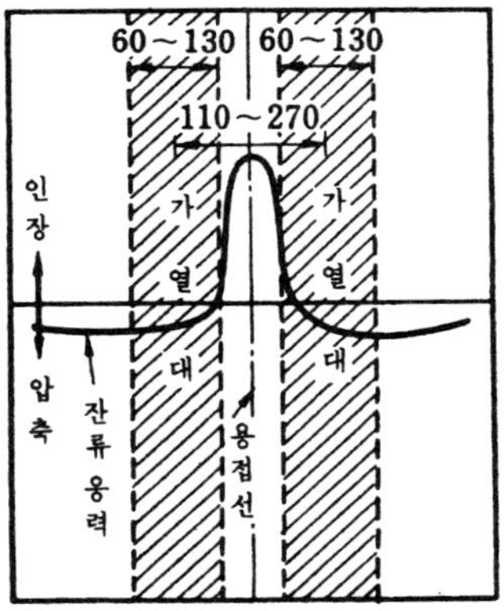

그림 17-8 저온 응력 완화법

(3) 기계적 응력경감법(mechanical stress-relief)

기계적 정적 하중을 걸어서 소성 변형을 주어도 잔류 응력이 완화된다. 그림 17-9와 같이 중앙 부재에는 응력-변형 선도의 P_1점에 상당한 인장 잔류 응력이, 양측 부재 Q에는 Q_1에 상당한 압축 응력이 남았다고 하자. 이 구속재에 →과 같은 외력을 가하여 ε의 인장 변형을 주어서 외력을 제거하면, 같은 량 ε'만 수축하여, 인장 응력은 $P_1 \rightarrow P_3$, 압축 응력은 $Q_1 \rightarrow Q_3$로 감소한다.

(4) 피이닝(Peening)법

피이닝은 치핑(chipping) 해머로 용접부를 연속적으로 가볍게 때려 용접 표면상에 소성 변형을 주는 방법으로써 잔류 응력의 경감, 변형의 교정 및 용착 금속의 균열을 방지하는데 효과가 있다. 피이닝의 이동 방법은 그림 17-10과 같다.

잔류 응력의 경감을 위한 피이닝 작업은 대개의 경우 상온에서 행한다. 즉, 냉간 피이닝(cold peening)이라고 하는 것으로, 다층 용접인 경우 가장 마지막 층의 피이닝이 유효하다. 변형 방지를 위한 피이닝은 각층 마다 행하고, 용착 금속을 펴 주어야 한다.

균열 방지를 위한 피이닝은 용착 금속이 냉각되기 전에 한다. 즉 열간 피이닝(hot peening) 작업이다. 그러나 제1층은 균열이 생기기 쉬우므로 보통 피이닝 작업을 하지 않는다. 어떤 목적의 피이닝 작업도 용접 금속의 인장 응력을 완화하는 큰 효과가 있다.

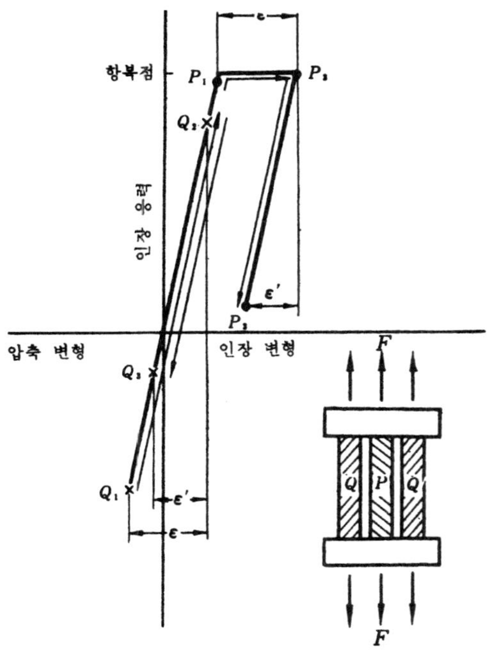

그림 17-9 기계적 경감법의 기구

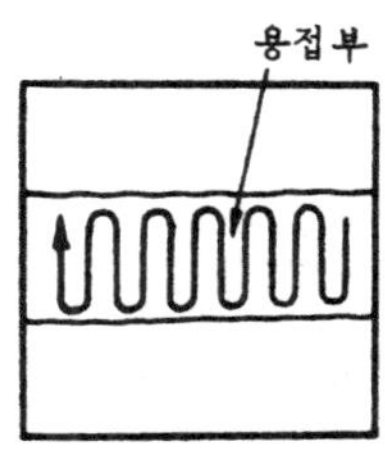

그림 17-10 피이닝의 이동 방법

3. 변형 교정

용접할 때에 발생한 변형을 교정하는 것을 변형 교정(straightening)이라고 한다. 용접 구조물은 역변형을 주든지 하여 용접 후에 변형되지 않도록 하는 것이 이상적이나, 변형의 억제는 매우 곤란하다. 특히, 얇은 판에서는 어느 정도의 변형을 피할 수 없다.

변형 교정 방법은 그 제품의 종류, 변형의 모양과 변형량에 의하여 여러 가지 방법이 사용된다. 그 주된 방법에는 로울러 처리법, 피이닝 법, 가열하여 소성 변형을 발생시켜 변형을 교정하는 것이 있다.

로울러 처리법은 판재나 직선 모양의 간단한 재료에 사용되고, 파이닝법은 각 층마다의 용접 비드 표면을 두드려 소성 변형을 시켜서 늘리어 변형을 교정하는 방법으로, 두꺼운 판에 특히 유리하다. 가열하는 방법은 보통 많이 사용되는 것으로, 다음과 같은 것이 있다.

① 얇은 판에 대한 점 가열
② 형재에 대하여 직선 가열
③ 가열 후 해머로 두드리는 법
④ 두꺼운 판에 대하여는 가열 후 압력을 걸고 수냉하는 방법

위의 방법에서는 가열 온도가 너무 높으면 재질의 연화를 초래할 염려가 있으므로, 최고 가열 온도를 600℃이하로 하는 것이 좋다.

②에 제시한 직선 가열법은 용접에 의한 판의 각변형과 같은 원리에 의해 가열면측에 각변형을 시키는 방법이다. 이 방법은 곡면판을 만드는 굽힘 가공을 위한 유효한 방법으로 특히 조선 방면에 널리 사용된다. 시공 조건은 가열 온도 600~650℃, 가열 시간 약 20초, 가열선상을 그림 17－11과 같이 토치로 가열한 다음 곧 수냉 한다.

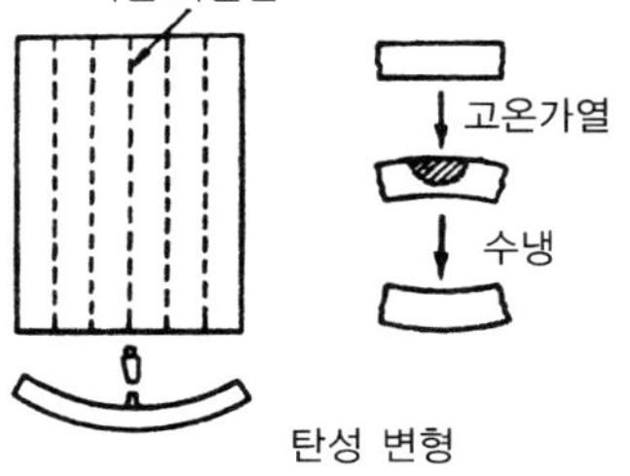

그림 17－11 직선 가열법

17-4 용접에 의한 수축 및 변형

1. 수축변형의 발생과 그 종류

(1) 수축변형의 종류

용접부는 용접열에 의한 용융 및 응고에 따라 수축(contraction)을 받아, 용접 후 여러 가지 변형(distortion)이 생긴다. 수축은 용접부의 균열 및 잔류 응력의 원인이 되며, 변형은 용접 구조물의 치수 정밀도 및 외관 뿐만 아니라, 기계적 성질을 저하시킨다. 수축과 이에 따른 용접부의 변형을 크게 나누면 다음과 같다.

용접 변형을 발생시키는 용인을 크게 나누면, 용접열에 관계되는 요인과 이음의 외적 구속에 관계되는 요인으로 나눌 수 있다. 용접열에 관계되는 요인으로서는, 용접 전류, 전압, 용접 속도,

용접봉의 종류와 지름, 용접 층수, 또는 용접법 등을 들 수 있다. 외적 구속에 관계되는 요인으로서는 부재의 치수, 주변의 구속 조건, 구속 지그(jig)의 적용법, 용접 순서 등을 생각할 수 있다.

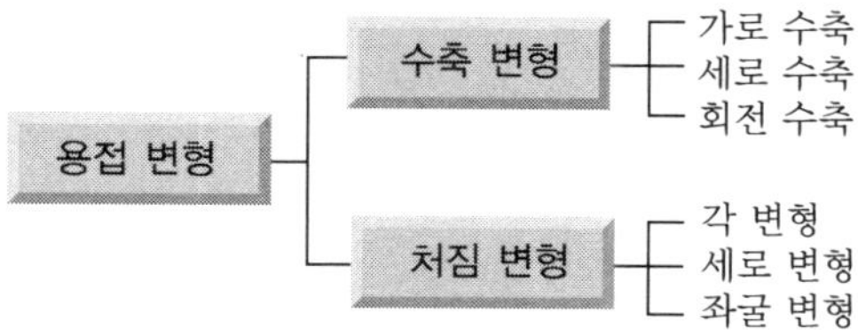

(2) 수축변형에 미치는 인자

수축 변형에 영향을 미치는 인자로서는 용접 입열, 판의 예열 온도, 판 두께와 이음 형상, 구속, 용접 순서와 용착 순서, 용접 방법 등이 있다.

2. 수축변형

그림 17－12는 각종 수축 변형을 나타냈으며, 용접면 내에서 생기는 변형이다.

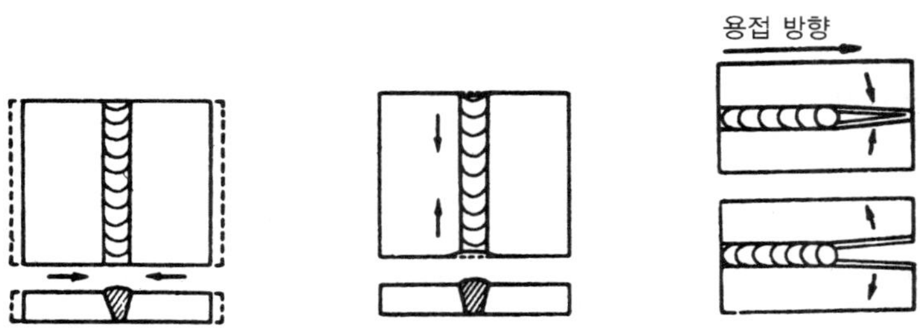

(a) 가로 수축　(b) 세로 수축　(c) 회전 변형

그림 17－12 수축 변형의 예

(1) 가로 수축

가로 수축(transverse shrinkage)은 용접선에 직각 방향의 수축이며, 맞대기 용접에서 현저하게 생기는 가장 기본적인 것이다.

그림 17－13은 맞대기 용접 시험편을 다층 용접하였을 때 생기는 가로 수축 μ[mm]를 세로축에, 단위 용접 길이당의 용착량 w[g/cm]을 가로축으로 나타낸 것이다. 층을 겹치는데 따라 가로 수축량은 증가하지만, 그 증가율은 점차 감소한다. 이 이유는 이미 용착된 금속이 새로운 층의 수축에 대하여 저항하게 되기 때문이다.

지금 그림 17－13과 같은 맞대기 이음을 1층으로 용접할 경우, 이음의 홈부에 용접한 용착 금속이 용융 상태로 있을 때에는 자유롭게 팽창할 수 있지만, 냉각시에는 이음이 일체로 되어 수축한다고 가정하면 자유 이음의 가로 수축량의 절대값은 용접 직후의 재료의 열팽창과 같게 되어 가로 수축량의 상환값으로서 다음 식이 주어진다.

$$S_{tf} = \frac{\alpha}{c\rho}\left(\frac{Q}{vd}\right)$$

S_{tf} : 자유 이음의 가로 수축량[cm]
α : 선팽창 계수[1/℃]
c : 단위 시간당의 용접열[cal/s]
v : 용접 속도, d : 판 두께[cm],

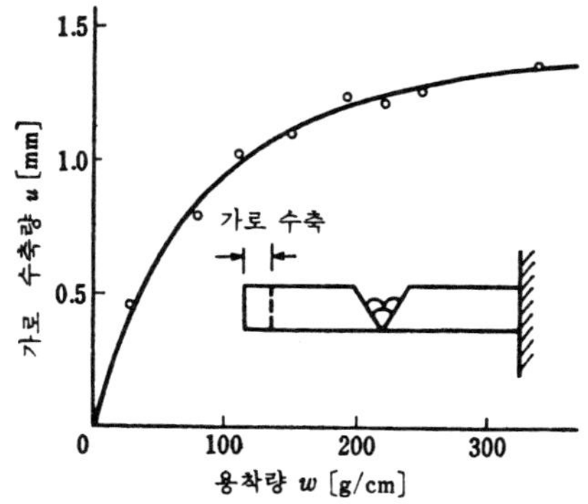

그림 17−13 다층 용접에 있어서의 가로 수축량의 증가

맞대기 이음의 가로 수축에 가장 큰 영향을 미치는 것은 홈 단면적의 크기이며, 홈 단면이 클수록 용접 금속량이 증가하여, 가로 수축량은 커진다. 따라서, 판 두께가 같으면 루트 간격이 클수록, 또 X형 홈보다 V형 홈이 수축량이 커진다. 알루미늄과 스텐레스강의 용접에서는, $\alpha / c\rho$의 값이 연강의 그것에 비해서 각각 약 4배 및 2배로 되므로 발생하는 가로 수축량도 대단히 커진다.

(2) 세로 수축

세로 수축(longitudinal shrinkage)은 그림 17−21(b)와 같은 용접선 방향의 수축이다. 세로 수축에 있어서는 비드의 수축은 주위의 모재에 의해서 구속되므로, 이 구속에 의해서 용접선 근방은 그 방향에 항복 응력 정도의 인장 잔류 응력이 다시 생기게 됨으로써, 구속하고 있는 모재에는 반대로 압축 응력이 생긴다.

연강에 있어서 세로 수축의 크기는, 용접부의 세로 방향으로서의 수축에 저항하는 모재 부분의 단면적에 관계된다. 용접 조건이 일정하며, 이 저항 단면적이 클수록 세로 수축량은 감소하지만, 저항 단면적이 어떤 일정값 이상으로 되면 세로 수축량은 거의 일정하게 된다.

세로 수축에 관해서는 다음과 같은 실험식이 있다.

$$\Delta L = \frac{3 \times I \times L}{100{,}000 \times t}$$

ΔL : 세로 수축량[mm]　　L : 용접 길이[mm]
t : 판 두께[mm]　　I : 용접 전류[A]

이 식에 의해서 다층 용접에 있어서 각 층에 대한 수축량을 구할 때는 첫층 수축의 1/10이 후속하는 각 층에서 생긴 것으로 더해줄 필요가 있다. 연강 맞대기 이음에서는 판 두께 10~20mm인 경우에는, 세로 수축은 용접 길이 1m에 대해서, 약 0.2~0.3mm이므로, 용접 길이가 짧을 때에는 가로 수축에 비해서 무시할 수 있다.

(3) 필릿 이음의 가로 수축

필릿 이음(fillet joint)의 가로 수축량은 맞대기 이음에 비해서 대단히 작다. 이것은 필릿 이음 용접은 비드 용접과 유사한 현상이며, 용착 금속의 수축이 맞대기 이음 만큼 자유롭지 않기 때문이다. 이 경우에도 가로 수축량은 용착 금속량 또는 필릿의 크기가 클수록 커진다.

필릿 이음의 가로 수축에 관한 실험식의 일예를 표시하면, 다음과 같다.

$$\text{연속 필릿 용접 : 수축} = \frac{\text{다리 길이}}{\text{판 두께}}\,[\text{mm}]$$

$$\text{단속 필릿 용접 : 수축} = \frac{\text{다리 길이}}{\text{판 두께}} \times \frac{\text{용접 길이}}{\text{전 길이}}\,[\text{mm}]$$

$$\text{겹치기 이음(양면 필릿) : 수축} = \frac{\text{다리 길이}}{\text{판 두께}} \times 1.5\,[\text{mm}]$$

(4) 회전변형

판의 면내 변형에는 가로 및 세로 수축 외에 회전 변형(rotational deformation)이 있다. 아크 용접에서는 용접은 동시에 이루어지는 것이 아니고, 점차로 아크를 이동시키는 관계상, 아직 용접되지 않은 부분의 홈은 용접의 진행에 따라서 회전, 이동하여 그림 17－12(c)와 같이 변형한다. 이와 같이, 아직 용접되지 않은 홈 부분이 판의 면내에서 내측 또는 외측에 회전 이동한다.

이 회전 변형에는 아직 용접되지 않은 부분의 판의 이동이 큰 역할을 하므로 제1층의 용접 방향 및 용접 순서는 큰 영향을 미치며, 제2층 이상의 용접에서는 비교적 적다. 특히 첫층 용접에서는 충분한 가접(tack weld)이 필요하다. 또 용접 순서 등을 고려하여, 후진법, 대칭법, 비석법 등을 사용하면 회전 변형을 방지하는 데 많은 효과가 있다.

3. 굽힘 변형

그림 17－14는 굽힘 변형을 나타냈으며, 용접면 내외에서 생기는 변형이다.

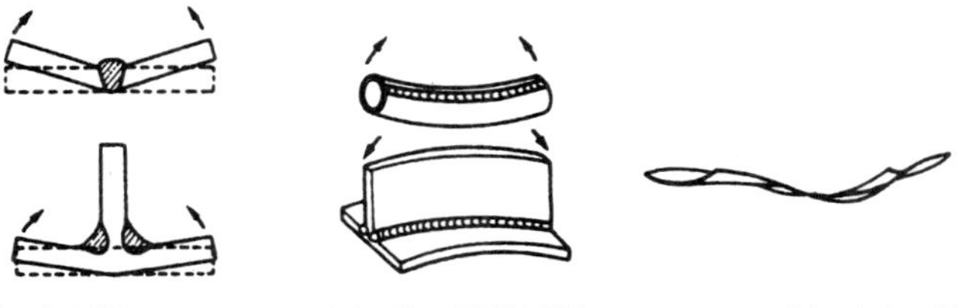

(a) 각 변형　(b) 세로 굽힘 변형　(c) 좌굴 변형

그림 17－14 굽힘 변형의 예

(1) 각변형

용접이 앞 뒷면에서 동시에 이루어지면 용접시의 온도 변화는 판의 앞, 뒷면에서 대칭으로 되지만, 실제로는 한쪽에서 용접을 한다. 따라서 용접에 의한 온도 변화는 판의 두께 방향에 고르지 않게 되며, 그에 따라서 수축량도 판 두께 방향으로 다르기 때문에 그림 17－14(a)와 같이 판이 용접선에 직각으로 굽혀지는 가로 굽힘 변형(transverse distortion)이 생긴다. 이런 변형을 각 변형(angular distortion)이라 한다.

이런 종류의 변형은 맞대기 이음에서도 발생하지만, 맞대기 이음의 경우에는 판의 앞, 뒷면에서의 비대칭도가 중요한 영향을 가지며, 일반적으로 V형 이음에 비하면 X형 이음이 각 변형이 적다. 또 이음이 자유로우면 변형은 그림 17－14(a)와 같이 비교적 간단하지만, 이음이 구속되었을 때에는 이음 전체에 복잡한 처짐 변형(diffraction distortion)이 생긴다. 그러나 이런 종류의 변형은 용접선의 직각 방향에 현저하게 나타나므로 가로 굽힘 변형(lateral deformation)이라고 한다.

(2) 세로 굽힘 변형

세로 굽힘 변형(longitudinal deformation)은 그림 17－14(b)와 같이 용접선의 길이 방향에 따라서 생기는 굽힘 변형을 말한다. 이것은 세로 수축의 중심이 부재 단면의 중심축과 일치하지 않을 경우에는 용접선이 굽힌 모양의 세로 굽힘 변형이 생긴다.

세로 굽힘 변형은 길이가 긴 T형 및 I형을 용접에 의해서 조립할 경우에는 용착 금속의 세로 수축이 부재에 대해서 굽힘 모우멘트(moment)로 작용하기 때문이다. 일반적으로 용접선의 길이가 짧은 경우에는 가로 굽힘 변형이, 그 길이가 긴 경우에는 세로 굽힘 변형이 문제가 된다. 또 세로 굽힘 변형은 굽힘 모우멘트에 비례하고, 부재의 굽힘 강성(rigidity)에 반비례한다.

(3) 좌굴변형

얇은 판의 용접에서는 입열에 비해서 판재의 강성이 대단히 낮으므로 용접선 방향에 작용하는 압축 응력에 의해서 좌굴 형식의 변형(buckling deformation)이 생기기 쉽다. 그림 17－14(c)는 그 일예를 나타냈으며, 이음의 근방에서 면외 변형을 구속하든가, 용착 순서를 고려하여 열량을 적당히 분산시키는 것이 이러한 변형을 방지하는데 유효하다.

연습문제

01 용접에 있어서 잔류 응력이 발생하는 이유를 설명하여라.

02 맞대기 용접에 있어서 잔류 응력의 분포에 대하여 설명하여라.

03 용접부의 성능에 대한 잔류 응력의 영향에 대하여 설명하여라.

04 잔류 응력의 경감법에 대해서 설명하여라.

05 응력 제거 소둔 방법에 대해서 설명하여라.

06 맞대기 이음의 각 변화를 경감하는 방법을 설명하여라.

07 필릿 용접의 각 변화를 경감하는 방법을 설명하여라.

08 용접 변형의 경감과 교정에 대한 일반적인 주의 사항을 열거하여라.

제 3 편

압 접

제 18 장 가스 압접법
제 19 장 냉간압접법
제 20 장 마찰용접법
제 21 장 폭발용접법
제 22 장 저항용접법
제 23 장 고주파용접법
제 24 장 확산용접법

제18장 | 가스 압접법

18-1 원 리

가스 압접법(gas pressure welding)은 접합부를 재결정온도 이상으로 가열하여 축 방향으로 압력을 가하여 압접하는 방법이다. 주로 연강 및 특수강의 접합에 응용되며, 가열 가스 불꽃으로는 산소-아세틸렌 불꽃 또는 산소-프로판 불꽃 등이 사용되고 있으나, 보통 앞에 것이 사용되고 있다. 그리고, 이 방법에는 밀착 맞대기법(closed-butt)과 개방 맞대기법(open-butt)의 두 종류가 있으나 일반적으로 산화 작용이 적고 겉모양이 깨끗한 밀착 맞대기법이 많이 이용되고 있다. 그림 18-1은 그 원리를 나타낸 것이다.

접합 기구에 대하여 킨젤(Kinzel)의 설명에 의하면, 가압 및 특히 재결정 온도 이상으로 가열하면 접합면의 원자가 서로 확산을 일으키며, 또 모재 금속의 변태점 통과에 의한 재결정 현상의 도움으로 결합하며, 압접면의 산화물은 모재 속에 확산된다고 한다.

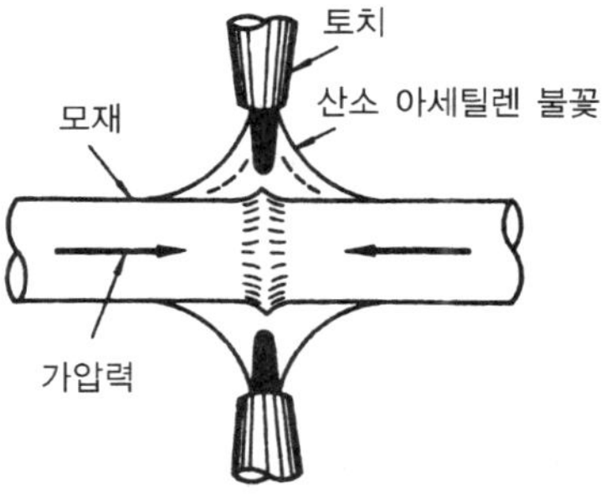

그림 18-1 가스 압접법의 원리

1. 밀착 맞대기법

이 방법은 그림 18-2와 같이 압접재를 미리 밀착시켜 놓고, 그 주위를 가스 불꽃으로 모재가 용융되지 않을 정도로 가열하여 압접하는 방법이다. 이 방법은 비용융 융압이기 때문에, 이음면의 처음 상태가 이음 강도에 큰 영향을 준다. 이 때문에, 이음면의 가공은 끝손질을 될 수 있는 대로 정밀하고 깨끗하게 해야 하며, 산화물, 유지류, 오염 등을 제거하여야 한다.

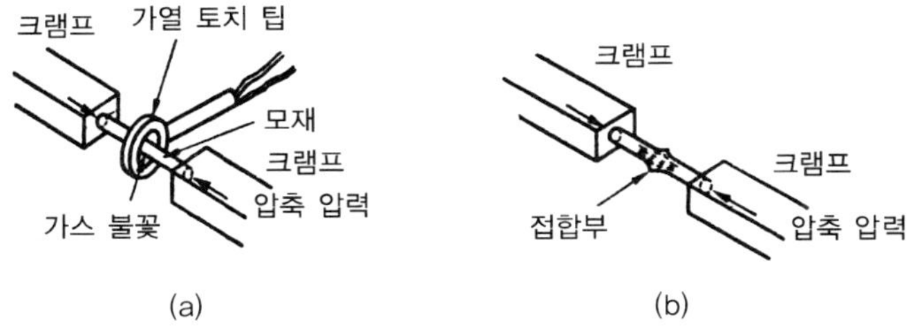

그림 18-2 밀착 맞대기법

2. 개방 맞대기법

이 방법은 그림 18-3과 같이 압접된 단면 사이에 가열 토치를 넣어 단면이 용융되었을 때 가열 토치를 제거하고, 가압하여 압접하는 방법이다. 이 방법은 접합면을 한번 용융하기 때문에 그 접합 강도는 압접면의 상태에는 큰 영향을 받지 않는다. 또, 단면만을 가열하기 때문에 열효율이 좋다.

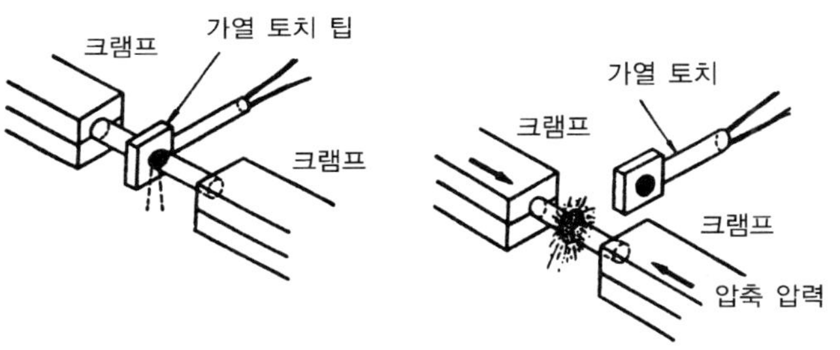

그림 18-3 개방 맞대기법

3. 압접조건

압접의 이음 강도에 비교적 큰 영향을 주는 요인은 다음과 같다.

(1) 가열 토치

가스 불꽃이 안정할 것은 물론, 가열의 재현성과 균일성 때문에 토치 노즐의 구멍 치수, 구멍 수, 배치 등을 적당히 마련한다.

(2) 압접면

압접면은 기계 가공을 하여 매끈하고 깨끗한 면으로 만들어야 하며, 특히 산화물, 유지류, 먼지 등을 완전히 제거하지 않으면 이음 부분에 개재물로 남아 있게 되어 기계적 성질, 특히 연성을 저하시키는 원인이 된다.

(3) 압접압력

압력의 크기는 피압재의 재질에 따라서 상당히 달라진다. 압력을 가하는 방법에는 처음부터 끝까지 일정한 압력을 주어 정해진 양의 업셋을 주어서 이음을 완료하는 방법과 처음에 높은 압력을 주고, 도중에 중간 압력으로 내리고, 이음부의 중심까지 충분히 온도가 올라간 후 다시 높은 압력을 주어 이음부를 완료하는 방법이 있다.

(4) 가열온도

이음면이 깨끗할 때에는 비교적 저온에서 이음이 가능하나, 현장에서는 개재물을 확산시켜 이음 성능을 높일 목적으로 보통 1,300~1,350℃ 정도의 온도를 채택하고 있다.

18-2 적용과 특징

가스 압접법의 특징은 다음과 같다.

① 접합부에 탈탄층이 생기지 않으므로 기계적 성질이 좋다.

② 장치가 플래시 용접기에 비해 간단하다.

③ 작업은 거의 기계적이고, 또 예열, 후열이 용이하다.

④ 압접 작업 시간이 짧고 용접봉이나 용제가 필요 없다.

⑤ 압접하기 전 이음 단면부의 깨끗한 정도에 따라 압접 결과에 큰 영향을 끼친다.

대표적인 응용 분야를 보면 토목 및 건축 공사시 철근 콘크리트용으로 사용되는 지름 32mmϕ 정도의 철근까지도 가스 압접하여 사용하고 있으며, 철도 레일용 또는 철도 차량 부품 등에도 응용되고 있다.

제19장 | 냉간압접법

19-1 원 리

상온 또는 냉간 압접(cold pressure welding)은 가열하지 않고 상온에서 재료를 강압하여 소성변형하여서 접합하는 방법이다. 가열하지 않으므로 접합부에 열영향이 없으며, 가공, 경화재 및 열처리재의 접합에 유리하며 또 해로운 금속간 화합물을 거의 생성하지 않으므로 서로 다른 금속의 접합에 적합하다. 그러나 접합부는 가공 경화 때문에 모재에 비해서 충격값이 낮고, 또 회복(recovery) 및 재결정온도도 낮고 연화되기 쉽다.

상온 압접 과정 및 기구는, 압접계면 현상이 대단히 미시적 영역에서 일어나므로 아직 확실하지는 않지만, 계면 원자간의 금속 결합에 의해 압접된다고 생각되고 있다. 강한 소성 변형 때문에 계면의 미시적인 영역에서 발생이 예상되는 순간적인 국부적 온도 상승이나 재결정 및 공공의 생성에 의해서 원자확산이 생긴다고 한다.

19-2 압접방법

냉간 압접법은 겹치기 이음(lap joint)법과 맞대기 이음(butt joint)법으로 대별된다. 겹치기 압접은 그림 19－1(a)와 같이, 다이(die)로 상 하판을 가압 소성 변형시켜서 접합하는 방법이다. 또 그림 19－1(b)와 같이 한쪽 판을 당기면서 압접하는 방법도 있다.

맞대기 압접은 봉, 선, 관 등의 접합에 응용되며, 그림 19－1(c)와 같이 척 다이(chuck die)로 압접재를 유지하면서 가압 소성 변형시켜서 접합하는 방법이다. 또 양자의 중간적 방법으로서 그림 19－1(d)와 같은 압출 압접법이 있다.

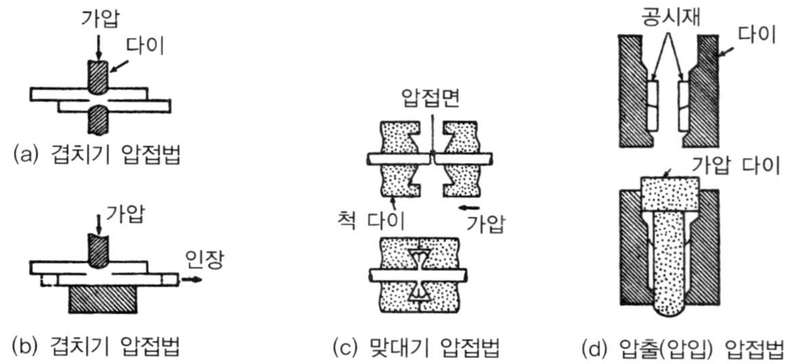

그림 19-1 각종 냉간 압접법

19-3 압접법에 미치는 요인

1. 재 료

냉간 압접을 할 수 있는 순금속의 조합은 그림 19-2와 같으며, 대표적인 합금으로는 알루미늄 합금, 동합금, 스텐레스강 등을 들 수 있다. 압접성이 좋은 금속은 전연성이 좋은 알루미늄 및 동과 그 합금이다. 재료 중의 합금 원소 및 불순물은 압접성에 영향을 미치며, 고순도의 금속일수록 압접성이 좋다. 합금 원소 또는 불순물의 함유량이 증가할수록 압접성은 저하한다.

Mg	Ti	Cd	Be	Pt	Sn	Pb	W	Zn	Fe	Ni	Au	Ag	Cu	Al	
○															Mg
	○								○				○	○	Ti
		○			○	○									Cd
													○		Be
				○	○	○				○	○	○	○	○	Pt
					○	○				○		○	○	○	Sn
						○		○		○	○	○	○	○	Pb
													○		W
								○	○	○	○	○	○	○	Zn
									○	○				○	Fe
										○	○	○	○	○	Ni
											○	○	○	○	Au
												○	○	○	Ag
													○	○	Cu
														○	Al

○ : 압접 가능
공란 : 압접 불가능

그림 19-2 냉간 압접이 가능한 순금속의 조합

2. 변화량

압접을 충분히 하기 위해서는 접합 재질에 따라서 적절한 가압을 하여야 하며, 이것은 압접특성(figure of merit)으로 나타낸다. 그림 19-3은 판의 두께를 T로 하고, 압접 후의 두께를 t로 하면 특성값은 다음과 같이 나타낸다.

$$\text{특성값} = \frac{\text{압접 후의 판 두께}}{\text{소재 두께의 총화}} \times 100 = \frac{t}{2T} \times 100\,[\%]$$

특정값은 압접에 대한 금속의 접합성을 나타내는 량으로 사용된다.

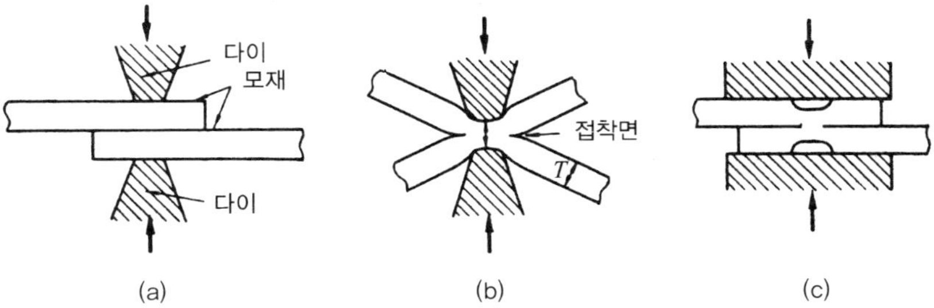

그림 19-3 냉간 겹치기 압접 요령

3. 표면상태

압접 전의 재료의 표면 처리는 가장 중요한 인자이다. 표면 처리법에는 화학 용제 처리, 전해연마, 기계 끝손질 등이 있지만, 회전 와이어브러시식 처리법이 일반적으로 많이 사용된다. 표면 처리를 하여도 대기중에서 압접할 때는 압접면에서 금속 산화물이 존재한다. 표면 처리 후 압접까지의 시간이 많이 경과하면 압접성을 해친다. 그러나 처리 후 1시간 이내에 압접을 하면 그리 문제가 안 된다. 또 압접면에 유지류가 있으면 압접이 거의 불가능하다.

4. 압 력

이음면에 가하는 압력은 재료, 판 두께, 단면 형상에 의해 결정되며, 지름 1~30mm의 동 및 알루미늄의 맞대기 압접에서는, 압접 압력과 지름간에는 직선 관계가 있다. 또 압접력은 압접 공구의 형상에 의해서 30~40% 정도까지 다를 때가 있다.

19-4 압접부의 성질

그림 19-4는 압접부 단면의 매크로(macro) 조직이다. 압접부는 경유장조직(fibrous stracture)의 흐름이 급변한 인발가공 경화층이며, 결정입은 미세화하여, 전자 현미경을 사용하여도 그 계

면을 식별할 수 없다. 이와 같이 고압력 하에서 접촉된 양 모재면의 금속 원자는 원자 간격까지 근접하여, 원자간의 금속 결합에 의한 접합이 생긴다. 따라서, 압접부의 회복 및 재결정온도는 낮아져서 모재보다 내열성이 나쁘다.

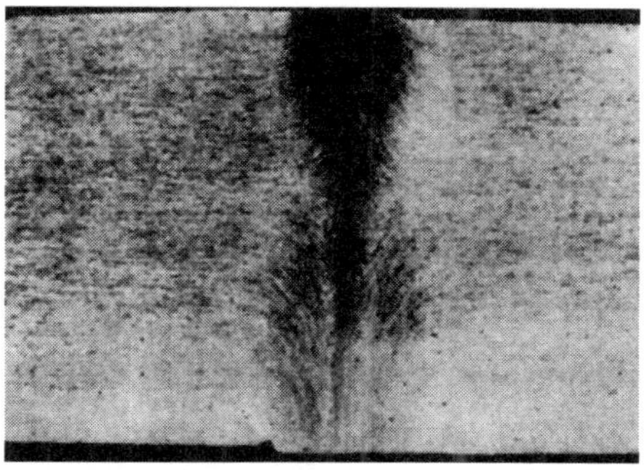

그림 19-4 맞대기 압접부 단면의 매크로 조직

냉간 압접은 알루미늄과 알루미늄, 동과 동, 알루미늄과 동 등의 연금속의 접합에 많이 이용되며, 일반적으로 전선 케이블, 알루미늄선, 동선의 접합에 응용된다.

제20장 | 마찰용접법

20-1 원 리

마찰용접(friction welding)은 그림 20－1과 같이 접합하려고 하는 2개의 모재를 압력을 가해 접촉시킨 후 접촉면에 상대 운동을 발생시켜, 접촉면에서 발생하는 마찰열을 이용하여 이음면 부근이 압접 온도에 도달하였을 때 강한 압력을 가하여 업셋시키고, 동시에 상대 운동을 정지해서 압접을 완료하는 용접법이다.

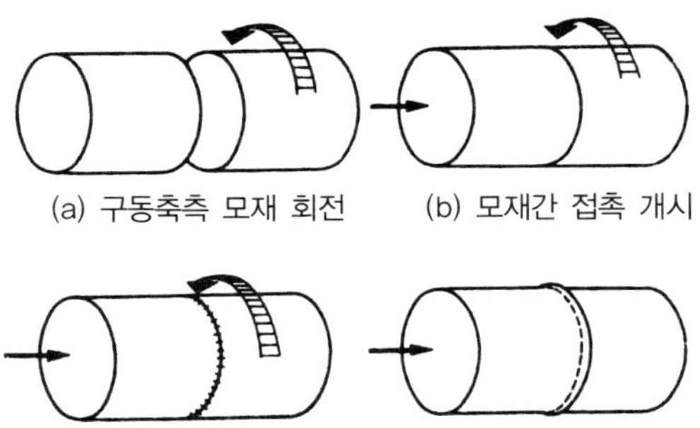

(a) 구동축측 모재 회전 (b) 모재간 접촉 개시

(c) 마찰열 발생 (d) 회전 정지

그림 20－1 마찰 용접의 기본 과정

현재 실용되고 있는 마찰 용접법에는 컨벤셔널(conventional)형과 플라이 휘일(fly wheel)형의 2형식이 있다.

1. 컨벤셔널형

한쪽 재료를 고속 회전시키고 다른 쪽을 일정한 압력으로 접촉시켜 접촉면에 마찰열을 발생시켜 압접 온도에 이르렀을 때에, 회전을 급정지시키고, 압력을 그대로 지속하든가 또는 압력을 증가시키면서 용접하는 방법이다. 이 형식의 압접 조건의 인자는 회전수, 가압력 및 업셋량이다. 업셋량은 압접 후의 치수와 원래의 치수와의 차이지만, 이것은 재료의 형상, 치수에 의해서 회전

수, 가압력 및 가열 시간을 설정하므로써 규제할 수 있으므로, 업셋량 대신에 가열 시간을 제어량으로 할 때가 많다. 그림 20-2는 이 형식의 압접기를 나타냈다.

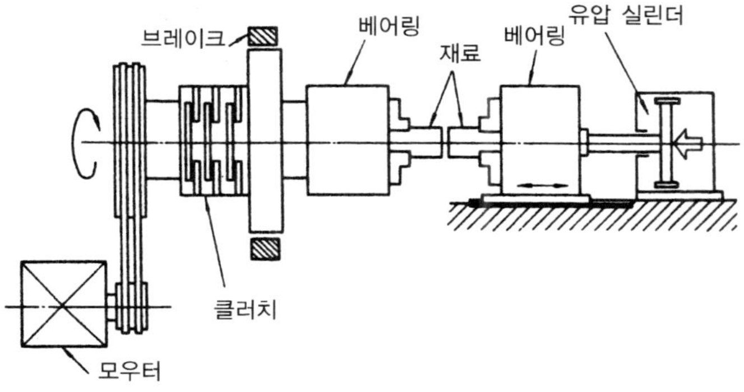

그림 20-2 컨벤셔널형 압접기

2. 플라이 휠형

한쪽 재료를 지지하는 회전축에 적당한 플라이 휘일을 붙이고, 고속 회전시켜 필요한 에너지를 주고, 다른 재료를 일정한 압력 상태에서 접촉시켜 마찰력에 의해서, 접촉면을 발열시켜 압접 온도까지 상승시킨다. 플라이 휘일에 축적되어 있는 회전 에너지가 소비되어, 상대 운동은 급속이 감속되고, 자연 정지되면 용접이 완료되는 방식이다. 지금, 회전축측의 관성능률을 I[kg−m−sec^2], 그 회전수를 N[rpm], 각속도를 ω(=2N/60rad/sec)로 하면, 압접에 투입된 에너지(회전 에너지) E는 아래 식과 같다.

이 형식의 압접 조건의 인자는 회전축의 초기 회전수, 그 투입된 에너지 및 가열 압력이며, 업셋량 또는 가열시간은 이들의 3인자로 결정된다. 그림 20-3은 이 형식의 압접기를 나타냈다.

마찰 용접은 원칙적으로 단면 원형에 한정되지만, 응용 분야를 보면 자동차 부품, 기계 부품, 각종 밸브, 공구류 등에 많이 사용되고 있다.

$$E = \frac{1}{2} I\omega^2 = \frac{2 I\pi^2 N}{3,600} [\text{kg} - \text{m}]$$

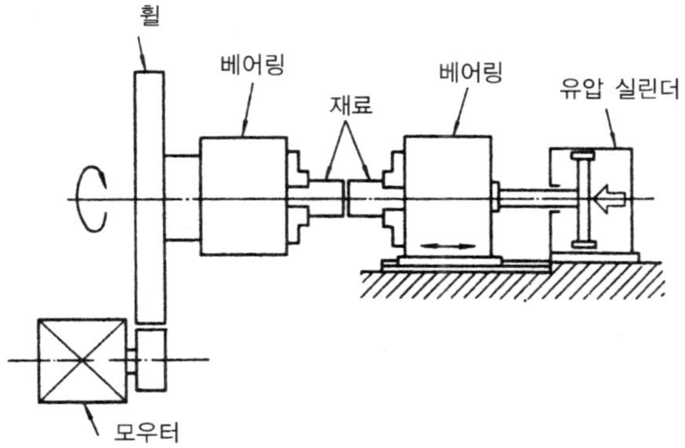

그림 20-3 플라이 휠형 압접기

제21장 | 폭발용접법

21-1 원 리

폭발 용접법(explosive welding)도 화약의 폭발에 의해서 생기는 순간적인 높은 에너지를 이용하여, 두 재료를 충격 압접하는 방법이다.

압접재 또는 그 일부를 모재면에 적당한 각도를 가지고 고속도로 충격시켜, 이 때 생기는 충돌부의 급격한 소성 변형과 발열에 의해 압접재 또는 그 일부를 모재에 접합한다.

그리고, 이 방법은 압접재의 전면을 모재에 접합하는 면폭발압접, 압접재의 필요한 부분만 선상으로 접합하는 선폭발압접 및 점상으로 접합하는 점폭발압접의 3종류로 분류된다.

압접에는 경사법과 평행법이 있으며 이 원리는 그림 21－1과 같다. 경사법은 그림 21－1(A－1)과 같이 모재에 압접재를 α를 경사각(3～30°)으로 경사시켜, 그 위에 완충재와 화약을 놓고 한 끝에서 기폭약을 점화하면, 폭발은 그림 21－1(A－2)와 같이 진행하여 모재에 고속도로 충돌한다.

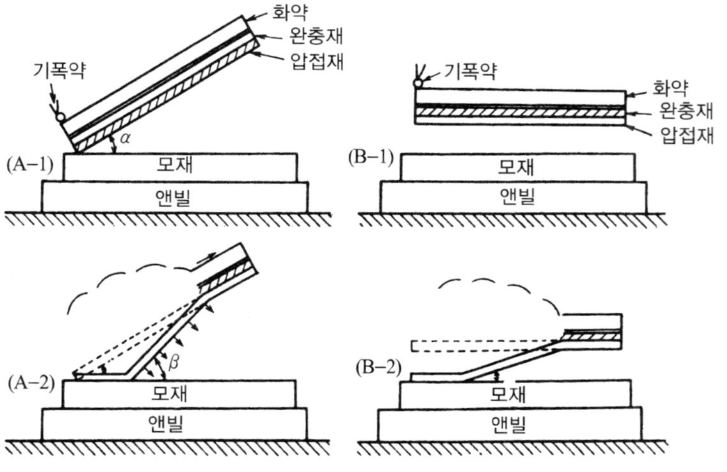

그림 21－1 면폭발 압접의 원리

평행법은 그림 21－1(B－1)과 같이 모재와 압접재를 적당한 간격을 두고 나란이 설치한다. 이 압접재 위에 완충재와 화약을 놓고 기폭약을 점화하면 폭발은 그림 21－1(B－2)와 같이 진행하여, 모재에 고속도로 충돌한다.

충돌점에서는 고압하에서 점성유동와 같이 심한 소성유동이 생기고 또 고속의 금속기류(metal jet)가 발생한다. 이 금속 제트에 의해 금속 표면의 산화 피막이나 불순물 피막이 제거되기 때문에, 노출된 깨끗한 표면이 고압에 의해서 밀착하여, 원자확산이 일어나 압접재와 모재의 고상접합이 이루어진다.

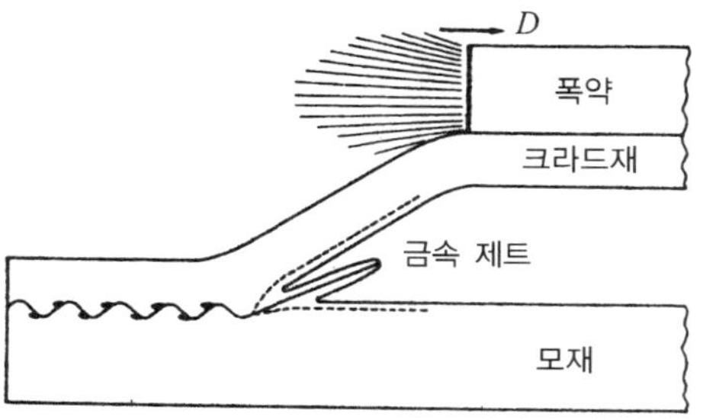

(a) 모식도

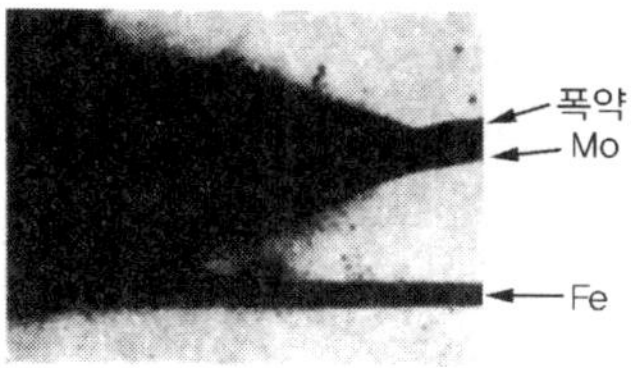

(b) 순간 X선 촬영 사진

그림 21－2 폭발 압접의 진행 과정

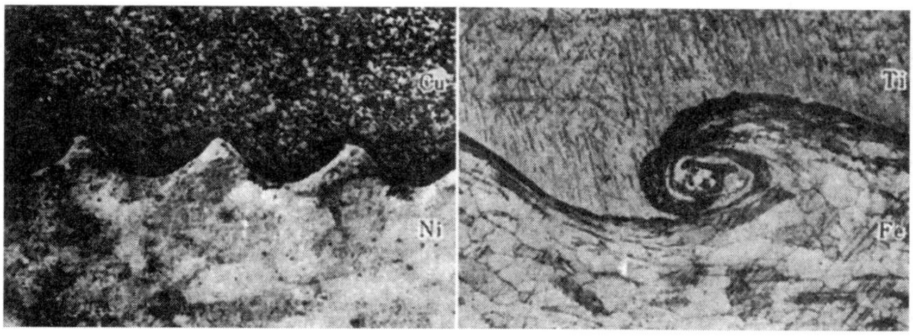

Cu–Ni 폭발 압접 경계×50　　Ti–Fe 폭발 압접 경계×50

그림 21－3 폭발 압접 경계의 조직

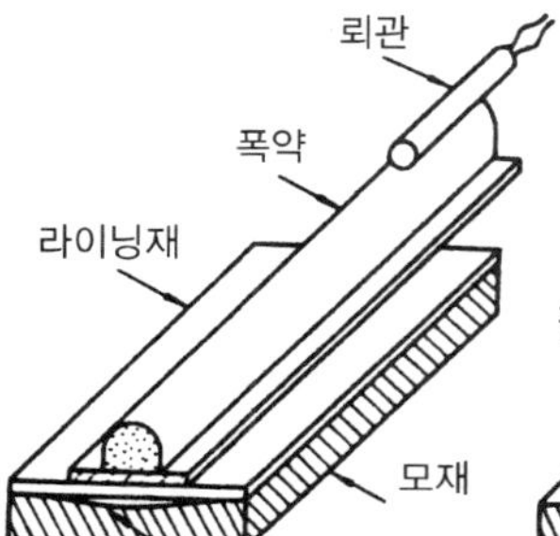

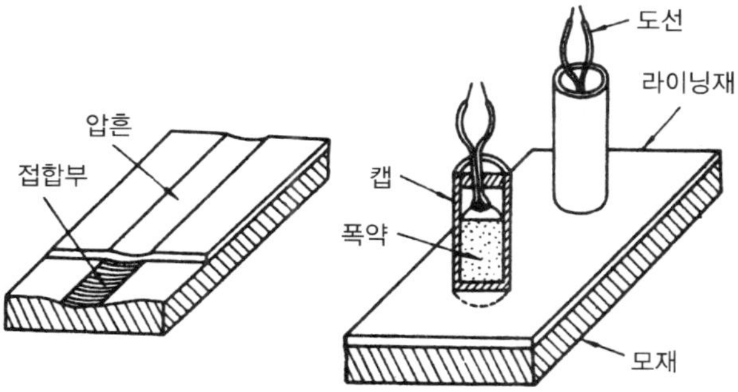

그림 21－4 선폭발 압접　　**그림 21－5 점폭발 압접**

폭발 압접의 진행 과정은 그림 21－2와 같으며, 그림 21－3과 같이 접합계면에 독특한 파형모양이 생긴다. 선폭발압접과 점폭발압접은 그림 21－4, 그림 21－5와 같다.

21-2 용접조건

압접성을 지배하는 인자는 형상, 치수, 재질, 화약의 종류와 두께 및 모재와 압접재의 경사각 또는 간격 등이다. 또, 압접을 진행하는 인자에는 폭발에 의한 고속도(1,000~8,000m/sec), 고압력(10,000~100,000kg/cm^2)과 이에 따른 온도 상승, 충돌 에너지에 의한 가열, 접촉면의 청정 작용 등이 있다.

계면의 파상 모양은 충돌 각도(α)가 클수록 파상이 길어지며, 어느 충돌각 이상이 되면 소실한다. 또, 충돌 속도(폭발력)가 클수록 파장은 길어진다. 받침 재료로서는 강재, 슬라브, 콘크리트 또는 모재를 사용하고, 폭발물로 인한 용접 재료 표면의 손상을 방지하여 주는 완충재료는 고무 또는 폴리에틸렌 등을 사용한다.

21-3 적용과 특징

폭발 용접법은 스텐레스강, 니켈 합금, 동과 동합금 등의 클라드(clad)재에 많이 이용되며, 화학 공업의 반응기, 열교환기, 용기류의 라이닝(lyning)에 많이 사용된다.

이 용접법의 특징은 다음과 같다.

① 대기 중에서 활성 또한 고융점 재료의 접합을 할 수 있다.

② 각종 이종금속의 접합을 할 수 있다.

③ 다층 압접을 할 수 있다.

그러나, 접합에 화약을 사용하기 때문에 취급상 위험하며, 압접시 큰 폭음이 생긴다.

제22장 | 저항용접법

22-1 원 리

전기 저항 용접법(electric resistance welding)은 용접부에 큰 전류를 흐르게 하여 이 때 생기는 주울 열(Joule's heat)을 열원으로 하여 접합부를 가열하고 동시에 큰 압력을 가하여 접합하는 방법이다.

저항 용접에서는 용접할 금속 자체에 발생하는 저항열을 이용하는 것이 가스 용접이나 아크 용접과 근본적으로 다르다. 가스나 아크에서는 거의 일정한 온도에 가까운 열원을 얻기 쉬우나 저항 용접에서는 일정한 온도의 열원이 없고, 용접부가 적정 온도가 되는가 안 되는가는 용접 여러 요소에 따라 정해지며, 저항 용접은 이런 점이 곤란하다.

일반적으로 금속에 전류를 통하면 다음과 같이 주울 열을 발생한다.

$$Q = 0.24\, I^2 Rt\,[\mathrm{cal}]$$

- Q : 발열량[cal]
- I : 전류[A]
- R = 전기 저항[Ω]
- t : 시간[sec]

용접부의 온도는 이 발생열과 열방산의 차에 의하여 결정된다. 그러므로 저항 용접에 필요한 열량의 대소로 용접성을 다음과 같이 나타낼 수 있다.

$$W = \rho / FK$$

- W : 용접성
- F : 용융점[℃]
- ρ : 비저항[μ Ωcm]
- K : 열전도도[cal/m · s · ℃]

즉, 용융점이 높고 고유 저항이 작으며, 열전도도가 좋은 금속은 일반적으로 용접이 어렵다. 특히, 경금속은 산화하기 쉽고 고유 저항이 작으며, 열전도도가 좋으므로 짧은 시간 내에 많은 전류를 사용하여 용접을 완료하는 것이 필요하다.

표 22-1은 각종 금속의 용접성을 나타낸 것이다.

표 22-1 각종 금속의 용접성

	비저항 ρ (μ Ωcm)	용융점 F (℃)	열전도도 K (cal/m·s·℃)	용접성 W
순 철	9.71	1539	0.18	3.5
0.2% 탄소강	15.9	1430	0.11	10
스텐레스강	70	1415	0.038	130
동	1.67	1083	0.94	0.2
황동(Cu 60%, Zn 40%)	5.87	905	0.3	2
인청동	8.78	1050	0.21	4
순알루미늄	2.6	660	0.53	0.8
마그네슘	4.46	650	0.38	1.8
1100(알루미늄)	2.84	657	0.53	0.8
2024-T_6(수퍼 듀랄민)	4.4	638	0.35	2.0
7075-T_6(엑스트라 듀랄루민)	5.07	638	0.31	2.5

22-2 전기저항 용접법의 종류

1. 스폿 용접법

겹침 저항 용접법(lap resistance welding) 중에서 스폿 용접법(spot welding)은 그림 22-1(a)와 같이 잇고자 하는 판을 2개의 전극 사이에 끼워 놓고 전류를 통하면, 접촉면의 전기 저항이 크므로 발열한다.

접촉면의 저항은 곧 소멸하나 이 발열에 의하여 재료의 온도가 상승하여 모재 자체의 저항이 커져서 온도는 더욱 상승한다. 적당한 온도에 도달하였을 때 위아래의 전극으로 압력을 가하면 용접이 이루어진다. 이때, 용접부에 너깃(nugget)을 형성하며, 전류를 통하는 통전시간은 재료에 따라 $\frac{1}{1,000}$ 초로부터 몇 초 동안으로 되어 있다.

그림 22-1(b)는 스폿 용접할 때의 통전 정지 직전의 축방향의 온도 분포를 나타냈으며, 접합부는 국부적으로 용융하지만 그 외측은 구리 전극에 의한 냉각 효과 때문에 온도 상승은 그리 높지 않다.

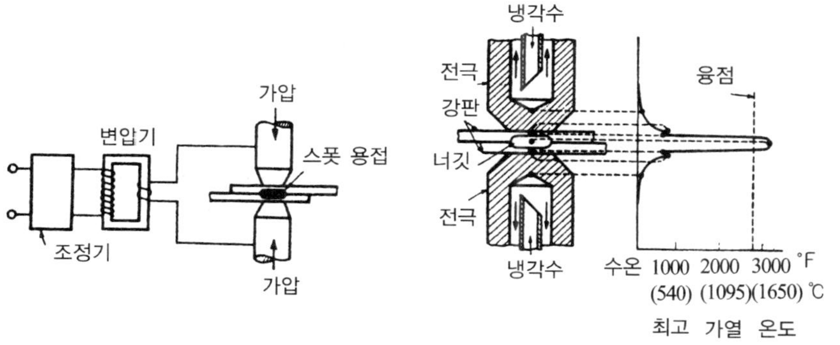

(a) 원리 (b) 온도 분포

그림 22-1 스폿 용접법의 원리와 온도 분포

스폿 용접에서는 특히 전류의 크기, 전류를 통하는 시간 및 가압력 등이 3대 주요 요소로 되어 있다. 스폿 용접에서는 매우 큰 전류를 통전한다. 전류가 작을 때는 용착이 일어나지 않으나 어느 값이 되면 급히 용착이 일어난다. 그림 22-2와 같이 전류를 증가하면 용융 범위는 커지고 강도도 증가하나 어느 정도 이상에서 포화된다.

그림 22-2 용접 전류와 너깃 모양

통전 시간은 열 손실에 영향을 준다. 그러므로 총열량이 일정하더라도 용접부의 최고 온도는 피용접 금속의 재질, 형상, 크기 등에 따라 다르다. 열전도도가 좋은 재료는 큰 전류를 단시간에 통전하는 방식을 취한다. 그러나 가열이 너무 빠르면 접촉면의 국부적 가열에 의하여 용융금속이 비산(explusion)하는 현상이 일어난다. 통전 시간을 너무 길게 하면 열영향부가 커질뿐이고, 그림 22-3과 같이 강도는 커지지 않는다.

가압력은 가열을 균일하게 하고 용접을 완전히 하는 이외에 접촉 저항을 감소시켜서 그 값을 일정하게 하는 역할을 한다. 스폿 용접법에는 여러 가지로 변형시킨 방법들이 이용되고 있다.

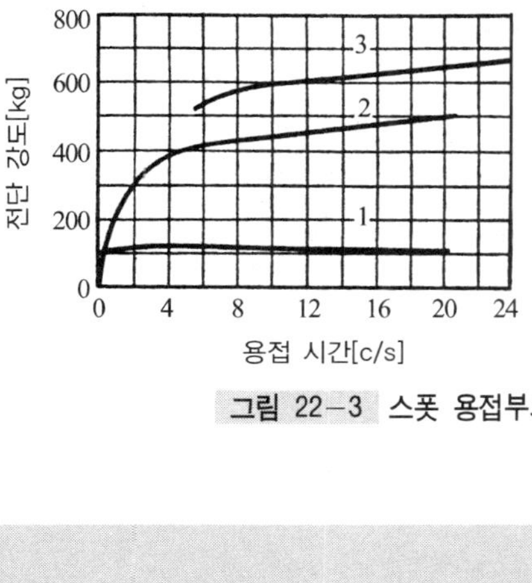

곡선 번호	1	2	3
판 두께[mm]	0.5	1.3	2.0
용접 전류[A]	14000	25400	26800
가압력[kg]	90	360	360

그림 22-3 스폿 용접부의 전단 강도와 용접 시간

그림 22-4 시리즈 및 인다이어렉트 스폿 용접법

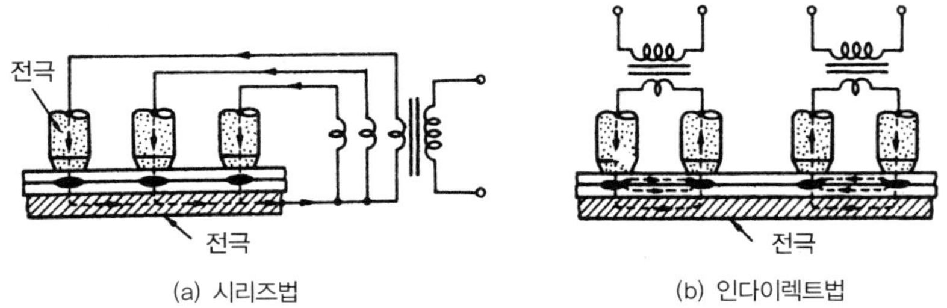

그림 22-5 멀티 스폿 용접법

시리즈 스폿 용접법(series spot welding)은 한 개의 용접 회로에 직렬로 두 개 이상의 용접점이 있을 경우를, 인다이렉트 스폿 용접법(indirect spot welding)은 용접점의 부분을 직접 두 개의 전극으로 끼우지 않고 용접 전류가 피용접재의 일부를 통과하여 다른 곳에서 전극에 달하게 한 것으로 그림 22-4(a)(b)에 한 예를 나타냈다. 그림 22-5와 같이 작업능률의 향상과 용접 변형 등의 방지, 동시에 많은 점(2~300개)을 용접하는 방법을 멀티 스폿 용접법(multi-spot welding)이라고 한다.

2. 시임 용접법

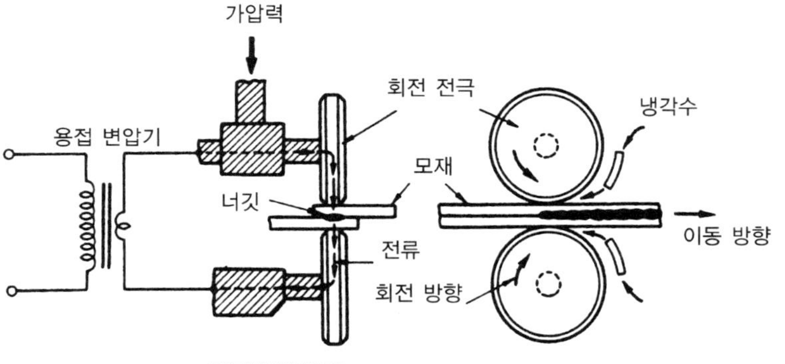

그림 22-6 시임 용접법의 원리

시임 용접법(seam welding)은 그림 22-6과 같이 원판상의 전극 사이에 피용접물을 끼워 가압하면서 전극을 회전시켜 스폿 용접을 연속적으로 반복하는 방법이다. 주로 기밀, 유밀을 필요로 하는 이음부에 이용된다.

용접 전류의 통전 방법에는 띔(intermittent) 통전법, 연속(continuous) 통전법, 맥동(pulsation) 통전법이 있으나, 띔 통전법이 가장 일반적으로 사용된다.

띔 통전법은 그림 22-7(a)와 같이 통전(on)과 휴지(off)를 규칙적으로 띔하여 용접이 진행된다. 큰 전류를 연속 통전하면, 모재에 주는 열량이 너무 많아서, 과열될 우려가 있다. 이와 같은 과열에 의한 용융부가 너깃(nugget) 표면에 미치지 않게 하기 위해서, 약간의 휴지 시간(off-time)을 두어서, 냉각 후 다시 통전된다. 이 통전법은 저속 용접에 사용한다.

연속 통전법은 그림 22-7(b)와 같이 용접전류를 연속적으로 통전하여 용접하는 방법이다. 휴지 시간이 없으므로, 모재가 과열될 우려가 있으며, 용접부의 품질은 약간 저하된다. 이 통전법은 고속 용접에 사용된다.

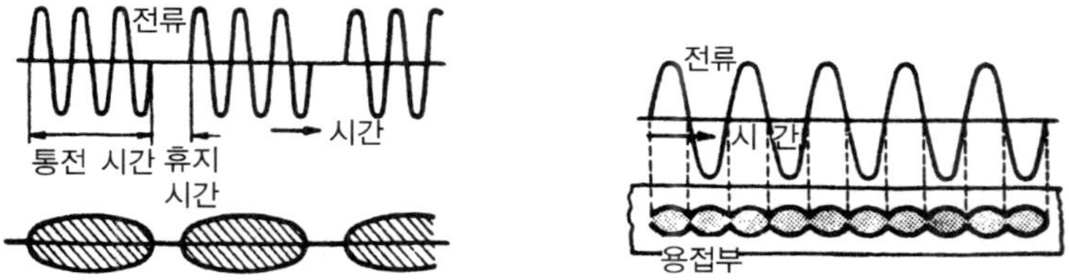

(a) (b)

그림 22-7 시임 용접의 전류 파형

시임 용접에 있어서는 피치(pitch)가 대단히 작고, 서로 겹쳐있으므로 전류가 전극의 바로 밑에만 흐르지 않고, 이미 용접된 부분을 통하여 분류하는 분류효과가 심하며, 또 로울러 전극의 접촉 면적이 넓으므로 스폿 용접보다 용접 전류는 1.5~2.0배, 전극 사이의 가압력은 1.2~1.6배 정도로 증가시킬 필요가 있다.

용접이 가능한 두께의 범위는 스폿 용접보다 광범위하지 못하며, 일반적으로 0.2~0.4mm 정도의 얇은 판에 쓰인다.

3. 프로젝션 용접법

프로젝션 용접법(projection welding)은 원리적인 면에서는 스폿 용접과 같으나 그림 22-8과 같이 모재의 한쪽 또는 양쪽에 작은 돌기(projection)를 만들어 이 부분에 대전류와 압력을 가해서, 모재의 접촉 저항과 고유 저항에 의한 저항열을 이용하여, 용접부를 용융시켜서 압접하는 방법이다.

이 방법은 열용량이 심하게 다른 재료를 조합하는 데도 이용된다. 또 여러 점을 동시에 용접할 수 있기 때문에 작업 능률이 높고 전기 기구나 자동차 부품의 제작에 널리 이용된다.

용접 과정을 설명하면 최초 통전 전의 예압에 의하여 돌기를 높이의 5~8%를 눌러 준 다음, 전류를 통하면 저항 발열에 의하여 돌기는 완전히 찌그러지며, 압접의 상태를 경과하여 너깃(nugget)이 생성되고 용접이 완료된다. 용접할 수 있는 판 두께는 특별한 제한은 없으나, 일반적으로 0.5~0.6mm 정도가 보통이고, 판 두께비는 6 : 1 정도의 한도가 좋다.

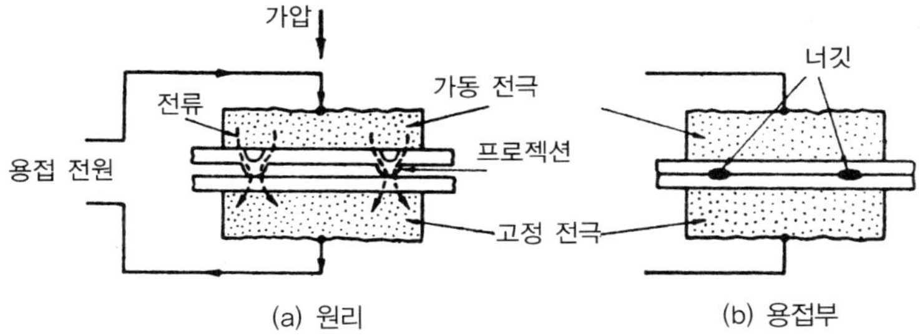

그림 22-8 프로젝션 용접법의 원리

프로젝션 용접법의 특징은 다음과 같다.

① 열용량이 다른 모재를 조합하는 경우에 두꺼운 판쪽에 돌기를 만들면 쉽게 열평형을 얻을 수 있다.

② 비교적 넓은 면적의 평면형 전극을 사용함으로써 기계적 강도나 열전도면에서 유리하며, 전극의 소모가 적다.

③ 전류와 가압력이 균일하게 가해지므로 신뢰도가 높다.

④ 동시에 많은 스폿 용접을 할 수 있으므로 작업 속도가 빠르다.

⑤ 짧은 피치(pitch)로서 스폿 용접이 가능하다.

⑥ 돌기의 형상, 정밀도에 따라 용접이 좌우된다.

4. 업셋 용접법

업셋 용접법(upset welding)은 맞대기 저항 용접(upset-butt welding)이라고 하며, 그림 22-9와 같이 용접재를 세게 맞대고 여기에 대전류를 통하여 이음부 부근에서 발생하는 저항 발열에 의해 가열시켜, 적당한 온도에 도달하였을 때 축 방향으로 큰 압력을 주어 용접하는 방법이다.

이 용접법은 고상압접에 속하며 이음면에서의 슬립 변형과 확산에 의해 접합이 완료된다. 따라서, 압접온도는 용접재의 융점 이하지만 가압력과 관련하여 정해지며, 가압력이 클수록 압접 온도는 낮아진다. 플래시 용접법(flash welding)에 비해서, 가열 속도가 느리고 가열 시간이 길므로 열영향부가 넓게 된다.

업셋 용접법에서는 단면이 큰 것을 용접할 때에 용접 중에 접합면이 산화되어 이음부에 산화물이나 기공 등이 남아 있기 쉬우므로, 용접하기 전에 이음면을 깨끗이 해야하며, 특히 끝맺음 가공이 중요하다. 일반적으로, 단면적이 큰 것이나 비대칭형인 것 또는 가압력에 의해 구부러지기 쉬운 얇은 판이나 관 등에는 적용이 곤란하다.

가압력은 보통 0.5~8.0kg/cm^{2}정도이며, 지름 10mm 이내에 많이 사용되나, 지름 16mm 까지도 용접이 가능하다. 서로 다른 금속인 경우에는 열평형을 조정해야 하므로 돌출부의 길이는 열 및 전기 전도도가 좋은 쪽을 길게 한다.

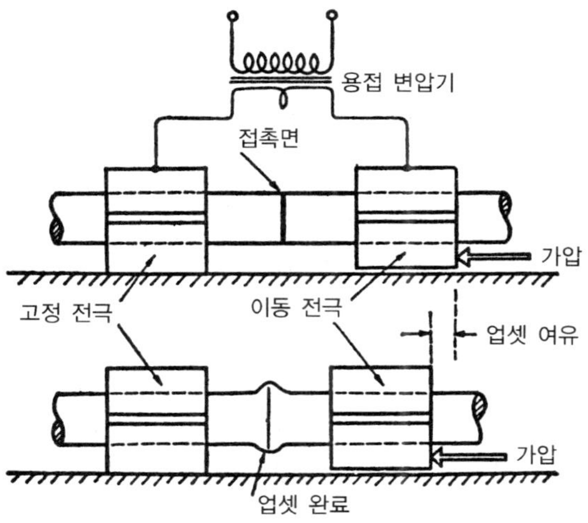

그림 22-9 업셋 용접법의 원리

그림 20－10은 용접 직후의 모재의 온도 분포를 나타냈다. 급냉에 의한 조직의 변화나 용접 결함을 방지하는 면에서 곡선 ②와 같이 접합면에서의 온도를 그 근방의 온도보다 급격히 상승시킬 필요가 있다.

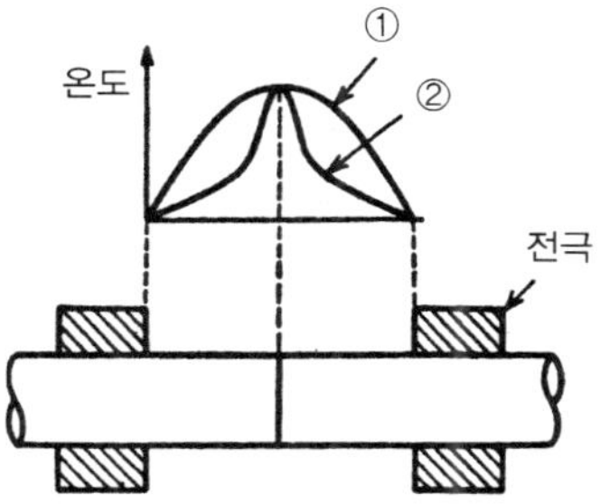

그림 22-10 업셋 용접부의 온도 분포

5. 플래시 용접법

플래시 용접법(flash welding)은 용접재의 업셋 단면이 접촉하였을 때 그 접촉부를 흐르는 전류에 의한 주울열 및 접촉부가 용융되어 불꽃으로 흩어진 후에 발생하는 아크열을 이용한 업셋 용접법이다.

그림 22－11과 같이 용접할 2개의 금속 단면을 가볍게 접촉시켜 여기에 대전류를 통하여 접촉점을 집중적으로 가열한다. 접촉점은 과열 용융되어 불꽃으로 흩어지나 그 접촉이 끊어지면 다시 용접재를 내보내어 항상 접촉과 불꽃의 비산을 반복시키면서 용접면을 고르게 가열하여 적당한 온도에 도달하였을 때 강한 압력을 주어 압접하는 방법이다.

플래시 용접 과정은 예열, 플래시, 업셋 과정의 3단계로 분류된다. 플래시 상태로 비산되는 부분을 플래시 여유, 업셋 공정에 의해서 압축 되는 부분을 업셋 여유라고 한다.

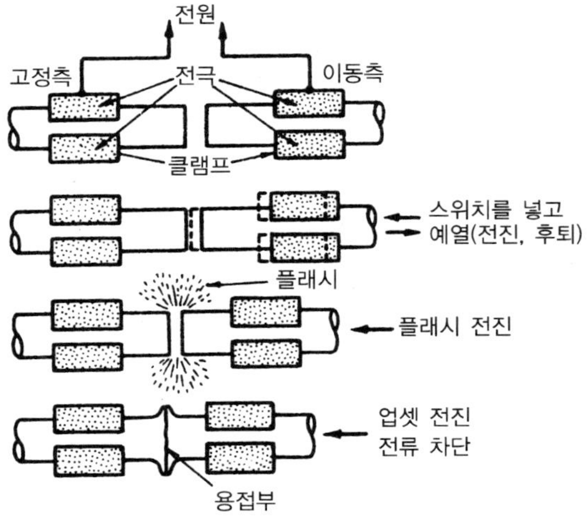

그림 22-11 플래시 용접법의 원리

일반적으로 플래시 전압이 너무 높으면, 플래시가 거칠고, 깊은 피트(pit)가 생기며, 내부 결함이나 과열 조직이 생기기 쉽다. 전류가 너무 작으면 발열량이 부족하여 프리징(freeging)을 일으킬 우려가 있으며, 너무 크면 플래시가 거칠고, 단면에 크레이터(creater)나 용입(penetration)이 생기기 쉽다.

업셋 과정에서는 모재를 통하여 단락 전류(short current)가 흐르지만 이 전류는 상당히 크며, 업셋 전류가 흐르기 때문에 시간이 대단히 짧다.

업셋 용접에 비해서 용접 속도가 대단히 빠르고 온도 기울기가 크며, 가열 온도 범위가 좁기 때문에 업셋 용접으로는 곤란한 얇은 판이나 관등은 구부러지지 않고 쉽게 용접할 수 있다.

업셋 가압력은 모재의 고온에서의 기계적 성질에 의해 결정되며, 일반적으로 탄소강은 용접부의 단면적 당 7kg/mm^2, 저합금강은 10kg/mm^{2}정도이다.

그림 22-12는 냉간 가공경화한 연강 용접부의 경도 분포를 나타냈다. 자경성이 있는 저합금 고장력강에서는 그림 22-13과 같이 용접부의 경도가 대단히 높고 중심부에서 강도가 낮다. 이는 탈탄 때문이며, 소준(normalizing) 처리를 하면 개선할 수 있다.

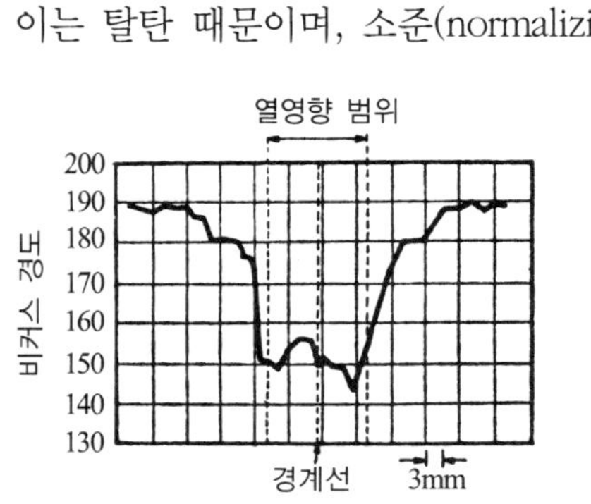

그림 22-12 냉간 가공한 연강 용접 용접 단면의 경도 분포

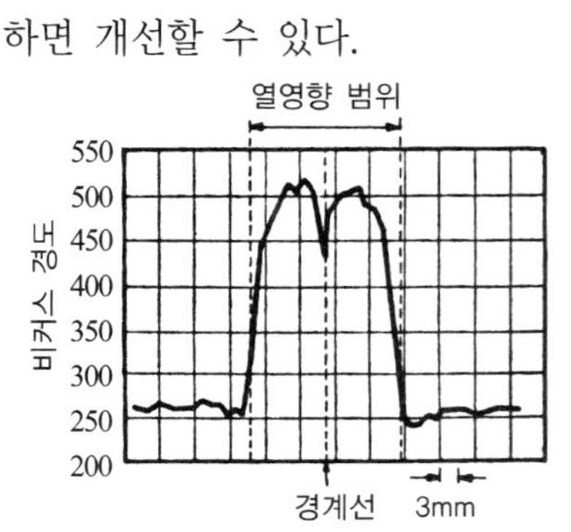

그림 22-13 Cr-Ni-Mo강 용접 단면의 경도 분포

플래시 용접법의 특징은 다음과 같다.

① 가열 범위와 열영향부가 좁다.

② 플래시 과정에서 산화물 등을 플래시로 비산시키므로, 용접면에 산화물 개입이 적다.

③ 용접면을 아주 정확하게 가공할 필요가 없다.

④ 신뢰도가 높고 이음 강도가 좋다.

⑤ 동일한 전기 용량에 큰 물건의 용접이 가능하다.

⑥ 종류가 다른 재료도 용접이 가능하다.

⑦ 용접 시간이 짧고 업셋 용접보다 전력 소비가 적다.

용접 재료는 연강을 비롯해서 각종 탄소강, 저합금강, 스텐레스강, 동, 알루미늄, 티타늄 또는 이것들과 다른 금속과의 용접에 널리 이용되고 있다. 또, 자동차 공업이나 철강 제품 등에 많이 이용되며, 철도용 레일, 선박용 체인 등에 자동차 공업에서는 스티어링 샤프트(steering shaft), 엔진 밸브, 프레임 등에, 철강 제품에는 환강, 평강, 형강, 파이프 등의 이음에 널리 쓰이고 있다.

제23장 | 고주파용접법

23-1 원 리

고주파 용접법(high frequency welding)은 고주파 전류가 갖는 표피효과와 근접효과를 이용한 일종의 고온 압접법이다.

이 용접법에는 용접부 주위에 감은 유도 코일에 고주파 전류를 통하여, 피용접물에 2차적으로 유기되는 유도 전류의 가열 작용에 의해서 가열하여, 용접부가 압접 온도에 이르렀을 때, 가압, 압접하는 고주파 유도 용접(high frequency induction welding)과 직접 고주파 전류를 소재에 통하여, 고주파 전류의 근접 효과를 유효하게 이용하여 용접부를 집중적으로 가열하면서 압접 온도에서 가압, 압접하는 고주파 저항 용접(high frequency resistance welding)이 있다.

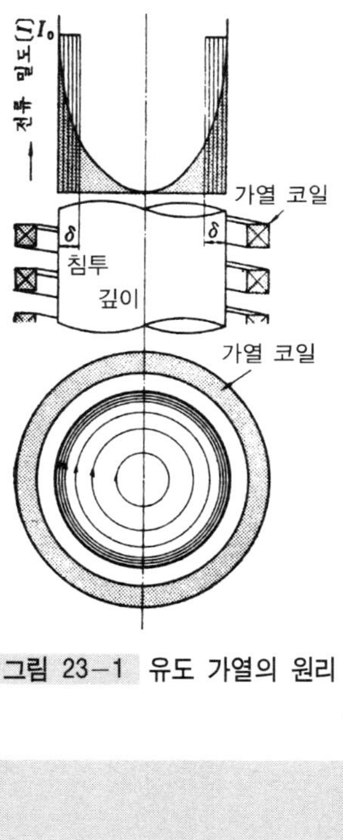

그림 23-1 유도 가열의 원리

용접 원리는 그림 23－1과 같이 환봉 주위에 코일을 감고 통전하면, 유도 작용에 의해 환봉에 동심원형으로 전류가 흐른다. 이때 전류 분포가 그림과 같이 표면일수록 많이 집중하는 현상을 표피효과(skin effect)라고 한다. 또, 전류의 방향이 반대인 경우에는 전류는 서로 근접하여 흐르려는 성질이 있으며, 이 현상을 근접효과(proximity effect)라고 한다.

고주파 용접은 이와 같은 고주파 전류의 성질을 용접부의 가열에 유효하게 이용하는 것이다. 고주파 전류가 가열체 표면에 어느 정도 집중하여 흐르는가를 나타내는 척도에 침투 깊이(δ)가 사용된다. 이 δ의 값에 의해서 표피 효과의 정도를 알 수 있다.

$$\delta = 5020\sqrt{\frac{\rho}{\mu f}}\ [\mathrm{cm}]$$

ρ : 재료의 고유 저항[Ω－cm]
μ : 재료의 비투자율
f : 고주파 전원의 주파수[Hz]

재료의 비투자율(μ)이나 고주파 전원의 주파수(f)가 클수록 재료의 고유 저항(ρ)이 작을수록 침투 깊이(δ)는 작아지며, 전류는 표면에 집중하여 표피 효과는 커진다.

1. 고주파유도용접

그림 23－2(a)와 같이 파이프의 외주에 코일을 감고, 이 코일에 고주파 전류를 통하면 파이프의 표면에는 표피 효과에 의해서 유도 전류가 흐른다. 그러나 파이프의 일부는 V자형으로 벌려져 있으므로, 여기서는 전류는 V자형의 단면에 따라서 흐른다. 이 때 단면 간격이 좁으므로 근접효과에 의해서 급격히 가열되어 용접된다.

이 때, 로울러의 가압부에서 압접 온도가 될 수 있도록 용접 속도와 전류를 조정할 필요가 있다. 고주파의 적정 주파수는 소재의 형상, 치수, 재질 등에 따라서 다르지만, 압접부 부근에서의 전류의 침투 깊이가 파이프의 두께와 거의 같게 되는 것이 좋다. 일반적으로 고주파의 주파수는 1～10Kc 정도이며, 전동 발전기형의 고주파 전원이 사용된다.

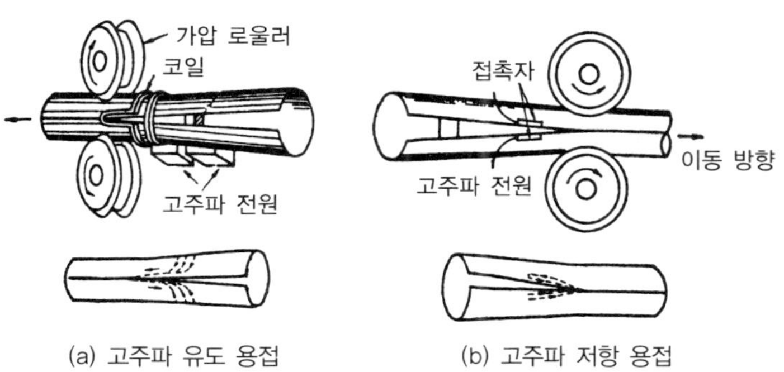

(a) 고주파 유도 용접 (b) 고주파 저항 용접

그림 23－1 고주파 용접법

2. 고주파저항용접

이 용접법은 그림 23－2(b)와 같이 접촉자(contact)를 통하여 200 Kc～2 Mc의 고주파 전류를 직접 소재에 통하여, 전류의 근접 효과를 유효하게 이용하여, 용접부의 맞대기면(V형 개구부)에 고주파 전류를 집중시켜, 용접부를 집중적으로 가열하면서, 압접 온도에서 가압, 압접하는 방법이다.

열영향부도 좁고 용접부의 금속학적 성질도 좋은 이음을 얻을 수 있다. 주파수는 소재의 형상, 치수에 따라서 다르지만, 일반적으로 400～500 Kc/sec 정도가 사용되며, 용접 속도는 시임 용접에 의한 가스 파이프일 때 보다 대단히 빠르게 할 수 있다. 또 이 용접법에서는 소재 접합면에 산화막이 다소 있어도 고주파의 특성상, 통전에 지장이 적으므로, 소재 접합면의 청정 처리가 거의 필요하지 않은 잇점이 있다.

이 용접법은 고주파 유도 용접인 경우와 같이, 연강 뿐만 아니라 저합금 스텐레스강, 알루미늄, 황동, 동 등의 용접이 가능하다.

고주파 유도 용접은 고주파 맞대기 시임 용접으로서 고압관의 용접, 철도 레일, 자동차 부품, 송유관, 공구류의 용접이나 고주파 맞대기 시임 용접으로 파이프 제조 등에 이용되며, 그 외에 고주파 유도 납땜(induction brazing)으로서, 납땜 분야에도 이용되고 있다.

고주파 저항 용접은 연강 뿐만 아니라 저합금강, 스텐레스강, 알루미늄, 동, 황동 등의 용접이나 이종금속의 용접도 가능하여, 형강, 파이프 등의 제조에 사용되고 있다.

제24장 | 확산용접법

24-1 원 리

확산 용접법(diffusion welding)은 모재의 접합면을 가압하여 밀착시킨 후 재결정온도 또는 그 이상으로 비교적 장시간 가열하여, 확산 현상을 이용하는 고상 용접이다.

이 원리는 그림 24-1과 같이 제1단계에서 압력의 작용으로 불순물막(film)이 소성 변형되어 접합면이 밀착되고 제2단계에서 불순물 막이 파괴되어 금속간 결합을 이루게 된다.

불순물 막은 파괴된 후 모재 중으로 용해(dissolve)되거나 구상으로 집적되는데 티타늄, 탄탈륨, 콜롬비움 및 지르코늄 등과 같이 침입형 고용체가 되기 쉬운 금속은 불순물의 막을 쉽게 용해하고, 알루미늄과 같이 산소를 용해시키기 어려운 금속은 불순물의 막을 구상으로 집적시킨다.

이와 같은 구상화나 용해는 확산 과정에 의해서 이루어지는 것이며, 용해는 침입형 원자가 모재 격자 내로 확산되는 것이고 구상화는 엷은 막이 표면 에너지로 인한 확산의 결과인 것이다. 이렇게 하여 금속 원자간의 접촉이 이루어지면 원자면간에 작용하는 거리 안에 들어오게 되므로 견고한 접착이 이루어지게 된다.

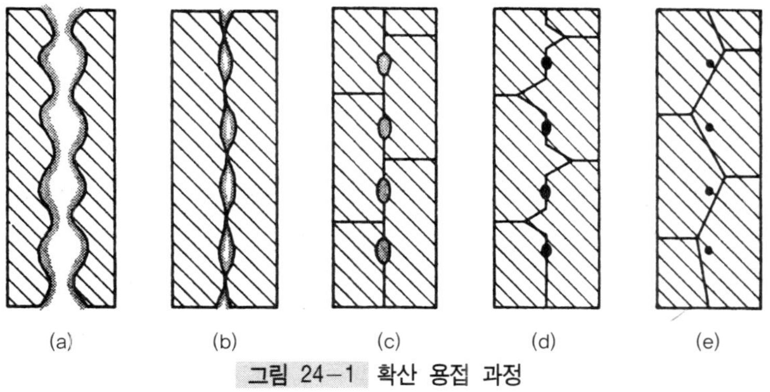

그림 24-1 확산 용접 과정

확산 용접법에는 접합할 금속끼리 직접 접합하는 방법 외에, 접합부에 이종금속을 삽입하여 접합하는 TLP법(transit liquid phase bonding)이 있다. TLP법의 접합 과정은 그림 24－2와 같이 모재보다 저융점의 인서트(insert) 금속을 가볍게 가압, 밀착시켜 진공 또는 아르곤 기류속에서 가열하여 접합시킨다. 즉 가열 과정에서 우선, 인서트 금속이 용융하여 접촉 경계의 틈새를 이 엷은 액층으로 가득 채운다.

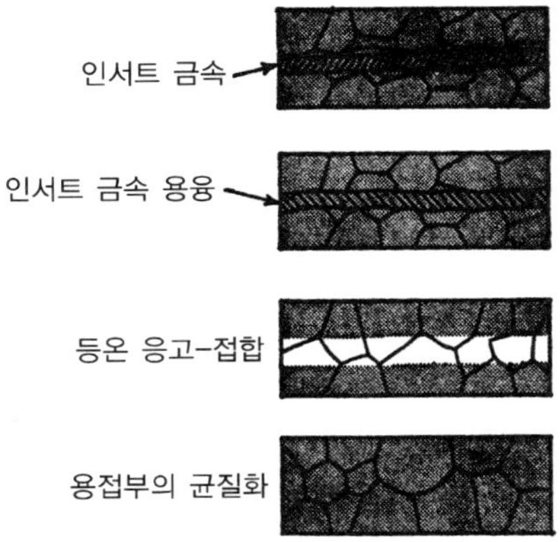

그림 24－2 TLP법의 접합 과정

접한 온도로 유지되는 동안에 액체 인서트재와 모재간에 상호확산이 일어나서, 접합부 근방의 조성은 시간 경과와 더불어 변화하고, 접합부에서의 인서트 금속 성분이 감소하여, 결국에는 등온 응고하여 접합이 완료된다.

24-2 접합조건

확산 용접은 계면 현상이므로, 표면 상태가 중요하며 또, 작은 압력, 변형으로 넓은 면적의 밀착화를 도모하기 위해서는 열확산, 크립 변형 특성이 접합 결정의 주역을 한다. 접합 조건 인자로는 표면 처리, 온도, 시간, 압력 등의 시공 인자와 재질의 기계적 또는 금속학적 성질 등의 인자가 있다.

1. 표면처리

확산 용접법에서는 융접법 또는 고상 용접에 비해서, 엄밀한 표면 청정과 평활화가 요구된다. 표면은 깨끗하고 평활할수록 고온, 저압력에서, 접합할 수 있다. 표면 조도는 약 10μ이하가 좋다.

표면 처리법은 일반적으로 솔질 또는 산세로 하며, 처리 후 시간이 경과할수록 접합성이 나빠진다. 일단 처리한 표면은 재오염을 피하기 위해, 일반적으로 고진공, 불활성 가스 또는 환원성 분위기에서 가압 접합한다.

2. 온 도

접합 온도는 크립 변형, 확산 속도, 산화물의 해리, 산화물의 모재 금속에 대한 용해에 큰 영향을 미치므로, 중요한 인자이다. 일반적으로 순금속의 고상 접합에서의 온도는 재결정온도 정도이며, 그 이상의 온도에서는 접합이 용이하다.

3. 접합시간

원자의 확산, 크립 변형을 좌우하며, 밀착화와 특히, 인서트 금속을 사용할 때에는 접합부의 균질화를 위한 요인이 된다. 실용적으로 단시간 조업이 좋지만, 재질 및 제품의 종류에 따라 달라진다.

4. 접합압력

온도, 시간과 같이 중요한 인자이다. 압력은 표면 피막의 파괴, 밀착화를 좌우하며, 이 외에 원자의 확산, 크립 변형을 촉진하는 효과가 있다. 그러나 정밀 용접을 하기 위해서 압력은 아주 작게 할 필요가 있다.

이 용접법은 동종의 합금 또는 이종금속을 용접할 수 있는 것으로 니켈 합금, 티타늄 합금 및 지르코늄 합금의 용접에 이용하고 있으며, 항공기 공업, 원자로 공업 등에 주로 사용된다.

연습문제

01 가스 압접법의 2종류를 들고, 그 차이점을 설명하여라.

02 밀착 맞대기법에서 압접성에 미치는 요인을 설명하여라.

03 냉간 압접법의 원리에 대해서 설명하여라.

04 냉간 압접법의 변형량의 특정값(figure of merit)에 대해서 말하여라.

05 마찰 용접법의 2종류를 들고, 그 차이점을 설명하여라.

06 폭발 용접법의 3종류를 들고, 그 차이점을 설명하여라.

07 전기 저항 용접법의 종류를 들고, 그 접합 방법을 간단히 설명하여라.

08 스폿 용접의 주요 3요소를 설명하여라.

09 시임 용접에서 통전법을 들어라.

10 다음 낱말을 설명하여라.

㉠ 시리즈 스폿　　㉡ 멀티 스폿
㉢ 인다이렉트 스폿

11 업셋 용접법의 원리를 간단히 설명하여라.

12 플래시 용접법의 원리를 간단히 설명하여라.

13 플래시 용접 과정의 3단계를 말하여라.

14 고주파 용접법의 2종류를 들고 그 차이점을 설명하여라.

15 다음 낱말을 설명하여라.

㉠ 표피 효과(skin effect)　　㉡ 근접 효과(proximity effect)

16 확산 용접의 과정을 설명하여라.

제 4 편

이종금속 용접

제25장 | 재료의 용접성

25-1 각종금속의 용접법

오늘날 용접의 대상이 되는 금속 재료로서는 각종 철·비철의 금속 재료가 있으며, 사용되는 주된 용접 방법만도 40여종 이상이 실용화되고 있다.

표 25-1 각종 금속 재료의 용접성

재료 \ 용접법	용접							압접		납땜
	가스용접	피복아크용접	서브머지드용접	탄산가스아크용접	불활성가스아크용접	일렉스로슬랙용 접	전자비임용접	스폿용접	불꽃맞대기용접	
주 철	A	A	C	D	B	B	C	D	D	C
주 강	A	A	A	B	B	A	B	B	B	B
저 탄소강	A	A	A	A	B	A	A	A	A	A
고 탄소강	A	A	B	C	B	B	A	B	A	A
저 합금강	B	A	A	B	B	B	A	A	A	A
스텐레스강	A	A	B	B	A	C	A	A	A	A
내열초합금	B	A	B	C	A	D	A	B	B	A
고니켈합금	A	A	B	C	A	D	A	A	B	A
동합금	B	A	C	C	A	D	B	C	C	A
알루미늄	B	C	C	D	A	D	A	A	A	B
듀랄루민	C	D	D	D	C	D	A	A	A	C
마그네슘	D	D	D	D	A	D	B	A	A	C
티타늄	D	D	D	D	A	D	A	B	C	B
티타늄합금	D	D	D	D	A	D	A	C	C	B

지르코늄	D	D	D	D	A	D	A	C	C	C
몰리브덴	D	D	D	D	A	D	A	D	C	D

A : 일반적으로 사용, B : 때로는 사용, C : 때때로 사용, D : 사용하지 않음

같은 재료에서도 용접하기 쉬운 것과 어려운 것이 있으며, 용접법에 의해서 상당히 다르다. 표 25－1은 각종 금속 재료의 용접성을 나타냈다.

25-2 금속의 용접성과 시험법

1. 용접성

종래 좁은 의미의 용접성(weldability)이란 말은 용접의 난이를 나타내는데 사용되어 왔다. 왜냐 하면 용접의 난이는 용접 방법 및 시공법에 따라서 크게 틀리기 때문이다. 예컨대 알루미늄 용접은 보통 사용되고 있는 피복 아크 용접이나 가스 용접으로서는 어려우나 불활성 가스 아크용접을 사용하면 대단히 용이하기 때문이다.

또 저합금 고장력강은 보통 용접봉을 사용하면 열영향부에 비드 밑 균열이 생겨서 곤란한 경우에도, 충분히 예열을 하든가, 저수소계 용접봉을 사용하면 균열을 일으키지 않고 비교적 쉽게 용접을 할 수 있다. 따라서 금속 재료의 용접성을 비교할 경우에는, 적용하는 용접법과 시공법을 동일하게 하여 비교해야 한다. 또, 고가이거나 어려운 용접법과 시공법을 필요로 하는 재료일수록 용접성이 떨어짐을 생각할 수 있기 때문이다.

용접용 금속 재료로서는 결함없이 이음(joint)을 할 수 있는 성질을 구비하여야 하며, 이 외에 용접 구조물이 충분히 하중에 견디고, 또 노치인성, 내식성, 기밀성 등의 여러 점에서 볼 때 충분히 장기간 사용에 적합한 성능을 갖는 것이 절대로 필요하다.

앞에 것의 성질을 공작상의 용접성 또는 이음성(joinability), 뒤에 것의 성질을 사용 성능(performance)에 관한 용접성이라 한다. 따라서 오늘날에는 용접성의 개념으로 이 양자를 포함하여 생각하는 것이 보통이다.

2. 용접성의 분류와 인자

(1) 분 류

용접성과 이것에 영향을 미치는 인자는 다음과 같이 분류할 수 있다.

1) 공작에 관한 용접성(이음성)

① 모재 및 용접 금속의 열적 성질

② 용접 결함

㉠ 모재의 고온 및 냉간 균열

㉡ 용접 금속의 고온 및 냉간 균열

㉢ 용접 금속 내의 기공과 슬랙 섞임

㉣ 용접 금속의 형상 불량

2) 사용성능에 관한 용접성

① 모재 및 용접부의 기계적 성질

② 모재의 노치 인성

③ 용접부의 연성(노치 인성)

④ 모재 및 용접부의 물리적 · 화학적 성질

⑤ 변형과 잔류 응력

(2) 공작상의 용접성(이음성)

공작상의 용접성은 용접의 난이와 용접부 결함의 유무에 따라서 판정되나 이것에 영향을 미치는 인자는 다음과 같다.

1) 모재 및 용접금속의 열적성질

재료의 융점이 낮을수록, 열전도도 및 온도 확산율이 적을수록 또 판의 두께가 적을수록 용접 중의 가열이 용이하다. 강이나 주철, 티타늄(Ti) 등은 열전도도가 나쁘므로 국부적으로 융점까지 가열하기 쉬우나, 은, 동 또는 알루미늄 등은 열의 방산이 빠르므로 융점까지 가열하기가 곤란하다. 특히 저항 용접에서는 이런 경향이 심하다. 또 융점이 낮고 팽창 계수가 적을수록 용접 중의 팽창과 수축에 의한 변형이 작으므로 용접하기 쉽다. 표 25-2는 주요 금속의 열적 성질을 나타냈다.

표 25-2 주요 금속의 열적 성질

금 속	응고 범위 〔℃〕	열전도도(실온) 〔cal/cm · s · ℃〕	열수축률〔%〕 (융점으로부터 실온까지)	선팽창 계수 1℃(온도역) 〔℃〕
0.2%C연강	1520~1490	0.108	3.0	14.3×10^{-6} (0~600)
0.5%C고탄소강	1500~1420	0.100	3.4	14.6×10^{-6} (0~600)
18-8 Cr-Ni스텐레스강	1420~1395	0.038	3.7	19.0×10^{-6} (0~600)
황동(70 Cu-30 Zn)	950~915	0.290	2.2	18.6×10^{-6} (0~500)

모넬(70 Ni－30 Cu)	1350～1300	0.060	2.5	16.0×10^{-6} (0～500)
주철(저인)	1240～1120	0.148	1.6	13.0×10^{-6} (0～500)
알루미늄	660	0.520	1.7	28.5×10^{-6} (0～500)

2) 용접결함

용접부의 결함에 대해서는 제15장에서 설명한 바와 같이 모재 또는 용접 금속의 균열, 가공, 슬랙 섞임, 용입 불량, 언더 컷, 오우버랩 등의 여러 가지 결함이 생기기 쉽다. 이들 결함의 발생이 적을수록 재료의 이음성이 좋다고 말할 수 있다. 그러나 용접 결함의 발생은 모재의 재질과 판 두께에 영향을 받을 뿐만 아니라, 이음의 설계와 구속 및 시공법에도 크게 영향을 받는다.

거의 모든 금속 재료는 이음 설계, 구속 감소 및 시공법 등에 특별한 주의를 하게 되면, 결함이 없는 용접을 할 수 있다고 생각되지만, 이러한 특별한 주의를 적게 해도 좋은 재료일수록 이음성이 좋다고 말할 수 있다.

예컨대 연강의 용접은 비교적 용이하나 중탄소강이나 저합금강의 용접에 있어서는 저수소계 용접봉을 사용한다든가 예열을 한다든가 하는 특별한 처리를 해야 할 필요가 생기므로 이들 강은 연강보다 이음성이 떨어진다.

(3) 사용성능에 관한 용접성

1) 모재 및 용접부의 기계적 성질

용접 구조물이 충분한 사용 성능을 갖기 위해서는, 모재 및 용착부가 다음과 같은 기계적 성질 즉, 강도(strength), 연성(ductility) 및 노치 인성(notch toughness)을 가질 필요가 있다. 재료의 강도에는 정적 하중에 대한 것과 반복 하중에 대한 것이 있다. 정적 강도는 보통 인장 시험의 항복점, 인장 강도로 나타내며 반복 강도는 피로 시험의 피로 한도(fatigue limit)로 나타낸다.

항복점 및 피로 한도는 구조물이 견딜 수 있는 하중의 크기를 결정하는 요소이며, 다른 인자를 제외하면 강도는 강할수록 좋다. 재료의 연성은 예컨대 인장 시험의 신율로 측정할 수 있으나, 이는 재료의 냉간 가공 능력 및 구조물의 사용 중에 때때로 일어나는 과부하에 견딜 수 있는 능력의 대소를 나타내는 것이다. 신율은 일반적으로 강도에 거의 역비례하여 감소한다.

고온에서 사용하는 재료는 고온 강도 외에 크립(creep), 열충격(thermal shock), 열피로(thermal fatigue) 등에 대한 저항력도 필요하다.

2) 모재의 노치 인성 및 용접부의 연성

노치 인성에 대해서는 제16장에서 설명한 바와 같이, 용접 결함이나 구조상의 노치에서 발생하는 취성 균열의 발생과 전파를 억제할 수 있는가 없는가의 능력을 나타내는 것이다.

용접부는 노치의 존재에 의해서 연성이 없어지기 쉬운 외에, 용접 금속과 모재의 열영향부가 소입 경화, 조립화(grain coarsening)와 연화(softening), 소려 취화(temper brittleness), 시효(aging), 흑연화(graphitization) 등의 여러 원인에 의해 취화하므로, 용접부의 연성이 심하게 저하한다. 이 때문에 용접 구조물이 사용 중에 취성 파괴를 일으킬 때가 있으므로 용접부의 연성은 용접성 판정의 중요 항목의 하나로 되어 있다.

3) 모재 및 용접부의 물리적·화학적 성질

구조물은 때에 따라서는 고온, 내식성 분위기 등에서 장시간 사용될 때가 있으므로, 이 경우에는 산화, 부식, 흑연화 등에 대한 저항력이 필요하다. 또 사용 중에 급열, 급냉에 의해 모재나 용접부에 온도 기울기가 생겨서 열응력을 발생하든가, 또 팽창 계수의 차에 의해 팽창 수축 중에 큰 응력이 생겨서 균열이 발생할 때가 있다.

4) 변형과 잔류 응력

용접에 의한 변형은 사용 성능을 조해할 때가 있으며, 또 잔류 응력 때문에 사용 중에 국부적 소성 변형이 일어나서 구조물이 변형하든가, 파괴되든가 또는 응력 부식의 원인이 될 때가 있다. 변형과 잔류 응력의 발생에는 모재의 열적 성질, 고온의 항복점, 구속, 시공법 등이 영향을 미친다.

3. 용접성 판정시험

소정의 용접법을 사용하여 소정의 용접 구조물을 공작할 경우에, 또는 금속 재료가 이 목적에 사용할 수 있는가 없는가를 판정하는 시험에는 다음과 같은 여러 항목에 대해서 종합 시험을 하는 것이 좋다.

(1) 기초시험

① 모재의 화학 조성(분석 시험)
② 모재의 기계적 성질(인장, 굽힘, 피로 시험)
③ 모재의 결함(매크로 조직, 비파괴 검사)

기초 시험에 있어서 모재의 화학 조성은 용접성 판정에 불가결한 요소이며, 이에 의해서 용접성이 대체로 예지될 뿐만 아니라, 시공법도 측정할 수 있다.

기계적 성질 중, 항복점, 인장 강도 및 신율은 반드시 시험이 요구되지만, 피로 한도는 요구되지 않을 경우도 있다. 모재의 결함은 라미네이션(lamination), 설퍼 밴드, 불순물 등이며, 경우에 따라서는 그 검사가 요구되며, 단면 검사 또는 초음파 탐상기 등에 의한 비파괴 검사가 행해진다.

(2) 주요용접성 시험

① 모재의 노치 인성(노치 시험)

② 용접부의 연성(비드 굽힘 시험, 경도 시험)

③ 모재 및 용접 금속의 균열 감도(균열 시험)

모재의 노치 인성은 보통 V-샤르피 충격 시험(V-Charpy impact test) 또는 그 외의 노치 시험으로 판정한다. 보일러 강판과 같이 냉간 가공 후, 용접한 후에 응력 제거 소둔을 할 경우에는, 모재를 냉간 가공, 시효 및 열처리한 상태에서의 노치 인성이 요구될 경우도 있다.

용접부의 연성은 코마렐 시험(Kommerell test)이나 킨젤 시험(Kinzel test) 등의 가로 비드 굽힘 시험이 많이 사용된다. 또, 비드 용접의 열영향부의 최고 경도 시험도 많이 사용된다. 이들의 여러 시험의 용접 조건으로서는 표준 조건 외에, 필요에 따라서 용접봉, 입열(아크 전류, 전압, 속도), 예열, 후열, 비드 길이 및 피이닝 등의 여러 조건을 변화하여 시험할 때가 있다.

모재 및 용접 금속의 균열 감도 시험에는 밧텔(battelle) 연구소의 비드 밑 균열 시험이나 철연식(Tekken type) 또는 리하이형 구속 균열 시험(Lehigh restraint cracking test) 및 T형 균열 시험 등이 사용된다. 이와 같은 균열 시험에서는 용접봉의 종류, 입열, 예열 등의 여러 조건을 바꾸어서 행할 때가 많다.

표 25-3은 모재 및 용접 금속의 주요 균열 시험법을 나타냈다.

표 25-3 각종 균열 시험법

<table>
<tr><th colspan="2">균열의</th><th>용접의 종류</th><th>위 치</th><th>시험법</th><th>비 고</th></tr>
<tr><td rowspan="5">저온
균열</td><td rowspan="4">첫번층의 루트균열</td><td rowspan="3">맞대기 이음
용접</td><td rowspan="3">WM</td><td>Fisco 시험</td><td>홈의 형상 임의</td></tr>
<tr><td>Lehigh 시험 또는 U홈
균열 시험</td><td>U형 홈</td></tr>
<tr><td>RRC 시험</td><td>각종</td></tr>
<tr><td>필릿 용접</td><td>HAZ</td><td>Battelle형 비드 밑 균열 시험
Y홈 균열 시험
TRC 균열 시험</td><td>비드 놓임
Y홈
Y홈(WM인 경우
U홈)</td></tr>
<tr><td>다접
층균
용열</td><td>맞대기 이음
용접</td><td>HAZ</td><td>십자형(cruciform) 균열 시험
CTS 시험</td><td></td></tr>
<tr><td colspan="2" rowspan="2">고온균열</td><td rowspan="2">필릿 및 맞대기
이음 용접</td><td>WM 및
HAZ</td><td>창형 구속 균열 시험
대형 TRC 시험</td><td>가로 균열
가로·세로 균열</td></tr>
<tr><td>WM 및
HAZ</td><td>고온 연성 시험</td><td></td></tr>
</table>

주 : • WM ; 용착 금속 • HAZ ; 열영향부

(3) 이음 시험

① 이음의 건전성(비파괴 검사, 단면 시험)

② 이음의 기계적 성질(인장, 굽힘, 피로 시험)

이음(joint)의 건전성은 실제로 이음으로서 완성된 용접부의 X선 투과 시험, 자기 검사, 형광 시험, 매크로 시험 등을 사용하여 조사된다. 이음의 기계적 성질은 맞대기 이음의 인장 및 굽힘 시험 외에, 가로, 세로 필릿 이음 또는 십자형 필릿 이음의 인장 시험 등을 사용하여 시험된다. 경우에 따라서는 피로 시험도 한다.

(4) 특수시험

위와 같은 시험 외에 구조물의 사용 목적에 따라서 모재 및 용접부의 내식성 시험, 열적 시험, 전자기적 시험, 고온 성능 시험(고온 강도, 크립, 흑연화, 열충격, 고온 피로), 저온 성능 시험, 가공성 또는 열팽창 계수, 열전도도 등의 물리적 성질의 여러 시험을 할 때가 있다.

이상과 같은 것 중에서 용접 시공법 및 용접 구조물의 사용 조건에 의해서 영향을 받는 여러 성질에 관해서는 용가재, 예열, 후열, 열처리, 시효, 저온, 고온 등의 변수를 가미하여 시험해야 한다. 이들의 각 시험 방법에 대해서는 제36장에 기술하였다.

제26장 | 저탄소강의 용접

저탄소강(low carbon steel)의 탄소량은 0.30% 이하이지만, 이 중에서 탄소량 0.25% 이하의 것은 연강(mild steel)이라고도 한다. 연강은 소입 경화를 거의 무시할 수 있을 정도의 탄소강(carbon steel)이며, 그 인장 강도는 41 kg/mm^2급, 또는 그 이하이다.

용접 구조용 압연 강재(SWS 재)는 기계 구조용 탄소강(SMC 재) 다음으로 많이 사용되는 강재로서 그의 중요성으로 보더라도 SMC 재와 비교될 수 있을 정도이다. 표 26－1은 용접 구조용 압연 강재의 화학 성분을 나타냈다.

SWS 재는 killed 강으로 만들어지며, 특히 C%가 낮아야 한다. SWS 재의 특징은 그 명칭이 나타내는 바와 같이, 특히 용접성이 우수한 것이며, 또한 이들은 취성 파괴를 일으킬 염려가 없다. SWS 50 이상은 용접시 충분한 주의와 적당한 열처리가 필요하다. 일반적으로 용접 균열은 $H_v < 350$, 탄소 당량$(C_{eq}) = \left(C + \frac{Mn}{6} + \frac{Ni}{40} + \frac{Cr}{5} + \frac{Mo}{4} + \frac{V}{14}\right) < 0.44$이면 발생하기가 어렵다. 그러나 그 이상인 경우에는 예열이 절대 필요하다.

표 26－1과 같이 모든 강종은 약 0.2%C 이하이다. Si는 killed강으로 만들기 위해 약 0.55% 이하로 되어 있으며, P와 S는 0.040% 이하로 되어 있으나, 여기서 주목할 것은 Mn이 1.50% 이하로서 비교적 높은 점이다. Mn의 구실은 탄소 당량 C_{eq}식에서 예상할 수 있듯이 C%가 낮은 약점을 보강하고 Si와 함께 강재의 강도를 올리는 일이다.

보일러(boiler)용 압연 강재(SBB 재)도 SWS 재와 같이 중요한 부재로 사용되고 있다. 이 SBB 재는 일반적으로 판 두께가 두꺼운 압력 용기에 사용되며, 이들은 SWS 재와 같은 방법으로 용접하여 사용한다. 큰 차이점은 SBB 재는 반드시 상온 이상의 고온의 압력 용기에 사용된다는 점이다.

표 26－2는 보일러용 압연 강재의 화학 성분을 나타냈다. 보일러는 고온 고압에서 사용하므로 온도에 대해서 안정된 재료라야 한다. 따라서 화학 성분을 규정하고 있다.

표 26-1 용접 구조용 압연 강재의 화학 성분(KS D 3515)

기 호	화학성분[%]					
	C		Si	Mn	P	S
	두께 ~50	50~ 100				
SWS 41 A	~0.23	~0.25	–	2.5×C	~0.040	~0.040
SWS 41 B	~0.20	~0.22	~0.35	0.60~1.20	~0.040	~0.040
SWS 41 C	~0.18	–	~0.55	~1.40	~0.040	~0.040
SWS 50 A	~0.20	~0.22	~0.55	~1.50	~0.040	~0.040
SWS 50 B	~0.18	~0.20	~0.55	~1.50	~0.040	~0.040
SWS 50 C	~0.18	–	~0.55	~1.50	~0.040	~0.040
SWS 50 YA	~0.20	–	~0.55	~1.50	~0.040	~0.040
SWS 50 YB	~0.20	–	~0.55	~1.50	~0.040	~0.040
SWS 53 B	~0.20	–	~0.55	~1.50	~0.040	~0.040
SWS 53 C	~0.20	–	~0.55	~1.50	~0.040	~0.040
SWS 58	~0.18	–	~0.55	~1.50	~0.040	~0.040

비고 : 필요에 따라 위에 나타낸 이외의 합금 원소를 첨가할 수 있다.

우선 탄소는 강 중에서 시멘타이트로 존재하며, 장시간 고온에서 유지하면 흑연화($Fe_3C \rightarrow 3Fe + C$)가 일어난다. 이와 같이 시멘타이트가 분해하여 흑연이 석출하면 강재는 약하게 되므로 흑연화를 조절할 필요가 있게 된다.

표 26-2 보일러용 압연 강재의 화학 성분(KS D 3560)

<table>
<tr><th rowspan="3">기 호</th><th colspan="10">화학성분[%]</th></tr>
<tr><th colspan="5">C(판 두께에 따라 다름)</th><th rowspan="2">Si</th><th rowspan="2">Mn</th><th rowspan="2">P</th><th rowspan="2">S</th><th rowspan="2">Mo</th></tr>
<tr><th colspan="2">두께 6~25</th><th>50</th><th>100</th><th>150~200mm</th></tr>
<tr><td>SBB 42</td><td>~0.24</td><td>~0.27</td><td colspan="3">~0.30</td><td>0.15~ 0.30</td><td>~0.90</td><td>~0.035</td><td>~0.040</td><td>–</td></tr>
<tr><td>SBB 46</td><td>~0.28</td><td>~0.31</td><td colspan="3">~0.33</td><td>〃</td><td>~0.90</td><td>~0.035</td><td>~0.040</td><td>–</td></tr>
<tr><td>SBB 49</td><td>~0.31</td><td>~0.33</td><td colspan="3">~0.35</td><td>〃</td><td>~0.90</td><td>~0.035</td><td>~0.040</td><td>–</td></tr>
<tr><td>SBB 46 M</td><td>~0.18</td><td>~0.21</td><td>~0.23</td><td>~0.25</td><td>–</td><td>〃</td><td>~0.90</td><td>~0.035</td><td>~0.040</td><td>0.45~ 0.60</td></tr>
<tr><td>SBB 49 M</td><td>~0.20</td><td>~0.23</td><td>~0.25</td><td>~0.27</td><td>–</td><td>〃</td><td>~0.90</td><td>~0.035</td><td>~0.040</td><td>〃</td></tr>
</table>

SBB 재는 SWS 재에 비해 탄소 함유량이 높으므로 용접성이 나쁘며, 이 때문에 용접에 있어서는 충분한 주의가 필요하다. 보일러 및 원자로용 용기의 용접에서는 25~250mm의 저탄소강판의 용접이 필요하게 되므로, 이 때 80~150℃ 정도의 예열이 필요하다. 또한 보일러용 강에서는 흑연화 방지와 크립(creep) 강도를 유지하기 위해 Al의 함유량을 엄격히 제한하여야 한다.

연강 용접시 노치 인성과 용접 균열을 고려하면 충분하며, 가공성이나 연성의 점에서는 문제가 되지 않는다. 두꺼운 판의 큰 연강판의 노치 인성을 향상시키려면, 탈산(Si 및 Al 등의 첨가), 압연 온도의 저하(세입화), 소준(세입화) 등을 하고, 화학 성분으로서는 Mn/C의 비를 크게 하고, C, O, N, S, P 등의 함유량을 적게 하면 된다.

또, 일렉트로 슬랙 용접과 같이 큰 입열을 이용하면 용접 금속 및 열영향부의 인성이 저하한다. 따라서 인성이 요구될 경우에는 용접 후 소준(normalizing) 또는 소준－소려 처리가 필요하다.

두께가 아주 두꺼운 연강판을 다층 용접을 하면, 열영향과 변형 시효(strain aging)의 반복에 의해 열영향부의 인성이 대단히 낮아지는 경우가 있으므로 주의해야 한다.

연강도 판 두께 35mm 이하 정도이면 저수소계 이외의 용접봉을 사용하여도 균열이 생기지 않지만, 판 두께 약 40mm 이상이 되면 탄소량도 많아지고, 또한 용접시의 냉각 속도가 빨라지므로 균열이 생기기 쉽다. 이런 경우에는 적당히 예열하고, 저수소계 용접봉을 사용해야 한다. 연강인 경우에도 판 두께가 75mm 정도면 100～150℃의 예열이 필요하다.

다층 용접시에는 수소의 집적에 의해서 용접 금속의 마이크로 균열(micro crack), 용접 금속 내에서 열영향부에서의 균열 등이 생기기 쉽다. 이들의 마이크로 균열은 수소의 확산집적에 의해서 생기므로, 지체 균열(delayd crack)이다. 그 방지책으로서는 저수소계의 용접봉을 이용하고, 100～150℃로 예열(pre－heating), 또 약 250℃로 후열(post－heating)할 필요가 있다.

또, 구속이 강하고 복잡한 용접 이음에서는 층상 균열(lamellar tear)이 문제가 된다. 이 경우에는 보통 예열 온도 관리로서는 방지하기 곤란하므로, 층상 균열이 일어나기 힘든 이음 형상으로 설계를 변경할 필요가 있다.

연강의 용접 균열은 서브머지드 아크 용접에 의한 림드강(rimmed steel)의 설퍼 균열의 문제가 있다. 최근 림드강 대신에 설퍼 밴드가 적은 세미 킬드강(semi－killed steel)을 사용하게 되었으므로, 이런 문제는 거의 해소되었다. 그러나 보일러 판과 같이 아주 두꺼운 판에서는 어느 정도의 설퍼 밴드를 피하기 힘들다.

제27장 | 고탄소강의 용접

고탄소강(high carbon steel)은 탄소 함유량이 비교적 많은 것으로 보통 탄소가 0.5~1.3%의 강을 고탄소강이라 한다. 이에 대해서도 연강과 거의 같은 용접법을 쓸 수 있다. 그러나, 고탄소강의 용접에서 연강의 경우에 비교하여 주의할 점은 일반적으로 탄소 함유량의 증가와 더불어 급냉경화(rapid cooling hardening)가 심하므로, 열영향부의 경화 및 비드 밑 균열(under bead crack)이나 모재에 균열이 생기기 쉽다. 특히, 단층 용접에서 예열(pre-heating)을 하지 않았을 때에는 열영향부가 소입(quenching) 조직인 마르텐사이트(martensite) 조직이 되며, 경도가 대단히 높아진다. 2층 용접에서는 모재의 열영향부가 소둔(anne-aling) 효과를 받으므로, 최고 경도는 매우 저하한다.

비드 위의 아크 균열(crack of arc shape)은 고탄소일수록, 또한 용접 속도가 빠를수록 생기기 쉬우므로, 고탄소강의 용접 균열을 방지하려면 아크 용접에서는 전류를 낮추고 용접 속도를 느리게 하여야 하며, 또 예열 및 후열을 하면 효과가 있다. 탄소량에 따른 예열 온도는 표 27-1과 같으며, 그림 27-1은 비드 용접의 예열 효과를 나타낸 것이다.

표 27-1 탄소량에 따른 예열 온도

탄소량(%)	0.2% 이하	0.20~0.30	0.30~0.45	0.45~0.80
예열 온도(℃)	90 이하	90~150	150~260	260~420

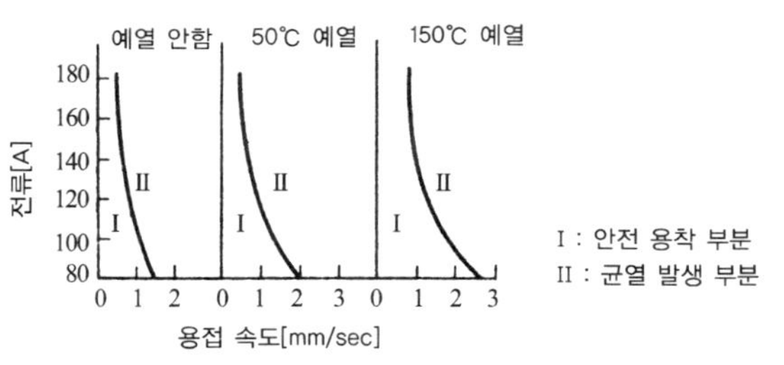

그림 27-1 비드 용접의 예열 효과

열영향부의 경화가 심할 때에는 용접 후의 급냉을 피하고, 또는 600~650℃로 후열(post-heating)하여 경화부를 연화시킬 필요가 있다.

탄소강에 생기는 용접 균열은 변태 종료 후에 발생하는 저온 균열과 용융 응고에 따라서 생기는 고온 균열이 있다. 저온 균열은 비드 밑 균열, 루트 균열, 힐 균열, 토우 균열 등의 단층 용접 때에 많이 생기는 균열 외에, 다층 용접 때 생기는 토우 균열 등이 있다. 저온 균열은 마르텐사이트 생성에 의한 경화, 구속 응력 및 수소의 공동 작용에 의해서 발생한다.

탄소량의 증가는 마르텐사이트 생성에 의한 경화와 구속 응력의 요인을 조장시켜, 저온 균열을 발생하기 쉽게 한다. 비드 밑 균열은 중・고탄소강을 수소량이 많은 용접 재료를 사용하여 용접 시공을 하면 발생하기 쉽다.

고탄소강의 용접봉으로서는 저수소계의 모재와 같은 재질의 용접봉 또는 연강 용접봉, 오스테나이트계 스텐레스강(austenitic stainless steel)용접봉, 모넬 메탈(monel metal) 용접봉 등이 쓰이고 있다.

저수소계 용접봉을 사용하려면 100~150℃의 낮은 온도로 예열하여도 되며, 오스테나이트계 스텐레스강 용접봉을 사용할 때에는 용접 금속의 연성이 풍부하므로 잔류 응력이 저하하고, 수소로 인한 취성도 일어나지 않는다. 그리고, 모재의 변태에 의한 응력은 가열 범위를 되도록 작게 하여 응력값을 낮추고 균열 발생을 방지한다.

모재와 같은 재질의 봉(rod), 연강 및 일반 특수강 용접봉을 사용할 때에는 모재를 예열하여 용접 속도를 느리게 하고, 용접 후 신속한 소둔 작업을 하도록 한다.

제28장 | 주철의 용접

28-1 주철의 성질과 용접성

주철(cast iron)은 강과 같이 철과 탄소의 합금으로, 보통 탄소가 2.5~3.5%, 규소가 1.5~2.5% 정도 함유되어 있다. 그 밖에 망간, 인, 황 등이 함유되어 있으며, 탄소와 규소의 양에 따라 대단히 광범위한 성질을 나타낸다.

주철은 함유하는 탄소의 형태와 파면의 색채에 따라 회주철(grey cast iron), 백주철(white cast iron) 및 반주철(mottled cast iron)의 3종으로 분류한다. 회주철은 탄소가 흑연(graphite) 형태로 존재하여 파면이 회색을 띠고, 백주철은 탄소가 시멘타이트(cementite, Fe_3C)로 존재하여 백색의 탄화철이 혼합되어 있다. 그리고 반주철은 회주철과 백주철의 중간 상태를 가진다. 그 밖의 주철에는 고급 주철, 합금 주철, 구상 흑연 주철, 가단 주철 등이 있다.

보통 주철이란 강도 및 경도가 보통인 주철로서, 인장 강도가 10~20kg/mm^2 정도로 연강에 비하여 취약하며, 용접성이 대단히 나쁘다. 그 이유는 다음과 같다.

① 용접부는 급냉에 의해 백선화하여 기계 가공이 곤란할 뿐 아니라, 균열을 발생한다.
② 주철은 연성 및 강도가 낮으므로, 용접시 열응력에 의해서 모재 중에 균열이 생기기 쉽다.
③ 주철 중에 많이 함유된 탄소가 용접 중에 산화하여 탄산 가스가 발생하여, 작업성을 해치는 동시에 용접 금속에 블로우 홀을 생성한다.
④ 주철 중의 시멘타이트는 용접열에 의해서 분해하여 체적 팽창을 일으키지만, 냉각시 급냉에 의해서 백선화하고, 수축이 많아 균열이 생기기 쉽다.

그러므로, 주철의 용접에서는 용접 금속 및 열영향부의 탄소의 흑연화를 촉진하여 백선화가 되지 않도록 예열 및 후열을 한다. 용가재로서는 Ni이나 Cu－Ni합금과 같은 연성이 큰 용접봉을 사용하든가 또는 연강, 주철계 용접봉에는 Si를 많이 함유시켜서 흑연화를 촉진시키게 한다. 시공법은 로 중 또는 국부적인 예열 및 후열을 하여 서냉하고, 수축 응력을 제거 또는 줄이기 위하여 피이닝(peening)을 충분히 할 필요가 있다. 그림 28－1은 주철의 용접부와 Fe－C계 평형 상태도와의 관계를 나타냈다.

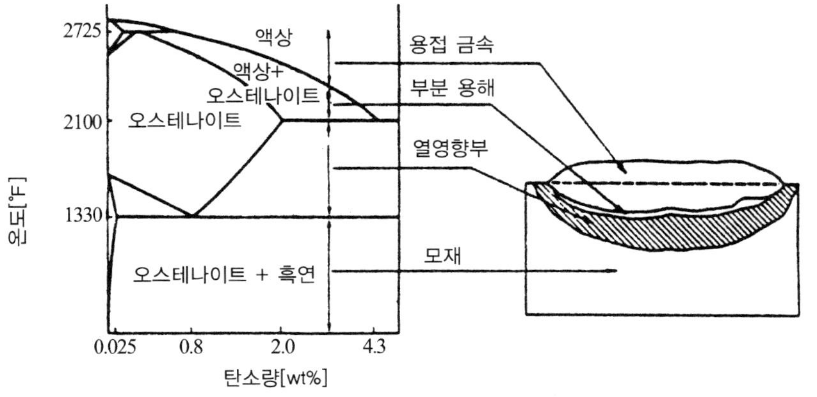

그림 28－1 주철 용접부와 Fe－C계 상태도

28-2 용접방법

주철의 용접은 주로 주물의 보수 용접에 많이 쓰인다. 회주철의 보수용접에는 현재 가스 용접, 피복 아크 용접 및 가스 납땜법(brazing) 등이 주로 사용되고 있다. 가스 용접은 예부터 사용되는 방법으로써 열원이 비교적 분산되는 경향이 있으므로, 예열 효과가 피복 아크 용접보다 큰 특징이 있다. 가스 납땜은 주철보다 융점이 낮은 황동, 청동 등의 합금을 사용하여 납땜하는 방법이며, 주로 모재를 녹이지 않으므로 응력 균열이 생기지 않는 잇점이 있다.

1. 가스 용접

가스 용접에서는 주로 산소－아세틸렌 용접을 한다. 용접봉은 대체로 주철 용접봉을 사용하며, 용착 금속 및 열영향부의 백선화를 방지하고 흑연화를 촉진시키기 위해서 알루미늄, 니켈, 구리 등을 첨가한 용접봉도 사용되고 있다. 표 28－1은 많이 사용되고 있는 주철 용접봉을 나타냈다. 용제의 종류도 여러 가지가 있으나 탄산나트륨(Na_2CO_3), 붕사($Na_2B_4O_7 \cdot 10H_2O$), 붕산(H_3BO_3) 등을 적당히 배합한 것이 사용되며, 미국에서는 붕사 15%, 탄산나트륨 70%, 소량의 알루미늄 분말 혼합제가 널리 쓰이고 있다.

예열은 용접에 의한 급열, 급냉을 방지하고 용접부의 백선 경화를 억제하기 위해서 400~600℃ 정도의 고온 예열이 필요하며, 후열은 용접 후의 내부 응력의 경감 및 균열을 방지하기 위해서 500~600℃ 정도로 가열한 후 서냉할 필요가 있다. 가스 불꽃은 중성 또는 약간 환원성인 불꽃인 것이 좋으며 위와 같은 용접을 고온상열 용접법이라 한다.

표 28-1 주철용 가스 용접봉의 화학 성분

특 성	C	Si	Mn	P	S	Al 또는 Ni
Al을 함유	3.0~3.4	3.1~3.5	0.5~0.6	0.3~0.4	0.1 이하	0.5~1.0
Ni을 함유	3.0~3.6	2.5~3.2	0.1~0.6	0.3 이하	0.1 이하	1.3~1.6

그림 28-2는 550℃로 예열 및 후열을 하고, 주철 용접봉으로 가스 용접한 용접부의 현미경 조직을 나타냈다. 주철 용접부의 기계적 성질은 용접봉의 화학 성분, 예열 및 후열 등이 직접적인 영향을 미치며, 특히 용접부에 발생하는 잔류 응력, 용접 결함 등에 의해서도 용접부의 강도가 크게 좌우된다.

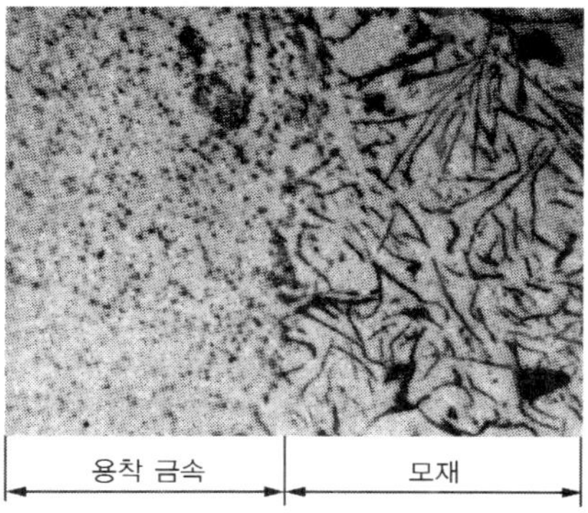

그림 28-2 주철 용접부의 조직

2. 피복 아크 용접

아크 용접에서는 용접열이 국부적으로 집중되기 때문에, 용접 열응력이 집중적으로 발생하므로, 가스 용접보다 균열이 발생하기 쉽다. 피복 아크 용접에 있어서는 예열 온도에 따라서, 냉간 용접, 저온 예열 용접, 열간 용접으로 분류된다. 표 28-2는 주철용 피복 아크 용접봉의 화학 성분을 나타냈다.

표 28-2 주철용 피복 아크 용접봉의 화학 성분(KS D 7008)

종 류	화학성분〔%〕							
	C	Mn	Si	P	S	Ni	Fe	Cu
EGCNi	1.8이하	1.0이하	2.5이하	0.04이하	0.04이하	92이상	–	–
EGCNiFe	2.0이하	2.5이하	2.5이하	0.04이하	0.04이하	40~60	나머지	–
EGCNiCu	1.7이하	2.0이하	1.0이하	0.04이하	0.04이하	60이상	2.5이하	25~35
EGCCI	1.0~5.0	1.0이하	2.5~9.5	0.20이하	0.04이하	–	나머지	–
EGCFe	0.15이하	0.8이하	1.0이하	0.03이하	0.04이하	–	나머지	–

(1) 열간용접법

열간 용접법에서는 주로 주철계 용접봉을 사용하여, 피용접물 전체를 500~600℃ 정도로 예열하여, 용접부를 될 수 있는대로 서냉하므로써 흑연화를 촉진한다. 그러나 그림 28－3과 같이 주철 중의 시멘타이트의 분해는 500℃ 정도에서 시작하여, 이것이 흑연화하여 700℃ 부근에서 팽창이 심해지므로, 600℃ 이상의 예열은 피하는 것이 좋다.

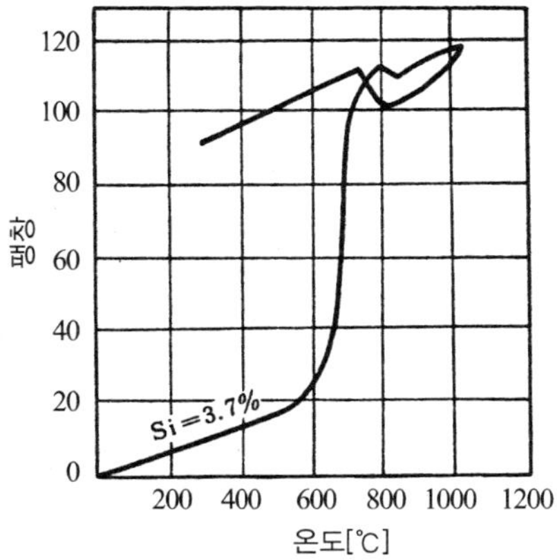

그림 28－3 시멘타이트 분해에 의한 주철의 팽창 (C 3.48%, Si 3.70%)

이 방법에서는 용접 금속 및 모재에 급격한 열영향이 미치지 않으므로 용접부의 조직 변화나, 급격한 용접 열응력의 발생이 거의 없으며, 기계적 성질에 있어서도 신뢰성이 높은 용접부를 얻을 수 있다. 또 큰 주조품 전체를 이와 같이 높은 온도로 예열하기 곤란하므로, 공업적으로는 소형 주물에만 적용된다.

(2) 냉간용접법

주철 제품에는 일반적으로 주조 응력이 잔존하고 있으므로, 용접시 예열을 광범위하게 하면 잔류 응력이 중첩하여 주물에 균열이 발생할 때가 있다. 따라서 주철의 국부적인 보수 용접에는 예열을 하지 않는 냉간 용접을 사용할 때가 많다. 회주물을 아크 용접으로 보수할 때에는 니켈 용접봉, 모넬 메탈(monel metal, 70 Ni~30Cu) 용접봉, 연강 용접봉 등이 사용되며, 예열하지 않아도 용접할 수 있다.

그러나, 모넬 메탈, 니켈 용접봉을 쓰면 150~200℃ 정도의 예열이 적당하다. 이와 같은 용접을 저온상열 용접법이라 하는데, 이런 용접봉을 쓰면 용접 금속의 연성이 풍부하므로 균열 같은 용접 결함이 생기지 않는다.

용접에 의한 경화층이 생길 때에는 500~650℃ 정도로 가열하면 연화된다. 용접 직후 냉각할 때 모재와 용접 금속의 수축에 따라 생기는 응력을 제거 또는 줄이기 위하여 서냉하든가 피이닝(peening)을 충분히 할 필요가 있다.

(3) 가스 납땜

가스 납땜(brazing)의 경우에는 과열을 피하기 위하여 토치(torch)와 모재 사이의 각도를 작게 한다. 또, 모재 표면의 흑연을 제거하는 것이 중요하므로, 산화 불꽃으로 하여 약 900℃ 정도로 가열하여 제거한다. 일반적으로 가스 불꽃으로 용접할 때에는 약간 산화 불꽃으로 하고 용제는 산화성으로서 모재 표면의 산화물을 용해하여 제거할 수 있는 붕산, 붕사, 플르오르화물의 혼합물이 사용된다.

용접봉은 대체로 4−6 황동이 사용되며, 강도는 15~25kg/mm^{2}이다. 또한, 주철의 보수에는 아연이 들어 있는 땜납(Zn 35%, Pb 30%, Sn 35%)을 쓸 때가 있다. 납땜 작업에서는 먼지, 흑연을 연소시킨 다음 염산으로 표면을 깨끗이 하여 납땜한다. 이 방법은 기계 다듬질면의 수정에 이용될 때가 많다. 또한 저온 용접봉을 사용할 수도 있다. 납땜 후에는 용제 찌꺼기를 물 또는 화학적, 기계적 방법으로 완전히 제거해야 한다.

28-3 구상흑연주철의 용접

구상흑연주철(ductile cast iron)은 40kg/mm^2 이상의 인장 강도와 신율 2~12% 정도로 종래의 주물에서는 볼 수 없는 특성을 갖고 있다. 또 용접 및 가스 절단도 보통 주철보다 용이하며, 용접 시공을 충분히 관리하면 완전한 이음 효율을 기대할 수도 있다. 구속 정도가 작은 주물을 용접으로 시공할 때에는 Ni, Fe−Ni 용접봉 등이 사용되지만, 구속 정도가 큰 주물에서는 Fe−Ni 용접봉을 사용하여야 한다. Ni 용접봉은 Fe−Ni 용접봉에 비하여 용접 금속의 연성과 강도가 낮다. Fe−Ni 용접봉을 사용하여 150~200℃로 예열하면 건전한 용접을 할 수 있다. 용접봉은 될 수 있는 대로 지름이 큰 것을 사용할 때 강도 및 연성이 커진다.

표 28−3 전용착 금속 인장 시험 결과의 예

용접봉	조 건	인장강도 〔kg/mm^2〕	항복강도 〔kg/mm^2〕	연신율〔%〕
Fe−Ni계	용접상태	50.4	33.7	13.0
	소 둔	52.0	31.6	19.0
순 Ni계	소 둔	34.5	26.0	7.0

표 28−3은 용착 금속의 인장 시험 결과의 한 예를 나타냈다.

① ϕ12.8의 전용착 금속 인장 시험편, 예열 층간 온도 200~300℃

② 900℃×4시간 후열 처리

③ 순 Ni계가 Fe−Ni계에 비해서 인장 강도도 낮고 연신율도 작다.

구상흑연주철에서는 용접 후 소둔 처리가 필요하다. 용접 직후에 200~400℃로 승온된 노 중에 용접물을 옮긴 후, 900℃까지 가열한다. 그리고, 그 온도에서 2시간 유지한 후, 700℃까지 서냉하여 그 온도에서 5시간 유지한 후, 250℃까지 노 중에서 냉각한 후, 노에서 취출하여, 대기 중에서 실온까지 냉각시킨다. 노 중에서의 가열 또는 냉각할 때의 온도 변화는 1시간 당 650℃를 넘어서는 안 된다.

그림 28-4는 구상흑연주철을 Ni용접봉으로 용접하였을 때의 현미경 조직을 나타냈다. 이것은 용접한 상태의 조직이며, 용접 금속과의 경계에는 레데뷰라이트(ledeburite, 백선의 조직)를 볼 수 있으며, 기지(matrix)에 마르텐사이트(martensite)를 볼 수 있다. 이것을 용접 후에 위와 같이 소둔 처리를 하면, 그림 28-5와 같이 레데뷰라이트는 전혀 없어지고, 페라이트(ferrite)의 기지에 구상 흑연이 균일하게 분포한 상태, 즉 구상흑연주철의 표준적인 조직으로 된다.

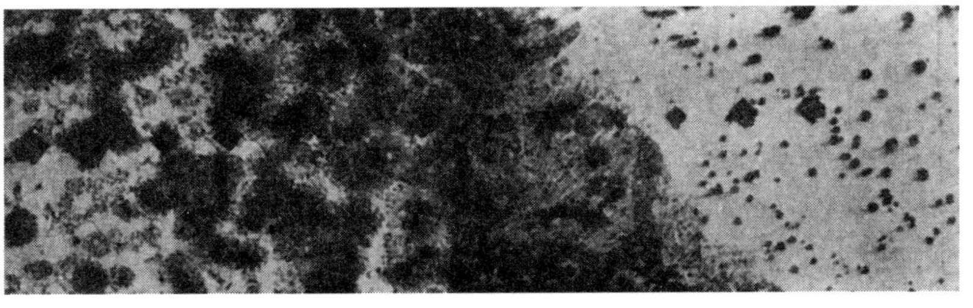

그림 28-4 구상흑연주철의 용접부의 현미경 조직(×70) (용접 상태)

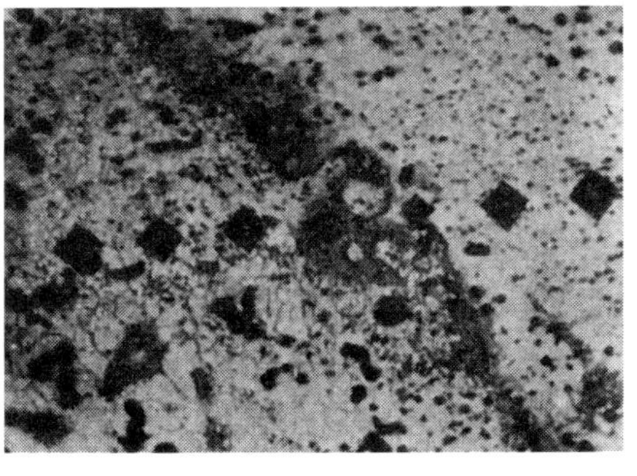

그림 28-5 구상흑연주철의 용접부의 현미경 조직(×80) (900℃에서 소둔 후 700℃에서 흑연화)

제29장 | 스텐레스강의 용접

29-1 스텐레스강의 특성

철에 크롬을 첨가하면 내식성이 크게 개선된다. 그 이유는 철 중에 고용된 크롬이 산화 크롬 피막을 형성하고, 산화 침식에 저항하기 때문이다. 스텐레스강은 크롬을 주합금 원소로 하는 크롬계 스텐레스강과 크롬 및 니켈을 주합금 원소로 하는 크롬－니켈계 스텐레스강으로 구별할 수 있다. 또한 크롬 및 망간을 주합금 원소로 하는 스텐레스강도 있으나 그 양은 앞에 것에 비하여 적다.

크롬계 스텐레스강은 탄소 및 크롬의 함량이나 다른 원소의 첨가에 의해 상온에서의 조직이 마르텐사이트(martensite) 조직과 페라이트(ferrite) 조직으로 분류된다. 또, 크롬－니켈계 스텐레스강은 상온에서의 조직이 오스테나이트(austenite) 조직이므로, 오스테나이트계 스텐레스강이라 한다. 이들의 대략적인 구별은 표 29－1과 같다.

철－크롬 합금계 상태도는 그림 29－1과 같이 Cr〈13% 이하에서는 고온에서 오스테나이트(γ) 영역이 있지만 크롬이 그 이상 높으면 페라이트(α) 조직으로 된다. C〈0.10%, 17～18% 이상의 크롬강은 페라이트 조직만으로 된다. 또, Cr 20～70% 부근에 냉각 중의 페라이트에서 시그마상(sigma phase, σ)이 석출하는 영역이 있다. 이 σ상은 대단히 취약하다.

표 29－1 스텐레스강의 분류

분 류	개략 성분〔%〕			담금질성	내식성	가공성	용접성	자성
	Cr	Ni	C					
마르텐사이트계	11～15	－	1.20이하	자경화	가 능	가 능	불가능	있음
페라이트계	16～27	－	0.30이하	없 음	양 호	약간 양호	약간 양호	있음
오스테나이트계	16이상	7이상	0.25이하	없 음	우 수	우 수	우 수	없음

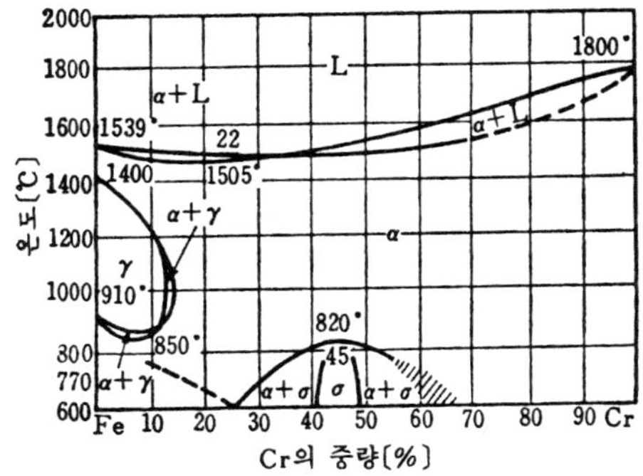

그림 29-1 Fe-Cr계 상태도

29-2 용접성

스텐레스강은 구조용 탄소강과는 상당히 다른 물리적 성질을 가지고 있으므로 직접 간접으로 크게 영향을 미친다. 이 중에서 열전도도는 특히 작으며, 연강의 약 1/3 정도이다. 또, 열팽창 계수는 오스테나이트계에서는 연강보다 약 50% 크고, 마르텐사이트계와 페라이트계에서는 연강과 거의 같다. 따라서 용접 후의 냉각 속도는 연강의 경우보다 훨씬 완만하지만, 오스테나이트계에서는 용접에 의한 변형이 연강인 경우보다 대단히 크다.

1. 마르텐사이트계 스텐레스강

마르텐사이트계에서의 용접 열영향부는 소입 경화되어 단단한 마르텐사이트 조직으로 된다. 특히, 탄소 함유량이 높을수록 경화 현상이 심하며, 잔류 응력이 커지고 또한 냉각 후 균열이 생기기 쉽다. 그러므로, 용접용 재료로서는 탄소 함유량이 적은 것을 선택하여야 한다. 크롬 3~6% 스텐레스강의 용접봉은 저수소계로서 크롬, 몰리브덴 등의 함유량이 모재에 가까운 심선을 사용하든지, 또는 25 : 20의 크롬-니켈 스텐레스강 용접봉을 사용한다. 앞에 것을 사용할 때 예열 온도는 300~350℃가 적당하고, 뒤엣 것은 예열 온도를 150℃ 이하로 하여 지나치게 모재가 과열되지 않도록 해야 한다.

용접 후에 720~750℃로 후열 또는 900℃ 정도에서 완전 소둔(full annealing)을 하여 서냉하면 열영향부의 경도는 낮아져서 좋은 결과를 얻을 수 있다.

12~14% 크롬강은 내식성이 좋다. 용접 모재는 되도록 저탄소의 것이 좋으며, 공냉 경화가 극심하므로 모재와 같은 종류의 용접봉을 쓰더라도 탄소 함유량이 극히 적을 때를 제외하고는 용접이 거의 불가능하다. 탄소 함유량이 0.1% 이하의 경우는 모재와 같은 종류의 용접봉으로 용접이 가능하나 200~400℃의 예열이 필요하며, 용접 직후 700~760℃로 소둔하여 인성을 회복시

켜야 한다. 그러므로, 이 강은 도리어 25 : 20의 크롬-니켈 스텐레스강으로 용접할 때가 많다.

크롬은 철보다 친화력이 크므로, 탄소의 함유량이 많아지면 크롬의 탄화물이 석출하여 크롬 함유량이 감소되고 내식성이 나빠지므로 주의하여 용접한다. 가스 용접법에서는 탄화 불꽃이 되지 않도록 중성 불꽃을 유지시켜야 한다.

2. 페라이트계 스텐레스강

페라이트계는 크롬을 16% 이상 함유한 스텐레스강으로서 소입 경화성이 없으므로 용접에 의해서 경화되지 않으나 900℃ 이상으로 가열된 부분은 결정입이 조대화하여 실온에서도 연성 및 인성이 저하하므로, 용접할 때에는 과열을 피하고 조립화 범위를 될 수 있는 대로 적게 하여야 한다. 또, 크롬이 16% 이상인 강은 400~600℃ 특히 475℃에서 장시간 가열한다든가 서냉하면 탄화크롬이 석출하여 매우 취화한다. 이것을 475℃ 포화라고 한다. 따라서 모재를 70~100℃로 예열하여 노치 인성(notch toughness)이 풍부한 온도 범위에서 용접하여 상온까지 서냉하는 것이 좋다.

그러나, 475℃ 취화를 피하기 위해서는 예열 온도가 150℃를 넘지 않는 것이 좋다고 한다. 또, 페라이트계 스텐레스강은 540~820℃에서 장시간 가열하면 철과 탄소의 화합물인 시그마(σ)상이 나타나 상온에서 연성 및 인성이 대단히 저하한다. 이런 경우에는 930~980℃로 가열 후 급냉하면 시그마상은 소실된다. 용접봉은 25 : 25의 스텐레스강 또는 19 : 9 몰리브덴이 함유된 스텐레스강 용접봉을 쓰도록 한다.

3. 오스테나이트계 스텐레스강

오스테나이트계 크롬-니켈 스텐레스강의 용접부는 소입 경화성이 없으므로 용접에 의해서 경화되지는 않으나, 550~800℃로 장시간 유지하든가, 이 온도 범위에서 서냉하면 용접부는 그림 29-2와 같이 용접금속에 인접한 부분은 조대화하고, 다음 부분에 크롬 탄화물의 석출이 일어나서 국부적으로 내식성이 떨어진다.

따라서 부식 환경에서 사용되면 용접부식(weld decay)이 생겨서 취화된다. 그 이유는 고용 탄소가 크롬 탄화물이 되어 입계에 망상(network)으로 석출하였기 때문에 입계 양쪽의 크롬이 희박하게 되어 입계부식(intergranular corrosion)을 일으키기 때문이다. 입계 부식을 방지하려면 저탄소(C≦0.03%)의 스텐레스강을 사용하든가 탄화물 안정제로서 티탄(Ti), 니오브(Nb), 몰리브덴(Mo) 등을 첨가하든가 또는 1,000~1,050℃에서 수냉하는 용체화 처리(solution heat treatment) 등의 방법이 있다.

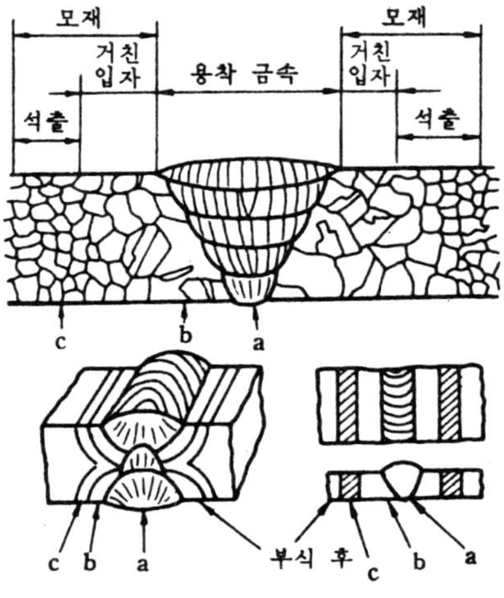

그림 29-2 Cr-Ni강의 열영향부

오스테나이트계 스텐레스강은 변태가 없고 극히 인성이 풍부하고 용접성도 좋으나 연강에 비하여 전기 저항이 4배 이상, 열팽창이 50% 정도 크고 열전도율이 1/3 정도로 대단히 작다. 18 : 8 스텐레스계를 용접할 때 주의할 사항은 열팽창이 크고 탄소 및 크롬의 다과에 따라 용접성이 크게 변동하므로 지나친 열을 사용하지 말아야 한다.

또한, 예열에 의해서 냉각 속도가 늦어지므로, 용접 열영향부의 탄화물의 석출을 촉진하는 결과가 된다. 그러므로, 두꺼운 판의 용접을 제외하고는 오스테나이트계 스텐레스강은 예열을 실시하지 않는다. 그리고, 용접 시공을 할 때 고정 공구 및 냉각 공구를 쓰면 효과적이다.

29-3 용접균열

오스테나이트계 스텐레스강은 판 두께가 두껍고 구속이 강할 때, 그림 29-3과 같이 비드에 발생하는 가로 균열, 세로 균열, 루트 균열, 크레이터 균열 및 모재의 열영향부의 발생하는 모재 균열 등의 고온 균열을 일으키기 쉽다. 고온 균열의 원인은 오스테나이트 입계에 존재하는 저융점 불순물에 의한다고 생각된다.

용접봉은 모재와 같은 질의 것을 사용하나, 용착 금속이 완전 오스테나이트 조직이 되면 고온 균열을 일으키기 쉬우므로, 이것을 방지하기 위해서, 용접 금속의 오스테나이트 조직에 그림 29-4와 같이 수 %의 페라이트상을 함유시키면 균열이 대단히 감소된다. 그러나, 페라이트상이 과다하면 σ 상취성을 조장하므로 10% 이하로 억제하여야 한다.

이와 같이, 용접 금속의 페라이트량은 대단히 중요하므로 모재의 성분, 용접 조건 또는 용접물의 사용 조건 등을 고려한 뒤, 용접 금속에 적당량의 페라이트상을 생기게 하는 용접봉을 선정할 필요가 있다.

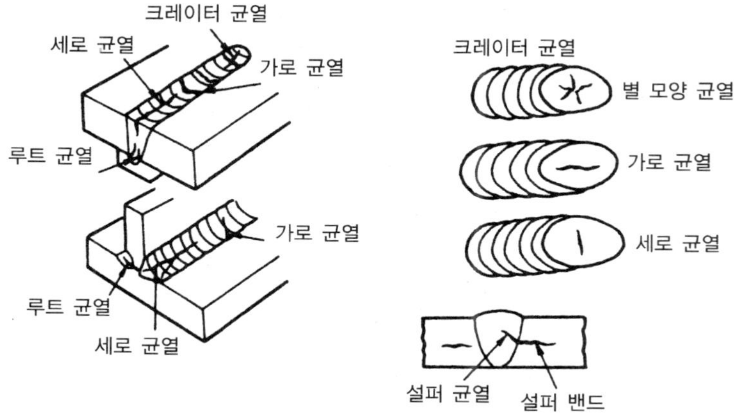

그림 29-3 오스테나이트계 스텐레스강 용착부의 균열

이런 의미에서 용접봉은 KS D 7014, 7026에 규정한 308, 309, 316, 317계의 것이 많이 사용되고 있지만, 용접 금속 중의 라이트상 %는 모재와 용접봉의 화학성분에 의해서 좌우되며, 크롬(Cr)과 니켈(Ni)의 비율이 중요하다.

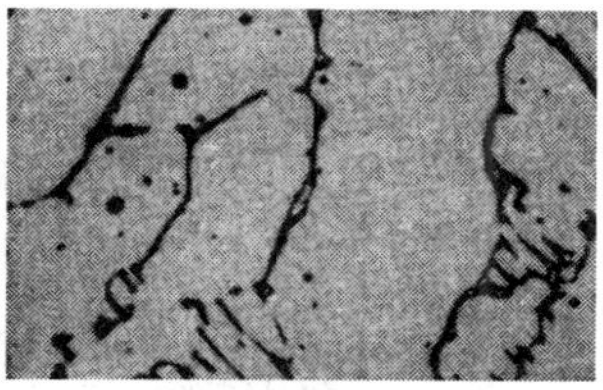

그림 29-4 Y 347형 스텐레스 용착강 중의 페라이트(2~7%)(×100)

용착 금속의 화학 성분과 조직과의 관계를 추정하기 위해서는 그림 29-5와 같은 셰플러(schaeffler)의 조직도가 이용된다. Cr-Ni 강에 있어서, C, Mn 등은 Ni와 더불어 오스테나이트 안정 원소로서 작용하지만, 그 작용의 상대적인 강도에 의해서, 강의 화학 성분의 Cr당량 및 Ni 당량은 다음 식에 의해서 계산되어, 이들 값은 셰플러의 조직도 위에 플로트(plot)하면, 그 강의 조직을 추정할 수 있다.

$$\text{Cr당량} = \text{Cr} + \text{Mo} + 1.5\,\text{Si} + 0.5\,\text{Nb}[\%]$$

$$\text{Ni당량} = \text{Ni} + 30\,\text{C} + 0.5\,\text{Mn}[\%]$$

그림 29-5에 점선으로 나타낸 장방형은 각각 Cr-Ni강 용접봉 D 308(Cr : 18.0~21.0, Ni 9.0~11.0) 및 D 310(Cr : 25.0~28.0, Ni : 20.0~22.5)으로 용접한 용접 금속의 조성 범위이며, D 308 영역은 비교적 안전 구역이다. 특히 D 347(18-10 Nb) 용접봉에서는 용착 금속이 완전히 오스테나이트 조직으로 되면 고온 균열을 일으키기 쉬운 결점이 있다.

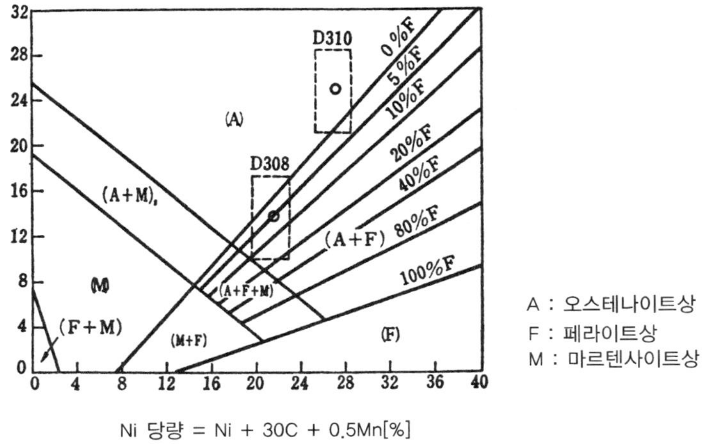

그림 29-5 스텐레스강 용접 금속의 셰플러의 조직도

그림 29-6은 오스테나이트계 스텐레스강의 고온 균열을 나타냈다. 용접부는 오스테나이트 단상 때문에 주상정이 조대화하기 쉬우며, 또 열팽창 계수가 크기 때문에, 수축 응력이 크므로 고온 균열이 대단히 일어나기 쉽다. 이 중에서 가장 잘 일어나는 균열은 용접 금속의 크레이터 균열이나 비드의 세로 균열 등의 응고 균열(solidification cracking)이다.

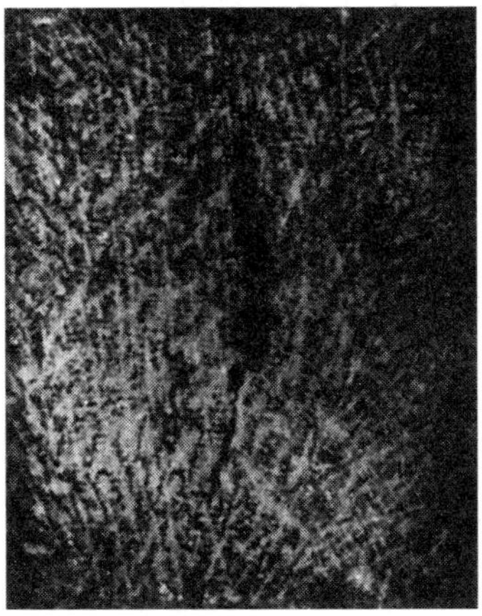

그림 29-6 오스트테나이트강 용접 금속의 응고 균열(Hemsworth)

이와 같은 균열은 보통 덴드라이트(dendrite) 입계 또는 셀(cell) 경계를 지나며, 육안으로도 볼 수 있는 크기다. 또 열영향부에 균열이 일어날 때도 있다. 이 외에 용접 후에 열처리에 의해서 일어나는 응력 제거 소둔 균열(stress relief annealing crack) 등이 있다. 용접 금속의 응고 균열은 완전 오스테나이트 조직일 때 일어나기 쉽다고 한다.

용접 중에 열영향부에 생기는 균열에는, 기지(matrix)보다 융점이 낮은 액체 필름(film)의 존재에 의해 일어나는 익계액화균열(liquation cracking) 외에 연성저하에 의한 균열(ductility-dip cracking)이 있다.

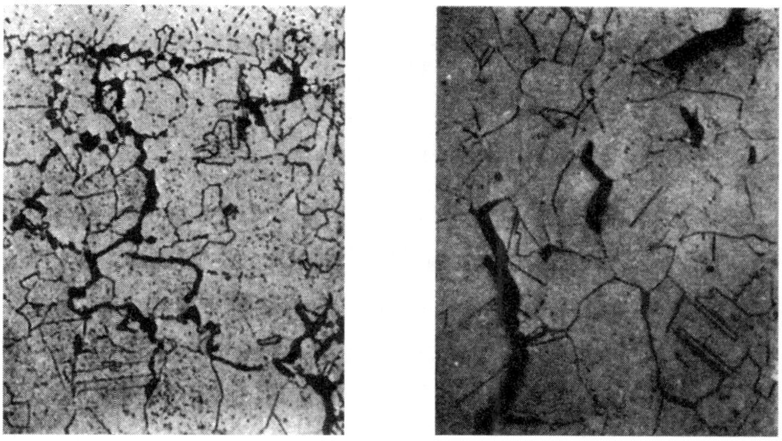

(a) 입계 액화 균열　　(b) 연성 저하에 의한 균열

그림 29-7 오스테나이트 스텐레스강 열영향부의 입계 균열(Hemsworth)

29-4 용접방법

현재 스텐레스강에 사용되고 있는 아크 용접법으로는 피복 아크 용접, 불활성 가스 아크 용접, 플라즈마 아크 용접, 서브머지드 아크 용접 등이 있으며, 얇은 판에는 스폿 용접이나 시임 용접 등의 저항 용접이 사용되고 있다.

스텐레스강의 용접에서 일반적으로 가장 문제시되고 있는 것은, 우선 용융 금속의 산화 방지, 특히 용융점이 높은 내화성의 크롬 산화물(FeO · Cr_2O_3, cromite ; 1,900~2,180℃)의 발생을 방지 또는 제거할 필요가 있다. 따라서, 불활성 가스, 비산화성 가스 또는 용제 등으로 용융 금속을 보호해야 한다. 그러나, 저항 용접에서는 가열 시간이 매우 짧으므로 그러할 필요가 없다.

또한 Cr－Ni 스텐레스강은 원래 용접성이 좋지만 탄소강에 비하게 팽창 계수 및 열전도도가 현저하게 다르기 때문에 용접에 의한 변형의 발생이 커지며, 다른 종류의 스텐레스강 또는 탄소강과의 용접에서는 열팽창 계수의 차이에서 오는 열응력에 의하여 더욱 균열을 발생시키므로 주의해야 한다.

1. 피복 아크 용접법

현재 가장 많이 이용되고 있는 용접법의 하나로, 아크열의 집중이 좋고 고속도 용접이 가능하며, 용접 후의 변형도 비교적 적은 것이 특징이다. 특히, 최근에는 용접봉의 발달로 0.8mm 판두께에 이르기까지 이용되고 있다.

직류의 경우는 역극성이 사용되며, 용접 전류는 일반적으로 탄소강의 경우보다 10~20% 낮게 하면 좋은 결과를 얻을 수 있다. 또한, 스텐레스강의 용접에서는 전류가 낮아서 용입 불량을 일으키기 쉬우므로, 용접 홈, 치수, 가용접 등에 특히 주의하여야 한다.

용접봉의 종류 결정에 대해서는 모재 및 균열, 내식성, 열처리의 여부, 사용 조건 등을 잘 고려하여 결정하여야 하며, 일반적으로는 모재와 같은 질의 것 또는 같은 질의 저탄소계의 것을 사용하도록 한다. 피복제 종류로서는 라임계(저수소계)와 티타니아계(고산화 티탄계) 및 양자를 절충한 라임 티타니아계가 있다. 라임계는 용접성에 중점을 둔 것이고, 티타니아계는 작업성에 중점을 둔 것이지만, 라임 티타니아계는 용접부의 성능도 좋고 티타니아계 특유의 깨끗한 비드가 얻어지므로, 일반적으로 라임 티타니아계가 많이 사용되고 있다. 용접부의 성능에 중점을 둘 경우에는 라임계가 사용된다.

용접봉은 사용 전에 오스테나이트계는 150～200℃, 순크롬계는 300～350℃에서 1시간 건조하여 사용한다. 건조가 불충분하면 아크 중의 수소량이 많아지므로 용착 금속 내의 기공의 발생 또는 균열의 원인이 된다. 표 29－2는 스텐레스강에 대한 피복 아크 용접봉의 종류와 화학 성분을 나타냈다.

2. 불확성 가스 아크 용접

불활성 가스 아크 용접법(inert gas arc welding)은 스텐레스강의 용접에 광범위하게 사용되고 있다. TIG용접법은 0.4～0.8mm 정도의 얇은 판의 수동 용접 또는 스폿 용접에 주로 사용되며, 특히 얇은 판에서 용접한 다음 연마 다듬질할 자리에는 슬랙의 함유가 적으므로 이 방법이 널리 이용된다. 그러나, 페라이트계 스텐레스강의 용접에서는 결정임의 조대화를 피하기 위하여 사용하지 않는 것이 좋다.

용접 전류에는 직류 정극성(DCSP)이 좋으며, 전극도 토륨(Th)이 들어 있는 텅스텐이 아크의 안정에 우수하며, 전극의 소모도 적다. 텅스텐의 끝부분은 뾰족하게 연마하여 사용해야 전류가 안정되고 열의 집중이 잘 된다.

MIG용접법은 판 두께 3mm 이상의 것의 반자동 용접에 널리 이용되고 있다. 용접법은 지름 0.8～1.6mm 정도의 심선을 전극으로 하여 직류 역극성(DCRP)으로 시공한다. 이 방법은 아크의 열집중이 좋으므로 TIG용접에 비해서 두꺼운 판의 용접에 이용된다. 그러나, 탄소 0.08%(SUS 27) 이하의 오스테나이트 스텐레스강의 열영향부에서는 탄화물의 임계석출은 거의 볼 수 없으나, 탄소 0.08～0.15%(SUS 40)에서는 어느 정도 탄화물의 석출이 생긴다. 이 방법의 장점으로는 용적(globule)이 고속도로 아크 방향으로 방사되므로 어떠한 방향이라도 용접을 할 수 있으며, 또 전극선의 합금 원소가 98% 이상으로 거의 전부가 용착 금속에 옮겨진다.

표 29-2 스텐레스강 피복 아크 용접봉(KS D 7014)

종 류	화학성분(%)								
	C	Si	Mn	P	S	Ni	Cr	Mo	기 타
D 308	0.08 이하	0.90 이하	2.50 이하	0.040 이하	0.030 이하	9.0~ 11.0	18.0~ 21.0	–	–
D 308 L	0.04 이하	0.90 이하	2.50 이하	0.040 이하	0.030 이하	9.0~ 12.0	18.0~ 21.0	–	–
D 309	0.15 이하	0.90 이하	2.50 이하	0.040 이하	0.030 이하	12.0~ 14.0	22.0~ 25.0	–	–
D 309 L	0.04 이하	0.90 이하	2.50 이하	0.040 이하	0.030 이하	12.0~ 16.0	22.0~ 25.0	–	–
D 309 Mo	0.12 이하	0.90 이하	2.50 이하	0.040 이하	0.030 이하	12.0~ 14.0	22.0~ 25.0	2.00~ 3.00	–
D 310	0.20 이하	0.75 이하	2.50 이하	0.030 이하	0.030 이하	20.0~ 22.0	25.0~ 28.0	–	–
D 316	0.08 이하	0.90 이하	2.50 이하	0.040 이하	0.030 이하	11.0~ 14.0	17.0~ 20.0	2.00~ 2.75	–
D 316 L	0.04 이하	0.90 이하	2.50 이하	0.040 이하	0.030 이하	11.0~ 16.0	17.0~ 20.0	2.00~ 2.75	–
D 316 JIL	0.04 이하	0.90 이하	2.50 이하	0.040 이하	0.030 이하	11.0~ 16.0	17.0~ 20.0	1.20~ 2.75	Cu 1.00~ 2.50
D 317	0.08 이하	0.90 이하	2.50 이하	0.040 이하	0.030 이하	12.0~ 14.0	18.0~ 21.0	3.00~ 4.00	–
D 317 L	0.04 이하	0.90 이하	2.50 이하	0.040 이하	0.030 이하	12.0~ 16.0	18.0~ 21.0	3.00~ 4.00	–
D 347	0.03 이하	0.90 이하	2.50 이하	0.040 이하	0.030 이하	9.0~ 11.0	18.0~ 21.0	–	Nb+Ta 8×C% ~1.00
D 410	0.12 이하	0.90 이하	1.00 이하	0.040 이하	0.030 이하	0.60 이하	11.0~ 14.0	–	–
D 430	0.10 이하	0.90 이하	1.00 이하	0.040 이하	0.030 이하	0.60 이하	15.0~ 18.0	–	–

단, 순수한 아르곤을 쓸 때 스패터가 비교적 많아 아크가 약간 불안정해지므로, 2~5%의 산소를 넣어 이것을 해소시킨다. 표 29-3은 TIG 및 MIG 용접에 사용되는 스텐레스강 용접봉과 심선의 화학 성분을 나타냈다.

표 29-3 불활성 아크 용접봉 및 심선의 화학 성분(KS D 7026)

종 류	화학성분(%)								
	C	Si	Mn	P	S	Ni	Cr	Mo	기 타
Y 308	0.08 이하	0.60 이하	1.0~2.5	0.03 이하	0.03 이하	9.0~11.0	19.5~22.0	–	–
Y 308 L	0.030 이하	0.60 이하	1.0~2.5	0.03 이하	0.03 이하	9.0~12.0	19.5~22.0	–	–
Y 309	0.12 이하	0.60 이하	1.0~2.5	0.03 이하	0.03 이하	12.0~14.0	23.0~25.0	–	–
Y 310 S	0.08 이하	0.60 이하	1.0~2.5	0.03 이하	0.03 이하	20.0~22.5	25.0~28.0	–	–
Y 310	0.15 이하	0.60 이하	1.0~2.5	0.03 이하	0.03 이하	20.0~22.5	25.0~28.0	–	–
Y 316	0.08 이하	0.60 이하	1.0~2.5	0.03 이하	0.03 이하	11.0~14.0	18.0~20.0	2.0~3.0	–
Y 316 L	0.030 이하	0.60 이하	1.0~2.5	0.03 이하	0.03 이하	11.0~14.0	18.0~20.0	2.0~3.0	–
Y 316 JIL	0.030 이하	0.60 이하	1.0~2.0	0.03 이하	0.03 이하	11.0~14.0	18.0~20.0	2.0~3.0	Cu~2.0
Y 317	0.08 이하	0.60 이하	1.0~2.5	0.03 이하	0.03 이하	13.0~15.0	18.5~20.5	3.0~4.0	–
Y 321	0.08 이하	0.60 이하	1.0~2.5	0.03 이하	0.03 이하	9.0~10.5	18.5~20.5	–	Ti 9×C%~1.0 Nb+Ta
Y 347	0.08 이하	0.60 이하	1.0~2.5	0.03 이하	0.03 이하	9.0~11.0	18.5~20.5	–	10×C%~1.0
Y 410	0.12 이하	0.50 이하	0.6 이하	0.03 이하	0.03 이하	0.6 이하	11.5~13.5	0.60 이하	–
Y 430	0.10 이하	0.50 이하	0.6 이하	0.03 이하	0.03 이하	0.6 이하	15.5~17.0	–	–

3. 서브머지드 아크 용접

일반적으로 오스테나이트계 스텐레스강에만 적용되며, 6mm 이상의 두꺼운 판의 자동 용접에 적합하다. 그러나 모재에 의한 용접 금속의 희석, 열영향부의 탄화물의 석출이나, 고온 균열의 위험이 높다. 스텐레스강의 경우 용접 금속의 크롬 성분이 10~20% 정도 용접에 의해서 손실되는 단점이 있다. 용접 전원은 교류, 직류 모두 사용되며 용제는 Mn과 Si의 함유량이 적고, Cr과 Ni의 성분을 적당히 높인 소결(sintered)형의 것이 사용된다.

4. 저항용접

주로 오스테나이트계 스텐레스강의 얇은 판의 스폿 용접이나 시임 용접 등에 널리 이용된다. 스텐레스강은 연강에 비해서 전기 저항이 크고, 열전도율이 작으므로 용접 전류는 연강보다 낮게 할 수 있지만 고온 강도가 높으므로 연강의 약 2배의 가압력을 필요로 한다. 오스테나이트계의 것은 저항 용접성이 대단히 좋으나, 마르텐사이트계 스텐레스강은 자경성이 있기 때문에 적당한 예열과 후열이 필요하다. 페라이트계 스텐레스강은 결정입의 조대화에 의한 취화 때문에 저항 용접은 거의 이용되지 않는다.

연습문제

01 스텐레스강의 마르텐사이트계, 페라이트계, 오스테나이트계의 차이점에 대하여 설명하여라.

02 오스테나이트계 스텐레스강의 용접 균열에 대하여 설명하여라.

03 오스테나이트계 스텐레스강의 weld deacy와 그 대책에 대하여 설명하여라.

04 스텐레스강의 용접상 주의할 사항을 열거하여라.

05 스텐레스강 용접부의 후열처리에 대하여 설명하여라.

06 다음 낱말에 대하여 설명하여라.

㉠ 입간 부식
㉡ 응력 부식
㉢ 입계 균열
㉣ 액화 균열
㉤ 시그마상 취화
㉥ weld decay

제30장 | 동과 그 합금의 용접

30-1 동의 성질과 용접성

동에는 산소를 0.02~0.05% 정도 함유한 정련동(tough pitch copper)과 산소를 거의 함유하지 않은 탈산동(oxygen-free copper)이 있다. 또 수소 기류 또는 진공 중에서 용해 주조하여 만든 산소를 함유하지 않고 전기 전도율이 대단히 높은 무산소동(oxygen-free high conductivity copper, OFHC)이 있다.

동합금에는 황동(Cu-Zn), 청동(Cu-Sn), 규소 청동(Cu-Si), 알루미늄 청동(Cu-Al), 니켈 청동(Cu-Ni) 등이 있다.

동의 융점은 1,083℃로서, 알루미늄(658℃)과 강(약 1,500℃)의 중간정도이다. 순동의 열전도도는 연강의 8배 이상이고 알루미늄의 약 2배이다. 그러므로, 열이 용접부에서 급격히 방산되기 때문에 가스 용접과 아크 용접에서 충분한 용입을 얻으려면 충분한 예열이 필요하다. 또한, 열영향부의 넓이가 연강의 경우보다 크다. 그러나, 동에 다른 합금 원소를 첨가하면 열전도도 및 전기 전도도가 저하한다. 동의 열팽창 계수는 연강보다 약 50% 크고 알루미늄보다 약 30% 작다.

동의 용접은 철강 용접에 비하여 어려우며, 그 이유는 다음과 같다.

① 열전도율이 높고 냉각 속도가 크다.

② 동 중에 0.04% 정도의 산소를 함유하여도 용접성이 대단히 저하한다. 동 중의 산화동(Cu_2O)을 함유한 부분이 순동에 비하여 용융점이 낮으므로, 먼저 용융되어 균열이 발생하기 쉽다.

③ 열팽창 계수는 연강보다 약 50% 크므로 냉각에 의한 수축과 응력 집중을 일으켜 균열이 발생하기 쉽다.

④ 가스 용접, 그 밖의 용접 방법으로 환원성 분위기 속에서 용접을 하면 산화동은 환원($Cu_2O + H_2 = 2Cu + H_2O$)될 가능성이 커진다. 이 때, 용적은 감소하여 스펀지(sponge) 모양의 동이 되므로 더욱 강도를 약화시킨다.

⑤ 수소와 같이 확산성이 큰 가스를 석출하여, 그 압력 때문에 더욱 약점이 조성된다.
⑥ 동은 용융될 때 심한 산화를 일으키며, 가스를 흡수하기 쉬우므로 용접부에 기공 등이 발생하기 쉽다. 그러므로, 용접용 동재료는 전해동보다 탈산동을 사용하여야 하며, 또한 용접봉은 탈산동 용접봉 또는 합금 용접봉을 사용해야 한다.

1. 기 공

수소나 산소는 용융동 속에서의 용해도가 크므로 응고할 때 수소가 많이 방출되어서 기공을 형성한다. 산소는 $Cu-Cu_2O$ 공정 조직을 형성하여 결정 입계에 석출되어서 기계적 성질을 저하하지만, 수소가 존재하면 수증기로 되어 기공을 형성한다. 기공은 결정 입계에 생길 때 많으며, 특히 산소량이 많은 정련동에서는 주의를 요한다.

기공은 수소 가스의 용해도의 감소에 의해서 생성되는 것과 가스 화합물로서 생성하는 2종류가 있다. 앞에 것은 그림 30－1과 같이 용융동의 수소 용해도가 응고 온도의 수소 용해도에 비해서 상당히 크기 때문에, 용접 중에 흡수되었던 수소가 응고시 방출되어서 기공으로 된다. 즉

$$2H \rightleftharpoons H_2$$

뒤엣 것은 용융동 중의 수소와 산소가 반응하여 수증기를 생성하여 기공으로 된다.

$$2H + O \rightleftharpoons H_2O$$

이 수증기는 고상의 동에 대해서 전연 용해하지 않으므로 기공이 생겨서 다공질로 된다. 특히, 정련동에서는 이 반응에 따라서 기공의 생성이 심하므로, 건전한 용접이 힘들다. 기공을 방지하기 위해서는 Mn, Si, Ti 등의 탈산 원소를 함유한 용접 재료를 사용하든가 고온으로 예열하며, 냉각 속도를 완만하게 하면 효과적이다.

정련동 중의 산소는 가스 불꽃 또 아크 분위기 중의 수소와 반응하여 산화물이 환원되어서 수증기가 생겨 다공질로 된다. 즉,

$$Cu_2O + H_2 = 2Cu + H_2O$$

이 수증기는 확산하여 동 중에서 방산될 수 없으므로, 큰 가스압이 생겨서, 결정 입계에 다수의 미소 균열(micro crack)을 발생한다. 탈산동의 경우는 이런 현상은 생기지 않는다. 따라서 성상을 알 수 없는 동을 용접, 열처리 할 경우에는 간단한 가스 발생 시험(gassing test)을 하는 것이 좋다. 시험 방법으로서는 수소 또는 암모니아(NH_4) 분위기 중에서 800℃로 30분간 가열하여 냉각한 후, 굽힘 시험을 하여 균열의 유무를 조사한다. 균열이 없으면 탈산동이다.

그림 30－2는 탈산동 모재(왼쪽)와 정련동 용접 금속(오른쪽)의 현미경 조직이다. 오른쪽의 용접 금속 내에 많은 미소 기공(흑반점)을 볼 수 있다. 또 본드부에 접한 모재의 결정립은 열영향을 받지 않은 모재에 비해서 상당히 조대화되었다.

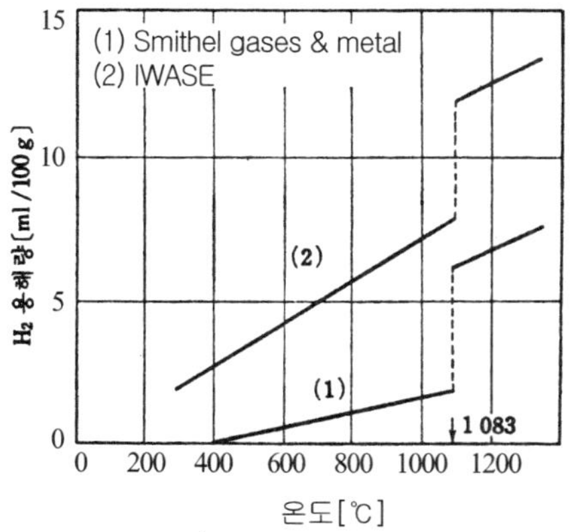

그림 30-1 동의 수소 용해도

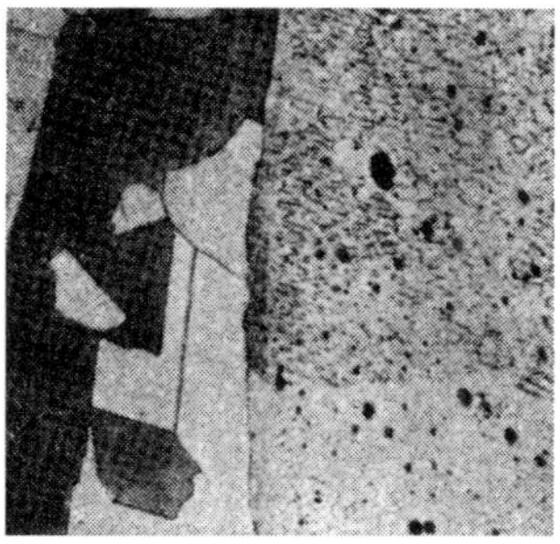

그림 30-2 탈산동 모재와 정련동 용접 금속의 본드부의 현미경 조직(×100, 2/3)

2. 열영향

동 및 동합금의 재결정 온도는 가공 온도에 따라 다르지만, 가공도가 클 경우에는 약 200℃이다.

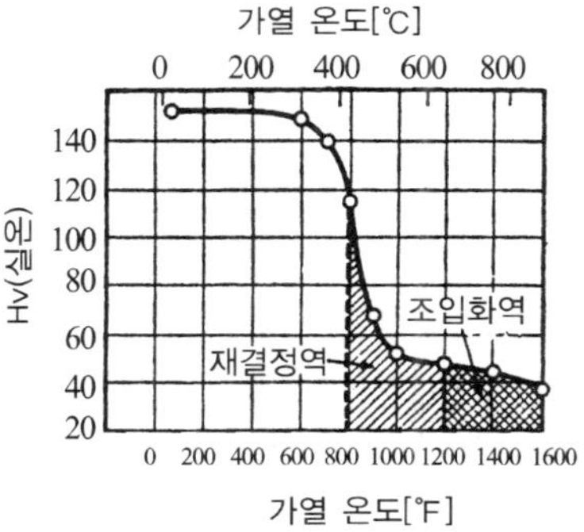

그림 30-3 청동 용접 금속의 후열에 의한 연화와 재결정

따라서 이 온도 이상에서 가열하면 연화하기 시작하여, 온도의 상승과 더불어 경도 및 강도가 대단히 저하한다. 따라서 용접에서 약 400℃ 이상으로 가열된 부분은 가공 경화가 소실하여, 이음 강도가 소둔한 모재와 동등한 정도로 저하한다. 그림 30-3은 청동의 용접 금속을 피이닝

(peening)한 후, 후열에 의한 연화와 재결정 및 조립화의 범위를 나타냈다. 약 400℃에서 급격히 경도가 감소하고 650℃ 이상에서 조립화한다.

3. 용접균열

순동은 용접 균열을 일으키는 일이 적으나, 두꺼운 판에서 구속이 강할 때는 고온 균열이 발생한다. 또 동합금은 균열 감수성이 높다. 동 및 동합금은 오스테나이트계 스텐레스강이나 알루미늄 합금과 같이 면심입방정계이며, 용접 균열 특성도 유사하다.

응고 온도 범위가 넓든가 결정 입계에 Pb나 Sb 등의 저융점의 불순물이 존재할 경우에 균열이 발생하기 쉽다. 균열을 방지하기 위해서는 모재와 용가재를 적절히 선정할 것, 적당히 예열하여 수축 응력을 감소시킬 것, 지나친 입열과 위빙을 피하여 직선 비드로 용접할 것, 피이닝을 하여 세입화할 것, 또 이음부와 용가재의 청정과 건조도 중요하다.

30-2 용접방법

동과 동합금은 용융 용접에서는 주로 불활성 가스 텅스텐 아크 용접법과 가스 용접이 많이 사용되며, 서브머지드 아크 용접법도 실용되고 있다. 피복 아크 용접은 슬랙 섞임과 기포가 발생하기 쉬우므로 사용이 곤란하다. 또, 저항 용접법, 압접법, 초음파 용접법 등은 얇은 판에 쓰이고 납땜법도 널리 사용되고 있다. 또, 전자 비임 용접은 열영향 비드폭이 좁은 용접을 할 수 있으므로, 특히 가공재의 용접에 유망하다.

1. 가스 용접법

가스 용접에서는 강한 불꽃이 필요하므로, 주로 산소-아세틸렌 용접을 한다. 정련동의 용접은 피해야 하며, 용접에 있어서는 충분한 예열과 용제가 필요하다.

황동의 가스 용접에서는 아연이 증발하여 산화 아연의 흰 연기가 생겨서 용접 비드가 보이지 않으므로, 용접 작업이 대단히 곤란하고 기포가 생기기 쉽다. 이 대책으로는 불꽃 또는 대기에 의한 용융 금속의 산화를 방지하든가, 용제를 사용하여 발생한 산화 아연을 용제 속에 녹이는 것이다. 불꽃은 산화 불꽃이 좋으며, 환원 불꽃이나 중성 불꽃을 사용하면 용접부가 다공질로 된다.

용가재(filler metal)는 모재와 같은 조성의 용접봉, 규소 청동(Cu-Si) 용접봉, 에버듀우르(everdur) 용접봉 등이 많이 사용된다. 규소 청동은 모재와 같은 조성의 용접봉으로 붕산 함유량이 높은 용제를 사용하고 산화 불꽃으로 가스 용접을 한다.

인청동은 균열이 생기기 쉬우므로, 가스 용접은 좋지 않으나 Sn 1.5%나 Sn 8%를 함유한 용가제를 사용하면 좋다. 알루미늄 청동(Cu－Sn－Al)은 산화 알루미늄(Al_2O_3)의 처리가 곤란하므로, 황동용 용제는 불충분하고 알루미늄 용접용 용제를 첨가하여 사용할 필요가 있다. 니켈 청동(Cu－Sn－Ni)은 환원 불꽃을 사용하고, Mn 또는 Si 등의 탈산제를 많이 함유한 용가제를 사용하는 것이 좋다.

표 30－1은 동합금 용접용 용제의 배합 예를 나타냈다.

표 30－1 동합금 용접용 용제의 배합 예

	1	2	3
붕 사	－	75	70
붕 산	70～75	－	－
염화나트륨	10～15	25	20
염화칼슘	－	－	5～10
인산소다	15	－	－
불화리튬	－	－	1～2

2. 불활성 가스 아크 용접법

불활성 가스 아크 용접은 열의 집중이 좋고 용제가 필요하지 않으므로, 동 및 동합금에 가장 유효하다. 동의 TIG 용접에서는 직류 정극성(DCSP)이 사용되며, 언더 컷이 생기기 쉬우므로 전극은 토륨(Th)이 들어 있는 텅스텐 용접봉보다 순텅스텐 용접봉이 좋다. 동은 열전도도가 좋으므로, 판 두께 6mm 이상에는 200℃정도, 판 두께 12mm 이상에는 300～400℃ 정도로 예열하면 용접 속도가 증가된다.

TIG 용접에서는 그림 30－4와 같은 전진 용접(forehand welding)과 후진 용접(backhand welding)이 사용된다.

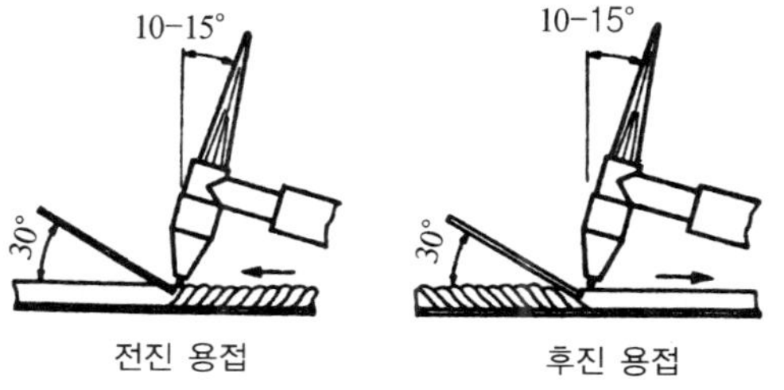

그림 30－4 전진 용접법 및 후진 용접법

동의 다층 용접에서는 용접 금속 속에 미소 균열(micro fissure)이 발생하기 쉬우며, 이것은 길이 3mm 이하의 입계 균열이다. 미소 균열은 용접 입열을 줄이고, 용접 금속의 각 층을 피이닝하면 방지할 수 있으며 또 예열도 유효하다.

정련동의 용접에 모재와 같은 조성의 용접봉을 사용하면 기포가 많이 발생하여 기계적 성질이 대단히 나쁘다. 따라서, 납을 함유한 탈산 용접봉, 규소 탈산 용접봉을 쓰고, 순도 99.8% 이상의 아르곤을 사용하면 좋다. 또, 탈산동, 무산소동인 경우에도 납을 함유한 탈산 용접봉을 사용하면 건전한 용접부가 된다.

황동은 규소 탈산 용접봉을 쓰고 판 두께 2mm 이하에는 고주파를 병용한 교류를 사용하는 것이 좋고, 판 두께 2mm 이상에는 직류 정극성(DCSP)이 좋다. 판 두께가 두꺼워지면 용접부의 아연의 증발이 심하게 되므로, 모재보다 아연량이 많은 것을 사용하든가 규소동 용접봉이 좋다. 그 밖에 인청동, 알루미늄 청동, 니켈 청동도 불활성 가스 아크 용접으로 좋은 용접을 할 수 있다.

3. 피복 아크 용접법

동과 동합금 용접은 가능하지만, 슬랙 섞임, 기포의 발생이 많으므로 불활성 가스 아크 용접에 비하여 성질이 떨어진다. 용접봉은 보통 모재와 같은 조성의 용접봉이 사용되지만, 황동에는 인청동 용접봉과 규소 청동 용접봉이 사용된다. 또 강과 황동, 주철과 청동, 주철과 동, 청동과 황동 등의 이종 금속의 접합이나 공구강, 고탄소강 등의 용접에는 청동 용접봉이 사용된다. 이종 금속을 용접할 때에는 예열 온도를 충분히 높이는 것이 좋다.

4. 납땜법

동 및 동합금의 납땜에 널리 사용된다. 연납땜인 경우에는 땜납으로 주석(Sn) 50%, 안티몬(Sb) 3%, 나머지 납(Pb)인 것 또는 카드뮴(Cd)을 조금 함유한 Sn－Pb 합금이 사용된다. 용제는 염화 아연(ZnCl)이 사용된다. 그리고 경납땜인 경우에는 땜납으로서 황동납이나 은납이 사용되며, 용제는 붕사가 사용된다.

30-3 동합금의 용접성

동에 합금 원소가 첨가되면, 일반적으로 열전도도 및 전기 전도율이 상당이 낮아지는 경향이 있으므로, 동합금은 순동에 비해서 용접이 용이하다. 그러나 용접성은 합금 원소의 종류나 함유량에 의해서 달라진다.

순동의 용접은 앞에서 설명한 바와 같이 산화동(Cu_2O)이 용접성을 크게 지배하지만, 동합금의 용접에서는 산화동은 용이하게 환원되어 합금원소의 산화물이 생긴다. 이들의 산화물이 용접부의 성능에 미치는 영향은 그 산화물의 특성에 의해서 다르지만, 예컨대 저융점에서 응고 온도 범위가 넓은 산화물을 생성하는 것은, 산화동의 경우와 같이 고온 균열(hot cracking)이 생기기 쉬우며, 고융점의 산화물을 생성하는 합금에서는, 용접부에 결함이 많은 용접부로 되기 쉽다. 이와 같이 나쁜 영향을 방지하기 위해서는 용접법과 용접의 선택이 대단히 중요하다.

또, 열영향에 의한 결정의 조립화에 의해서 기계적 성질이 상당히 저하하지만, 용접 직후의 급냉에 의해서 어느 정도 방지할 수 있다. 또, 가공 경화에 의해서 강도를 높인 것의 열영향부는, 가공 경화가 소실하여 소둔 상태와 같은 정도로 강도가 저하한다.

동합금의 저항 용접은 일반적으로 순동보다 용이하지만, 보통, 전기 전도율이 순동의 30% 이하의 합금 박판에 적용되며, 30% Ni 청동, 3% Si 청동 및 Mn 황동 등은 대단히 용이하다.

1. 황동(Cu－Zn 계)

황동은 Zn의 융점(420℃) 및 비등점(930℃)이 대단히 낮고 용접 열에 의해서 용이하게 기화 증발하기 때문에 Zn이 소모하여 용접부의 조성을 변화시킬 뿐만 아니라, 과열되면 Zn의 기화 때문에 용접부가 심하게 비등하여, 이것이 대기 중에서 산화하여 산화 아연(ZnO)의 흰 연기로 되어 용접부를 둘러 싸서, 작업을 대단히 곤란하게 하며, 또 블로우 홀(blow hole)이 생성하기 쉽다. 일반적으로 아크 용접에서는 과열되기 쉽기 때문에 황동의 용접에는 적당하지 않다. 그러나 TIG 용접에 의해 용접 속도를 빨리하면 대체로 만족한 용접을 할 수 있다. 또, 가스 용접에서는 산화 불꽃을 사용하면 용융 황동의 표면에 산화 아연의 보호층이 생겨서, Zn의 증발을 어느정도 방지할 수 있다. 용가재는 모재보다 Zn량이 많고 Si를 함유한 같은 계통의 Cu－Zn 계의 것, 또는 Cu－Si 계, Cu－Sn 계의 것을 사용하고, 기계적 성질에 중점을 둘 때에는 Cu－Al 계의 것을 사용한다. 예열 온도는 200～250℃가 적당하며, 특히 고 Zn의 황동은 응력 부식의 경향이 있으므로, 이것을 방지하기 위해서 용접 후 260～370℃의 응력 제거 소둔을 한다.

2. 인청동(Cu－Sn 계)

인청동은 용접부의 결정이 조대화하기 쉬우며, 또한 고온 취성의 경향이 있으므로, 냉각시 균열이 생기기 쉽다. 따라서, 용융 용접보다 도리어 네벌 황동(naval brass)의 용접봉을 사용한 경납 용접(brazing)이 좋다. 아크 용접에서는 150～200℃ 정도로 예열 후, 고속 용접을 하여 결정입의 조대화를 방지하기 위해서 열간 피이닝(hot peening)을 한다. 용가재는 Cu－Sn 계, Cu－Si 계 또는 Cu－Al 계의 것이 사용된다.

3. 규소청동(Cu－Si계)

규소 청동은 다른 동합금에 비해 전기 및 열전도율이 훨씬 낮으므로 용접성이 좋으며, 저항 용접은 동합금 중에서 가장 용이하다. 그러나 고온 취성의 경향이 있으므로 과열을 피해야 하며,

열전도율도 낮으므로 예열은 하지 않는다. 또, 용접 후 500℃로 후열 처리하면 높은 인성을 얻을 수 있다. 용가재는 일반적으로 Cu-Si 계의 것이 사용된다.

4. 알루미늄 청동(Cu-Al계)

알루미늄 청동의 용가재는 Ni·Fe·Mn을 함유한 모재와 같은 Cu-Al 계의 것을 사용하면, 용접 금속의 강도와 연성이 우수하며 고온 취성의 우려가 없다. 그러나, 알루미늄 산화물은 대단히 안정한 고융점의 화합물이며, 용접부에 잔류하기 쉬우므로 강한 산성의 용제를 사용하여야 한다. 이 계통의 합금은 아크의 청정 작용(cleaning action)에 의해서 표면 산화물을 제거할 수 있는 이너트 가스 아크 용접이 가장 적합하다.

5. 니켈 청동(Cu-Ni 계)

니켈 청동도 고융점의 안정한 Ni 산화물을 생성하므로, 가스 용접이나 피복 아크 용접에서는 강력한 탈산제를 필요로 하지만, 역시 이너트 가스 아크 용접이 가장 좋다. 용가재는 Cu-Ni 계의 것을 사용하지만 Mn·Si 등의 탈산제를 함유한 것이 좋다. 이 합금의 용접 금속은 고온 취성을 나타내므로, 냉각을 빨리하기 위해서 예열을 피해서 고속 용접을 하고, 다층 용접인 경우에는 층간 온도(interpass temperature)는 70℃를 넘지 않게 한다.

6. 베릴륨 청동(Cu-Be계)

베릴륨 청동도 고융점의 Be 산화물을 생성하므로 이너트 가스 아크 용접이 좋다. 용가재는 Cu-Be 계의 것을 사용하지만 전기 전도도를 고려하지 않을 경우에는 Cu-Al 계의 것이 사용된다. 예열 온도는 300~400℃ 정도이다.

Modern Welding Engineering

제31장 | 알루미늄과 그 합금의 용접

31-1 알루미늄 용접의 특성

알루미늄과 그 합금은 압연재와 주조재로 대별되며, 또한 냉간 가공에 의해서 강도를 증가시킨 비열처리합금(non heat treatable alloy)과 소입(quenching), 소려(tempering) 등의 열처리에 의해서 강도를 증가시킨 열처리합금(heat treatable alloy)으로 나누어진다.

열처리 합금은 2,000, 6,000, 7,000계 합금이 해당되며, 비열처리 합금은 1,000, 3,000, 4,000, 5,000계 합금이 해당된다.

알루미늄은 용접할 때 용접 금속 내의 기공의 발생, 슬랙 섞임, 열영향부의 연화와 내식성의 저하 등 여러 결함이 생기기 쉬우므로, 불활성 가스 아크 용접을 사용하면 비교적 용이하나, 철강 용접에 비하여 일반 용접법으로서는 극히 곤란하다. 그 이유는 다음과 같다.

① 비열 및 열전도도가 크므로, 단시간에 용접 온도를 높이는 데에는 높은 온도의 열원이 필요하다.

② 용융점이 비교적 낮고, 색채에 따라 가열 온도의 판정이 곤란하여 지나친 용해가 되기 쉽다.
③ 산화 알루미늄의 용융점은 알루미늄의 용융점(658℃)에 비하여 매우 높아서 약 2,050℃나 되므로, 용융되지 않은 채로 유동성을 해치고, 알루미늄 표면을 덮어 금속 사이의 융합을 방지하는 등 작업을 크게 해친다.
④ 산화 알루미늄의 비중(4.0)은 보통 알루미늄의 비중(2.7)에 비해 크므로, 용융 금속 표면에 떠오르기가 어렵고, 용착 금속 속에 남는다.
⑤ 강에 비해 팽창 계수가 약 2배, 응고 수축이 1.5배 크므로, 용접 변형이 클 뿐 아니라, 잔류 응력이 발생하기 쉬우며 합금에 따라서는 응고 균열이 생기기 쉽다.
⑥ 액상에 있어서의 수소 용해도가 고상 때 보다 대단히 크므로 수소 가스를 흡수하여 응고할 때에 기공으로 되어 용착 금속 중에 남게 된다.

이상과 같은 특성 때문에 알루미늄 합금의 용접에는 아크의 청정 작용이 있고 용제를 사용하지 않는 불활성 가스 아크 용접이 가장 적당하며, 현재는 TIG용접과 MIG용접이 알루미늄 합금 용접의 주류를 이루고 있다.

1. 열영향

모재에 대한 용접법의 영향은 중요하며, 비열처리 합금의 완전 소둔(full annealing) 재에서는 거의 영향이 없으나, 석출경화된 열처리 합금에서는 열영향부가 거의 완전 소둔재의 상태로 연화하기 때문에 이음 효율이 저하한다. 알루미늄 합금은 열전도율이 크므로 용접할 때 비교적 넓은 열영향부가 생긴다. 그리고 이음에 있어서 금속학적인 불연속부로 되여, 이 때문에 이음 강도가 저하하고 때에 따라서는 내식성을 해친다. 열영향부의 넓이는 합금의 종류와 질별, 판 두께, 이음 형상, 용접법이나 용접 조건, 시공법 등에 영향되지만, 알루미늄 합금에서는 비열처리 합금과 열처리 합금에서 본질적으로 그 상태가 다르다.

석출경화된 열처리 합금의 열영향부는 그림 31－1과 같이 용접 금속, 용융대(fusion zone), 고용역, 연화역(과시효역) 및 미영향부로 나누어진다. 용접 금속은 모재의 일부와 용가재가 혼합된 주조 급냉 조직이며, 모재보다 부식성이 좀 심하다.

용융대는 모재와 용접 금속의 경계에 해당되며, 반용융 상태로 된 부분이다. 고용역은 고

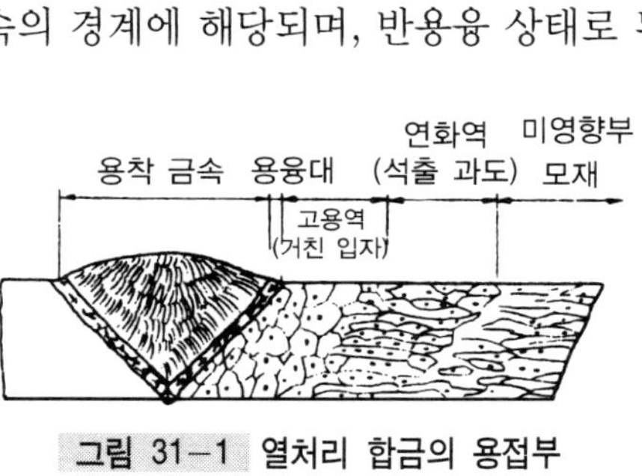

그림 31－1 열처리 합금의 용접부

용성 원소가 고용되는데, 충분한 고온까지 가열되었다가 급냉되어 실온에서도 부분적으로 고용체로 된 영역이다. 내식성은 모재와 같은 정도로 양호하다.

연화역은 용접열에 의해 모재가 과시효(overaging)를 받아서 석출물이 결정 입계 또는 입내에 응집한 부분이며, 강도와 내식성이 낮아지므로 주의해야 한다. 그림 31－2는 2014－T 6합금 MIG용접부의 현미경 조직을 나타냈다.

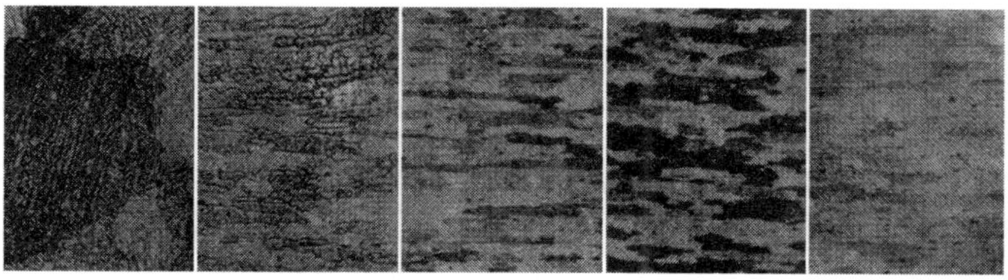

(a) 용접 금속　(b) 용융대　(c) 고용역　(d) 과시효역　(e) 모재

그림 31－2 2014－T 6합금 MIG용접부의 현미경 조직

비열처리 합금도 보통 가공하면 강화되므로, 용접열로 재결정에 의해 연화된다. 열처리 합금을 용접 상태에서 당기면, 보통 연화역에서 절단되며, 이음 효율은 40～70%정도이다. 그러나 용접 후 용체화, 소입, 시효 등의 열처리를 하면 열영향부의 연화역이 해소되며, 용접 금속이 모재와 유사한 화학 성분이 될 수 있는 용접봉을 사용한 경우에는 용접부의 강도는 모재와 거의 비등하게 된다.

그림 31－3은 2014－T 6합금 TIG용접부의 경도 분포를 나타냈다.

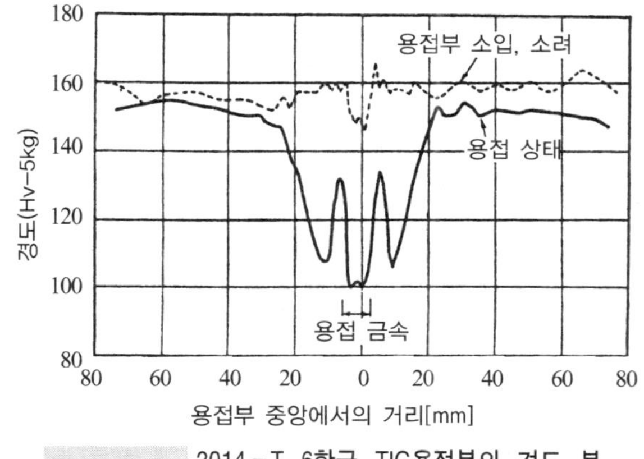

그림 31－3 2014－T 6합금 TIG용접부의 경도 분포

2. 용접균열

알루미늄 합금의 용접 균열은 특히 두께가 약 15mm 이상의 두꺼운 판의 용접에서는 용접부에 대한 구속이 커져서, 그림 31－4와 같이 용접 금속 또는 모재의 열영향부에 고온 균열이 생기

기 쉽다. 용접 금속 내의 균열은 대부분 응고균열이고, 용접 금속 및 열영향부의 미소 균열은 융해균열이다. 따라서 이들의 균열은 미시적 조직으로는 전형적인 임계균열이다.

(a) 용접 금속 균열　(b) 열영향부 균열

그림 31-4 알루미늄 합금의 용접 균열

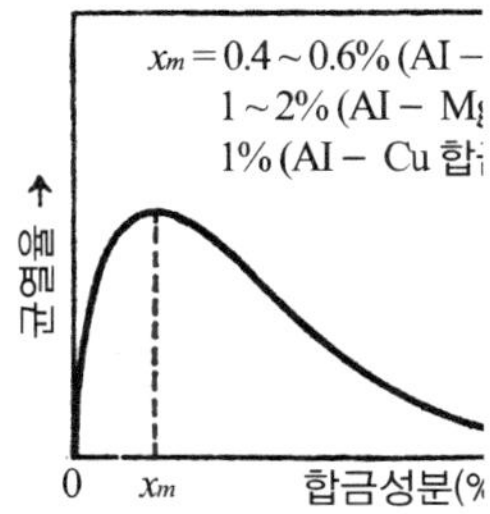

그림 31-5 알루미늄 합금의 용접 균열에 미치는 각 성분의 영향

고온 균열은 합금계에 있어서 액상선과 고상선 간의 응고 온도 범위가 넓을수록 발생하기 쉽다. 즉, 고용 한도가 비교적 넓은 Cu, Mg, Si, Mg_2Si 등은 균열의 최대값을 나타내는 성분량이 존재한다. 불활성 가스 아크 용접인 경우, 실용 합금에서는 1~3% Cu, 1~2% Mg, 0.4~0.6% Si, ~1% Mg_2Si 정도이다.

그림 31-5와 같이 순알루미늄은 비교적 균열이 일어나기 힘들지만 성분의 증가와 더불어 합금은 균열이 일어나기 쉬우며, 어떤 성분 x_m을 넘으면 다시 균열이 일어나기 힘들게 된다. 또한 비고용성 또는 고용한도가 적은 Fe, Mn, Cr 등은 거의 균열에 영향을 미치지 않는다. 또, Ti, Zr, B 등의 결정입 미세화 원소를 미량 첨가하면 균열을 방지하는데 효과가 있다.

3. 기 공

알루미늄 합금의 용접 금속 속에는 많은 기공(blow hole)이 생기기 쉬우며, X선 검사에 의하면 0.1~0.3mm의 작은 기공이 많다.

알루미늄은 용융 응고할 때 수소의 용해도의 변화가 심하므로(660℃ 고상에서 0.036, 액상에서 0.68, 850℃에서 2.15ml/100g) 알루미늄 용접부에 생기는 기공의 지배적인 원인이 되고 있다. 특히, MIG용접에서는 용융 금속의 응고 속도가 대단히 크므로, 냉각 속도를 작게 할 수 있는 용접 조건을 선정한다. 전극선의 화학적 청정, 예열 등을 하고, 또 지름이 큰 와이어(지름 5~6mm)와 큰 전류로 용접하면 응고 속도가 늦어지므로 기공 감소에 대단히 유효하다.

용접 자세는 아래보기 용접부에는 기공이 적으며, 특히 수평이나 위 보기 용접부에는 기공이 생기기 쉽다.

31-2 용접봉 및 용제

알루미늄 용접에서는 용접봉과 용제의 선택이 중요하며, 알루미늄 용접봉은 불순물이 적은 좋은 알루미늄선을 사용해야 한다. 알루미늄 합금의 용접봉으로서는 모재와 동일한 화학 조성의 것을 사용하는 외에 규소 4~13%의 Al-Si합금선이 쓰인다. 이 밖에 Cd, Cu, Mn, Mg 등의 합금을 사용할 때도 있다.

표 31-1은 알루미늄 및 알루미늄 합금 연신재의 산소-아세틸렌 가스 용접 및 불활성 가스 아크 용접에 사용되는 적극 용접봉에 대해서 나타냈다.

그러나, 강도면이나 내식성을 감안할 때 모재와 동일한 화학 조성의 용착 금속을 얻는 것이 좋으나, 고온 균열의 방지란 점에서는 일반적으로 모재보다 고합금의 용접봉을 사용하는 것이 좋으며, 얇은 판의 용접에는 모재보다 융점이 조금 낮은 용접봉을 사용하는 것이 작업을 쉽게 한다.

많은 합금 중에서 공통적으로 사용되는 용접봉에는 다음 두 종류가 있다. 순 알루미늄과 Al-Mn 계 합금용에는 A 1100 용접봉, Al-Mg 계를 제외한 알루미늄 합금용에는 A 4043 용접봉이 사용된다.

이들 합금은 비교적 융점이 낮고 응고온도 범위가 넓으므로, 고온 균열이 발생하기 힘들다. 특히, A 4043 용접봉은 고온 균열이 발생하기 쉬운 Al-Cu 계, Al-Mg-Si 계 합금에 적합하다. Al-Mg 계 합금은 될 수 있는 대로 동일한 조성의 용접봉을 사용하는 것이 좋다.

알루미늄의 용접에서는 특히 산화하기 쉽고 가스 흡수가 심하므로, 용제의 질이 용접 결과를 크게 좌우한다. 용제로서는 주로 알칼리 금속의 할로겐 화합물 또는 이것과 유산염 등의 혼합제가 많이 사용되고 있다. 용제 중에 가장 중요한 것은 염화 리튬(LiCl)인데 이것을 주성분으로 하는 용제가 많이 사용된다.

표 31-1 알루미늄 및 알루미늄 합금 용접봉의 화학 성분(KS D 7028)

용접봉 또는 전극 와이어의 기호	화학성분(%)											
	Si	Fe	Cu	Mn	Mg	Cr	Zn	V, Zr	Ti	기타[(1)] 개개	기타[(1)] 합계	Al
A 1070-BY A 1070-WY	0.20 이하	0.25 이하	0.04 이하	0.03 이하	0.03 이하	–	0.04 이하	–	0.03 이하	0.03 이하	–	99.70 이하
A 1100-BY A 1100-WY	Si+Fe 1.0 이하		0.05~0.20	0.05 이하	–	–	0.10 이하	–	–	0.50 이하	0.15 이하	99.00 이상
A 1200-BY A 1200-WY	Si+Fe 1.0 이하		0.05 이하	0.05 이하	–	–	0.10 이하	–	0.05 이하	0.05 이하	0.15 이하	99.00 이상
A 2319-BY A 2319-WY	0.20 이하	0.30 이하	5.8~6.8	0.20~0.40	0.02 이하	–	0.10 이하	–	0.10~0.20	0.05 이하	0.51 이하	잔 부

A 4043－BY A 4043－WY	4.5～ 6.0	0.8 이하	0.30 이하	0.05 이하	0.05 이하	－	0.10 이하	－	0.20 이하	0.05 이하	0.15 이하	잔 부
A 5652－BY A 5652－WY	Si＋Fe 0.40 이하		0.04 이하	0.01 이하	2.2～ 2.8	0.15～ 0.35	0.10 이하	－	－	0.05 이하	0.15 이하	잔 부
A 5554－BY A 5554－WY	0.25 이하	0.40 이하	0.10 이하	0.50～ 1.0	2.4～ 3.0	0.05～ 0.20	0.25 이하	－	0.05～ 0.20	0.05 이하	0.15 이하	잔 부
A 5654－BY A 5654－WY	Si＋Fe 0.45이하		0.05 이하	0.01 이하	3.1～ 3.9	0.15～ 0.35	0.20 이하	－	0.05～ 0.15	0.05 이하	0.15 이하	잔 부
A 5356－BY A 5356－WY	0.25 이하	0.45 이하	0.10 이하	0.05～ 0.20	4.5～ 5.5	0.05～ 0.20	0.10 이하	－	0.06～ 0.20	0.05 이하	0.15 이하	잔 부
A 5556－BY A 5556－WY	0.25 이하	0.40 이하	0.10 이하	0.50～ 1.0	4.7～ 5.5	0.05～ 0.20	0.25 이하	－	0.05～ 0.20	0.05 이하	0.15 이하	잔 부
A 5183－BY A 5183－WY	0.40 이하	0.40 이하	0.10 이하	0.50～ 1.0	4.3～ 5.2	0.05～ 0.25	0.25 이하	－	0.15 이하	0.05 이하	0.15 이하	잔 부

주 : 규정된 성분 이외의 성분을 특히 첨가하는 경우에는 이 범위 내로 한다. Be은 0.0008% 이하로 한다.

31-3 용접방법

알루미늄 합금의 용접은 앞에서 설명한 금속학적 특성으로 불활성 가스 아크 용접이 가장 널리 이용되고 있다.

1. 불활성 가스 아크 용접법

이 방법은 용제를 사용할 필요가 없으며, 용접 조건에 따라서 청정작용(cleaning action)이 있어 알루미늄 산화물의 잔류, 기포의 발생 등이 거의 없으며, 신뢰성이 높은 용접부를 얻을 수 있다. 또, 용제를 사용하지 않으므로 용접 후의 세정 처리도 필요하지 않다.

불활성 가스 텅스텐 아크 용접에서는 주로 수동 용접이며, 자동, 반자동 용접도 할 수 있다. 아크의 청정 작용을 이용하기 위해서 직류역극성(DCRP)을 사용하지만, 직류 역극성에서는 허용 전류의 제약이 강하고, 또 용입이 얕으므로 얇은 판에만 사용할 수 있다. 일반적으로 교류 용접이 사용된다.

불활성 가스 금속 아크 용접에서는 직류 역극성으로 자동, 반자동 용접을 한다. 보통 3mm 이상의 두꺼운 판의 용접에 사용되며, 예열할 필요가 없고 고능률로 변형이 적다. 불활성 가스 텅스텐 아크 용접보다 용융 금속의 응고 속도가 크므로, 기포가 생기기 쉽다. 기포의 주원인은 수소인 경우가 많으므로, 용접 이음, 용접 와이어의 청정 및 건조에 특히 주의를 기울여야 한다.

2. 가스 용접

가스 용접은 얇은 판을 쉽게 용접할 수 있는 장점이 있지만, 알루미늄 표면의 강고한 산화 피막을 제거하기 위하여 침식성이 강한 용제를 사용하여야 하며, 또 열집중이 좋지 않으므로 변형이 생기기 쉽고, 균열, 이음 강도 등의 면에서 적용 가능한 합금의 종류가 제한되는 결점이 있다.

따라서, 불활성 가스 아크 용접이 보급된 오늘날에는 가스 용접은 매끈한 비드 표면이 요구되는 얇은 판 등의 용접을 제외하고는 거의 사용되지 않고 있다. 용접봉은 주로 A 1100 및 A 4043이 사용되며, 앞에 것은 A 1100(순알루미늄), A 3033(알루미늄－망간계)에 뒤엣 것은 A 5052(알루미늄－마그네슘－규소계), A 6061(알루미늄－마그네슘－규소계), A 5052(알루미늄－마그네슘계) 합금에 적합하다. 그 밖에 A 1260(순알루미늄), A 4047(알루미늄－규소계)도 사용된다. 또한, Mg, Zn, Cu를 많이 함유한 합금에 대해서는 가스 용접법은 좋지 않다.

용제는 분말상으로 여러 조성의 것이 있으나, 일반적으로 KCl, LiCl, NaCl, KF 등을 함유한 것을 물로 개어 풀(paste) 모양으로 만들어 이것을 용접 이음이나 용접봉에 균일하게 바르든가 뿜어서 사용된다.

용접 후 용제가 잔류하면 습기를 받아서 모재부가 부식되므로, 용접 후에 잔류 용제를 완전히 제거하여야 한다. 가스 용접법에는 산소－아세틸렌, 산소－수소 가스 등이 사용되며, 중성 불꽃 또는 약간 탄화된 환원 불꽃을 쓰는 것이 유리하며, 열전도로 보아 200～400℃의 예열은 효과가 있다. 또한 토치(torch)는 철강 용접의 경우보다 큰 것을 써야 하지만, 알루미늄은 용점이 낮으므로, 조작을 빨리하여야 한다.

용접은 전진법(forward welding)으로 하며, 4～5mm 이상의 두꺼운 판의 용접은 위빙(weaving)법을 사용한다.

얇은 판의 용접에서는 변형을 막기 위하여 스킵법(skip method)과 같은 용접 순서를 채택하도록 하며, 얇은 판은 용접봉을 사용하지 않고 용접할 경우에는 균열이 생기기 쉬우므로, 모재는 순알루미늄계의 것에 한정된다.

표 31－2는 알루미늄 합금의 가스 용접 조건을 나타냈다.

표 31－2 알루미늄 합금의 가스 용접 조건

판 두께 (mm)	용접봉 지름 (mm)	산소－수소			산소－아세틸렌		
		노즐지름 (mm)	산소 압력 (kg/cm²)	수소 압력	노즐지름 (mm)	산소 압력 (kg/cm²)	아세틸렌 압력 (kg/cm²)
0.8	2.4	1.1	0.07	0.07	0.9	0.07	0.07
1.6	2.4	1.7	0.14	0.07	1.1	0.14	0.14
2.1	3.2	1.9	0.14	0.07	14	0.21	0.21
3.2	3.2, 4.0	2.4	0.21	0.14	1.7	0.28	0.20
6.4	4.8	2.7	0.28	0.14	1.9	0.35	0.35

8.3	4.8	2.9	0.28	0.14	2.2	0.35	0.35
9.5	4.8	3.2	0.35	0.14	2.4	0.42	0.42

3. 저항용접

알루미늄 합금은 스폿, 시임 및 플래시 용접 등의 저항 용접을 하며, 용융 용접이 곤란한 합금도, 강도를 거의 저하시키지 않고 용접할 수가 있다. 그러나 알루미늄 합금은

① 응고시의 체적 수축율이 크고(약 6~7%), 특히 2024, 7075합금은 균열이 생기기 쉽다.

② 표면의 산화 피막은 전기 저항이 높고 또 불균일하다.

③ 온도가 높아지면 급격히 연화한다.

등이 용접성에 영향을 미친다. 또 합금의 질별도 용접성에 영향을 미치며, 동일 합금이라도 일반적으로 경질인 것일수록 용접성이 좋다.

전기 저항 용접법 중에서 가장 많이 이용되는 것은 스폿 용접이다. 일반적으로, 전기 저항 용접법에서 산화 피막을 먼저 제거하는 것은 다른 금속의 경우와 같다. 기계적 연마법은 재질을 손상시키므로 플루오르화 수소(HF) 등을 쓰는 화학적 청정법을 채택하는 것이 좋다. 용접 과정에서는 전기 전도도와 열전도도가 좋으므로, 짧은 시간에 대전류를 사용하지 않으면 안 된다. 또한, 소성 가공할 수 있는 온도 범위가 좁아서 다른 금속의 용접법에 비하여 전류, 시간, 가압력 조정이 특히 중요하다.

가압은 가변가압식이 좋으며, 전극의 경도는 로크웰 경도(H_RB)65 이상이고, 전기 전도율(IACS)이 75% 이상의 동합금이 사용된다. 용접시에는 전극의 픽업(pickup)을 피하기 위하여 수십 점마다 드레싱(dressing)할 필요가 있다.

표 31-3은 알루미늄 합금의 스폿 용접법의 여러 조건에 대한 예를 나타냈다.

표 31-3 알루미늄 합금의 스폿 용접법의 여러 조건

판두께[mm]	통전시간[Hr]	전류[A]	가압력[kg]
0.4	4	14,004	90~180
0.5	6	16,000	140~230
0.6	6	17,000	140~230
0.8	8	18,000	180~270
1.0	8	20,000	180~270
1.3	10	22,000	230~320
1.6	10	24,000	230~320
2.0	12	28,000	270~360
2.6	12	32,000	360~450
3.2	15	35,000	360~540

연습문제

01 동 및 동합금의 용접 특성에 대하여 설명하여라.

02 동의 용접 금속 내의 기공·발생 원인과 그 대책에 대하여 설명하여라.

03 동 및 동합금의 용접성과 용접상 주의할 사항에 대하여 설명하여라.

04 알루미늄 및 알루미늄 합금의 용접 특성에 대하여 설명하여라.

05 알루미늄 합금 및 용접 금속의 균열에 대하여 설명하여라.

06 알루미늄 합금 용접 금속 내의 기공 발생 원인과 그 대책에 대하여 설명하여라.

07 열처리 알루미늄 합금의 용접부에 대하여 설명하여라.

제32장 | 저합금 고장력강의 용접

저합금 고장력강(low alloy high strength steel)은 탄소 이외의 합금 원소를 소량 첨가하여 탄소강보다 우수한 기계적 성질을 갖는 구조용 저합금강을 말하며, 다종 다양하다. 그 중에는 일반 구조용 외에 대기 중에서 내식성이 풍부한 내후성강(weather resistance steel)과 저온 사용에 적합한 저온용강(cryogenick steels)이 있다.

용접용 고장력강에는 열처리 방법에 의해서 크게 분류하면 2종류가 있다. 그중 하나는 HT 50이나 HT 55이며, 합금 원소량에 의해서 강도를 높인 것으로서, 압연 상태 또는 소준(normalizing) 상태로 사용되므로 비조직강(non－quenched tempered steel)이라고 한다. 이 강은 열간 가공을 할 수 있으며, 용접 입열이 큰 용접에 의해서 모재의 열영향부가 약해지는 일이 거의 없다. 그러나, HT 60 이상의 비조질강은 합금 원소량이 많아져서 용접성이 저하하므로, 물 소입(water quenching) 후 600~650℃로 소려(tempering)하여 강도를 10~20 kg/mm^2 높인 조질강(quenched and tempered steel)이 최근 크게 발달되었다.

HT 50은 주로 Mn, Si을 첨가한 Mn－Si계 고장력강이며, 압연 상태 또는 소준 상태에서 사용되며 조질 처리를 하지 않았다. 이 강은 열간 가공이나 용접의 열영향에 의한 변질도 적고, 용접성은 비교적 양호하나 30mm 이상의 두꺼운 판에서는 용접 균열을 방지하기 위해서 예열이 필요하다.

HT 60은 Mn, Si 외에 Cr, Ni, V 등의 원소를 첨가한 고장력강이며, 압연 상태 또는 소준 상태만의 비조질강과 소입, 소려 처리한 조질강이 있으며, 용접성은 HT 50과 거의 같다.

HT 70은 첨가 원소로서는 HT 60과 거의 같으며 Mn, Si, Cr, Ni, Mo 등을 소량 첨가하였다. 소입, 소려에 의해서 강도를 향상시킨 조질 고장력강이며, 조직은 템퍼 마르텐사이트(temperd martensite)이다.

HT 80도 모두 템퍼 마르텐사이트의 조질강이며, 합금 원소로서는 Mn, Si, Cr, Ni, Mo, V, Cu 외에 특히 B이 첨가되었다.

HT 100도 템퍼 마르텐사이트의 조질강이며, 첨가 원소로서는 HT 80과 같이 Mn, Si, Cr, Ni, Mo, V, Cu 등을 소량 첨가하였으나 HT 80에 비해 Ni 함유량을 높여서 강도를 상승시켰다.

내후성 고장력강은 합금 원소로서 Cu, Cr, P, Ti 등을 소량 첨가함으로서 대기 중의 내식성을 향상시킨 HT 50, HT 60급의 것이다.

내해수성 고장력강은 P, Cu, Cr, Al, Ni, Si, Mo 등을 소량 첨가하여 해수 부식에 대한 저항을 강하게 한 강이며, HT 50급의 것이 해양 구조물에 많이 사용되고 있다.

32-1 용접성

고장력강의 용접성에 있어서 가장 문제가 되는 것은 용접 열영향부의 소입 경화와 연성 및 인성의 저하와 냉간 균열이다. 고장력강은 저탄소강임에도 불구하고 마르텐사이트 경화가 생기기 쉬우므로, 연성이 저하하여 냉간 균열이 발생하기 쉽다. 이는 고장력강의 마르텐사이트 경화가 탄소 함유량 뿐만 아니라, 다른 합금 원소의 함유에 의해서 조장되기 때문이다.

1. 용접열영향부 조직변화

용접 열영향부는 열사이클에 의해서 특수한 열처리 상태로 되며, 그 마이크로 조직은 모재와 상당히 달라진다. 특히 본드(bond) 근방은 융점 직하에서 가열되기 때문에, 오스테나이트(austenite)는 조대화하여 페라이트(ferrite)와 위드만스테턴(widmanstatten) 조직상으로 석출하고, 또 마르텐사이트 변태가 일어나기 쉽다. 이 때문에 고장력강이나 저합금강에서는 열영향부는 심하게 경화하여 인성이 낮아진다. 따라서 용접 후의 인성이 가장 좋은 마이크로 조직을 얻기 위해서 냉각 속도와의 관계를 미리 검토해 둘 필요가 있다.

(1) 용접용 연속냉각변태도

강의 용접 열영향부의 경화 정도는 용접 조건이 일정하면 강의 조성에 의해서 결정된다. 즉 강의 조성이 주어지면 일정한 냉각 조건에서 어떤 조직과 성질을 갖는가를 강의 연속 냉각 변태도(continuous cooling diagram, C.C.T도)에 의해서 상세히 알 수가 있다.

C.C.T도는 용접 열사이클 재현 장치를 사용하여 실제의 열사이클을 작은 시험편에 재현시켜, 냉각 곡선과 동시에 팽창 수축을 측정하고 또 냉각 후의 마이크로 조직을 아울러 검토하여 냉각 과정에서의 변태 거동을 나타낸 것이다. 그림 32-1은 60kg/mm^{2}급 고장력강의 연속 냉각 변태도를 나타냈다. 연속 냉각 변태도는 용접 본드부의 냉각 과정에서의 변태 거동을 나타내는 목적으로 작성되기 때문에 최고 가열 온도에는 1,350℃가 사용되며, 그 온도에서 유지하지 않고 냉

각시켜서, A_3점(또는 800℃) 이하에서의 냉각 곡선과 냉각 과정에서의 각종 변태 및 조직을 구할 수 있다.

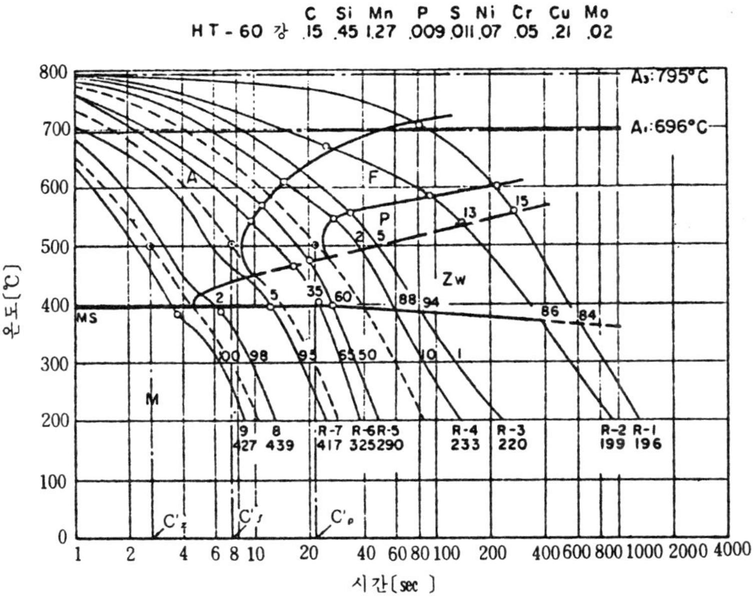

그림 32-1 60kg/mm²급 고장력강의 용접용 연속 냉각 변태도(최고 가열 온도 : 135℃)

그림에서 A는 오스테나이트, F는 페라이트, P는 펄라이트, Z_w는 중간단계 조직(베이나이트), M은 마르텐사이트 조직을 나타냈다. 각 냉각 곡선 말단의 수치는 상온에서의 비커스 경도(Hv) 값을 나타냈다.

각 냉각 곡선에 있어서의 A_3~500℃의 냉각 시간은 임계 냉각시간이라고 하며 임계 냉각 시간 C'_p는 펄라이트가 석출하기 시작하는 냉각 시간을 나타내며, 이와 같은 각 임계 냉각 시간 C'_z, C'_f 및 C'_p를 용접용 연속 냉각 변태도 특성값이라고 한다. 이 특성값은 강재의 화학성분에 의해 크게 달라진다.

(2) 용접용 연속냉각변태도와 본드부의 재질변화

일반적으로 강도가 높은 고장력강에서는, 모재의 강도를 높이기 위해서 많은 합금 원소가 첨가되었으며, 용접 열영향부는 마르텐사이트 조직으로 되기 쉽고, 경화성이 심해진다.

그림 32-2는 80kg/mm²급 고장력강에 대해서, A_3~500℃의 냉각시간과 본드부의 조직 비율 및 경도(Hv) 관계를 나타냈다. 용접 입열이 대단히 적을 때에는 C'_z보다 냉각 시간이 짧을 경우에는, 본드부의 마이크로 조직은 100% 마르텐사이트로 되어, 심하게 경화하여 그림 32-3과 같이 충격값이 저하하는 동시에 수축에 의한 지체 파괴가 발생하기 쉽게 된다.

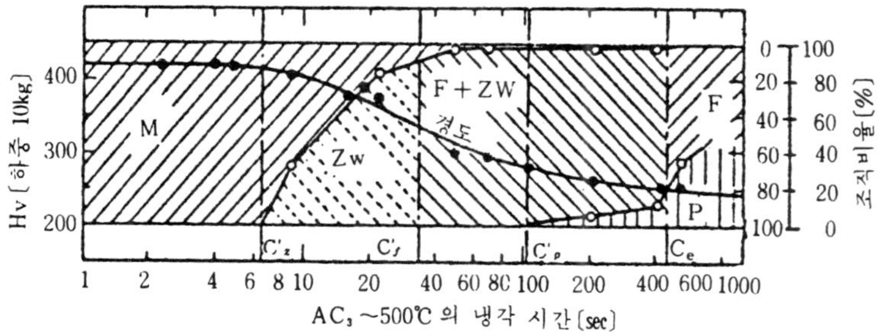

그림 32-2 80kg/mm²급 고장력강의 A_c~500℃의 냉각 시간과 경도 및 조직 비율

C	Si	Ma	P	S	Ca	Ni	Cr	Me	Al	Cm
0.15	0.28	0.34	0.011	0.006	0.15	2.53	1.19	9.41	0.015	0.62

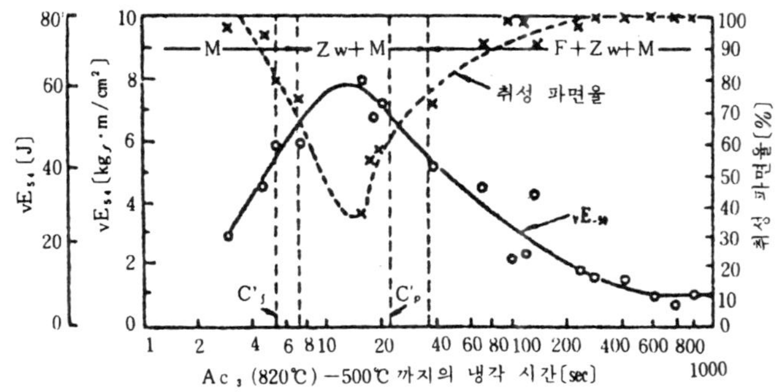

그림 32-3 재현 열사이클 시험에서의 냉각 시간, 조직과 충격값

또한, 냉각 시간이 C'_f값 보다 길어지는 큰 용접 입열에서도 충격값의 저하는 심하며, 이 현상을 열사이클 과정에서의 결정의 조대화 외에 상부 베이나이트(upper bainite)조직 및 마르텐사이트 조직의 증가에 기인한다고 한다.

일반적으로 본드 근방의 마이크로 조직은 800~500℃의 냉각 시간이 길어짐에 따라, 또 동일한 냉각 시간에서는 합금 원소량이 적게 됨으로서 대략 다음과 같이 변화한다.

> 마르텐사이트 → 미세 베이나이트(하부 베이나이트) → 조대 베이나이트(상부 베이나이트) → 페라이트 · 펄라이트

노치 인성이 가장 우수한 조직은 저탄소 마르텐사이트와 미세 베이나이트의 혼합 조직이라고 한다.

일반적으로 용접성 고장력강은 저탄소 함유강이지만, 고탄소계 강재에서는 급냉될수록 취화가 심하다. 탄소량에 의해서 생성된 마르텐사이트의 인성에 차이를 볼 수 있는 것은 M_s 점이 다른데 기인된다. 즉, 저탄소 마르텐사이트는 M_s 온도가 비교적 높고, 열사이클의 냉각 과정에서 생성된 마르텐사이트가 M_s 점 이하에서 소려(tempering)되여 개선되는데 대해서, 고탄소 마르텐사이트는 비교적 저온에서 생기므로, 소려 작용을 적게 받으므로 인성의 회복을 볼 수 없다.

2. 열영향부의 최고경도

앞에서 설명한 바와 같이 고장력강의 용접 균열을 방지하고 또한 용접부의 연성을 향상시키기 위해서는 우선, 열영향부의 최고 경도를 최소한으로 억제할 필요가 있다. 열영향부의 최고 경도는 주로 모재의 화학 성분과 용접 가열 온도에서의 냉각 속도의 대소에 의해서 결정된다. 탄소당량이 클수록, 또 냉각 속도가 빠를수록 최고 경도는 상승한다.

최고 가열온도에서의 냉각 속도는 용접 입열(용접 조건), 모재의 초기 온도, 판 두께, 이음 형상 등에 의해서 좌우되며, 입열이 적고 판 두께가 두꺼울수록 냉각 속도는 빨라지며, 예열을 하여 모재의 초기 온도를 높게 하면 냉각 속도는 늦어진다. 따라서, 소입 경화를 될 수 있는 대로 억제하기 위해서는, 우선 모재의 합금 원소량이 될 수 있는 대로 적은 것이 좋으나, 시공에 있어서는 탄소당량에 알맞은 적당한 예열을 하여 냉각 속도를 완만히 할 필요가 있다. 예열 온도는 약 100~200℃ 정도이지만, 탄소당량이 높을수록 예열 온도를 높게 한다.

탄소 당량과 경도 관계는 제15장 15－3에 설명하였으며, 탄소 당량과 예열 온도는 제34장 34－2에 자세히 설명하였다.

그림 32－4은 고장력강의 탄소당량과 열영향부의 최고 경도 관계를 나타냈다.

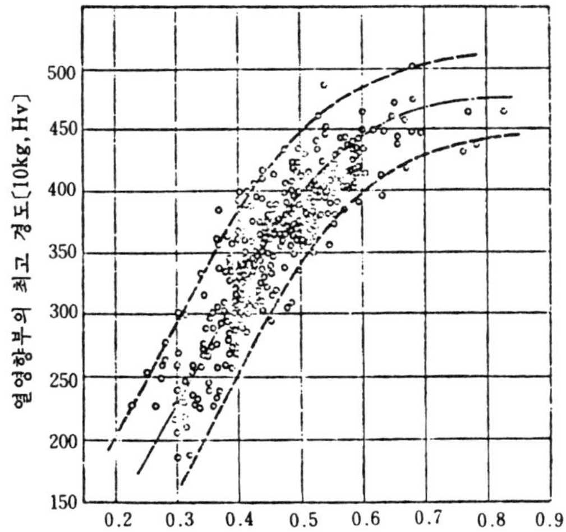

$$C_{eq} = C + \frac{1}{6}Mn + \frac{1}{24}Si + \frac{1}{40}Ni + \frac{1}{5}Cr + \frac{1}{4}Mo + \frac{1}{41}V\ [\%]$$

그림 32－4 탄소 당량과 열영향부의 최고 경도

3. 노치 인성

용접부의 인성은 용접 입열이 클 경우, 특히 본드(bond)부의 인성이 저하한다고 한다. 이것은 본드부의 결정입이 조대화하기 때문이며, 인성을 향상시키기 위해서는 우선 용접 입열을 될 수 있는 대로 적게 할 수 있는 용접 조건을 선택하든가, 또는 모재 합금 원소의 조정에 의해서 조립화를 억제할 필요가 있다. 천이 온도를 높이고 노치 인성을 해치는 원소로서는 P, V, Mo, C,

N 등이 있으며, 반대로 천이 온도를 낮추는 원소에는 Mn, Ni, Ti, Al 등이 있다. 이 때문에 2~3% Ni 강은 저온용 구조물에 많이 사용된다. 함유량이 비교적 적은 범위에서 노치 인성에 거의 영향을 미치지 않는 원소에는

Si(〈0.6%), Cu(〈0.6%), Cr(〈0.5%)

등이 있다. 그러나 이 이상의 함유량에서는 이들 3원소는 모두 천이 온도를 증가시켜서 역효과가 생긴다. 압연 상태 또는 소준 상태로 사용하는 고장력강의 노치 인성은 인장 강도가 63~65 kg/mm^2 이상 되면 급격히 감소한다.

32-2 냉간균열

고장력강의 열영향부는 경화가 심하므로 냉각 중에 모재에 균열이 일어나기 쉽다. 그 대부분은 약 200℃ 이하에서 발생하는 냉간 균열(cold crack)이며, 고장력강의 용접성을 해치는 중요한 현상이다.

고장력강의 냉간 균열로서 중요한 것은 제15장에서 설명한 바와 같이 비드 밑 균열(under bead crack), 토우 균열(toe crack) 및 루트에서 열영향부에 생기는 루트 균열(root crack) 등이다. 저온 균열의 대부분은 급냉에 의한 열영향부의 경화 조직, 용접부에 과포화하게 용해된 확산성 수축 및 냉각 과정에서 수축에 따른 포속 상태의 3인자에 좌우된다. 냉간의 구속 균열은 열영향부의 경화가 심한 강재에 발생하기 쉽다. 예열 및 600~650℃로 응력 제거 소둔(stress relief annealing)한 후열 처리는 용접 후의 냉각 속도를 완만하게 하며, 또한 구속 응력을 완화할 뿐 아니라, 수소의 방출이 충분히 이루어져서 저온 균열의 방지에 큰 효과가 있다.

이 외에 층상 균열(lameller tearing), 응력 소둔 균열 등 특수한 원인에서 발생하는 용접 균열이 있다.

32-3 용접방법

고장력강의 용접에는 용접 구조용 압연 강재와 거의 같은 용접, 압접의 용접법이 적용되지만, 가장 많이 사용되는 것은 피복 아크 용접, 서브머지드 아크 용접, 각종 가스 시일드 용접, 저항 용접 등이며 일렉트로 가스 용접, 일렉트로 슬랙 용접, 전자 비임 용접 등도 이용되고 있다.

그러나 연강에 비해서 열영향부의 경화가 심하므로 예열 및 후열을 하는 것이 좋다.

고장력강용 피복 아크 용접봉 중에서 HT 50용의 것은 연강용 용접봉과 같이 여러 계통의 것이 사용되며, HT 60~80용은 모두 저수소계이다.

HT 80 및 HT 100용 용접봉에서는 저수소계 용접봉의 피복제에 함유된 습기량을 극도로 감소시키고 또 용접할 때 100~170℃ 정도로 예열을 할 필요가 있다. 저수소계 용접봉을 사용하기 전에 (300~400℃에서 약 1시간)충분히 건조해야 한다. HT 80에서는 흡습량이 약 0.20% 이하면 용접 균열이 생기지 않는다고 한다.

서브머지드 아크 용접용 용제로는 일반적으로 소결형(sintered or bonded type)이 사용된다.

HT 50, HT 60급에 대해서는 특히 이음 성능의 점에서 용접 입열을 제한할 필요는 없으나 HT 70, HT 60급은 입열이 과대하면, 강도나 인성이 저하하는 경향이 있으므로 입열을 어느 정도 제한하는 용접 조건을 고려해야 한다.

가스 시일드 아크 용접에서는 HT 50, HT 60급의 것은 주로 탄산 가스 아크 용접법이 사용되며, HT 70, HT 80급의 것은 주로 MIG용접이 이용된다. 시일드 가스는 Ar+(20~25%) CO_2의 혼합 가스가 많이 사용되고 있다. 입열이 과대하게 되기 쉬우므로 HT 80 이상의 고장력 강에서는 특히 입열 과대에 의한 강도, 인성의 저하에 주의를 요한다.

저항 용접에서는 주로 겹침 저항 용접이 사용된다. 탄소강에 비해서 고유 전기 저항이 약간 높기 때문에 용접할 때 비산(explusion)이 발생하기 쉽다.

제33장 | 납땜법

33-1 원 리

납땜은 접합하려고 하는 금속을 용융시키지 않고 그들 금속의 이음면 틈에 모재보다 용융점이 낮은 금속을 용융 첨가하여 이음하는 방법이다.

땜납의 대부분은 합금으로 되어 있으나 단체금속도 사용된다. 땜납은 모재보다 용융점이 낮아야 하고, 표면 장력이 적어 모재 표면에 잘 퍼지며, 유동성이 좋아서 틈이 잘 메워질 수 있는 것이어야 한다. 이밖에도 사용 목적에 따라서 강인성, 내식성, 내마모성, 전기전도도, 색채조화 등이 요구된다. 땜납의 공정합금(eutectic alloy)의 잇점은 낮은 용융점, 유동성, 체적 수축률이 적고, 조직도 균일하고 미세하기 때문에 비교적 크다는 점이다.

반면에, 결점으로서는 용융 온도 구간이 짧아서 페이스트(paste) 모양으로 가공할 수 없다는 점이다. 즉, 연납(solder)인 주석(Sn)과 아연(Zn)계의 땜납제에 의한 수직면의 이음에서는 반용융 상태로 오랫동안 유지할 필요가 있으므로 이 때에는 공정 합금이 부적당하며, 응고 온도 범위가 넓은 땜납을 선택하여야 한다.

땜납은 사용하는 납재의 융점에 의해 연납(soldering)과 경납(brazing)으로 구분된다. 경납은 용융점이 450℃보다 높은 것이고, 연납은 그보다 낮은 것을 말한다. 일반적으로 용접용 땜납으로는 경납을 사용한다.

33-2 땜납의 접촉각

땜납의 퍼짐성(wetability)을 판정하는 데는 피접착재에 대한 접촉각의 대소에 의해 결정된다. 그림 33-1과 같이 용융납에는 모재의 표면 장력 σ_c, 용융납의 표면 장력 σ_l 및 모재-용융 납간의 계면 장력 σ_i가 작용하였다고 볼 수 있다. 그림에서 모재의 표면 장력과 모재-용융납간의 계면 장력의 차가 클수록 흡착(wetting)이 좋아진다. 이 흡착을 W라고 하면

$$W = \sigma_s - \sigma_i \tag{33-1}$$

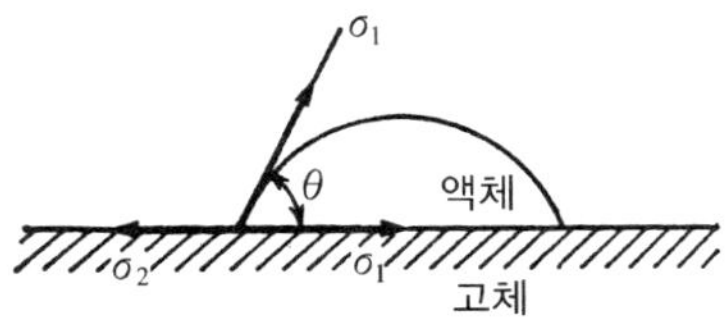

그림 33-1 장력의 균형

또, σ_l와 σ_i 사이의 각을 접촉각이라고 하며, σ_s, σ_l, σ_i의 각 장력 사이에는 다음과 같은 관계식이 성립된다.

$$\sigma_s = \sigma_i \cdot \cos\theta + \sigma_i \tag{33-2}$$

식 (33-1) 및 식 (33-2)에서

$$W = \sigma_i \cdot \cos\theta \tag{33-3}$$

이 식에서 용융납의 표면 장력을 정수로 가정하면, θ가 작을수록 W는 커진다. 즉 접촉각이 작을수록 용융납이 좁은 이음 틈새에 잘 침입한다.

그러나, 접촉각의 대소는 납땜의 완전, 불완전을 나타내는 것은 아니며, 납땜을 완전히 하여도, 땜납의 종류에 따라서 접촉각의 양상이 달라진다.

33-3 납땜의 접착기구

납땜은 피접착 금속을 해치지 않고 납땜재로 접착하는 것이 좋다. 대부분의 경우 납땜 시간이 짧기 때문에 피접착 금속이 납땜재에 녹는 량은 적지만 그 경계에 여러 가지 반응이 일어난다. 접착 양식은 대단이 복잡하며, 피접착 금속의 조성이나 납땜재의 종류에 따라서, 다르지만, 그 접착 기구의 대표적인 예를 들면 다음과 같다.

1. 고용체형 접착

니켈을 동납으로 납땜하였을 때와 같이 결정계가 같으며, 원자 거리와 흡사한 금속에서는 일반적으로 저율고용체를 만들어 합금된다. 이와 같은 접합 양식을 고용체형접착이라고 하며, 접합부의 성질이 좋다. 그림 33-2는 고용체형 접착 경계를 나타냈다.

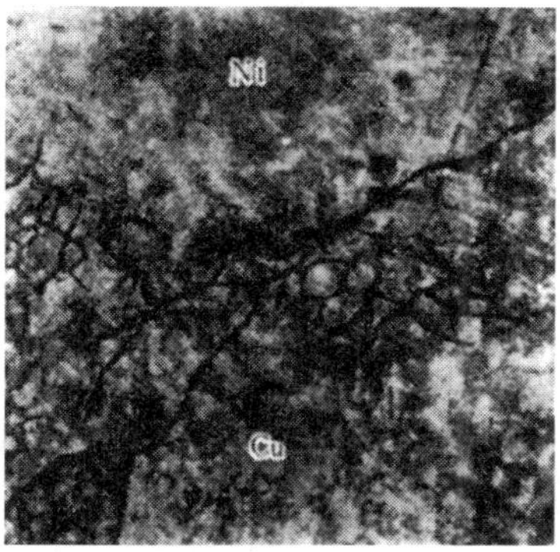

그림 33-2 니켈과 구리의 고용체형 접착 경계(×130)

2. 공정형 접착

카드뮴을 비스므스납으로 납땜하면, 공정반응에 의해서 정출한 것은 가늘고 긴 금속이 서로 묻은 형식으로 접합된다. 이와 같은 접합 양식을 공정형 접착이라고 하며, 접합부는 취약하지 않으며, 좋은 성질을 가질 때가 많다. 그림 33-3은 공정형 접착 경계를 나타냈다.

그림 33-3 카드뮴과 비스므스의 공정형 접착 경계(×180)

3. 금속간 화합물형 접착

세슘과 카드뮴과 같이 2종의 금속을 합금하면 금속간화합물을 만들며, 양 금속의 접합면에 금속간 화합물을 사이에 두고 접합할 때가 있다.

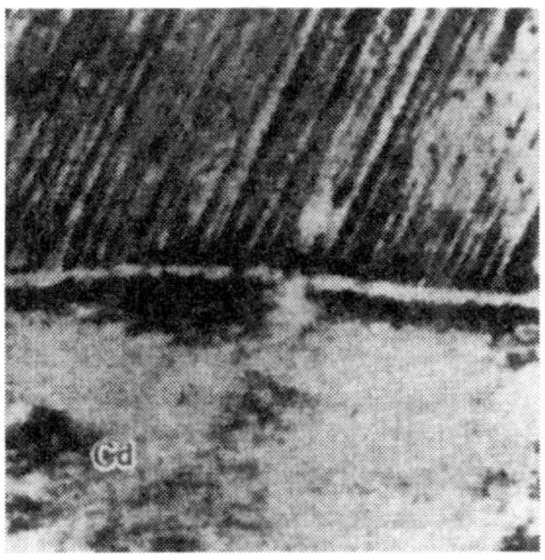

그림 33-4 세슘과 카드뮴의 금속간 화합물 접착 경계(×160)

이와 같은 접합 양식을 금속간 화합물형 접착이라고 하며, 접합부의 성질이 그리 좋지 않다. 그림 33-4는 금속간 화합물형 접착 경계를 나타냈다.

이상과 같은 접착 기구 외에 피접착 금속과 납땜재간에 합금을 만들지 않고 접착하는 부착형 접착과 위와 같은 기본적 접착 방식이 혼합된 혼합형 접착 등이 있다.

33-4 납땜재

1. 연 납

연납(soft solder)은 경납(hard solder)에 비해서 기계적 강도가 낮으므로 강도를 필요로 하는 부분에는 적당하지 않으며, 용융점이 낮고 납땜(soldering)이 용이하기 때문에 전기적인 접합이나 기밀, 수밀을 필요로 하는 장소에 사용된다. 연납은 일반적으로 Sn, Sn-Pb, Pb 또는 필요에 따라서 Sb, Ag, As 및 Bi 등을 함유한다.

연납 중에서 가장 많이 사용되는 것은 그림 33-5와 같은 Sn-Pb 합금이며, 알루미늄, 특수강, 주철 등의 일부 금속을 제외하고는 철강, 동, 니켈, 납, 주석 및 이들 합금의 이음에 널리 쓰인다.

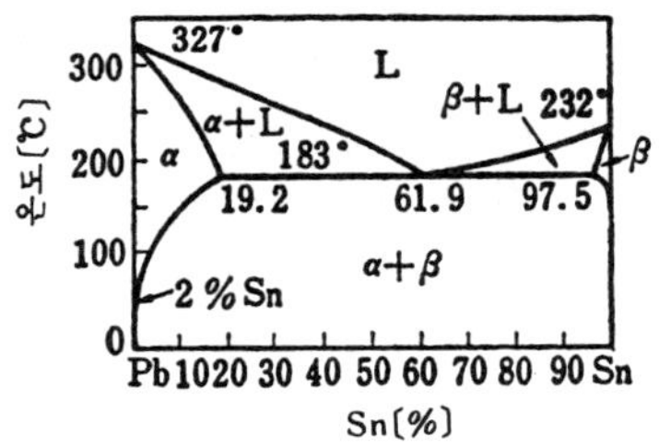

그림 33-5 Sn-Pb 합금의 상태도

보통 연납은 공정점(62% Sn-38% Pb)에 가까운 조성의 것을 사용하나, 납관 접합용에는 융해 온도 구역이 넓은 성분이 쓰인다. 자기용 땜납에는 Sn-Pb-Zn 합금이 쓰이며, Pb-Cd계, Zn-Cd계도 있다. 또, 저융점 납땜으로서 Bi-Cd-Pb-Sn 합금은 융점이 60~100℃의 것도 있다. 그러나 다른 땜납에 비해 강도가 작고 취약하다. 주로 전기 부품의 납땜에 쓰인다. 표 33-1은 Sn-Pb계 땜납의 종류를 나타냈다.

표 33-1 Sn-Pb 합금

번호	Sn(%)	Pb(%)	Sb(%)	Ag(%)	As(%)	온도(℃)		용 도
						고상선	액상선	
1	99.8	-	-	-	-	232	232	전기 부품
2	70	30	0.12~0.50	-	-	183	196	

3	62	38	–	–	–	183	183	공정 합금
4	60	40	0.12~0.50	–	–	183	183	전기 부품, 일반용
5	50	50	–	–	–	183	224	
6	40	60	–	–	–	183	234	
7	30	70	0.12~0.18	–	–	183	260	일반용
8	20	80	0.12~0.50	–	–	183	278	
9	15	85	–	–	–	183	288	자동차 차체
10	5	95	–	–	–	300	303	고온용
11	38	62	–	–	0.1	183	238	연관 및 케이블용
12	32	66	2	–	0.1	185	240	
13	–	97.5	–	2.5	–	310	310	고온용(Ag–Pb납)
14	–	96.5	–	3.5	–	310	317	
15	3	92	5	–	–	240	283	고온용
16	1	97.5	–	1.5	–	310	310	

2. 경 납

경납(hard solder)은 연납에 비하여 용융점이 높고, 기계적 강도도 좋으므로 강도를 필요로 하는 장소든가 내열성, 내식성, 내마모성을 필요로 하는 장소 또는 색채 등을 가능한 한 충족시키는 곳에 사용된다. 경납은 모재의 종류, 납땜 방법 또는 용도에 의하여 여러 가지 것이 있다.

(1) 은납(silver solder)

은납은 Ag–Cu–Zn 또는 Cd, Ni 및 Sn을 합금한 은 합금으로서, 경납 중 비교적 용융점이 낮으므로 작업이 쉽다. 또한 유동성이 좋고, 강도 및 연신율이 우수하다. 알루미늄 및 마그네슘을 제외한 비철 합금과 철강과 동, 동합금 등의 납땜에 널리 사용되며, 은납의 종류는 표 33–2와 같다.

표 33–2 은납

종 류	화학성분(%)				
	Ag	Cu	Zn	Cd	Ni
BAg–1	44~46	14~16	14~18	23~25	–
BAg–1A	49~51	14.5~16.5	14.5~18.5	17~19	–
BAg–2	34~36	26~27	19~23	17~19	–
BAg–3	49~51	14.5~16.5	13.5~17.5	15~17	2.5~3.5
BAg–4	39~41	29~31	26~30	–	1.5~2.5

BAg−5	44~46	29~31	23~27	−	−
BAg−6	49~51	33~35	14~18	−	−
BAg−7	55~57	21~23	15~19	−	−
BAg−8	71~73	27~29	−	−	−

종 류			참고값 온도(℃)		
	Sn	Pb+Fe	고상선온도	액상선온도	납땜온도
BAg−1	−	0.15이하	약 605	약 620	620~760
BAg−1A	−	0.15이하	약 625	약 635	635~760
BAg−2	−	0.15이하	약 605	약 700	700~840
BAg−3	−	0.15이하	약 630	약 690	690~815
BAg−4	−	0.15이하	약 670	약 780	780~900
BAg−5	−	0.15이하	약 675	약 745	745~845
BAg−6	−	0.15이하	약 690	약 775	775~870
BAg−7	4.5~5.5	0.15이하	약 620	약 650	650~760
BAg−8	−	0.15이하	약 780	약 780	780~900

(2) 황동납(brass solder)

황동납은 Cu와 Zn 60% 이하를 합금한 동합금이며, 동, 동합금과 일부 철강 등의 납땜에 널리 사용된다. 융점은 850~1050℃ 정도이며, 황동납의 종류는 표 33−3과 같다.

표 33−3 황동납

종 류	화학성분(%)						
	Cu	Sn	Fe	Ni	Pb	Al	Mn
BCuZn−0	32~36	−	0.10이하	−	0.05이하	−	−
BCuZn−1	58~62	−	−	−	0.05이하	0.01이하	−
BCuZn−2	57~61	0.5~1.5	−	−	0.05이하	0.02이하	−
BCuZn−3	56~60	1.0이상	0.25~1.25	1.0이상	0.05이하	0.01이하	1.0이하
BCuZn−4	48~55	−	0.10이하	−	0.05이하	−	−
BCuZn−5	50~53	3.0~4.5	0.10이하	−	0.05이하	−	−
BCuZn−6					0.05이하	0.02이하	−
BCuZn−7	46~49	−	−	10~11	−	−	−

종 류					참고값 온도(℃)		
	Ag	P	Si	Zn	고상선 온도	액상선 온도	납땜온도
BCuZn−0	−	−	−	잔 부	약 800	약 820	820~870
BCuZn−1	−	−	−	잔 부	약 900	약 905	905~955
BCuZn−2	−	−	−	잔 부	약 885	약 900	900~955
BCuZn−3	−	−	0.25이하	잔 부	약 865	약 885	885~955
BCuZn−4	−	−	−	잔 부	약 855	약 870	870~925
BCuZn−5	−	−	−	잔 부	약 860	약 875	875~925
BCuZn−6	−	0.25이하	0.25이하	잔 부	약 920	약 935	935~980
BCuZn−7	0.30~1.00	−	0.15이하	잔 부	약 920	약 930	930~980

황동납의 결점은 전기 전도도가 낮고, 진동에 대한 저항이 적으며, 전해 작용을 받기 쉽다. 또한 아연의 증기압이 높으므로 납땜 작업 중에 과열하면 아연이 증발하여, 이음부에 기공(void)이 생겨서 이음부의 강도가 낮아진다. 따라서 1,000℃ 이상으로 가열하면 안 된다.

(3) 인동납(phosphorus copper solder)

인동납은 Cu에 P 또는 Cu에 P과 Ag을 합금한 동합금이며, 동이나 동합금의 납땜에 널리 사용된다. 이음부의 전기 전도도 및 기계적 성질이 좋고 황산 등에 대한 내식성도 우수하나, 철강 또는 니켈을 10% 이상 함유한 합금의 땜납에 사용하면 취약하므로 주의해야 한다. 동과 동을 납땜할 때에는 용제가 필요 없으나 동합금에는 용제를 사용하며, 융점은 705~925℃ 정도이다. 인동납의 종류는 표 33−4와 같다.

표 33−4 인동납

종 류	화학성분(%)				참고값 온도(℃)		
	P	Ag	기타원소	Cu	고상선 온도	액상선 온도	납땜온도
BCuP−1	4.8~5.3	−	0.2이하	잔 부	약 705	약 900	785~925
BCuP−2	6.8~7.5	−	0.2이하	잔 부	약 705	약 805	735~840
BCuP−3	5.8~6.7	4.7~6.3	0.2이하	잔 부	약 640	약 805	705~840
BCuP−4	6.8~7.7	4.7~6.3	0.2이하	잔 부	약 640	약 720	705~815
BCuP−5	4.8~5.3	14.5~15.5	0.2이하	잔 부	약 640	약 815	705~815

(4) 양은납(german silver solder)

양은납은 Cu−Zn−Ni합금이며 Ni함유량이 많을수록 융점이 높고 색깔이 희게 된다. 보통 성분은 47%Cu−11%Zn−42%Ni이며, 융점이 높고 강인하므로 동, 황동, 니켈 합금, 철강 등의 납땜에 널리 사용된다.

(5) 알루미늄납(aluminum solder)

알루미늄납은 Al을 주성분으로 하고, Si, Cu 등을 합금한 알루미늄 합금이며, 융점은 600℃정도며, 모재와의 융점의 차가 작으므로 납땜 작업의 온도 관리를 특히 주의해야 한다. 고력 알루미늄 합금은 융점이 낮으므로 납땜을 할 수 없다. 따라서 이들 합금은 보통 Zn계 합금 등의 알루미늄 땜납이 사용된다. 알루미늄납의 종류는 표 33－5와 같다.

표 33－5 알루미늄납

종 류	화학성분(%)					
	Si	Cu	Fe	Zn	Mg	Mn
BAl－0	9.5～10.5	3.5～4.5	0.80 이하	9.5～10.5	－	－
BAl－2	4.0～6.0	0.30 이하	0.80 이하	0.10이하	0.05 이하	0.15 이하
BAl－2	6.8～8.2	0.25 이하	0.80 이하	0.20이하	－	－
BAl－3	9.3～10.7	3.3～4.7	0.80 이하	0.20이하	0.15 이하	0.15 이하
BAl－4	11.0～13.0	0.30 이하	0.80 이하	0.20이하	0.10 이하	0.15 이하

종 류				참고값 온도(℃)		
	Cr	Ti	Al	고상선온도	액상선온도	납땜온도
BAl－0	－	－	잔 부	515	560	560～580
BAl－2	－	0.20이하	잔 부	575	630	620～640
BAl－2	－	－	잔 부	575	610	605～615
BAl－3	0.15이하	－	잔 부	520	585	570～640
BAl－4	－	－	잔 부	575	580	585～640

(5) 내열합금용 납

내열 합금용 납에는 Ni－Cr계, Ag－Mn, Cu－Au납 등이 있으나, Ni－Cr계 납이 가장 좋으므로 많이 사용된다. 니켈 및 코발트계는 내열, 내식 재료인 제트 엔진, 가스 터빈, 스텐레스강 등의 납땜에 사용된다.

33-5 용 제

용제(flux)는 용가제 및 모재 표면의 산화를 방지하고, 가열 중에 생성되는 금속 산화물을 녹여서 액상화하여, 땜납을 이음면에 침투시키는 역할을 한다. 따라서 융점이 땜납보다 낮고, 또 용제가 산화물로 되었을 때 땜납보다 가볍고, 슬랙의 유동성이 좋고 또한 모재 및 땜납을 부식시키지 않는 것이 좋다.

용제는 이음면을 깨끗이 하고 이음면과 그 근방에 고루 뿌리든가 또는 페이스트(paste)로 만들어 칠한다. 또한 납땜 후 잔류 용제나 슬랙은 깨끗이 닦아내지 않으면 이음면의 부식을 촉진시킨다.

1. 연납용 용제

(1) 염화아연($ZnCl_2$)

가장 많이 사용되는 염화 아연액을 만들려면 염산은 사기 그릇에 넣고, 그 속에 아연을 넣어서 포화 용액으로 한다.

(2) 염산(HCl)

진한 염산을 물로 희석시킨 것이며, 아연 도금 강판의 납땜에 사용된다.

(3) 염화 암모늄(NH_4Cl)

산화물을 염화물로 만드는 작용이 있으며, 염화 아연에 혼합하여 사용된다. 이외에 송진, 인산, 페이스트 등도 사용된다.

2. 경납용 용제

(1) 붕사($Na_2B_4O_7 \cdot 10H_2O$)

융점이 높은 경납용 용제로 사용되며, 그 융점은 760℃ 정도이다. 붕사는 높은 온도로 가열하면 유리 모양으로 되는데, 이것은 금속 산화물을 용해, 흡수하는 성질이 있다.

융해 후의 점성이 비교적 높은 결점이 있으므로, 이밖에 식염, 붕산, 탄산나트륨 등과 혼합하여 사용된다. 알루미늄, 마그네슘, 크롬, 베릴륨 외에는 흔히 사용되고 있다.

(2) 붕산(H_3BO_4)

붕산은 백색 결정체로서 융점은 875℃ 정도이며, 산화물의 제거 능력이 약하기 때문에 일반적으로 붕산 70%에 붕사 30% 정도를 혼합하여 철강에 주로 사용한다.

(3) 빙정석($3NaF \cdot AlF_3$)

알루미늄, 나트륨의 불화물이며, 불순물의 용해력이 강하다.

(4) 염화제일동(Cu_2O)

붕사와 혼합하여 주철 납땜에 쓰인다. 이것은 탈탄제로 작용하며, 주철면의 흑연을 산화시켜서 납땜을 쉽게 한다.

(5) 식염(NaCl)

융점이 낮고, 단독으로는 못쓴다. 또한 부식성이 강하므로 혼합제로 소량 사용된다.

3. 경금속용 용제

알루미늄, 마그네슘과 그 합금의 납땜에서는 모재 표면의 산화물이 대단히 강고하기 때문에, 용제는 산화물을 용해하여 슬랙으로 제거하기 위해서는 강력한 산화물, 제거 작용이 필요하다. 대표적인 용제의 성분에는 염화리튬(LiCl), 염화 나트륨(NaCl), 염화 칼륨(KCl), 불화 리튬(LiF), 염화아연($ZnCl_2$) 등이 있으며, 이것을 적절히 배합하여 사용한다.

33-6 납땜 분위기

적당한 분위기 중에서 땜납을 하면, 산화 방지 또는 산화물의 환원 작용에 의해 땜납의 흐름이 좋아져서, 용제를 사용하지 않아도 납땜을 할 수 있다. 이것은 부품의 형상이나 성질상, 용제를 사용할 수 없을 때 또는 땜납 후에 잔류 용제의 제거 처리를 할 수 없을 때 이용된다.

분위기로는 불활성 가스, 질소 가스, 도시 가스, 해수 암모니아 가스, 수소 가스 및 진공에 사용된다. 도시 가스는 고온에서 산화물의 환원이 불충분하므로 산화물이 그다지 문제가 되지 않는 연강, 저합금강의 납땜에만 이용된다. 해수 암모니아 가스($75\%H_2 + 25\%N_2$) 및 수소 가스는 환원 작용이 강하고, 용제가 필요없는 스텐레스강의 납땜도 가능하다.

티타늄, 지르코늄 등과 같은 활성 금속의 납땜에는 진공 납땜이 이용된다.

33-7 이음 강도와 이음 형상

1. 이음 형식과 틈새

납땜 이음은 이음면에 땜납이 충분히 메워져 균일한 얇은 층을 만들어야 한다. 땜납이 메워지려면 적당한 틈새가 있고, 또한 이음 강도도 이음 틈새에 좌우된다.

예를 들면 그림 33-6, 그림 33-7과 같이 틈새가 크면 땜납 금속의 강도가 저하하며, 또 너무 좁으면 땜납의 흐름이 저해되어 이음 강도가 감소한다. 최대 강도를 얻을 수 있는 적당한 이음 틈새가 있다.

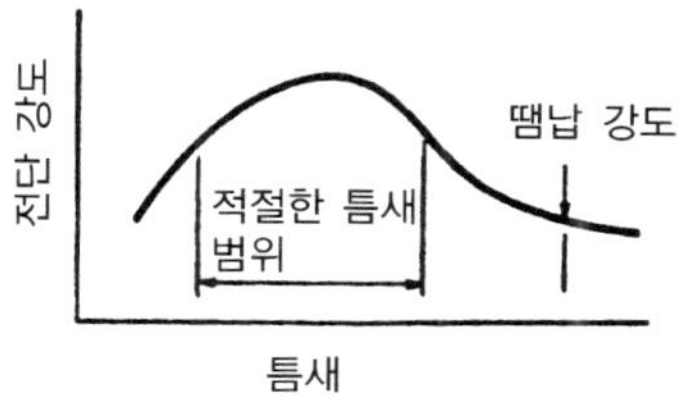

그림 33-6 연강의 은납땜 틈새와 이음의 전단 강도

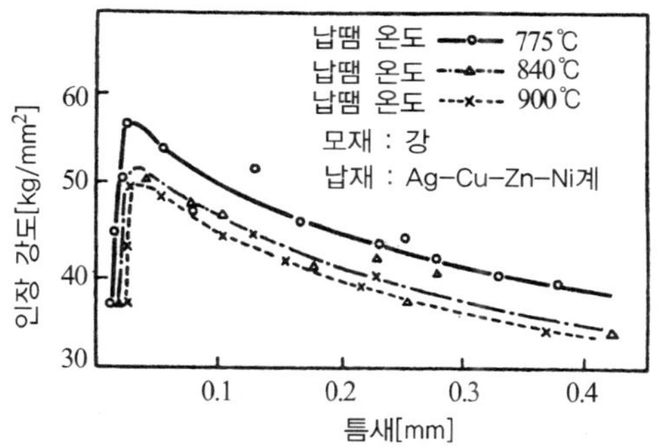

그림 33-7 연강의 은납(Ag-Cu-Zn-Ni)땜 틈새와 이음의 인장 강도

표 33-6은 경납땜 이음의 틈새를 나타냈다. 이 표는 납땜 온도에서의 틈새를 나타낸 것이므로, 납땜 전의 틈새는 모재의 틈새와 모재의 열팽창 및 가열 방법을 고려하여 적당히 선정해야 한다.

표 33-6 경납땜 이음의 틈새

(단위 : mm)

납의 종류	모재의 종류		
	동	동합금	탄소강
동 납	–	–	0.05이하
황동납	0.07~0.38	0.07~0.33	0.05~0.25
인동납	0.05~0.25	0.07~0.38	–
은 납	0.05~0.38	0.05~0.38	0.02~0.15

납땜 이음의 기본형 그림 33-8과 같이 겹치기 이음과 맞대기 이음이다.

겹치기 이음은 겹치기를 조정하여 이음부의 강도를 조정할 수 있으므로, 중요한 이음에는 겹치기 이음 형식을 많이 사용한다. 맞대기 이음은 이음부의 면적을 가감할 수 없는 경우가 많기 때문에, 사용 조건이 까다롭지 않은 부품에 사용한다.

스카프(scarf) 이음은 납땜부의 면적이 모재 단면적보다 넓어지므로, 이음 강도나 기밀성 등이 맞대기 이음보다 좋다. 납땜 금속의 강도는 모재보다 보통 약하므로, 될 수 있는 대로 납땜 면적을 넓게 하기 위하여 맞대기 이음보다 겹치기 이음이 좋다. 겹치기 이음의 겹치기 여유(allowance)는, 모재 두께의 3배보다 길게 취한다.

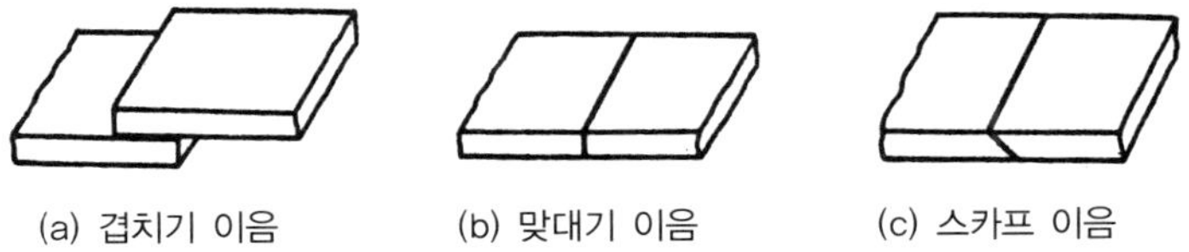

그림 33-8 납땜 이음의 기본 형식

2. 설계상의 주의

납땜 이음 형상을 설계할 때는 그림 33-8과 같이 약한 맞대기 이음을 피하고 될 수 있는 대로 겹치기 이음을 이용하고, 또한 이음면에 땜납이 충분히 들어가게 이음 틈새를 표 33-6을 참고하여 소정의 치수로 유지하도록 하여야 한다. 또한 경납땜을 할 때에는 가열로 인한 공기 및 발생 가스의 팽창이 있으므로, 그림 33-9(m)와 같이 땜납 주위에 지장이 없도록 공기가 빠질 구멍을 마련해야 한다.

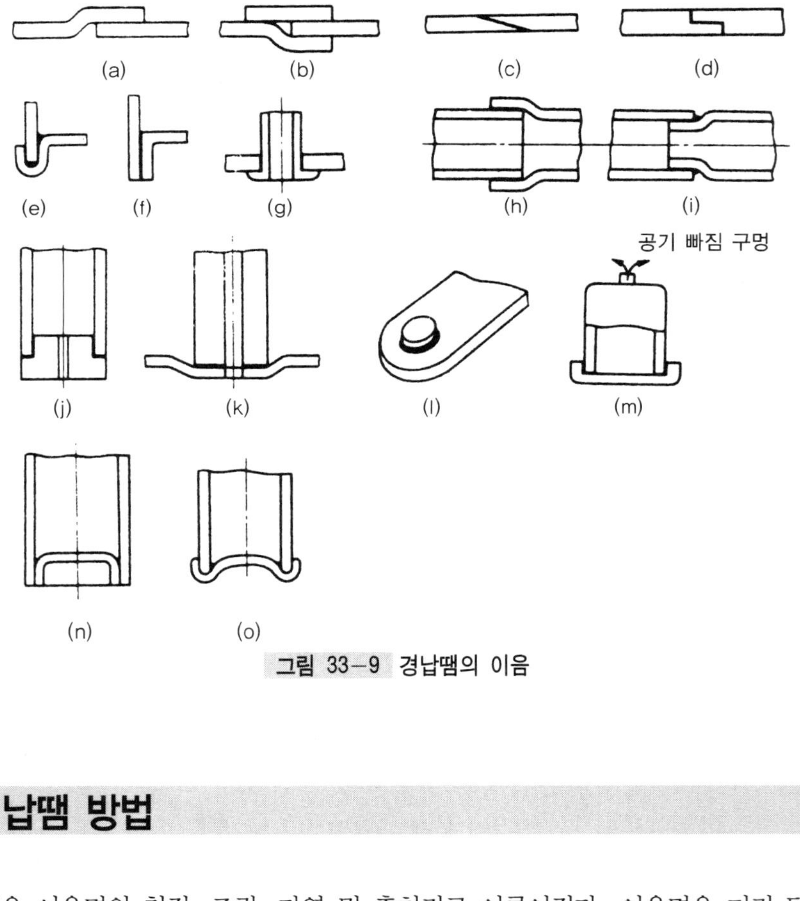

그림 33-9 경납땜의 이음

33-8 납땜 방법

납땜 작업은 이음면의 청정, 조립, 가열 및 후처리로 이루어진다. 이음면은 미리 탈지, 솔질, 약품 청정 등으로 전처리를 하여 깨끗이 하고 적당한 용제를 도포한 후, 미리 선정된 가열 방법을 이용하여 소정 온도로 일정 시간 유지하여 납땜을 한다. 또, 부식성 용제를 사용하였을 때는 납땜 후에 잔류 슬랙을 제거하여야 한다.

또, 납땜용 가열 장치를 선택할 때는 납땜하는 이음의 형상, 치수, 수량, 신뢰성, 착력화 등에 대해서 종합적 견지에서 검토할 필요가 있다. 납땜 작업은 그 가열 방법에 따라서 다음과 같이 분류된다.

1. 인두 납땜(soldering iron brazing)

일반적으로 저온의 연납땜에 널리 사용되는 가장 간단한 장치며, 가열된 인두에서의 열전도에 의해서 모재를 가열하여 땜납을 용융하여 납땜하는 방법이다. 납땜 온도가 높은 경납땜이나 열용량이 너무 큰 피용접물 등에는 부적당하다.

땜인두(soldering iron)는 대부분 순동을 사용하며, 특수한 것은 소량의 Ti, Si를 함유한 동합금 또는 Ni나 Fe 등으로 도금하여 내식성 내구성을 좋게 한 것도 사용된다.

2. 가스 납땜(gas brazing)

토치 램프, 산소－아세틸렌 불꽃, 산소－프로판 불꽃 등으로 가열하여 납땜하는 방법이다. 일반적으로 가스 불꽃은 약간 환원성의 것이 좋으며, 용제는 이음면과 땜납의 양쪽에 도포하여 사용한다. 이음에는 불꽃의 외측을 대고 속불꽃은 닿지 않게 한다. 또 부품의 치수, 형상 및 열용량에 따라서 예열도 한다.

너무 과열하면 납땜의 확산 및 산화를 초래하기 쉬우며, 용제의 녹는 정도를 보고 이음의 온도를 추정할 수 있다.

3. 저항 납땜(resistance brazing)

납땜할 이음부에 용제를 바르고, 납땜재를 삽입하여 저항열로 가열하는 방법이다. 구조상, 두 종류가 있으며 하나는 전극에 탄소 또는 흑연을 사용하여, 전극에 발생한 저항열로 납땜부를 가열하는 간접가열법과 전극에 텅스텐, 동합금 등을 사용하여 납땜부의 저항열에 의해서 납땜하는 직접가열법이 있다.

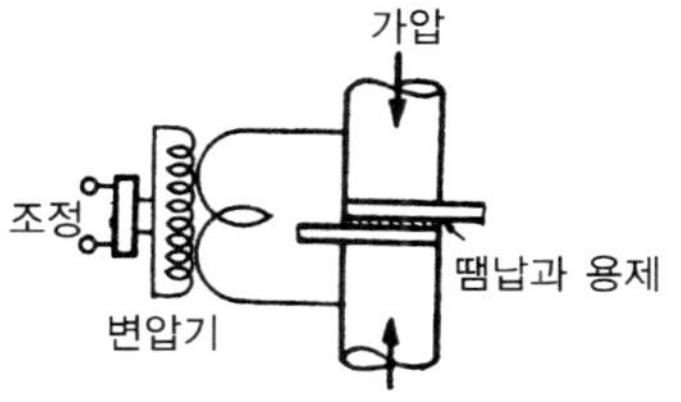

그림 33－10 저항 납땜

이 방법에서는 스폿 용접이 곤란한 금속의 납땜이나 작은 이종금속의 납땜에 적당하다. 그림 33－10은 저항 납땜을 나타냈다.

4. 로내 납땜(furance brazing)

로내 납땜은 전열이나 가스 불꽃 등으로 가열된 로내에서 납땜하는 방법이다. 이 방법은 온도 조절이 균일하므로, 정밀 이음이 가능하며, 납땜재는 그림 33－11과 같이 미리 이음면에 삽입하여 로내에 넣는다. 비교적 작은 부품의 대량 생산에 적합하며, 또 분위기는 수소와 해수 암모니아 가스를 사용할 때가 많다.

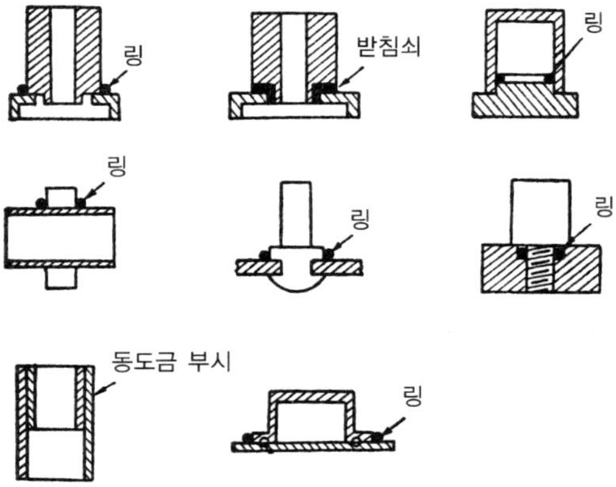

그림 33－11 로내 납땜의 납땜 첨가 방법

5. 침지 납땜(dip brazing)

침지 납땜은 이음면에 땜납을 삽입하여, 미리 가열된 염욕(salt bath)에 침지하여 가열하는 방법과 납땜부를 용제가 들은 용융땜 속에 침지하여 납땜하는 두 방법이 있다. 그림 33－12는 침지 납땜 장치를 나타냈다.

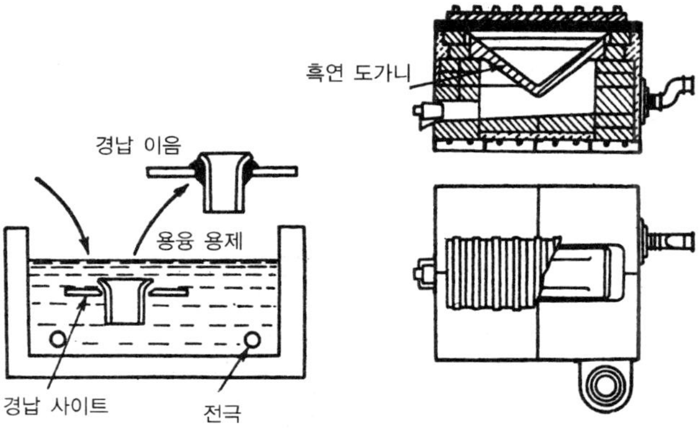

(a) 염욕 침지 납땜　　(b) 용융 금속 침지 납땜

그림 33－12 침지 납땜 장치

6. 고주파 납땜(high frequency induction brazing)

땜납과 용제를 삽입한 이음을 그림 33－13과 같이 고주파 전류를 이용하여 가열하는 납땜법이다. 자성이 있는 금속에서는 유도전류에 의한 가열이 주가 되며, 비자성의 금속에서는 과전류에 의한 가열이 주가 된다. 가열 코일은 부품에 따라서 적당한 형상과 용량이 사용된다. 이 방법은 가열 시간이 짧고 작업이 용이하나, 국부 가열에 의한 변형이 따르기 쉽다.

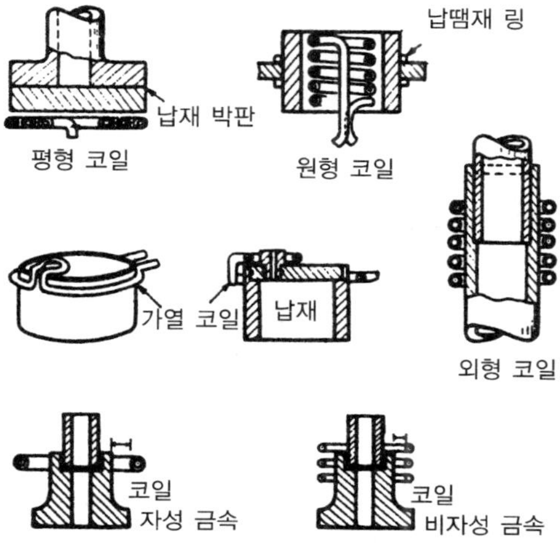

그림 33－13 고주파 유도 가열 코일의 예

연습문제

01 연납과 경납의 차이점을 설명하여라.

02 납땜의 원리와 기구를 설명하여라.

03 납땜의 종류와 그 특징을 설명하여라.

04 납땜법의 종류를 들고 설명하여라.

05 연납용 용제의 종류를 들어 보아라.

06 용제의 역할을 설명하여라.

07 납땜 방법의 종류를 들고 설명하여라.

08 납땜 이음의 설계상 주의할 점을 들어라.

제 5 편

용접시공· 설계· 시험 및 검사

제34장 | 용접시공

용접 시공(welding procedure)은 설계서 및 시방서에 의하여 필요한 구조물을 제작하는 방법으로, 좋은 용접 제품을 만들려면 세밀한 설계와 적절한 용접 시공이 이루어져야 한다.

용접 시공에는 제작상 필요한 일체의 수단이 포함된다. 따라서 용접 시공에 종사하는 사람은 용접법의 선택, 설비, 용접 재료, 시공 순서, 용접 준비에서 시공 후의 처리 및 시험, 검사에 이르기까지 용접 전반에 대한 올바른 지식을 가지고 그것을 활용해야 한다. 또, 경제적인 관점에서도 신중한 고려를 하여야 하며, 작업의 안전이나 환경에 관해서도 충분한 주의가 필요하다.

34-1 용접준비

1. 일반준비

용접이 잘되도록 하기 위하여서는 용접 전의 여러 가지 준비에 의해 좌우되므로 중요한 문제이다. 용접 전의 준비가 불완전하면 아무리 용접 시공을 신중히 하여도 좋은 결과를 얻기가 힘들다.

용접에 있어서 일반적으로 주의하여야 할 사항은 모재의 재질 확인, 용접 기기의 선택, 용접봉의 선택, 용접공의 기량, 용접 지그(jig)의 적절한 사용법, 홈 가공과 청소, 조립과 가용접 등이 있다.

용접은 매우 짧은 시간에 이루어지는 금속학적 조작이므로, 모재의 성분과 이력을 조사하여 여기에 적합한 용접봉을 선택하여 사용하여야 한다. 그 밖에 용접법 및 용접 기기의 선택도 용접 준비 중의 중요한 항목의 하나이다.

(1) 용접재료

용접은 매우 짧은 시간에 이루어지는 금속학적 조작이므로, 모재와 용접봉의 선택은 대단히 중요하다. 따라서, 모재의 화학 성분을 조사하여 만일 모재의 성분이 밀 시트(mill sheet) 등으로 확인될 수 없을 때에는 화학 분석 및 기계적 시험을 실시하여 재질을 확인하도록 한다.

용접봉의 선택은 모재의 용접성, 용접 자세, 홈 모양, 용접봉의 작업성 등을 고려하여 적당한 것을 선택해야 한다. 일반적으로, 홈 용접의 최초의 층은 작은 지름의 용접봉을 사용하고 각 층마다 용접봉의 지름을 단계적으로 크게 하는 것이 좋다. 수직 하진 용접, 수평 필릿 용접에는 작업 능률의 향상을 생각한 전용 용접봉이 사용되고 있다.

피복 아크 용접봉이나 서브머지드 아크 용접의 용제는 대기 중에서 흡습성이 강하므로, 사용 전에 건조할 필요가 있다. 특히, 저수소계 이외의 용접봉은 70~80℃에서 1시간 정도, 저수소계 용접봉은 300~350℃에서 1시간 정도 사용 전에 건조하여 사용한다. 제25장 표 25-1에 각종 금속 재료에 대한 용접의 적용성을 나타냈다.

(2) 용접치구

재료의 준비가 끝나면 조립과 가용접을 한다. 물품을 정확한 치수로 완성시키려면 정반이나 적당한 용접대 위에 조립, 고정한다. 부품을 조립하는데 사용하는 도구를 용접치구(welding jig)라 하며, 이 중 부품을 눌러서 고정 역할을 하는데 필요한 것을 용접고정구(welding fixture)라 한다. 이 지그 활용을 잘하고 못함이 용접 제품의 완성 상태를 지배하며, 공수 경감에도 큰 영향을 준다. 특히, 재료의 두께가 얇은 것은 용접변형이 심하므로, 이것을 억제하기 위하여 적당한 지그를 사용해야 한다.

형상이 복잡한 물품은 자유로 회전시킬 수 있는 조작대 위에 놓고 아래보기 자세로 용접을 하는 것이 가장 좋다. 이 목적에 사용되는 회전대를 용접 포지셔너(welding positioner) 또는 용접 매니플레이터(welding manipulator)라 한다.

2. 이음 준비

이음 준비에는 홈 가공, 조립, 가용접 그리고 이음부의 청소 등이 있다.

(1) 홈 가공

용접 방법이 결정된 후에는 이음 형상도 설계 과정에서 결정하여야 한다. 이것은 시공 부문의 기술 정도와 용접 방법, 용착량, 능률 등의 경제적인 면을 종합적으로 고려하여 결정한다. 좋은 용접 결과를 얻으려면, 우선 좋은 홈 가공을 해야 하며, 경제적인 용접을 하기 위해서도 이에 적합한 홈을 선택하여 가공한다.

홈 모양의 선택이 좋고 나쁨은 피복 아크 용접의 경우에는 슬랙 섞임, 용입 불량, 루트 균열, 수축 과다 등의 원인이 되며, 자동 용접이나 반자동 용접의 경우에는 용락(burn through), 용입 불량 등의 원인이 되어 용접 결과에 직접적으로 관계되며 능률을 저하시킨다.

홈 가공에는 가스 가공과 기계 가공이 있다. 가스 가공은 산소-아세틸렌 절단, 산소-프로판 절단, 아르곤 아크 절단, 플라즈마 절단, 아크에어 가우징 및 기계적으로는 셰이퍼, 플레이너 가공 등이 있다. 플라즈마 절단은 특수강, 비철 금속의 절단에 사용된다.

홈 가공은 일반적으로 가스 절단법에 의하나, 기계 가공은 가스 가공에 비하여 능률이 낮기 때문에 사용 범위가 적고, 가열에 의해서 변형이 생기기 쉬운 얇은 판, 소입경화성이 있는 재료, 가스 절단을 할 수 없는 재료 등의 가공이나, 특히 정밀이 요구되는 특수한 홈 가공에 쓰인다.

(2) 조립 및 가용접

조립(assembly) 및 가용접(tack welding)은 용접 시공에 있어서 없어서는 안 되는 중요한 공정의 하나로서, 용접 결과에 직접 영향을 준다. 홈 가공을 끝낸 판은 제품으로 제작하기 위하여 조립, 가용접을 실시한다.

조립 순서는 용접 순서 및 작업의 특성을 고려하여 계획하고 용접이 안 되는 곳이 없도록 하며, 또 변형 또는 잔루 응력을 될 수 있는 한 작도록 미리 검토할 필요가 있다.

일반적으로 조립 순서는 수축이 큰 맞대기 이음을 먼저 용접하고, 다음에 필릿 용접을 하도록 배려한다. 또, 큰 구조물에서는 구조물의 중앙에서 끝으로 향하여 용접을 실시하며, 또한 대칭으로 용접을 진행시키는 것도 생각해 볼 필요가 있다.

가용접은 본용접(regular welding)을 실시하기 전에 좌우의 홈 부분을 잠정적으로 고정하기 위한 짧은 용접인데, 피복 아크 용접에서는 슬랙 섞임, 용입 불량, 루트 균열 등의 결함을 수반하기 쉬우므로, 이음의 끝부분, 모서리 부분을 피해야 한다. 또한 가용접에서는 본용접 때 보다 지름이 약간 작은 용접봉을 사용하는 것이 일반적이다.

그림 34-1은 가용접의 예를 나타냈다.

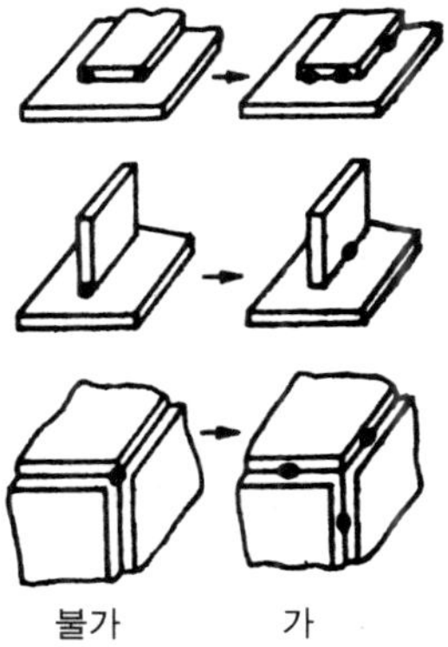

그림 34-1 가용접의 예

(3) 홈의 확인과 보수

도면에 지정된 바른 홈 모양과 가조립의 정도를 유지하는 것은 완전한 이음을 얻는 데 필수 요건이다.

홈이 완전하지 않으면 결함이 생기기 쉽고 완전한 이음 강도가 확보되지 않을 뿐 아니라, 용착량의 증가에 의한 공수의 증가, 변형의 증대 등을 일으키게 된다. 맞대기 용접 이음의 경우에는 홈 각도, 루트면의 정도가 문제되지만, 루트 간격(root opening)의 크기가 제일 문제가 된다. 이 루트 간격의 허용 한계는 서브머지드 아크 용접과 피복 아크용접에서 차이가 있게 된다.

피복 아크 용접에서는 비교적 까다롭지 않으나, 서브머지드 아크 용접에서는 루트 간격이 그림 34-2와 같이 0.8mm 이상되면 용락이 생기고 용접 불능으로 된다.

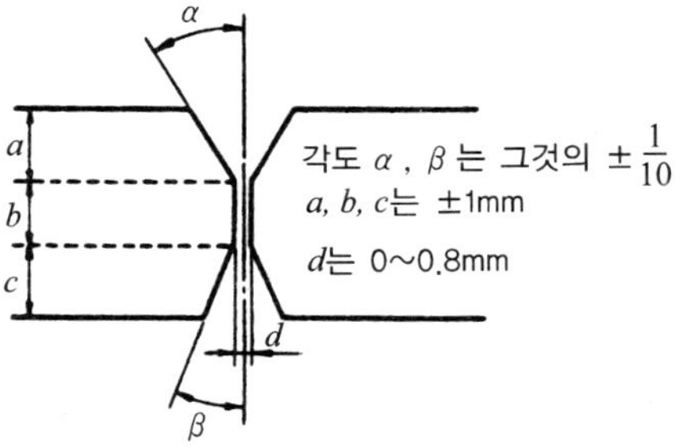

그림 34-2 서브머지드 아크 용접 이음 홈

눈틀림의 허용량은 구조물에 따라서 틀리며, 피복 아크 용접에서는 루트 간격이 너무 크면 다음과 같은 요령으로 보수한다. 즉, 맞대기 이음에 있어서는 간격 6mm 이하, 간격 6~16mm, 간격 16mm 이상 등으로 분류하여 그림 34-3과 같이 보수한다.

그림 34-3(a)의 경우에는 한쪽 또는 양쪽을 덧살올림 용접을 하여 깍아 내고, 규정 간격으로 홈을 만들어 용접한다.

그림 34-3(b)의 경우에는 두께 6mm 정도의 뒷판(backing)을 대서 용접한다. 그림 34-3(c)의 경우에는 판의 전부 또는 일부(길이 약 300mm)를 대체한다.

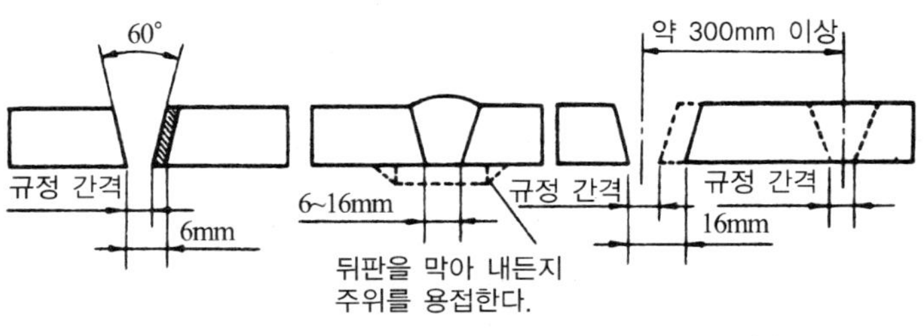

그림 34-3 맞대기 이음 홈의 보수

필릿 용접의 경우에는 그림 34-4와 같이 루트 간격의 크기에 따라 보수 방법이 다르다. 즉, 그림 34-4(a)와 같이 간격이 1.5mm 이하일 때에는 그대로 규정대로의 다리 길이(length of leg)로 용접한다.

그림 34-4(b)와 같이 간격이 1.5~4.5mm일 때에는 그대로 용접하여도 좋으나, 넓어진 만

큼 다리 길이를 증가시킬 필요가 있다. 그렇게 하지 않으면 실제의 폭 두께가 감소하고 소정의 이음 강도를 얻을 수 없기 때문이다.

그림 34－4(c)와 같이 간격이 4.5mm 이상일 때에는 라이너를 넣든가 그림 34－4(d)와 같이 부족한 판을 300mm 이상 잘라 내어 교환한다.

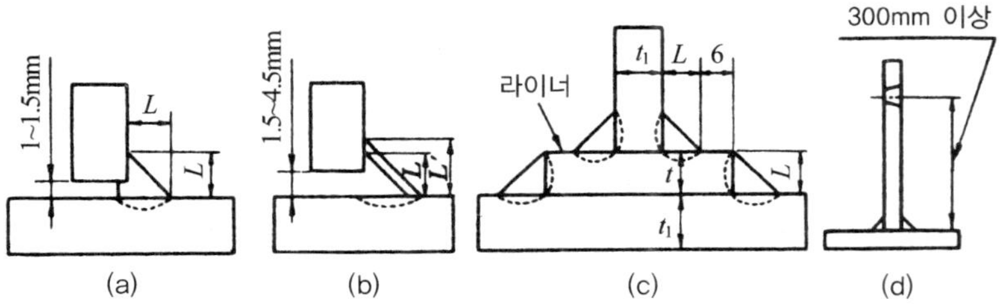

$t \geq t_1 (t_1 < t_2$일 때) $t \geq t_2 (t_1 > t_2$일 때)

그림 34－4 필릿 용접 이음 홈의 보수

(4) 이음부의 청정

소정의 홈 형태로 조립, 가용접이 끝나면 다음에 이음부의 청정을 한다.

이음부에 있는 수분, 녹, 스케일, 페인트, 기름, 그리스, 먼지, 슬랙 등이 있으면 용착 금속 내의 기공이나 슬랙 섞임, 균열의 원인이 되므로, 용접 전에 또는 각 층마다 완전히 제거하여야 한다. 이들을 제거하기 위해서는 와이어 브러시, 그라인더(grinder), 쇼트 블라스트(shot blast) 등을 사용하거나 화학 약품 등을 사용하여 청정한다.

특히, 자동 용접의 경우에는 대전류에서 고속 용접을 하므로, 유해물의 영향이 크다. 따라서, 용접 전에 가스 불꽃으로 홈의 면이 80℃ 정도로 될 때까지 가열하여 수분이나 기름기를 제거하는 방법이 많이 이용되고 있다.

34-2 용접작업

본용접에 있어서 용접 순서, 용착법, 운봉법 등을 고려하여 용접부에 결함이 생기지 않게 하고, 변형을 될 수 있는 대로 적게 하며, 용접 능률을 좋게 하여야 한다.

1. 용착법과 용접순서

(1) 용착법

본용접에 있어서 용착 순서(welding wequence)에는 그림 34－5와 같이 용접하는 진행 방향에 의하여 전진법(progressive method), 후진법(back step method), 대칭법(symmetric method)

등이 있고, 다층용접에 있어서는 빌드업법(build up sequence), 캐스케이드법(cascade sequence), 전진 블록법(block sequence) 등이 있다.

1) 전진법

가장 간단한 방법으로써, 이음의 한쪽 끝에서 다른 쪽 끝으로 용접을 진행하는 방법이다. 이 방법으로 용접을 하면 그림 34-6과 같이 점의 시작 부분의 수축보다 끝나는 부분의 수축이 더 커지며, 잔류응력도 시작 부분에 비하여 끝나는 부분 쪽이 더 크다.

얇은 판의 용접이나 용접 이음이 짧든지, 변형 및 잔류 응력이 별로 문제가 되지 않을 때나, 1층 용접, 자동 용접의 경우에 많이 사용된다. 고능률이지만 잔류 응력이 비대칭으로 되어 가용접을 잘 하지 않으면 큰 변형이 생길 때가 있다.

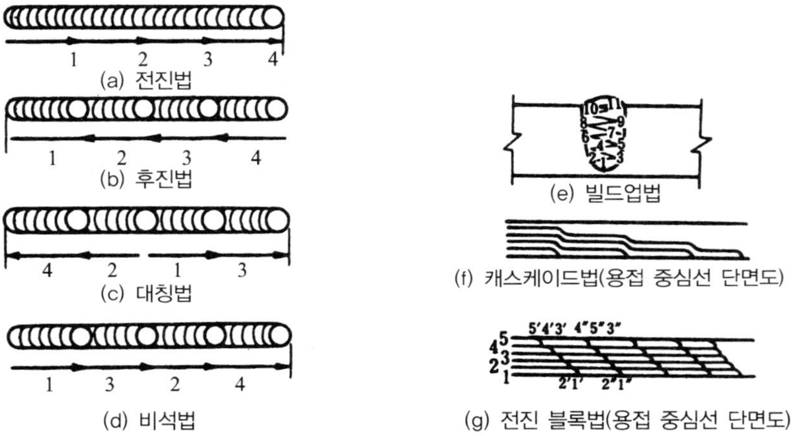

그림 34-5 용착법

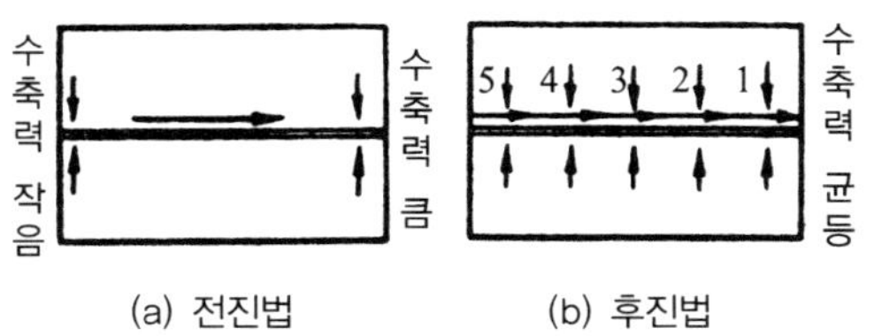

그림 34-6 용착 순서와 수축

2) 후진법

용접 진행 방향과 용착 방법이 반대로 되는 방법이다. 두꺼운 판의 용접에 사용되며, 잔류 응력을 균일하게 하여 변형을 작게 할 수 있으나 능률이 조금 떨어진다. 후진의 단위 길이는 구조물에 따라 자유롭게 선택한다.

3) 대칭법

이음의 전 길이를 분할하여, 이음 중앙에 대하여, 대칭으로 용접을 실시하는 방법이다. 변형, 잔류 응력을 대칭으로 유지할 경우에 많이 사용된다.

4) 비석법

이음 전 길이에 대해서 뛰어 넘어서 용접하는 방법이다. 변형, 잔류 응력을 균일하게 하지만, 능률이 좋지 않으며, 용접 시작 부분과 끝나는 부분에 결함이 생길 때가 많다.

5) 빌드업법

용접 전 길이에 대해서 각 층을 연속하여 용접하는 방법이다. 능률은 좋지 않지만, 급냉시나 구속이 클 때, 판 두께가 두꺼울 때에는 첫 층에 균열이 생길 우려가 있다.

6) 캐스케이드법

후진법과 병용하여 사용되며, 결함은 잘 생기지 않으나 특수한 경우 외에는 사용하지 않는다.

7) 블록법

짧은 용접 길이로 표면까지 용착하는 방법이며, 첫 층에 균열이 발생하기 쉬울 때 사용한다.

(2) 용접순서

용착 순서는 불필요한 변형이나 잔류 응력의 발생을 될 수 있는 대로 억제하기 위해 하나의 용접선의 용접을 다음과 같은 기준에 의하여 용접 순서를 결정하면 좋다. 그림 34−7은 맞대기 이음의 용접 순서의 예를 나타냈다.

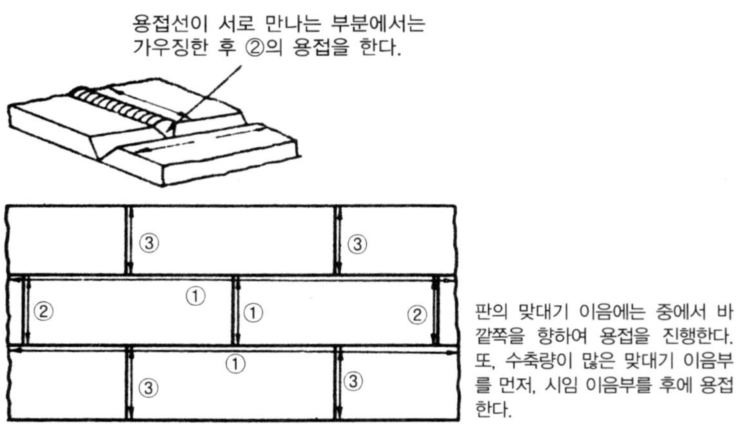

그림 34−7 용접 순서 예

① 같은 평면 안에 많은 이음이 있을 때에는 수축은 가능한 한 자유단으로 보낸다.
② 용접물 중심에 대하여 항상 대칭으로 용접을 진행시킨다.
③ 수축이 큰 이음을 가능한 한 먼저 용접하고, 수축이 작은 이음을 뒤에 용접한다.
④ 용접물의 중립축을 생각하고, 그 중립축에 대하여 용접으로 인한 수축력 모우멘트의 힘이 0이 되도록 한다. 이렇게 하면 용접선 방향에 대한 굴곡이 없어진다.

판의 맞대기 이음에는 중앙에서 바깥쪽을 향하여 용접을 진행한다. 또, 수축량이 많은 맞대기 이음부를 먼저, 수축이 적은 이음부를 후에 용접한다.

(3) 가우징 및 뒷면 용접

일반적으로, 맞대기 이음 용접의 경우에는 제1층 용접에서 뒷면에 용입 불량이 생기기 쉽고, 또 두꺼운 판의 경우에는 급냉되어 과대한 응력을 받을 때가 있으므로, 균열이나 기공 등 여러 결함이 포함될 때가 있다.

따라서, 맞대기 이음 용접을 할 때에는 받침쇠(backing strip)를 대고 완전히 용융시키든지, 또는 가우징(gauging)에 의하여 결함이 완전히 제거된 다음에 뒷면 용접을 실시하여야 한다.

가우징 방법으로는 다음과 같은 방법이 널리 이용되고 있다. 뉴매틱해머(pneumatic hammer)를 사용하여 기계적으로 가우징을 하는 방법은 깊이 팔 때에는 작업 능률이 좋지 못하다.

불꽃 가우징(flame gauging)은 고압 산소를 불어서 홈을 파는 방법이다. 이 방법은 능률이 좋으나, 변형을 일으키면 곤란한 일감이나 얇은 판에는 사용할 수 없다.

그리고, 아크 에어 가우징(arc－air gauging)은 다른 방법으로써는 시공하기 곤란한 좁은 장소의 가우징이 가능하며, 또 특수강에도 적용될 수 있다. 뒷면 용접은 가우징 검사 후, 같은 질의 용접봉으로 한다.

2. 예 열

(1) 예열의 목적

용접하기 전에 예열(pre－heating)을 하는 목적은 용접 작업성의 개선 용접 금속 및 열영향부에 있어서의 균열 방지, 수축 변형의 감소, 용접 금속 및 열영향부의 연성 또는 노치 인성(notch toughness)의 개선을 생각할 수 있다.

또 용접 금속 및 열영향부의 냉각 속도가 저하하고, 용접 금속 중의 확산성 수소의 방출이 용이하게 되므로, 자경성을 갖는 고탄소강, 합금강 등의 용접 균열의 방지, 연성 및 노치 인성의 개선 등에 도움이 된다.

일반적으로 용접성이 좋다고 생각되고 있는 연강도 두께 약 25mm 이상의 두꺼운 판이 되면 급냉되기 때문에, 또 고탄소강이나 합금 성분을 함유한 합금강은 경화성이 크기 때문에 열영향부가 경화하여 최고 경도(maximum hardness)가 높아지며, 비드 밑 균열(under bead crack) 등을 일으키기 쉽다. 이러한 경우에는 모재의 재질에 따라 50～350℃로 예열하고 냉각 속도를 느리게 할 필요가 있다. 이렇게 예열하는 것은 열영향부가 마르텐사이트(martensite) 변태를 일으키는 부근의 냉각 속도를 완화하기 위해서다.

연강에서도 판 두께 30mm 이상에서는 기온이 0℃ 이하로 떨어지면 저온 균열을 일으키기 쉬우므로, 이음의 양쪽 약 100mm 폭을 약 40～75℃로 가열하는 것이 좋다. 다층용접인 경우에

층간온도(interpass temperature)를 적당히 유지하면 2층 이후는 예열한 것과 동등한 효과가 있다. 또, 주철, 내열 합금에서도 용접 균열을 방지하기 위하여 예열을 하여 용접한다.

열영향부의 경화성은 강의 조성이나 용접시의 냉각 속도, 다시 말해서 용접 조건에 따라서 다르다. 탄소강에서는 탄소 함유량이 증가할수록 최고 경도는 높아지나 합금강에서는 탄소 함유량뿐만 아니라 합금 원소에 의해서도 영향을 받으므로 탄소당량(equivalent carbon content)에 의해서 예열 온도를 결정한다.

용접성 분류	일미나이트계 용접봉 예열(℃)	저수소계 용접봉 예열(℃)
(I) 수	예열 불필요	예열 불필요
(II) 우	>40~100	>−10
(III) 양	>150	>40~100
(IV) 가	>150~200	>100

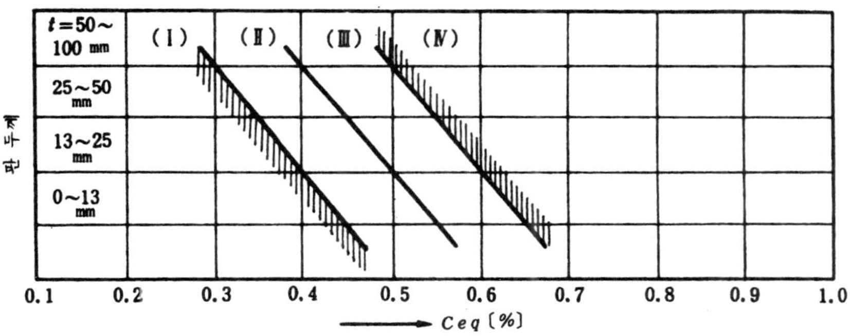

용접성 분류	일미나이트계 용접봉 예열[℃]	저수소계 용접봉 예열[℃]
(I) 수	예열 불필요	예열 불필요
(II) 우	>40~100	>−10
(III) 양	>150	>40~100
(IV) 가	>150~200	>100

그림 34−8 탄소 당량을 기초로 한 연강 및 고장력강의 예열 온도

그림 34−8은 탄소 당량을 기초로 한 연강 및 고장력강의 용접 예열 온도를 나타냈다.

그림 34−8에서 가로축은 탄소 당량이고, 세로축은 판의 두께를 나타낸 것이다.

$$C_{eq} = \mathrm{C} + \frac{1}{6}\mathrm{Mn} + \frac{1}{24}\mathrm{Si} + \frac{1}{40}\mathrm{Ni} + \frac{1}{5}\mathrm{Cr} + \frac{1}{4}\mathrm{Mo} + \frac{1}{14}\mathrm{V} \qquad (34-1)$$

즉, 용접 조건이 같으면 합금 원소가 많아져서 탄소 당량이 커지든지 판이 두꺼워지면 최고 경도는 증가하여 용접부 주변이 대단히 경화하므로 용접 균열을 일으키기 쉽다. 이와 같은 경우에는 예열 온도를 높일 필요가 있음을 나타내고 있다. 그림 34−9는 고장력강의 탄소 당량과 열영향부의 경도 관계를 나타냈다.

탄소 당량 이외에도 용접부의 지름, 판 두께, 이음 형식에 의해서 필요한 예열 온도는 변화한다. 표 34−1은 그 예를 나타냈다.

표 34-1 예열 온도[℃]

C_{eq}	용접봉지름 (mm)	판두께(mm)							
		맞대기 이음				필릿 이음			
		06	12	25	50	6	12	25	50
0.35	3.25	0	0	0	0	0	0	0	100
	4	0	0	0	0	0	0	0	0
	5	0	0	0	0	0	0	0	0
	6	0	0	0	0	0	0	0	0
0.40	3.25	0	0	0	150	0	0	100	200
	4	0	0	0	0	0	0	0	150
	5	0	0	0	0	0	0	0	100
	6	0	0	0	0	0	0	0	100
0.45	3.25	0	0	150	250	0	100	250	300
	4	0	0	100	200	0	0	200	250
	5	0	0	0	150	0	0	100	200
	6	0	0	0	100	0	0	0	150
0.50	3.25	0	0	250	350	0	150	350	(450)
	4	0	0	150	300	0	100	250	400
	5	0	0	100	200	0	0	200	350
	6	0	0	0	150	0	0	150	300
0.55	3.25	0	150	400	(550)	100	300	(550)	–
	4	0	0	300	(450)	0	200	(450)	–
	5	0	0	150	350	0	100	350	(600)
	6	0	0	150	300	0	0	300	(600)
0.60	3.25	150	400	–	–	350	–	–	–
	4	100	250	–	–	250	(600)	–	–
	5	0	100	(500)	(600)	150	300	(600)	–
	6	0	0	350	(500)	0	150	(500)	–
0.65	3.25	300	–	–	–	–	–	–	–
	4	200	350	–	–	–	–	–	–
	5	0	150	(600)	–	200	(600)	–	–
	6	0	0	(500)	–	100	300	–	–
0.70	3.25	400	–	–	–	–	300	–	–
	4	300	500	–	–	–	–	–	–
	5	200	400	–	–	400	(600)	–	–
	6	0	200	(600)	–	200	400	–	–

0.75	3.25	600	–	–	–	–	–	–	–
	4	500	–	–	–	–	–	–	–
	5	400	500	–	–	(600)	–	–	–
	6	200	400	–	–	(450)	(600)	–	–

주 : 0, 예열 불필요　　–, 필요한 예열 온도가 대단히 높으며, 실제적이 아니므로 사용할 수 없다.

표 34-2 각종 재료의 예열 온도

종 류	예열 온도(℃)
고장력강	150 이하
내열강	100~300
마르텐사이트계스텐레스강	200~400
보통주철	100~400
동	400~500
동합금	100~350
알루미늄 합금 (두꺼운 판)	200~400

또 표 34-2는 탄소강 이외의 예열 온도를 나타냈다.

표 34-2 중에서 비철 금속, 동, 동합금, 알루미늄 합금 등의 예열은 모재의 경화를 방지하는 것이 목적이 아니며, 모재의 열전도가 크므로, 예열에 의해서 용융 금속의 응고를 늦추고 모재와의 융합을 완전하게 하기 위해서이다.

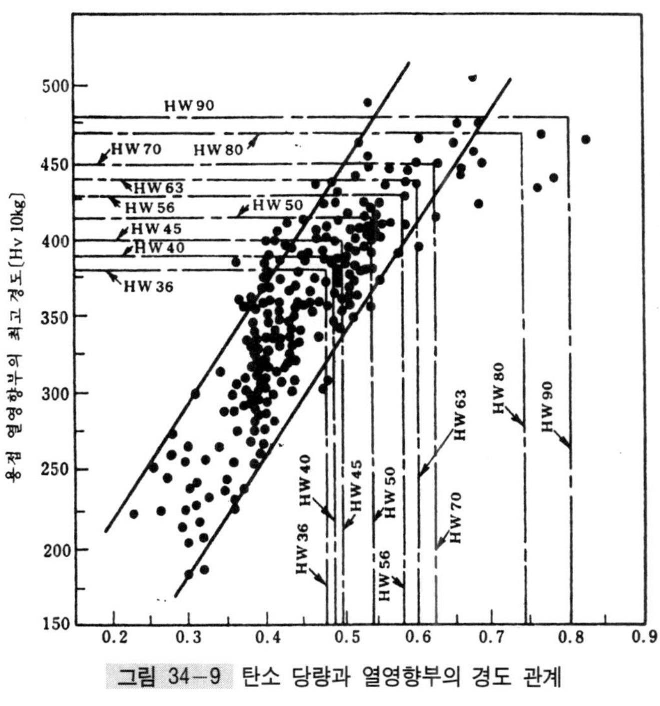

그림 34-9 탄소 당량과 열영향부의 경도 관계

단 이들 재료는 강에 비해서 열팽창 계수가 크므로, 너무 고온으로 가열하면 변형이 커지므로, 적절한 온도로 예열하는 동시에 또 모재를 구속하여 변형의 발생을 방지해야 한다.

이 외의 목적으로서는 이음부의 수분의 제거, 또한 용융 금속의 응고를 늦게함으로써 수소 가스 등의 유해 가스를 용착 금속에서 방출하고, 열영향부의 취화나 용착 금속 내의 블로우 홀의 발생 등을 방지할 수 있다.

(2) 예열방법

예열을 할 경우에는 구조물 전체를 균일하게 가열하는 것이 이상적이지만, 일반적으로 용접하려는 이음을 포함한 범위를 국부적으로 가열할 때가 많다. 전체를 가열할 경우에는 구조물을 가열로 중에서 가열한 후 꺼내든가, 로 위에서 가열하면서 용접한다. 국부 가열의 경우에는 일반적으로 산소-아세틸렌, 산소-프로판 또는 도시 가스 등의 토치를 이용하여 가열한다.

예열 온도의 측정에는 표면 온도 측정용 열전대(thermocouple) 온도계를 사용하든가, 또는 측온 초크(chalk)를 이용한다. 측온 초크는 여러 가지 용융점의 분말 물질을 연필과 같은 모양으로 만든 것이며, 그 끝으로 가열 표면을 문질러서 표면에 부착한 분말이 녹는 온도를 이용하여 측정한다.

3. 가우징 및 뒷면 용접

일반적으로 맞대기 이음 용접의 경우에는 제1층 용접에서 뒷면에 용입(penetration) 불량이 생기기 쉽고, 또 두꺼운 판의 경우에는 급냉되어 과대한 응력을 받을 때가 있으므로, 균열이나 기공 등 여러 결함이 포함될 때가 있다.

따라서 맞대기 이음 용접을 할 때에는 받침쇠(backing strip)를 대고 완전히 용융시키든지, 또는 가우징(gauging)에 의하여 결함이 완전히 제거된 다음에 뒷면 용접을 실시하여야 한다. 가우징 방법으로는 다음과 같은 방법이 널리 이용되고 있다.

뉴매틱 해머(pneumatic hammer)를 사용하여 기계적으로 가우징을 하는 방법은 깊이 팔 때에는 작업 능률이 좋지 못하다. 불꽃 가우징(flame gauging)은 고압 산소를 불어서 홈을 파는 방법이다. 이 방법은 능률이 좋으나, 변형을 일으키면 곤란한 일감이나 얇은 판에는 사용할 수 없다. 그리고, 아크 에어 가우징(arc air gauging)은 다른 방법으로는 시공하기 곤란한 좁은 장소의 가우징이 가능하며, 또 특수강에도 적용될 수 있다.

연습문제

01 용접 시공이란 무엇인가?

02 가용접의 목적과 가용접할 때의 주의할 사항을 들어 보아라.

03 용착법의 종류를 들고 설명하여라.

04 용접 전에 실시하는 예열의 목적은 무엇인가?

05 가우징의 목적은 무엇인가?

제35장 | 용접설계

용접 설계(design in welding)는 용접법의 잇점을 유효하게 활용하고 또한 그 결점을 제거하여 좋은 결과를 얻을 수 있는 용접 설계가 되도록 하여야 한다.

그러므로, 용접 설계를 할 때면 특히 이음의 특성을 잘 인식하여야 한다.

용접부 부근의 재질이 균등하지 못하므로 국부 가열에 의해서 발생하는 용접 변형 및 잔류 응력의 영향, 야금학적 성질 등 고려할 점이 많다. 따라서 공작 결과에 미치는 여러 조건과 효과를 감안하여 용접 공작을 할 때 충분히 주의하여 설계하여야 한다.

35-1 용접 이음의 종류

용접 이음(welded joint)은 용접 방법, 판의 두께, 재질, 구조물의 종류와 모양 등에 의하여 여러 가지 형식이 채택되고 있다. 그 대표적인 용접 이음의 기본 형식에는 그림 35－1에 나타낸 바와 같다.

용접부를 형상적으로 보면, 맞대기 용접(butt weld, groove weld), 필릿 용접(fillet weld), 플러그 용접(plug weld), 덧살 올림 용접(built up welding)의 4종류로 크게 분류되고 있다.

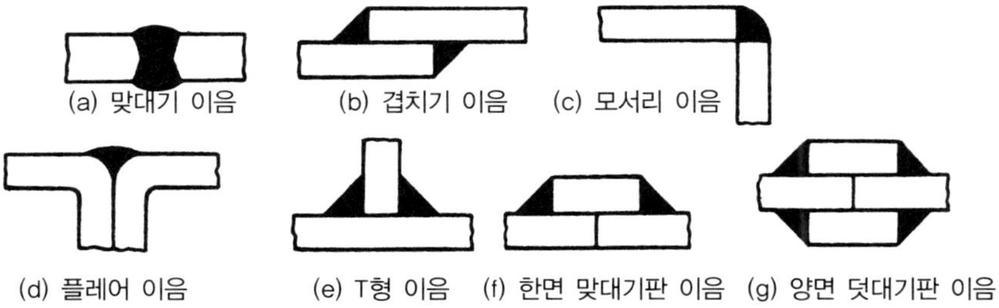

그림 35－1 용접 이음의 종류

1. 맞대기 용접

맞대기 용접은 대략 같은 면에서 접합되는 두 부재의 사이에 홈(groove)을 만들어 용접하는 것으로, 그림 35－2와 같은 I형, V형, X형, U형, H형, ⩗형, K형, J형 양면 J형, 플레어형 등의 여러 종류의 홈 모양이 있고, 판 두께, 용접 방법 등에 의하여 적당한 형을 선정한다.

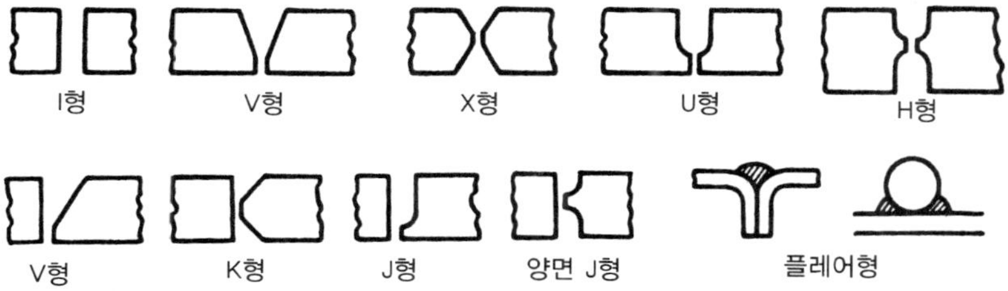

그림 35－2 맞대기 이음의 홈 모양

이와 같은 이음을 완전용입용접(full penetration weld)이라 하고 모서리 이음(corner joint) 및 T형 이음에서는 접합면을 완전이 용입하지 않는 이음 설계도 있으며, 이와 같은 이음을 부분용입용접(partial penetration weld)이라고 한다.

2. 필릿 용접

필릿 용접은 거의 직교하는 두 면을 용접하는 삼각형 단면을 가진 용접으로서, 필릿 용접은 이음 형상에서 보면 겹치기와 T형이 있고, 표면의 모양에 따라 볼록한 필릿과 오목한 필릿이 있다.

용접선에 대한 하중의 방향에서 볼 때에는 그림 35－3과 같이 전면 필릿(front fillet weld)과 측면 필릿(side fillet weld) 및 경사 필릿(oblique fillet weld)으로 분류된다.

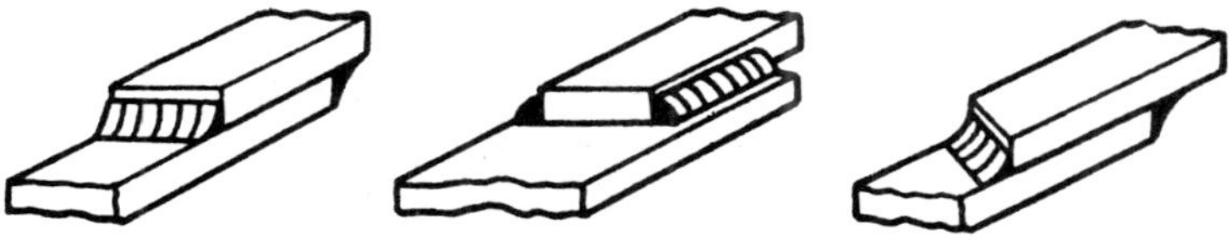

(a) 전면 필릿 (b) 측면 필릿 (c) 경사 필릿

그림 35－3 필릿 용접과 하중 방향

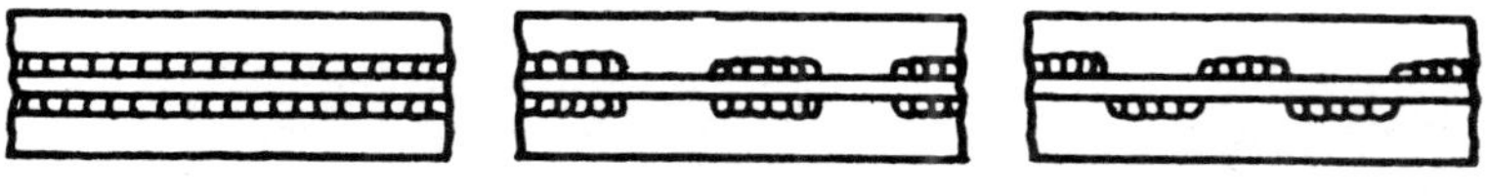

(a) 연속 필릿 (b) 단속 필릿(병열) (c) 단속 필릿(지그재그)

그림 35－4 연속 · 단속 필릿 용접

연속성에서 볼 때에는 그림 35－4와 같이 연속 필릿(continuous fillet)과 단속 필릿(intermittent fillet)으로 분류되며, 또 단속 필릿은 병렬 필릿(chain fillet)과 엇갈림 필릿(staggard fillet)으로 구분된다.

일반적으로, 필릿 용접의 변형량은 홈 용접의 경우보다 작으나 이음부의 응력 집중도는 높다. 또, 루트부에 용접 결함이 발생하기 쉽고 결함 검출에 대한 비파괴 시험을 실시하기 어려운 형상이다. 그러나, 용접 시공은 비교적 용이한 것 등의 특징이 있다.

3. 플러그 용접

플러그 용접(plug weld)은 포개진 두 부재의 한쪽에 구멍을 뚫고 그 부분을 표면까지 용접으로 메꾸어 접합하는 것으로, 주로 얇은 판재에 적용되며, 구멍은 원형이나 타원형이 많이 이용되고 있다.

구멍의 모양에 따라서 그림 35－5와 같이 플러그 용접과 슬럿 용접(slot weld)으로 나눈다. 슬럿 용접에 있어서 구멍 지름과 용접 길이가 큰 경우에는 구멍 전부를 메울 필요없이 구멍속에 필릿 용접을 하게 된다.

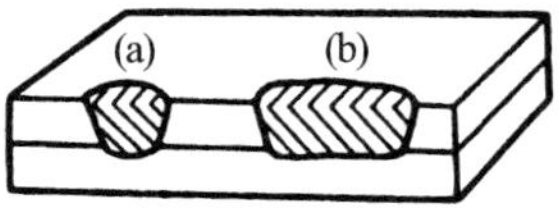

(a) 플러그 (b) 슬럿

그림 35－5 플러그 용접

4. 덧살 올림 용접

덧살 올림 용접(built－up welding)은 부재의 표면에 용착 금속을 입히는 것으로서 1회의 패스로 만들어진 것을 비드라 하지만, 그에 따라 표면에 그림 35－6과 같이 용착 금속을 덧살 올림하는 방법이다. 주로 마모된 부재를 보수하거나, 내식성, 내마멸성 등이 뛰어난 용착 금속을 모재 표면에 피복할 때 이용된다.

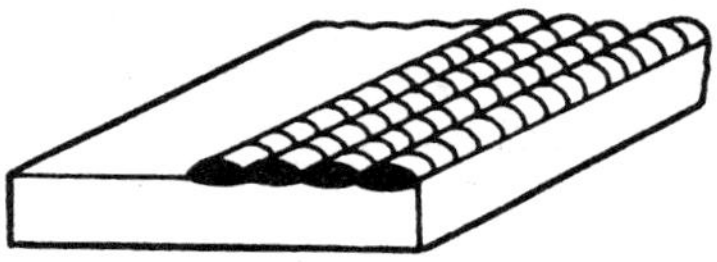

그림 35－6 덧살 올림 용접

35-2 용접기호

용접 구조물을 제작하고자 할 때 설계자가 강도 계산 등을 해서 도면을 작성하는데, 도형이나 치수만으로는 용접 기술자가 보아도 제품을 알 수가 없게 된다. 따라서, 도면에는 공작 방법을 나타내는 용접 기호나 가공법 등을 기입하지 않으면 안 된다. 한국 공업 규격 KS B 0052에 용접부의 기호 및 표시 방법이 제정되어 있다.

1. 용접부의 기호

용접부의 기호는 표 35－1과 표 35－2에 나타낸 바와 같이, 기본기호와 보조기호가 있고, 용접부의 기호를 표시하기 위한 설명선으로 구성되어 있다.

기본 기호는 두 부재 사이의 용접부의 모양을 표시하고, 보조 기호는 용접부의 표면 모양, 용접 길이, 다듬질 방법, 현장 용접 등 필요에 따라 사용되고 있다.

표 35－1 기본 기호(KS D 0052)

용접부의 모양	기본기호	비 고
I형	‖	업셋 용접, 플래시 용접, 마찰 용접 등을 포함한다.
V형, 양면 V형(X 형)	∨	X형은 설명선의 기선(이하 기선이라 한다)에 대칭으로 이 기호를 기재한다. 업셋 용접, 플래시 용접, 마찰 용접 등을 포함한다.
ν형, 양면 ν형(K 형)	ν	K형은 기선에 대칭으로 이 기호를 기재한다. 기호의 세로선은 왼쪽에 쓴다. 업셋 용접, 플래시 용접, 마찰 용접 등을 포함한다.
J형, 양면 J형	Ƴ	양면 J형은 기선에 대칭으로 이 기호를 기재한다. 기호의 세로선은 왼쪽에 쓴다.
U형, 양면U형(H 형)	Y	H형은 기선에 대칭으로 이 기호를 기재한다.
플레어 V형 플레어 X형	)(	플레어 X형은 기선에 대칭으로 이 기호를 기재한다.
플레어 ν형 플레어 K형	|(	플레어 K형은 기선에 대칭으로 이 기호를 기재한다. 기호의 세로선은 왼쪽에 쓴다.
양쪽 플랜지형	⼋	
한쪽 플랜지형	|∟	
필 릿	◺	기호의 세로선은 왼쪽에 쓴다. 병렬 용접일 경우에는 기선에 대칭으로 이 기호를 기재한다. 다만, 지그 자그 용접일 경우에는 ◺◸ 와 같은 기호를 사용할 수 있다.
플러그, 슬럿	⊓	
비드, 덧붙임	⌓	덧붙임 용접일 경우에는, 이 기호 2개를 나란히 기재한다.
스폿, 프로젝션, 시임	○	겹치기 이음의 저항 용접, 아크 용접, 전자 비임 용접 등에 의한 용접부를 나타낸다. 다만, 필릿 용접은 제외한다. 시임 용접일 경우에는 ⊖ 기재한다.

표 35-2 보조 기호

구 분		보조기호	비 고
용접부의 표면 모양	평 탄	—	
	볼 록	⌒	기선의 바깥쪽을 향하여 볼록하다.
	오 목	‿	기선의 바깥쪽을 향하여 오목하다.
다듬질 방 법	치 핑	C	
	연 삭	G	그라인더 다듬질일 경우
	절 삭	M	기계 다듬질일 경우
	지정하지 않 음	F	다듬질 방법을 지정하지 않을 경우
현장 용접		⚑	
온 둘레 용접		○	온 둘레 용접이 분명할 때는 생략 하여도 좋다.
온 둘레 현장 용접		○⚑	

2. 용접부의 기호표시방법

(1) 설명선

설명선은 용접부를 기호로 표시하기 위하여 사용하는 것으로서 기선, 화살 및 꼬리로 구성되고, 꼬리는 필요가 없으면 생략하여도 좋다[그림 35-7(a) (b) 참조], 기선은 보통 수평선으로 하고 기선의 한쪽 끝에는 화살을 붙인다.

화살은 기선에 대하여 되도록 60°의 직선으로 하지만 ⋁형, K형, J형 및 양면 J형, 또는 플레어 ⋁형 및 플레어 K형에 있어서 홈 또는 플레어가 있는 부재의 면을 지시할 필요가 있을 경우에는 화살을 절선으로 하고, 홈 또는 플레어가 있는 면에 화살의 앞 끝을 향하게 한다[그림 35-7(c) 참조].

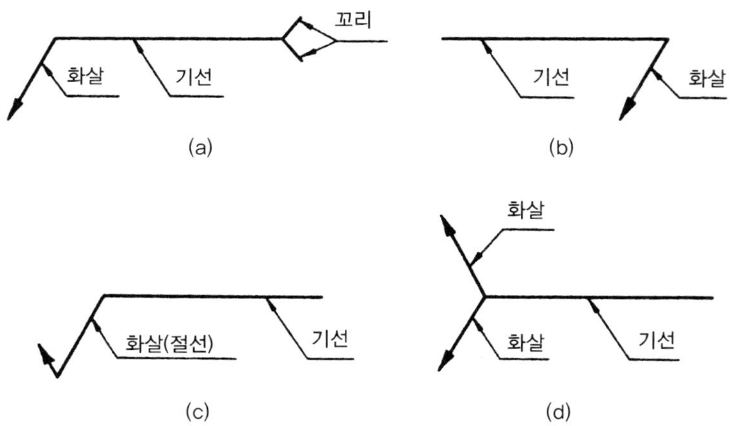

그림 35-7 설명선

화살은 필요하다면 기선의 한쪽 끝에서 2개 이상을 붙일 수 있으나 기선의 양쪽 끝에 화살을 붙일 수는 없다[그림 35－7[d] 참조].

(2) 기본기호의 기재방법

기본 기호는 용접할쪽이 화살쪽 또는 앞쪽일 때는 기호는 실선 쪽에 기준선에 표시한다. 화살의 반대쪽 또는 건너쪽일 때에는 기호는 파선쪽에 기입한다.[그림 35－8 참조]

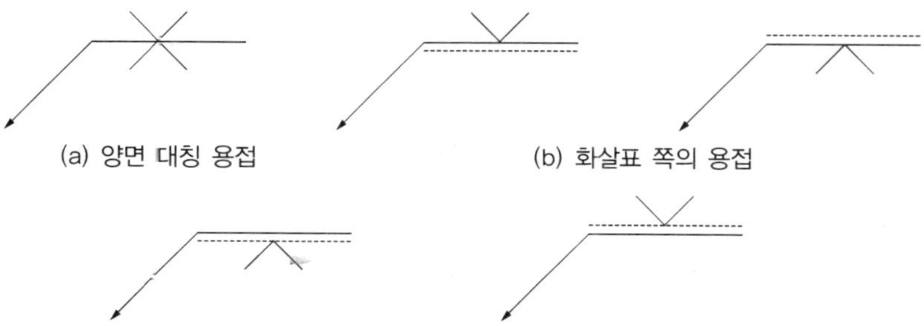

(a) 양면 대칭 용접

(b) 화살표 쪽의 용접

(C) 화살표 반대쪽의 용접

그림 35－8 기선에 대한 기본기호의 상하 위치 관계

(3) 일반 규정

각 이음의 기호에는 확정된 치수의 숫자를 덧붙인다. 이와 같은 치수는 [그림 35－9]에 근거하여 다음과 같이 표시한다.

그림 35－9 원칙적인 치수 표시의 예

① 가로 단면에 관한 주요 치수는 기호의 좌측(기호의 앞)에 기입한다.

② 세로 단면 방향 치수는 기호의 우측(기호의 뒤)에 기입한다.

35－3 용접 이음의 성능에 영향을 주는 요소

용접 이음의 성능에 영향을 주는 여러 요소로서, 사용 상태나 특수한 환경 밑에서 일어나는 경우 등도 있지만, 여기에서는 상온 중에 사용되는 이음의 성능에 영향을 주는 요소에 대해서만 설명한다.

1. 용접 이음의 위치의 영향

용접 이음의 강도를 생각할 경우에는 이음에 어떠한 부하가 작용하는지를 생각하지 않으면 안된다. 부하로서는 수직력 P, 굽힘 모우멘트 M, 비틀림 모우멘트 T가 있다. 부재에 이들의 부하가 작용할 때, 용접 이음이 부재의 어떤 위치에 있는지에 따라 생기는 응력이 달라진다. 그림 35－10은 이것을 나타냈다.

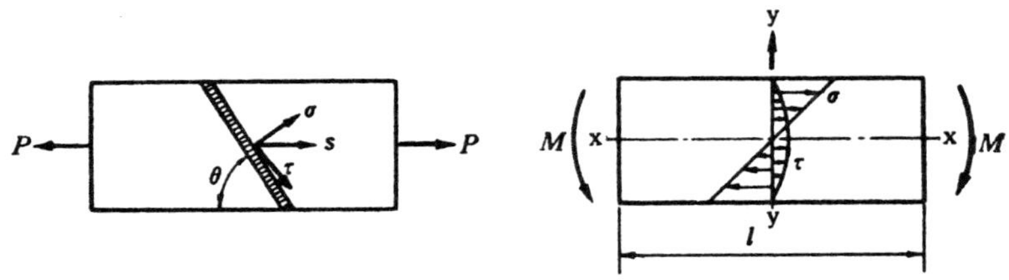

(a) (b)

그림 35－10 부재에 응력이 걸리는 법

즉, 그림 35－10(a)와 같이 수직력 P가 부재에 작용할 때, 용접 이음의 힘 P에 대해서 각도 θ만큼 기울어져 있으면, 용접 이음에는 수직응력 σ와 전단응력 τ가 작용한다.

σ와 τ와는 θ에 의해서 변화하고, 다음의 관계식이 성립한다.

$$\sigma = s\sin\theta = \frac{P}{A}\sin^2\theta \tag{35-1}$$

$$\tau = s\cos\theta = \frac{P}{A}\sin\theta\cos\theta = \frac{P}{2A}\sin 2\theta \tag{35-2}$$

A : 부재의 단면적
s : 용접 이음에 작용하는 하중 방향의 응력

$$\left(s = \frac{P}{A\,\mathrm{cosec}\,\theta} = \frac{P}{A}\sin\theta\right)$$

위의 식에서 알 수 있는 바와 같이, $\theta = 90°$(용접선이 힘의 방향에 대해서 수직)가 되면 $\sigma = \frac{P}{A}$, $\tau = 0$이 되고 수직 응력만이 작용한다. 수직 응력만이 작용한다. 수직 응력은 $\theta = 0 \sim 90°$ 사이에서는 이 경우가 최대이다.

$\theta = 0°$(용접선이 힘의 방향에 대해서 평행)가 되면 $\sigma = 0$, $\tau = 0$이고, 용접선에서는 응력이 작용하지 않는다. 또, $\theta = 45°$가 되면 $\sigma = \frac{P}{2A}$, $\tau = \frac{P}{2A}$로 된다. 이 경우에 전단 응력이 ($\theta = 0 \sim 90°$의 사이에서) 최대로 된다.

2. 용접결함이 이음 강도에 미치는 영향

이음 성능에 가장 나쁜 영향을 주는 것은 용접부의 결함인 기공, 슬랙 섞임, 융합 불량, 용입 부족, 언더컷, 오우버랩, 균열 등이 있다. 이들 결함이 이음 강도에 주는 영향은 똑같다고는 할 수 없으며, 결함이 강도에 주는 영향은 그 형태에 따라 크게 달라진다.

그것은 결합부에 생기는 응력집중 때문이다. 응력 집중이란, 용접부의 결함이나 기계 부품의 홈이나 구멍과 같은 모양의 변화가 있으면 그림 35-11과 같이 그 부분에서 국부적으로 응력이 증가하는 현상이다.

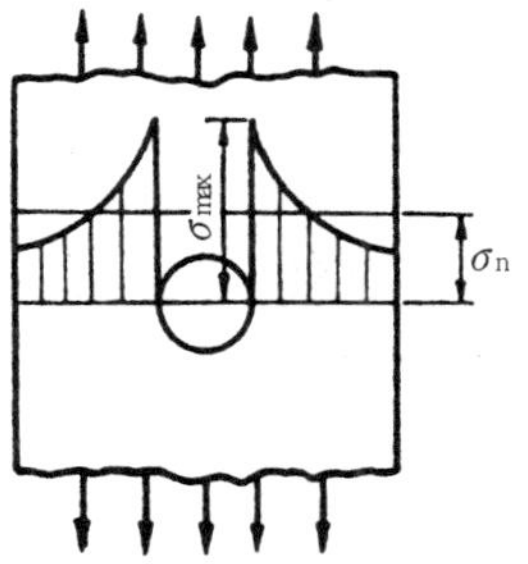

그림 35-11 응력 집중

$$a_k = \frac{\sigma_{max}}{\sigma_n} \tag{35-3}$$

응력집중율이 커지면 평균 응력 σ_n이 낮아도 국부 응력이 높아지기 때문에 구조물에 있어서는 위험하다.

일반적으로, 용접 이음에 생기는 결함 중에 언더 컷이나 기공의 영향은 비교적 적다. 그러나, 균열은 상당히 크게 영향을 받으며, 이음 강도를 현저하게 저하시킨다. 그 밖의 것은 양자의 중간에 있다. 물론 기공 등에서도 그 양이 많아지면 강도를 크게 저하시키는 것은 당연하다.

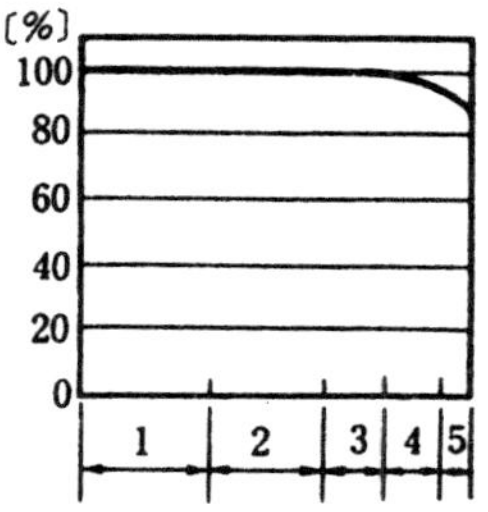

그림 35-12 결함이 인장 강도에 미치는 영향

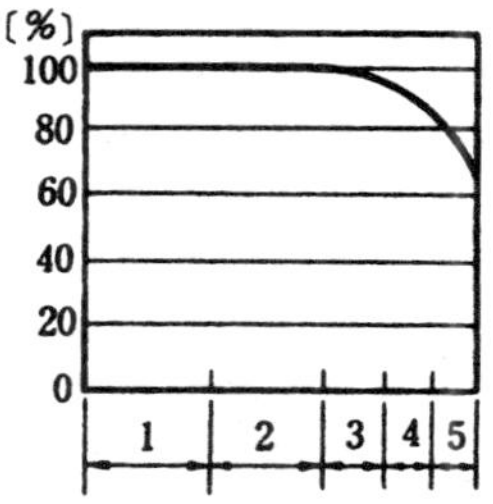

그림 35-13 결함이 충격값에 미치는 영향

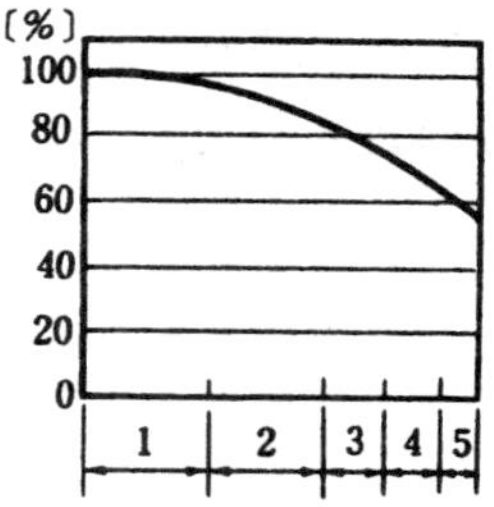

그림 35-14 결함이 피로 강도에 미치는 영향

그림 35-12, 35-13, 35-14는 이러한 결함이 이음 강도에 어떻게 영향을 주는가를 조사한 결과를 나타낸 것이다. 그림 35-12는 인장 강도와 결함 정도의 관계를, 그림 35-13은 충격값과 결함 정도의 관계를, 그림 35-14는 피로 강도와 결함 정도와의 관계를 비율로써 나타낸 것이다.

각 그림의 가로축은 결함을 방사선 투과 시험으로 조사하여 결함이 적은 것에서 순서대로 1(결함이 아주 없는)~5급(결함이 많은)으로 한 것이다. 또, 이들 그림을 보면 하중의 종류에 따라 결함의 영향에 차이가 있음을 알 수 있다. 즉, 피로 강도에서는 2급 이하의 결함이 되면 악영향이 나타난다. 또한, 1~3급 정도의 결함은 대개가 기공이고, 일부에 조그만 슬랙 섞임이 있는 수가 있다. 4급 이하에서는 용입 부족, 융합 불량, 균열 등이 포함된다.

3. 용접변형 및 잔류응력이 이음 성능에 미치는 영향

용접 결함이 이음 성능에 큰 영향을 끼친다는 것은 이미 설명한 바와 같지만, 용접 결함 이외에도 용접시에 발생하는 변형과 응력이 영향을 끼친다. 이음 성능에 용접 변형이 끼치는 영향이라고 생각되는 것은 다음과 같은 점이다.

변형에 의해 구조물의 치수가 달라질 위험이 있는 것, 미관을 해치는 것, 변형하고 있으므로 외력을 받으면 의외로 큰 응력이 변형부에 집중해서 구조물이 약해지는 것 등이다.

잔류 응력의 영향으로서는 다음과 같은 점을 들 수 있다.

용접 제품에 대한 마무리 가공을 했을 경우에 잔류 응력에 변화가 일어나 변형이 생기게 하는 것, 반복하중을 받을 때에 잔류 응력이 있으면 약해지는 경우가 있는 것, 저온에서 사용되는 구조물에서 취성파괴를 생기게 하는 위험 및 특수 분위기 중에서 부식하기 쉬운 것 등이 있다. 이 밖에 구속 응력이 크게 되는 상태에서는 용접 중에 균열을 발생하게 하는 위험도 있다.

35-4 용접 이음의 강도

1. 정적 강도

(1) 맞대기 이음

맞대기 용접 이음에서는 용입이 완전하면 덧살(reinforcement)을 떼어 내고 옆으로 잡아당기면 그림 35-15와 같이 용접 금속 이외의 모재의 부분에서 절단되는 것이 보통이다.

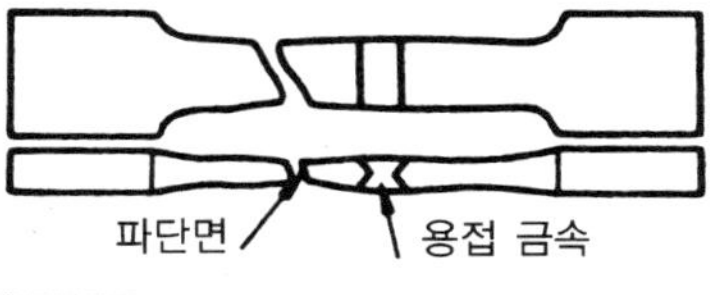

그림 35-15 연강 용접 인장 시험편의 파단 상태

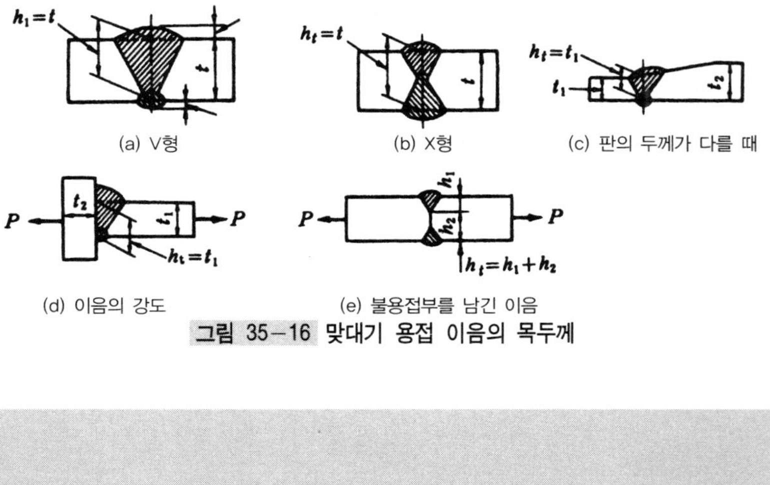

그림 35-16 맞대기 용접 이음의 목두께

따라서 맞대기 용접 이음의 인장 강도는 안전한 쪽을 취하고, 덧살을 무시하고 그림 35－16에 나타낸 이론목두께(theoretical throat) h_t의 단면적이 하중을 지지한다고 가정해서 구한다.

용착 금속의 인장 강도를 σ_w로 하면, 길이 l의 맞대기 용접 이음의 최대인장하중 P는

$$P = \sigma_w h_t l = \sigma_w t l \qquad (35-4)$$

라고 생각해도 좋다. 단, t는 판의 두께이다.

만약, 그림 35－16(c)와 같이 판의 두께가 다를 때에는 안전을 위해서 목두께(throat)를 얇은 판의 두께와 같이 잡고

$$P = \sigma_w h_t l = \sigma_w t_1 l \qquad (35-5)$$

라고 보아도 좋다.

또한 그림 35－16(d)에 나타낸 이음 강도도 식 35－5로 계산한다.

그림 35－16(e)와 같이 부용접부를 남긴 이음도 목두께 h_t를 사용하여 강도를 계산해도 된다. 그러나, 이 이음은 강도상 중요한 장소에는 보통 사용하지 않는다.

그림 35－17 용접의 유효 길이

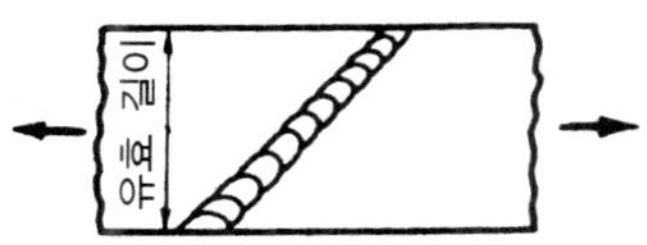

그림 35－18 경사각의 홈 용접의 유효 길이

용접 이음의 유효 길이(weld length)는 그림 35－17에 나타낸 바와 같이 용접의 시단부와 종단부는 불완전한 용접부가 되기 쉬우므로, 이 부분을 제외한 길이 {(용접 길이)－(목의 두께×2)}를 하나의 기준으로 하고 있다.

맞대기 이음에서 용접선이 하중 방향에 대하여 경사인 경우의 용접 길이는 그림 35－18과 같이 하중 방향에 대하여 직각 방향으로 투영한 길이로 본다.

(2) 전면 필릿 이음

전면 필릿 이음의 강도는 실용적으로는 목두께에 의해 계산되고, 최대 인장 하중 P를 하중을 부담하는 이론 목두께 단면적으로 나눈 값을 전면 필릿 용접의 인장 강도(σ_f)라고 한다.

실용 계산식은 다음과 같다.

$$\sigma_f = \frac{P}{h_t l} \qquad (35-6)$$

이 강도는 용접 금속의 인장 강도 σ_w에 대략 비례한다고 생각된다. 현재 사용되고 있는 연강용 피복 아크 용접봉 E 43급의 $\sigma_w = 45\,\mathrm{kg/mm^2}$ 정도의 것을 대상으로 할 때, 겹치기 이음이나 덧대기판 이음에 있어서 전면 필릿 용접의 인장 강도 σ_f는 평균 약 $40\,\mathrm{kg/mm^2}$로 할 때

$$\sigma_f = 0.90\,\sigma_w \qquad (35-7)$$

또, T이음에서는 전면 필릿 용접의 인장 강도는 약간 낮아서 약 36 kg/mm^{2}로 한다. 그러나, 이들 값은 필릿의 치수, 용접봉, 시공 조건에 따라 다소의 차가 생기므로, 설계를 할 때에는 정확한 값을 조사해야 한다. 일반적으로, 다리 길이(leg of fillet weld)가 크게 되면 인장 강도는 감소되는 경향이 있다.

(3) 측면 필릿 이음

측면 필릿 이음의 파단할 때의 강도, 즉 전단강도 τ의 실용 계산식은

$$\tau = \frac{P}{h_t l} = \frac{1.414\,P}{hl} \qquad (35-8)$$

로 주어진다. 다만 h는 그림 35－17에 나타낸 바와 같은 필릿의 크기이고, 이론 목두께 h_t와의 사이에는

$$h_t = h\cos 45° = 0.7070\,h \qquad (35-9)$$

인 관계가 있다.

필릿 용접 이음의 강도는 목두께의 크기에 따라 결정되지만, 보통 필릿의 크기는 다리 길이로써 나타내는 일이 많다.

다리 길이는 그림 35－19와같이 필릿의 크기 h에 대략 가까운 값이므로, 다리 길이의 대략 cos 45°≒0.7의 값이 목두께라고 해도 된다.

따라서, 이음 강도를 계산할 때에는 간편법으로서(다리 길이×cos 45°)의 목두께를 가진 것으로 계산한다.

측면 필릿 용접의 전단강도 τ는 전면 필릿 용접의 인장 강도 σ_f보다 약간 낮은 것이 보통이다. 종래의 실험 결과에 의하면 E 43급의 연강용 피복 아크 용접봉의 τ은 약 32 kg/mm^{2}이다. 즉,

$$\tau = 0.7\,\sigma_w \qquad (35-10)$$

이고, 용접봉, 시공법에 의하여 다소 변화한다. 이 경우도 전면 필릿 용접과 같이 필릿의 다리 길이가 크게 될수록 τ는 저하하는 경향이 있다.

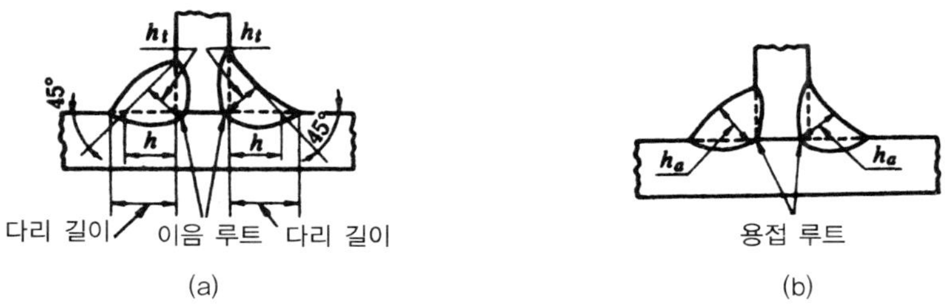

그림 35－19 필릿 용접의 치수

(4) 플러그 용접 이음

플러그 용접의 전단 강도 τ는 σ_w의 60~70%로 보아도 된다.

2. 용접 이음의 허용응력

용접 이음을 설계할 때 안전하다고 인정하여 허용할 수 있는 최대 응력을 허용응력(allowable stress)이라 한다. 일반적으로, 재료의 강도와 허용 응력과의 비를 안전율(safety factor) 용접 이음의 허용 응력과 부재의 허용 응력과의 비를 이음 효율(joint efficiency)이라고 한다. 즉,

$$\text{이음 효율} = \frac{\text{용접 이음의 강도}}{\text{부재의 강도}} \tag{35-11}$$

이 이음 효율에 영향을 주는 것은 부재 및 재료의 기계적 성질, 부재의 용접성, 용접 방법과 이음의 종류, 하중 상태, 사용 조건 등을 들 수 있다.

용접 이음의 허용 응력은 보통 목의 단면에 대하여 산출되고 있는 것으로, 하중의 규정, 응력 계산법, 구조물의 중요도, 신뢰 등에 의해서 변동하는 것이다.

정하중을 받는 맞대기 용접 이음의 이음 효율은 0.9~1.0을 채택하는 일이 많다. 필릿 용접 이음의 허용응력은 이음에 작용하는 하중의 종류와 관계 없이 보통 맞대기 용접 이음의 인장 허용 응력의 0.6~0.7을 채택한다.

3. 용접 이음의 피로강도

반복 하중을 받는 피로 강도(fatigue strength)는 정적 강도와는 관계가 없으며, 이음 형상, 용접부의 표면 상태, 용접 결함의 존재 등에 의하여 예민하게 영향을 받는다.

용접 구조물의 파괴는 보통 인장 시험과 같이 정적 하중이 지나치게 작용하여, 소성 변형이 일어나서 파괴하는 예는 비교적 적으며, 도리어 노치부에서 저온시에 발생하는 취성 파괴든가 또는 반복 하중에 의한 피로 파괴가 많다.

피로 시험에서는 그림 35-20과 같은 3종류의 반복 하중 즉 한쪽 진동(pulsating load), 양쪽 진동(reversed load) 또는 반복 진동(repeated load)의 어느 것에 의해 시험된다. N곡선으로 나타낸다. 강에 대해서는 $N=10^6\sim10^7$간의 어떤 회수 이상에서는 S-N곡선은 평탄하게 되며, 피로한도(endurance limit) 이하에서는 아무리 많은 반복 회수의 하중을 가하여도 파단하지 않는다.

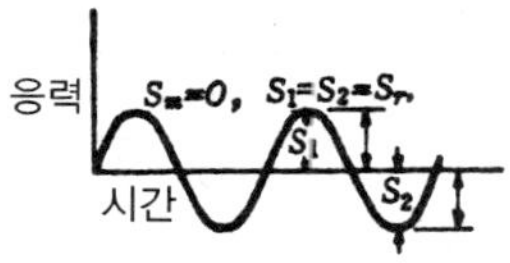

(a) 양쪽 진동

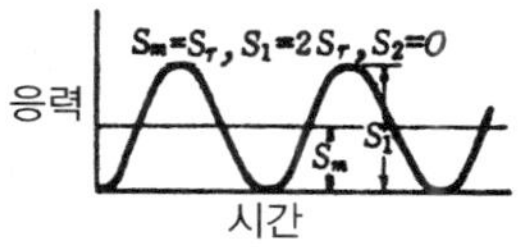

(b) 한쪽 진동

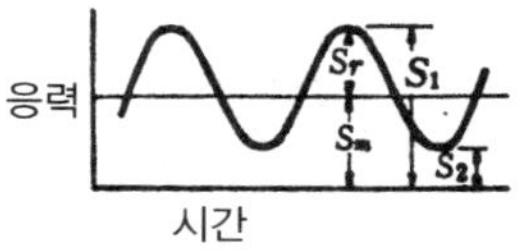

(c) 반복 진동

그림 35-20 피로 시험의 하중 방식

또 시험편의 응력 S와 파단까지의 하중 반복 회수 N의 관계는 그림 35－21과 같이, S대 log 용접 이음의 피로 곡선에서는 그림 35－21(a)와 같이 평탄 부분이 나타나기 힘든 경우가 많으므로, 그 대신에 그림 35－21(b)와 같이 logS－logN로 나타내면 직선 관계를 얻을 수 있는 경우가 많다.

이 경우에는, 적당한 반복 회수(예컨대 2×10^6, 6×10^6 등)에 대한 응력을 구하여 그것을 그 회수에 대한 피로강도(fatigue strength)라고 한다. 그림 35－21(b)인 경우에는 어떤 반복 회수 n에 대한 피로 강도 s는 기지의 회수 N에 대한 피로 강도 s를 알고 있으면, 다음 식과 같이 된다.

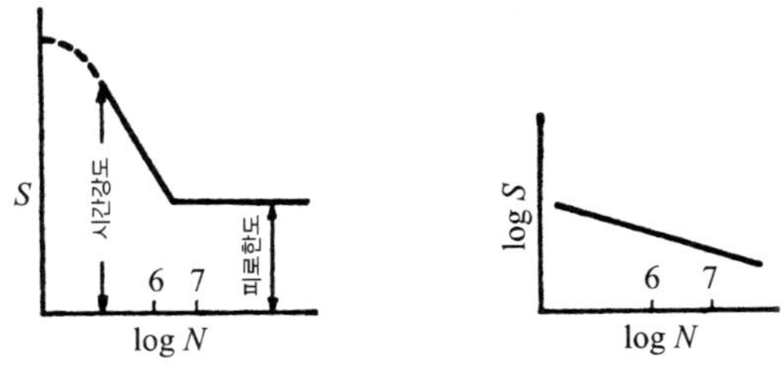

(a) S－log*N* (b) ASME(1952)

그림 35－21 피로 곡선

$$s = S\left(\frac{n}{N}\right)^k$$

여기서 k는 이음 형식, 하중 방향, 재질 등에 의해서 결정되는 정수이며, 용접 이음의 경우에는

$$k \approx 0.18(0.05 \sim 0.35)$$

정도의 값이다.

예로서, 인장 강도 41～50 kg/mm^2, 항복점 23 kg/mm^2 이상의 강도를 가지는 강재에다 인장 강도 45 kg/mm^2 정도에 용접봉을 사용해서 용접한 이음이 반복해서 인장 하중을 받은 때의 피로 강도를 나타내면 표 35－3과 같다.

따라서, 반복 하중을 받는 이음의 설계에서는 이와 같은 용접부의 피로를 최소 한도로 억제하도록 노력함과 동시에, 재료의 피로를 고려해서 이음의 치수를 결정하지 않으면 안 된다.

용접 이음의 피로 강도에 영향을 주는 인자로서는 용접부의 성질 및 모재와의 재질 차, 하중 상태, 용접부의 표면 형상, 용접 구조상의 응력 집중, 용접 결함, 부식 환경 등을 들 수 있다.

표 35－3 인장 하중 방향에 직각인 이음의 피로 강도[kg/mm^2]

하중의 종류			한쪽 진동		양쪽 진동	
되풀이 수			2×10^6	5×10^6	2×10^6	5×10^6
맞대기 용접	이음	양면 기계 다듬질	24	20	14.5	12
		덧살 삭제	20	17	12	10
		용접 그대로(뒷면 용접을 한 것)	16	14	10	8
		용접 그대로(뒷면 용접을 하지 않은 것)	8 이하	7 이하	5 이하	4 이하

필릿용접이음		양간의 양면 휨 		(11.0)	(10.4)	6.9	6.5
		깊은 한 면 휨 		(6.3)	(5.8)	3.8	3.5
		전면 필릿(목) 		12.0	(11.0)	7.0	(6.3)
		측면 필릿(목) 		11.0	(9.8)	6.5	(5.5)
		필릿살이 강해서 받침판이 파단함		6.8	(5.3)	4.0	(3.2)
플러그용접	이음	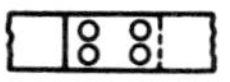		8.8	(7.5)	4.6	(3.9)
				7.8	(5.9)	4.3	(3.2)
				7.2	(5.9)	3.7	(3.0)

주의 : ( ) 안의 숫자는 추정값임.

(1) 용접금속

용접부에 평활한 평면 형상의 시험편을 만들어, 연강 용착 금속의 피로 강도를 계산하면 결함이 없을 때에는 모재와 동등한 값이 된다. 강 용착 금속의 회전 굽힘 피로 한도는 저수소계에서는 25～30kg/mm^2, 알루미나이트계에서는 20～23kg/mm^{2}이며, 인장강도의 40～50% 정도, 항복점의 55～70% 정도이다.

(2) 표면형상

용접 이음부의 피로 강도는 표면 형상에 매우 민감하며, 용접부에 덧살이 있으면 언더 컷이나 비드의 파형이 노치(notch)로 되어, 피로 강도가 매우 저하된다. 피로 강도를 증가시키려면 용접부의 평활한 기계 다듬질이 필요하다. 연삭 다듬질일 때에는 다듬질 방향이 하중 방향에 직각과 평행하여도 차가 생길 수 있다.

(3) 용접결함

용접 결함이 있으면, 그림 35－22와 같이 용접 이음의 피로 강도를 심하게 저하시킨다. 균열, 블로우홀, 슬랙 섞임, 용착부 등이 나쁜 영향을 준다. 또 맞대기 이음일 때 뒷면 용접을 한 것이 안한 것보다 피로 강도가 매우 증가한다.

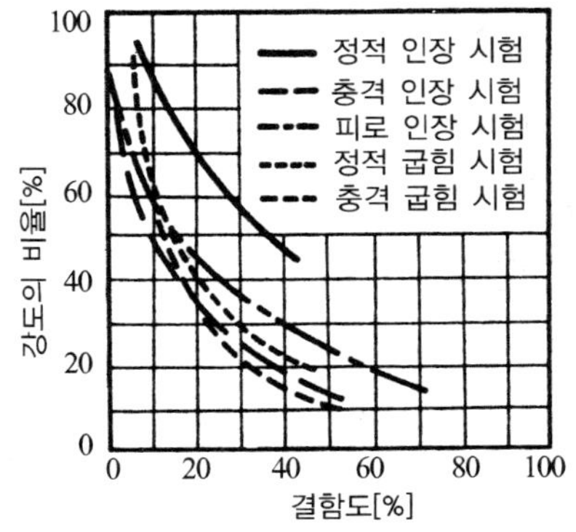

그림 35-22 연강 맞대기 용접부의 결함도와 강도의 저하

(4) 설계상의 주의 사항

용접 설계에서 배려하여야 할 구체적인 주의 사항은 다음과 같다.

① 부재 및 이음은 될 수 있는 대로 조립작업, 용접 및 검사를 하기 쉽도록 한다.

② 부재 및 이음은 단면적의 급격한 변화를 피하고 응력 집중이나 편심 하중을 받지 않도록 한다.

③ 부재 및 용접부는 용접에 의한 변형이나 잔류응력이 커지지 않도록 배려한다.

④ 잔류 응력이 취성 파괴를 촉진하는 경우에는 연성이 높은 재료를 선택한다. 또, 응력 제거 풀림을 한다.

⑤ 용접 이음은 가능한 한 적게 하고 용접선의 집중을 피한다. 또한 용착량도 되도록 적게 한다.

⑥ 용접은 될 수 있는 한 아래보기 자세로 하도록 한다.

⑦ 내부 결함이 응력 집중원이 되므로, 검사 방법과 합격 기준을 정해 둔다.

연습문제

01 용접 이음의 종류를 분류하고 간단히 설명하여라.

02 용접 홈의 특징과 선택에 대하여 설명하여라.

03 용접 기호에 대하여 설명하여라.

04 용접부의 기호 표시 방법에 대하여 설명하여라.

05 용접 이음의 성능에 영향을 주는 요소는 무엇인가?

06 용접 이음의 강도에 대하여 설명하여라.

07 용접 이음의 피로 강도에 영향을 주는 주된 요소를 들어라.

08 용접 이음에 생기는 응력 집중은 주로 어떤 곳에 일어나기 쉬운가?

09 다음 낱말에 대하여 설명하여라.

㉠ 이론 목두께 ㉡ 이음 효율
㉢ 허용 응력 ㉣ 안전율

제36장 | 용접부의 시험과 검사

용접은 짧은 시간의 금속학적 접합으로써, 용접부는 용착 금속부, 열영향부, 모재부로 구성되기 때문에 재질의 변화와 변형 및 수축, 잔류 응력의 발생 등 많은 재질적인 불연속성을 가지고 있다. 이 때문에 불완전한 용접 설계, 용접 시공, 재료 선택, 용접 기술 등은 사용 도중에 중대한 사고 발생의 원인이 될 가능성이 있다. 따라서, 용접한 것을 여러 종류의 시험 또는 검사에 의해 용접부의 안전성과 신뢰성을 충분히 확인할 필요가 있다.

36-1 시험과 조사방법의 종류

용접부 검사는 작업검사(procedure inspection)와 완성검사(acceptance inspection)로 크게 나누어 볼 수 있다. 작업 검사는 양호한 용접 시공을 하기 위하여 용접 전·후 또는 시공 중에 검사하는 것이고, 완성 검사는 용접한 제품을 검사하는 것이다.

1. 용접검사와 완성검사

(1) 용접 전의 작업검사

검사의 대상은 용접 설비, 용접봉, 모재, 용접 시공과 용접사의 기량 등이다. 우선, 용접 설비는 용접 기기, 부속 기구, 보호 기구, 지그(jig) 및 고정구의 적합성을 조사한다. 용접봉은 외관과 치수, 용착 금속의 성분과 성질, 모재와 조합한 이음부의 성질, 작업성과 균열 등을 조사한다. 모재는 화학 성분, 기계적 성질, 물리적 성질, 화학적 성질 및 여러 가지 결함의 유무와 표면 상태를 조사한다.

용접 준비는 홈 각도, 루트 간격, 이음부의 표면 상태, 가용접의 상태 등을 조사한다. 용접 시공은 홈 형상, 용접 조건, 예열과 후열 처리의 적합 여부를 조사한다. 그리고 용접사의 기량을 확인한다.

(2) 용접 중의 작업검사

용접 중에 실시할 작업 검사는 용접봉의 보관과 건조 상태, 이음부의 청정 상태와 각 층마다의 비드 형상, 융합 상태, 용입 부족, 슬랙 섞임, 균열, 크레이터 처리, 변형 상태 등을 조사함과 동시에 용접 전류, 용접 순서, 용접 속도, 운봉법, 용접 자세 등을 확인하며, 예열을 필요로 하는 재료에는 예열 온도, 층간온도를 점검한다.

(3) 용접 후의 작업검사

후열 처리, 변형 교정 등 용접 후에 하는 작업으로써 적당한 온도, 유지 시간, 가열과 냉각 속도, 그 밖의 작업 조건의 확인과 균열, 변형 치수 등에 대하여 조사한다.

(4) 완성검사

용접부가 결함 없이 용접되어 있고, 아울러 소정의 성능을 보유하는지의 여부와 구조물 전체의 결함 유무를 조사한다. 완성 검사는 좁은 의미의 검사로서, 파괴 검사와 비파괴 검사가 있다.

2. 용접부 검사법의 종류

완성 검사에 사용되는 파괴 및 비파괴 시험에는 다음 표 36-1과 같은 종류가 있다.

표 36-1 시험법의 분류

- 용접부의 시험
  - 파괴 시험
    - 기계적 시험
      - 정적-인장 시험, 굽힘 시험, 경도 시험, 크립 시험
      - 동적-충격 시험, 피로 시험
    - 물리적 시험
      - 물성 시험(비중, 점성, 표면 장력, 탄성 등)
      - 열특성 시험(팽창, 비열, 열전도 등)
      - 전기, 자기 특성 시험(저항, 기전력, 투자율 등)
    - 화학적 시험
      - 화학 분석 시험
      - 부식 시험
      - 수소 시험
    - 금속학적 시험
      - 파면 시험
      - 육안 조직 시험
      - 현미경 조직 시험
    - 용접성 시험
      - 노치 취성 시험
      - 용접 경화 시험
      - 용접 연성 시험
      - 용접 균열 시험
    - 낙하 시험
    - 압력 시험
  - 비파괴 시험
    - 외관 시험
    - 압력 시험
    - 누설 시험
    - 침투 시험
      - 형광 침투 시험
      - 염료 침투 시험
    - 초음파 시험
    - 자기적 시험
    - 맴돌이 전류 시험
    - 방사선 투과 시험
      - X선 투과 시험
      - γ 선 투과 시험
    - 자분 탐상 시험
    - 음향 시험

36-2 용접부의 결함

용접 검사의 대상이 되는 용접부 결함의 종류에는 치수상 결함, 구조상 결함, 성질상 결함 등으로 크게 나누어 볼 수 있으며 표 36-2와 같은 종류가 있다.

표 36-2 용접 결함의 종류

- 용접 결함
  - 치수상 결함
    - 변형
    - 치수 불량
    - 형상 불량
  - 구조상 결함
    - 기공
    - 슬랙 섞임, 비금속 개재물
    - 융합 불량
    - 용입 불량
    - 언더 컷
    - 용접 균열
    - 표면 결함
  - 성질상 결함
    - A기계적 성질 불량
    - 화학적 성질 불량

1. 치수상의 결함

용접을 하면 팽창 수축에 의하여 변형이 생긴다. 다시 말해서, 용접할 때는 고온에서의 소성변형과 냉각되면 저온에서의 소성 변형이 잔류 응력과 변형으로 남게 된다.

2. 구조상의 결함

구조상의 용접 결함은 용접물의 안정성을 해치는 중요한 인자로써 결함이 발생하는 장소에 따라서 용접 금속의 균열과 모재의 균열이 있으며, 발생 온도에 따라서 변태가 끝난 후에 생기는 저온 균열과 용융 응고에 따라서 생기는 고온 균열이 있다. 그리고, 균열의 크고 작은 매크로(macro) 균열과 마이크로(micro) 균열 등이 있다. 그림 36-1은 여러 가지의 용접 결함과 균열을 나타냈다.

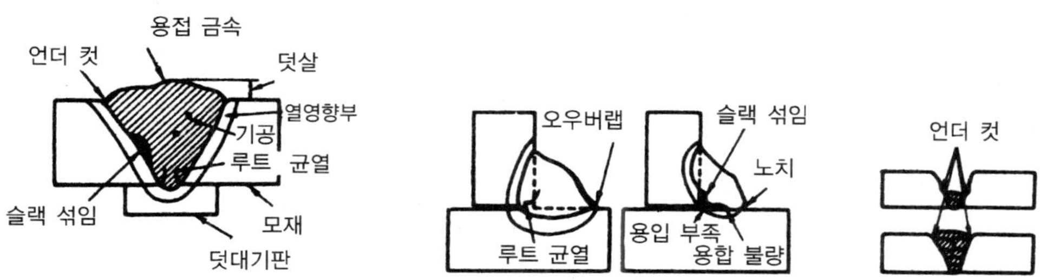

(a) 융합 불량　(b) 용입 부족　(c) 언더 컷

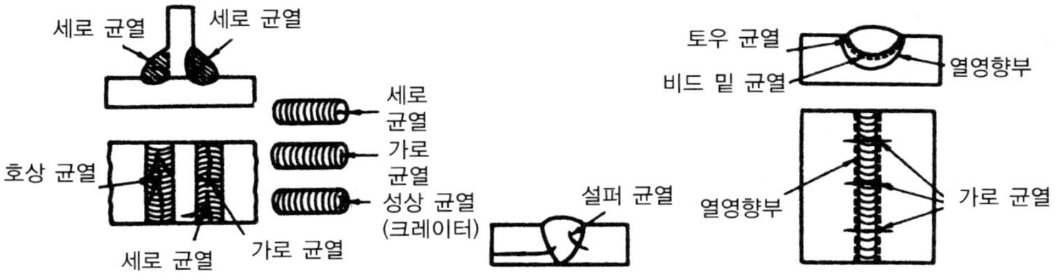

(d) 용접 금속 내의 각종 균열 (e) 설퍼 균열 (f) 용접 열영향부 부근의 균열

그림 36-1 여러 가지의 용접 결함

3. 성질상의 결함

용접부는 국부적인 가열에 의하여 융합되기 때문에 여러 가지 취화 현상 등이 일어나서 모재와 같은 성질이 되기 어렵다. 용접 구조물은 어느 것이나 사용 목적에 따라서 용접부의 성질은 기계적 성질, 물리적 성질, 화학적인 성질에 일정한 요구가 있다. 따라서, 이들의 요구를 만족시킬 수 없는 것을 성질상의 결함이라 한다.

표 36-3은 용접 결함에 대한 시험과 검사법을 나타냈다.

용접 결함	결함 종류	대표적인 시험과 검사
치수상 결함	변 형	게이지를 사용하여 외관 육안 검사
	치수 불량	게이지를 사용하여 외관 육안 검사
	형상 불량	게이지를 사용하여 외관 육안 검사
구조상 결함	기 공	방사선 검사, 자기 검사, 맴돌이 전류 검사, 초음파 검사, 파단 검사, 현미경 검사, 마이크로 조직 검사
	슬랙섞임	방사선 검사, 자기 검사, 맴돌이 전류 검사, 초음파 검사, 파단 검사, 현미경 검사, 마이크로 조직 검사
	융합불량	방사선 검사, 자기 검사, 맴돌이 전류 검사, 초음파 검사, 파단 검사, 현미경 검사, 마이크로 조직 검사
	용입불량	외관 육안 검사, 방사선 검사, 굽힘 시험.
	언더컷	외관 육안 검사, 방사선 검사, 초음파 검사, 현미경 검사.
	용접균열	마이크로 조직 검사, 자기 검사, 침투 검사, 형광 검사, 굽힘 시험
	표면결함	외관 검사
성질상 결함	기계적 성질 부족	기계적 시험
	화학적 성질 부족	화학 분석 시험
	물리적 성질 부족	물성 시험, 전자기 특성 시험

36-3 파괴시험

파괴 시험(destructive testing)은 일반적으로 용접부에서 목적에 따른 시험편을 만들어 이것을 파괴나 변형 또는 화학적인 처리에 의하여 용접부의 기계적 성질이나 취성 파괴(brittle fracture)에 대한 성능 등을 조사하는 것을 말한다. 용접물을 제작할 때 모재, 용접재료, 용접부의 성능 등을 조사하는 대표적인 방법이다.

1. 용착시험 시험

(1) 인장시험

여러 가지 형상의 고른 단면을 가진 인장 시편을 인장 파괴시켜 항복점, 인장 강도, 연신율, 단면 수축률 등을 조사한다.

그림 36－2와 표 36－4는 용착 금속의 인장 시험편(KS B 0821)의 형상과 치수를 나타냈다.

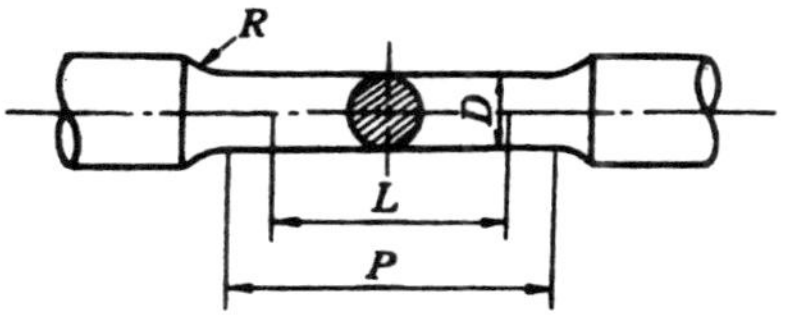

그림 36－2 인장 시험편의 형상

표 36－4 인장 시험편의 치수

〔단위 : mm〕

시험편의 종류	A1호	A2호	A3호
지름(D)	12.5	6	3
표점거리(L)	50	24	12
평행부의 길이(P)	60	32	18
턱의 반지름(R)	15 이상	6 이상	3 이상

그림 36－3의 맞대기 이음의 인장 시험편(KS B 0833)과 같은 용접 금속을 시험편의 중앙부에 가지는 것은, 최초의 단면적은 일정해도 하중이 걸리면 용접 금속, 열영향부, 모재부는 실제의 강도가 달라지므로, 그 변형도 같지 않을 뿐만 아니라 각 단면에 걸리는 응력도 균등하지 못하다. 그러나, 이 때 제일 강도가 약한 곳에서 파단되므로, 그 부분의 강도를 가지고 이음부의 인장 강도로 한다.

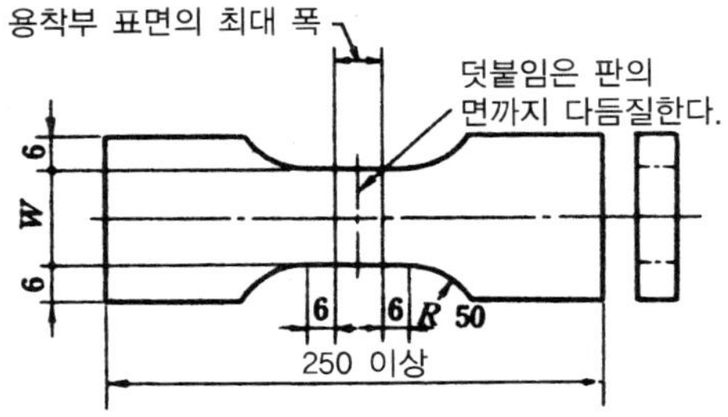

(단위 : mm)

t	W
20 미만	40
20 이상	25

그림 36-3 판에 대한 시험편(1호)

(2) 굽힘 시험

모재 및 용접부의 연성 뿐만 아니라, 기공, 슬랙 섞임, 은점, 선상 조직 등 결함의 유무를 조사하기 위하여 굽힘 시험을 한다.

표 36-5 굽힘 시험의 종류와 시험재의 범위

(단위 : mm)

시험의 종류	시험편	
	판 두께 또는 관 두께	적용하는 관 지름
표면 굽힘	3.0 이상 19 미만	150 이상 300 미만
뒷면 굽힘	3.0 이상 19 미만	150 이상 300 미만
측면 굽힘	19 이상	

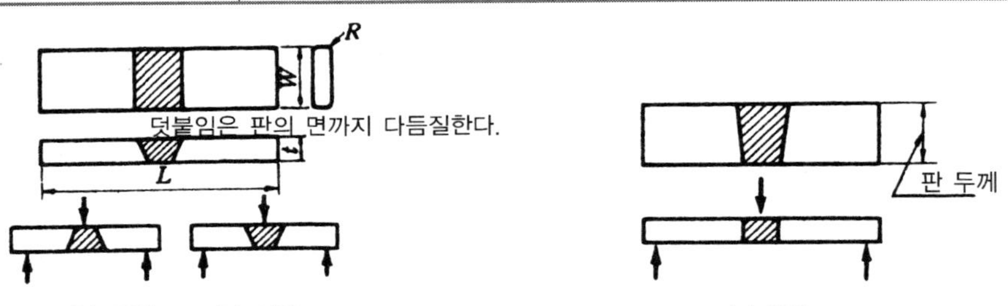

그림 36-4 판에 대한 굽힘 시험편

표 36-6 굽힘 시험편의 치수

(단위 : mm)

시험편	1호	2호	3호
판두께(t)	3.0~3.5	5.5~6.5	8.5~9.5
길이(L)	약 150	약 200	약 250
폭(W)	19~38	19~38	19~38
R	0.5 이하	1.0 이하	1.5 이하

맞대기 용접 이음의 형틀 굽힘 시험(KS B 0832)에 있어서의 시험 종류는 표 36-5에 따른다. 맞대기 용접 이음의 표면 및 뒷면 굽힘 시험편과 측면 굽힘 시험편의 치수는 그림 36-4와 표 36-6과 같다.

이 시험편을 형 굽힘, 로울러 굽힘, 자유 굽힘 시험용 지그를 사용하여 U자형으로 굽혀 균열과 굽힘 연성 등을 조사한다.

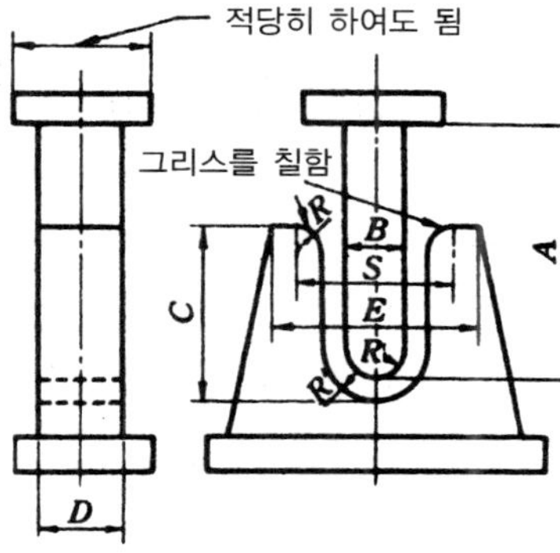

그림 36−5 굽힘 시험용 지그의 모양

그림 36−5 및 표 36−7에 형틀 굽힘 시험용 지그를 나타냈다. 용접봉의 작업성 시험, 용접사의 기능 검정 시험 등의 경우에는 거의 일정한 상태에서 시험을 실시하기 때문에 형틀 굽힘 시험이 이용되고 있다.

표 36−7 굽힘 시험용 지그의 치수

(단위 : mm)

형틀의 모양	A1호	A2호	A3호
R	7	13	19
S	38	68	98
A	100	140	170
B	14	26	38
C	60	85	110
D	50	50	50
E	52	94	136
R′	12	21	30
사용한 시험편	1 호	2 호	3 호

(3) 경도시험

용접한 열영향부의 최고 경도를 측정하는 방법이다. 그림 36−6과 표 36−8은 피복 아크 용접봉에 의한 열영향부의 최고 경도 시험편의 형상과 치수를 나타냈다.

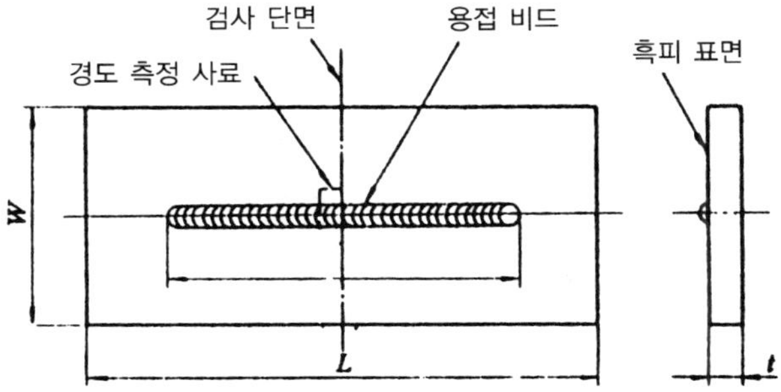

그림 36-6 시험편의 명양

표 36-8 시험편의 치수

(단위 : mm)

항 목	L	W	l
1 호 시험편	약 200	약 75	125±10
2 호 시험편	약 200	약 150	125±10

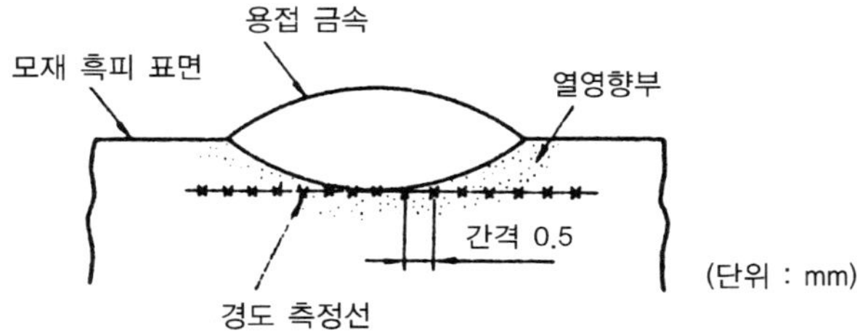

그림 36-7 경도 측정 요령

2. 취성파괴시험

(1) 노치시험

시험편에 V형 또는 U형 등의 표준 노치(notch)를 만들고, 기초적으로는 모재 시험편에 대해서 시험하지만, 용접부의 노치 인성을 조사하기 위해서는 그림 36-8과 같이 용접 이음 시험편에 대해, 용접 금속부, 열영향부, 본드부 등에 노치를 만들어서 각각의 시험을 한다. 그리고, 흡수 에너지나 연성파면율 등의 인성 기준량을 여러 가지 시험 온도에 대해서 구하면 연성-취성 천이 온도가 얻어지며, 이 천이 온도에 의해서 취성 파괴에 대한 재료의 특성이 평가된다.

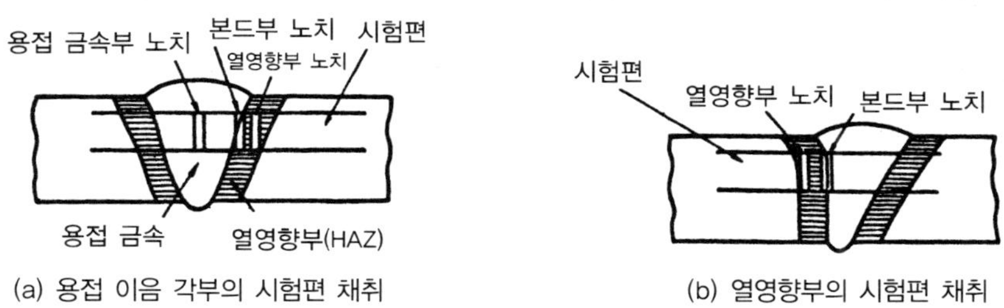

그림 36-8 요업 이음의 샤르피 시험편의 모양 36-8

일반적으로, 금속은 인장이나 굽힘과 같은 정하중에 대한 경우와 충격과 같은 동하중에 대한 경우에 그 성질에는 상당히 다른 현상을 나타낸다. 즉, 정적 시험에서는 재료에 변형을 일으키는 데 충분한 시간이 주어져 있으나, 이 작용 시간을 극도로 단축하면 재료는 거의 변형되지 않고 파괴된다. 더욱이, 이 경우의 흡수 에너지는 정적 시험의 경우와 반드시 평행한 값을 나타내지도 않는다. 특히 노치 취성은 동하중 하에서 명료한 특성을 나타낸다.

이 방법에 많이 사용되는 시험기는 샤르피(charpy)식과 아이조드(Izod)식이 있는데, 그 원리는 같은 것이다. 그리고, 파단까지의 흡수 에너지가 많을수록 금속은 인성이 많아진다.

그림 36-9는 용착 금속의 충격 시험(KS B 0822)의 시험편 종류를 나타냈다.

(2) K_{IC}시험 및 COD시험

파괴 역학에 있어서 파괴 특성값 K_{IC} 또는 COD(crack opening displacement)를 구하는 시험이며, 이들의 값이 취성 파괴 발생에 대한 파괴 역학적 지표가 된다. 각각 여러 가지 방법이 제안되고 있으며, 모재에 대한 파괴 인성(fracture toughness)의 판정에 사용되고 있지만, 용접 구조물의 사용 성능에 관한 기초 시험으로써 때때로 이용되고 있는 것은 제16장 그림 16-24와 같은 피로 균열을 넣은 3점 굽힘 시험과 인장 시험편이다. 이 종류의 시험은 원칙적으로 재료의 판 두께(B)를 시험편 두께로 실시하며, 시험편 폭(W)은 그 판 두께의 2배가 되게(W=2B) 추천되고 있다.

그리고, 제16장 그림 16-25에 예시한 용접 이음의 노치 시험편을 사용하면, 취성 파괴의 기점을 이룬다고 생각되는 용접 이음의 열영향부 본드부 또는 루트부 등의 취성 파괴를 추정할 수 있다.

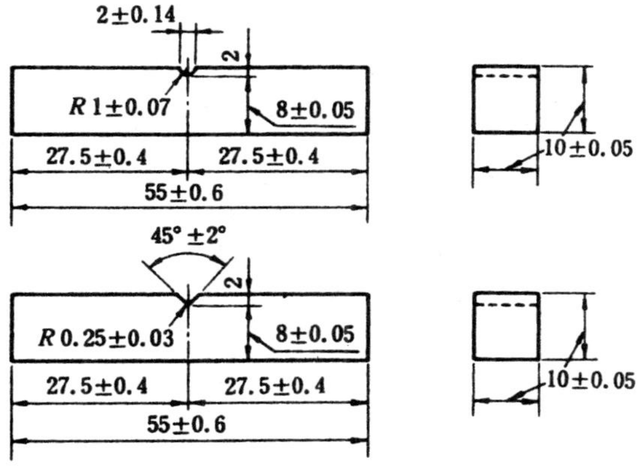

그림 36-9 용착 금속의 충격 시험

3. 용접부의 연성시험

(1) 코마렐 시험

용접부는 노치가 존재하면 연성이 저하하는 외에, 용접 금속과 모재의 열영향부가 소입 경화,

조립화와 연화, 소려 취화, 시효, 흑연화 등의 여러 원인에 의해 취화하므로, 용접부 전체로서의 연성이 대단히 저하한다. 이 때문에 용접 구조물이 사용 중에 취약하게 파괴할 때가 있으므로, 용접부의 용접성 판정의 중요 항목의 하나이다.

코마렐 시험(kommerell test)은 가로 비드 굽힘 시험으로 대단히 중요하며 오스트리아 시험(Austrian test)이라고도 한다. 그림 36-10과 같은 시험편을 굽힘에 따라 용접 금속 또는 열영향부에 비드에 직각인 균열을 발생한다.

오스트리아 시험에서는 고장력강에 대해서 이 균열 발생까지의 굽힘 각도는 그림 36-11에 나타낸 최소 각도 이상이 되어야 함을 요구하고 있다.

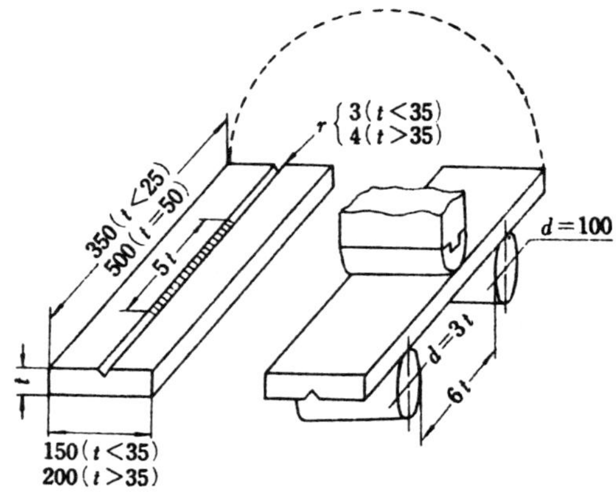

그림 36-10 코마렐 시험(오스트리아 시험)

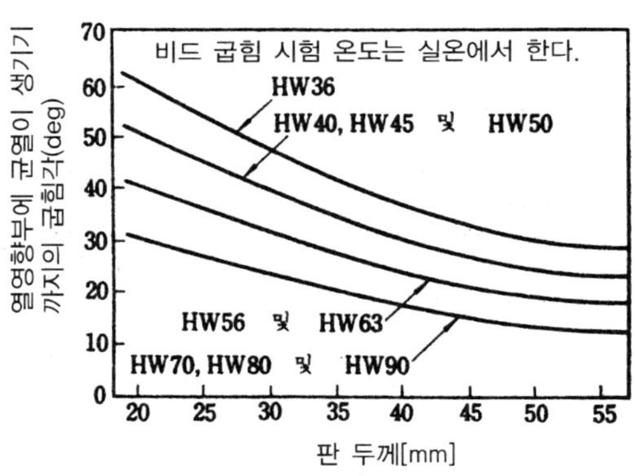

그림 36-11 비드 굽힘 시험에 있어서 열영향부에 균열이 생기기 까지의 굽힘 각도의 판 두께에 대한 규정값

(2) 킨젤 시험

용접 비드의 노치 굽힘 시험법을 킨젤 시험(kinzel test)이라고도 한다. 그림 36-12와 같은 시험편으로 굽힘 시험을 하여 연성을 조사한다. 이 시험은 모재의 노치 인성의 영향이 크게 나타난다.

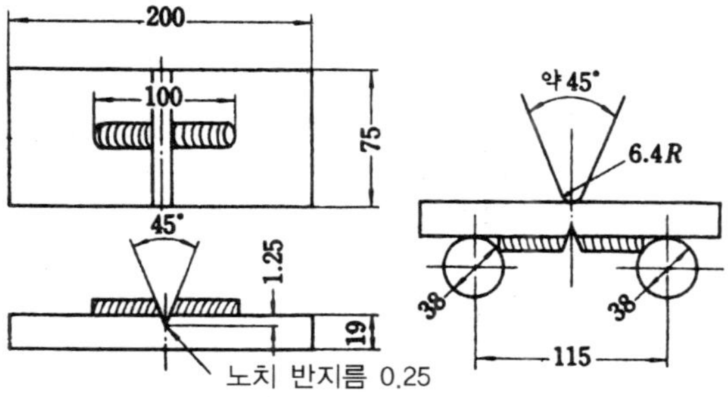

그림 36-12 킨젤 시험

4. 용접균열시험

(1) 철연식 균열시험

철연식 균열 시험(Tekken type cracking test)법은 그림 36-13과 같이 y자형 시험편에 제1층 용접을 하여 비드 방향의 균열 또는 단면 내의 균열 높이를 측정한다. 이 방법은 슬릿(slit)이 경사지므로 루트의 응력집중이 크고 민감한 방법이다.

(2) 리하이형 구속균열시험

리하이형 구속 균열 시험(Lehigh restraint cracking test)법은 그림 36-14와 같이 슬릿의 길이를 바꾸므로써, 시험 비드에 미치는 열적 조건(냉각 속도)을 일정하게 한 상태에서 구속 조건을 달리하여 균열 시험을 한다. 이 시험은 엄한 균열 시험이며, 보통 루트부에서 비드의 중앙을 지나는 고온 균열 또는 저온 구속 균열이 검출된다.

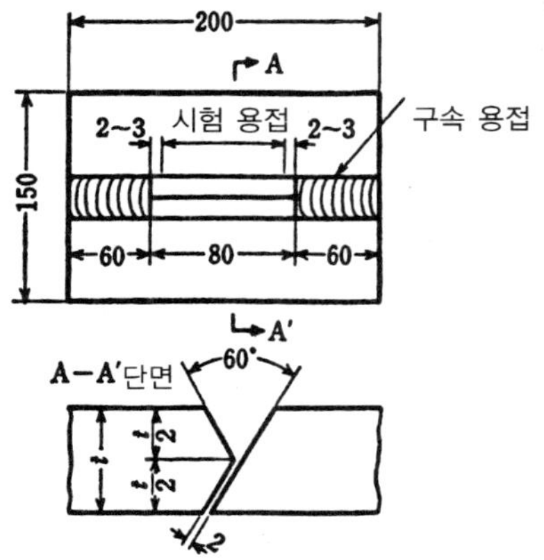

(a) 슬릿형

그림 36-13 철연식 슬릿형 균열 시험

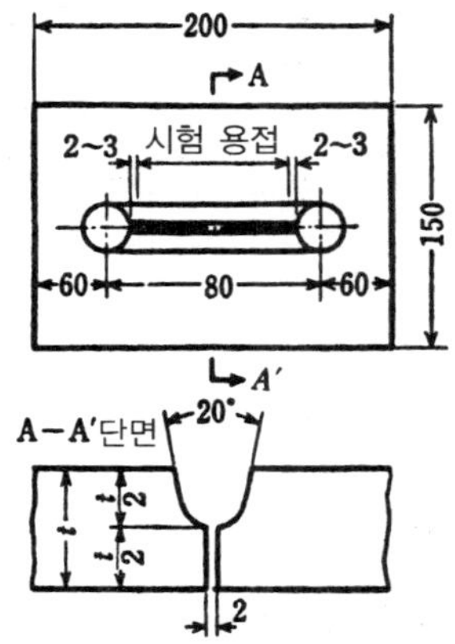

(b) U형

그림 36-14 리하이형 구속 균열 시험

(3) 피스코 균열시험

피스코 균열 시험(Fisco cracking test)법은 고온 균열 감수성을 평가하는데 적합하다.

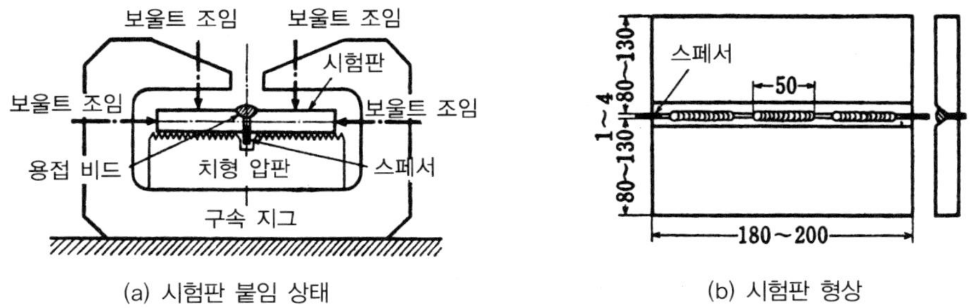

그림 36-15 피스코 균열 시험(C형 구속 균열 시험)

그림 36-15와 같이 맞대기 시험편은 지그에 보울트로 강하게 조이고 비드 용접을 하여 균열의 유무를 조사한다. 시험편은 두께 1~40mm, 길이 200mm, 폭 120mm의 판이 사용된다.

(4) CTS시험

CTS시험(controlled thermal severity test)법은 영국에서 저합금강용에 널리 사용하며, 열적 구속도(thermal severity number, TSN)로 균열감도를 나타낸다. 그림 36-16과 같이 시험편을 겹쳐서 양쪽을 고정 용접한 후, 좌우 양면에 필릿 시험 용접을 한다. 그 후에, 시험 비드를 세 곳에서 절단하여 판면 내의 균열(주로 비드 밑 균열)을 조사한다.

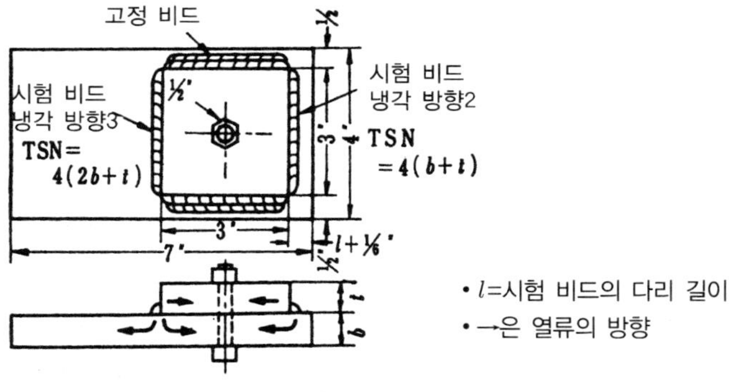

그림 36-16 CTS 균열시험

5. 화학적 시험

(1) 화학분석

모재, 용착 금속, 용접봉의 심선 등의 각 성분을 알기 위한 금속 분석을 하는 것이다. 금속 중에 포함된 불순물, 가스 조성의 종류, 양 등도 이 화학 분석에 의해서 알 수 있다. 화학 분석은 금속 뿐만 아니라, 슬랙에 대해서도 실시할 수 있다.

이외에도 분광 분석, 질량 분석, X선 마이크로 분석(electron probe micro-analysis) 및 X선 분석 등이 사용되고 있다. 일반적으로 화학 분석 외에 다음에 설명하는 현미경 조직, 설퍼 프린트(sulfur print) 등과 더불어 재료의 금속학적 성질을 판정하는 기초 자료로 삼고 있다.

(2) 부식시험

부식 시험(corrosion test)에는 용접물이 청수, 해수, 유기산, 무기산, 알칼리 등에 접촉되어 받는 부식 상태에 대해서 시험하는 습부식 시험과 고온의 증기, 가스 등과 반응하는 부식하는 상태를 아는 건부식, 그리고 어떤 응력하에서 부식 분위기에 쌓일 경우에 받는 부식 상태를 아는 응력부식 시험 등이 있다.

유체 중에서 금속, 토사, 광물질의 미분말 및 기포 등이 존재하고 이것들로 인하여 금속이 마멸되는 경우 이 현상을 침식(erosion)이라고 한다. 이것은 부식과 구별되지만 유체 그 자체가 부식성인 것이면 부식과 침식이 동시에 일어나며, 금속은 심히 침식되므로 부식 시험과 침식 시험을 동시에 하는 경우도 있다.

스텐레스강, 동합금, 모넬 메탈(monel metal) 등 내식성을 주로 한 금속, 또는 합금의 용접부에는 부식 시험을 하는 일이 많다.

(3) 수소시험

용접부에 용해된 수소는 기공, 비드 균열, 은점, 선상 조직 등 결함의 큰 요인이 되므로, 용접 방법 또는 용접봉에 의해 용접 금속 중에 용해되는 수소량의 측정은 중요한 시험법의 하나이다. 함유 수소량의 측정에는 45℃ 글리세린 치환법과 진공 가열법이 있다.

45℃ 글리세린 치환법은 130mm×25mm×12mm의 판 위 중앙부에 길이 115mm의 비드를 놓고, 용접이 끝난 다음 곧 물에 급냉시켜 미리 준비된 45℃의 글리세린 중에 넣고 치환법에 따라 수소 포집기에 넣는다. (용접이 끝난 다음 2분 이내) 이 상태로 48시간 동안 방치하여 수소를 포집하고, 그 양을 0℃에 있어서의 용적(ml)으로 환산하여 나타내는 방법이다. 최근에는 글리세린 대신에 수은 중에서 포집하는 방법도 사용된다.

일반적으로 수소량 그 자체에는 제한이 있으나, 저수소계 용접봉의 용접 금속의 수소량에 대해서는 제한이 있으며, 0.1 ml/g 이하가 아니면 안 된다고 되어 있다. 이 방법으로 포집된 수소는 용접 중에 용해된 전 수소량이 아니며, 보통 확산성 수소라고 불리는 것이다.

전 수소량을 알기 위해서나 또는 용접 전 모재 중에 있는 수소량을 알기 위해서는 진공 중에서 800℃로 가열하여 수소를 포집하는 진공 가열법을 병용하여야 한다.

6. 금속학적 시험

(1) 파면검사

용착 금속이나 모재의 파면에 대하여 결정의 조밀, 용입, 균열, 슬랙 섞임, 기공, 선상 조직, 용접 등을 육안 관찰로써 검사하는 방법이다.

여러 결함 중 큰 것은 파면을 보기만 해도 대체로 판단할 수 있다.

(2) 매크로 시험

용접부의 단면을 연마하여 적당한 매크로 에칭(macro−etching)을 해서 육안 또는 확대경으로 관찰하여 용입 상태, 열영향부의 범위, 결함의 유무 등을 알 수 있다. 철강에 주로 사용되는 에칭액은 $HCl : H_2O$의 비가 1 : 1의 액, $HCl : H_2SO_4 : H_2O$의 비가 3.8 : 1.2 : 5.0의 액, $HNO_3 : H_2O$의 비가 1 : 3의 액 등 여러 가지가 사용된다. 에칭 후 곧 수세하고 건조하여 시험을 한다.

또 철강 중에 함유된 황화물의 분포 상태를 검출하는 설퍼 프린트(sulphur print)법도 있다.

(3) 현미경조직시험

시험편을 에머리 페이퍼(emery paper)로 연마하고, 그 위를 연마포로 충분히 연마한 후 시료를 물로 씻은 다음, 알콜로 씻고 건조기를 사용하여 충분히 건조시킨다. 그 후에 조직을 관찰하기 위해 적당한 부식액으로 부식시켜, 약 50~2000배로 확대하여 조직이나 미소 결함 등을 관찰한다. 또, 전자 현미경으로 배열을 높여서 관찰도 한다.

36-4 비파괴시험

비파괴 시험(nondestructive testing)은 재료나 제품의 재질, 형상, 치수에 변화를 주지 않고 어떤 종류의 물리적 에너지를 주어서 그의 투과, 흡수, 산란, 반사, 누설, 침투 등의 현상의 변화를 검출하여 표준물과의 비교에 의해서 시험물을 파괴하지 않고 이상의 유무나 그의 크기 또한 분포 상태 등을 조사하는 시험법이다. 현재 용접물, 주조품, 압연재 등에 널리 사용되고 있다.

이 시험법은 제품의 성질, 상태, 내부 구조 등을 조사할 수 있으므로 재료의 선택이나 가공법의 결정, 그리고 제품의 균일화와 신뢰성 등을 확인할 수가 있게 되었다.

1. 육안검사

육안 검사(visual inspection)는 간편하고 신속하므로 소재 검사, 용접 중의 작업 검사 및 제품 검사 등에 가장 널리 행하여지는 주요한 검사이다. 용접부의 표면에 대하여는 육안 또는 확대경으로 리플(ripple), 비드 폭과 높이, 용입, 크레이터 처리 상황 등을 조사하며, 언더 컷, 오우버랩, 표면 균열, 피트, 슬랙 섞임 등의 용접 결함을 검사한다. 다층 용접의 경우에는 각 층마다 육안 검사를 하고, 결함이 있을 경우에는 곧 보수를 하여 다음 층으로 진행할 수 있도록 해야 한다.

2. 누설검사

누설 검사(leak test)는 탱크, 용기 등의 기밀, 수밀 등을 조사하는 목적으로 행해진다. 보통,

수압 또는 공기압에 의해 실시하고, 원자로 부분 등과 같은 특수한 경우에는 검출 강도가 우수한 할로겐 가스, 헬륨 가스를 사용한다.

가장 일반적으로 사용되는 방법은 액체 중에 담근 탱크 및 용기 내에 소정의 압력의 공기를 보내어 누설의 유무를 확인하는 방법 또는 소정의 수압을 넣어 누수를 검사하는 방법이다. 수압 시험에서의 내압 시험 압력은 최고 허용 압력의 1.5배의 압력으로 하고, 기압 시험에서의 내압 시험 압력은 최고 허용 압력의 1.25배의 압력으로 한다.

또 내압 시험에 사용하는 유체의 온도는 취성 파괴를 일으킬 우려가 없는 온도로 하고, 가압 유체의 온도와 압력 용기의 온도가 거의 같게 된 후에 승압을 시작한다. 내압 시험 압력의 유지 시간은 압력 공기의 크기에 따라 10~30분간으로 한다. 기체 누설 시험에 사용하는 기체는 건조하고 청정한 공기 및 위험성이 없는 기체로 한다.

3. 침투검사

침투 검사(penetrant inspection)는 검사물 표면의 균열이나 피트 등의 결함을 비교적 간단하고 신속하게 검출할 수 있는 방법이며, 각종 금속의 재료에 적합하다. 특히, 자기 탐상 검사가 되지 않는 비자성 금속 재료에 자주 사용된다.

침투 검사는 우선 침투성이 강한 액체를 표면에 칠해 보면 결함이 있는 곳은 그 결함 내에 침투액이 스며든다. 다음에 표면의 침투액을 씻어 내고 또다시 검출액을 칠하면 결함 중에 침투되어 있던 액의 소재가 명백히 나타나며, 이것에 의하여 결함의 존재를 명료하게 하는 방법이다.

침투액으로 사용되는 형광체와 적색 염료에 따라 형광 침투 검사(fluorescent penetrant inspection)와 염료 침투 검사(dye penetrant inspection)로 나뉘어지며, 염료 침투 검사는 일광 밑에서도 가능하고 편리하기 때문에, 현장 검사 등에서 자주 사용된다.

그림 36-17은 침투 탐상 시험의 기본 순서를 나타냈다.

그림 36-17 침투 탐상 시험의 기본 순서

4. 초음파검사

초음파 검사(ultrasonic inspection)는 사람의 귀로 들을 수 없는 파장이 짧은 음파(0.5~15 MHz)를 검사물의 내부에 침투시켜 내부의 결함 또는 불균일층의 존재를 검지하는 방법이다.

그림 36－18은 탐상기의 원리를 나타낸 것으로 적당한 두께의 수정판 또는 티탄산바륨판의 양단면에 소정의 주파수의 교류 전압을 가하면 판의 두께가 진동적으로 변화하며, 그 주파수의 초음파를 발사한다.

반대로, 이 판이 초음파의 기계적 진동을 받으면 초음파와 같은 주파수의 전압이 발생한다. 이 전압을 적당한 방법으로 증폭하면 미약한 초음파라도 검출할 수 있다.

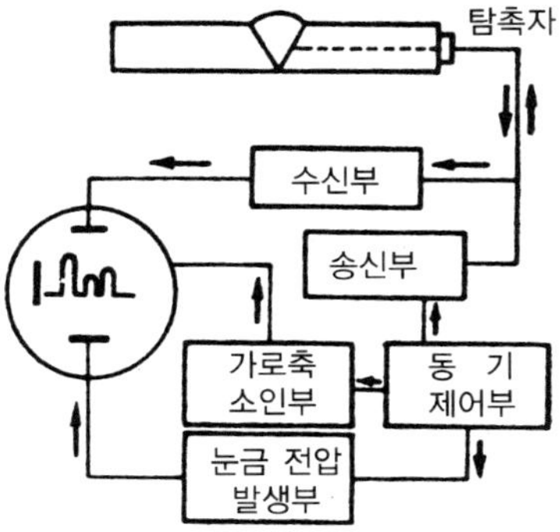

그림 36－18 초음파 탐상기의 원리

초음파의 속도는 공기 중에서 약 330m/sec, 물속에서는 약 1500m/sec, 강 중에서는 약 6000m/sec 이고, 공기와 강의 사이에서 초음파는 잘 반사된다.

초음파 탐상법으로는 그림 36－19와 같이 투과법, 펄스(pulse) 반사법 및 공진법이 있으나, 일반적으로 널리 사용되는 것은 펄스 반사법이다.

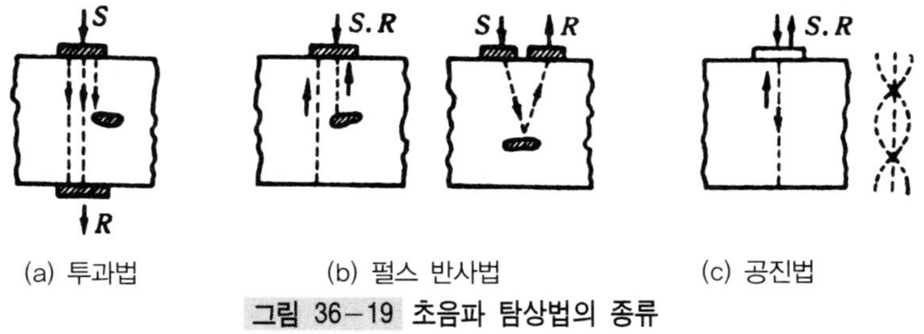

그림 36－19 초음파 탐상법의 종류

이 방법은 초음파의 펄스(단시간의 맥류)를 물체의 일면에서 발진자를 통해서 입사시켜 다른 단면 및 내부의 결함에서의 반사파를 같은 면상의 탐속자(probe)에 받아 발생한 전압 펄스를 브라운관으로 관찰하는 방법이다.

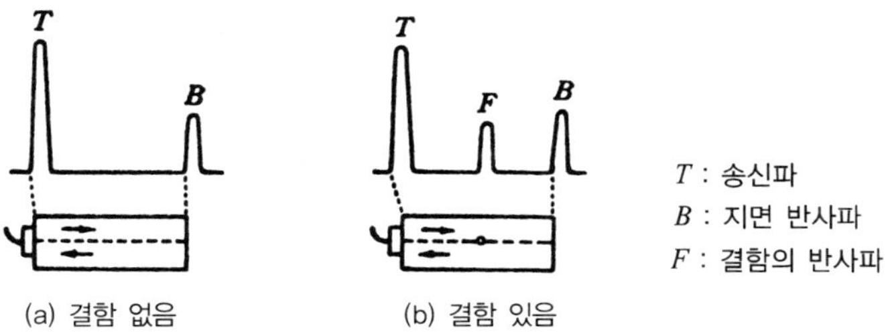

그림 36－20 초음파 탐상 도형

브라운관상에서는 36－20과 같이 표면 반사파 T와 다른 반사파 B가 나타나고, 결함이 있으면 도중의 반사파 F를 생기게 한다. 이 반사파의 위치에 따라 표면에서의 결함의 깊이를 알 수 있다.

(a) 수직 탐상법 (b) 사각 탐상법

그림 36－21 수직 탐상법과 사각 탐상법

그림 36－21과 같이 펄스 반사법에서는 초음파의 입사 각도에 따라 수직 탐상법과 사각 탐상법이 있으나, 용접부와 같이 비드 파형이 있을 경우에는 사각 탐상법 쪽이 비드를 끝마무리 하지 않아도 되기 때문에 간단하다.

물체의 한쪽에서 초음파를 입사하고, 또 한쪽에서 받는 방법을 투과법이라 한다. 이 경우 결함이 없는 부분에서는 초음파가 다른쪽 끝까지 투과하지만, 결함이 있는 부분에서는 초음파가 통하지 않으므로, 결함의 존재를 검출할 수 있다.

그러나, 그 위치의 깊이는 알 수가 없다. 어느 것이든 초음파 탐상법는 두께와 길이가 큰 물체의 탐상에도 적합하며, 한쪽에서도 탐상할 수가 있다. 검사 기기도 작고 가벼워 휴대가 편리하여 높은 장소에서의 검사도 용이하다. 또한, 검사 현장에서 좋고 나쁨의 판정이 가능하다. 그리고, 검사자에게도 재해의 위험이 없는 잇점이 있다. 그러나, 표면이 거친 것과 얇은 것의 결함 검출이 곤란하다.

5. 자분검사

자분 검사(magnetic flux inspection)는 누설 자속(leakage magnetic flux)을 이용하여 자분으로 결함을 검출하는 방법이다. 그림 36－22에서와 같이 피검사체에 결함이 있으면 자력선을 통과시킬 때 그 부분에 자력선의 교란이 생기게 된다.

특히, 철분과 같은 강자성 물질의 분말을 표면에 살포해 놓으면 결함부에 상당하는 곳에 철분 살포의 불균일(교란)을 생기게 하므로, 육안으로 결함의 위치를 확인할 수 있다.

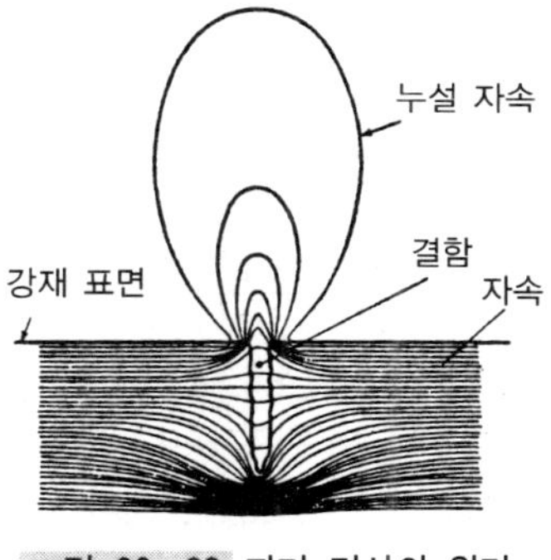

그림 36－22 자기 검사의 원리

이 방법에서는 비교적 표면에 가까운 곳에 존재하는 균열, 개재물, 편석, 기공, 용입 불량 등을 검출할 수가 있으나, 작은 결함이 무수히 존재하는 경우는 검출이 곤란하다. 또한, 오스테나이트계 스텐레스강, 동, 알루미늄과 같은 비자성체에는 사용할 수 없다. 이 검사법은 자력을 움직이고 있는 동안에 생기는 누설 자속을 사용하는 방법과 잔류 자기에 의한 누설 자속을 이용하는 방법이 있다.

연강에는 주로 앞에 것을 합금강, 소입된 강에는 주로 뒤에 것의 방법을 사용한다.

자화 전류로서는 500~5000[A] 정도의 교류(3~5초간 통전)가, 내부 결함의 검출에는 직류(0.2~0.5초)가 적합하다. 자화 방법은 그림 36-23과 같이 종 자화법과 원주 자화법이 있고, 앞에 것은 세로축에 수직한 방향으로 긴 결함의 검출에, 뒤에 것은 세로축 방향으로 긴 결함의 검출에 사용된다.

자분은 보통 철 또는 자성 산화철(Fe_3O_4)의 약 0.1mm(약 150메시)이하의 분말이 사용되고, 백, 적, 흑 등으로 착색하여 보기 쉽게 해 놓았으므로 검사체와 대조적인 색을 사용하면 좋다.

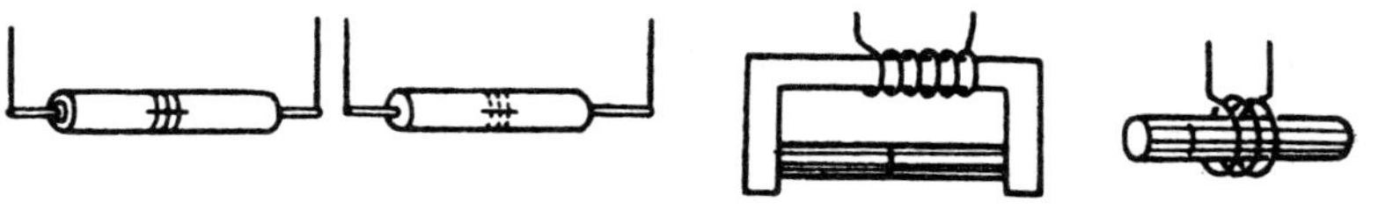

그림 36-23 종 자화법(a)과 원주 자화법(b)

6. 맴돌이 자류검사

맴돌이 자류 검사(eddy current inspection)는 교류 전류(0.5kHz~5MHz)를 통한 코일을 그림 36-24와 같이 검사물에 접근시키면, 그 교류 자장에 의하여 금속 내부에 환상의 맴돌이 전류(eddy current)가 유기된다.

이 맴돌이 전류는 원래의 자장에 반대인 새로운 교류 자장을 발생시키므로, 이에 의하여 감응한 코일 내에 새로운 교류 전압을 유기시킨다. 이 때, 검사물의 표면 또는 표면 부근 내부에 불연속적인 결함이나 불균질부가 있으면 맴돌이 전류의 크기나 방향이 변화하게 되며, 따라서 코일에 생기는 유기 전압이 변화하므로, 이것을 검지하면 결함이나 이질의 존재를 알 수 있게 된다.

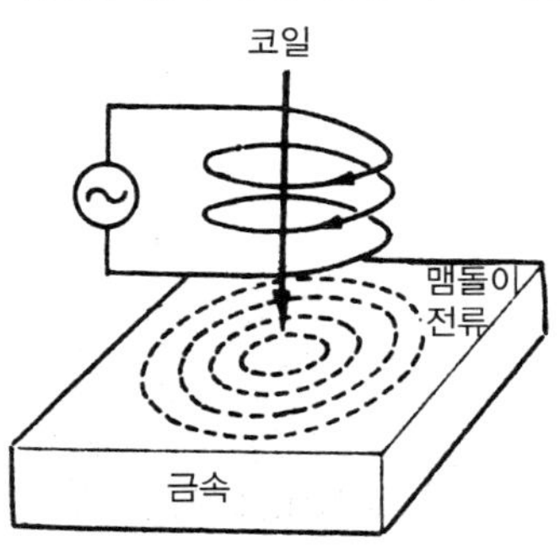

그림 36-24 맴돌이 전류의 발생

이와 같이, 금속 내부에 유기되는 맴돌이 전류의 작용을 이용하여 검사하는 방법을 맴돌이 전류검사라 한다. 비교적 새로운 비파괴 검사법으로써, 자기 탐상 검사가 되지 않는 비자성 금속, 예컨대 오스테나이트계 스텐인레스강 등의 결함 검출에 편리하다.

이 방법에 의하면 표면 또는 표면에 가까운 내부의 여러 결함 즉, 균열, 기공, 개재물, 피트, 언더 컷, 오우버랩, 용입 불량, 융합 불량 등을 검출할 수 있으며 동시에 조직 변화 및 기계적, 열적 이력도 조사할 수 있다.

7. 방사선투과검사

방사선 투과 검사(radiographic test)는 여러 비파괴 검사법 중에서 가장 널리 사용되고 있는 방법으로써, 물질을 투과하기 쉬운 X선, 또는 γ선 등과 같이 짧은 파장의 방사선을 검사물에 조사하여, 투과 중에 방사선의 흡수나 산란에 의한 투과 후의 방사선 강도의 차이를 사진 필름에 촬영하여 검사물 내부의 이상을 검출한다.

1) X선 투과검사

가속 되어진 전자가 중금속의 표적에 충돌하면 방사선을 발생한다. 이것은 전자파의 일종으로서 파장이 짧을수록 재료에의 투과 능력이 크게 된다. 이 투과 능력을 이용하여 검사물의 결함을 발견하는 방법을 X선 투과검사법(X－ray radiography)이라고 한다.

X선은 물질을 투과할 때, 그 일부는 물질에 흡수되지만 나머지는 투과한다. 이 흡수의 비율은 물체를 구성하는 물질의 종류에 따라 다르고 같은 물질이라면 그 두께에 따라 달라진다.

그림 36－25와 같이 용접 이음의 한쪽에서 X선을 입사시켜, 다른 한쪽에 X선에 의해 감광되는 필름을 놓고 투과 X선을 감광시키면 모재부와 용접부와의 두께의 차에 의해(보통은 덧살이 있기 때문에 용접부 쪽이 두껍다.) X선의 투과량(필름의 감광량)이 달라지고, 용접부는 모재부와 구별된다. 또, 용접부의 표면 또는 내부에 매크로적 결함이 있는 경우에는 그 부분의 투과량(감광량)이 다른 부분과 다르기 때문에 이것을 쉽게 검출할 수 있다.

X선 투과법에 의하여 검출되는 결함은 균열, 융합 불량, 용입 불량, 기공, 슬랙 섞임, 비금속 개재물, 언더 컷 등이다.

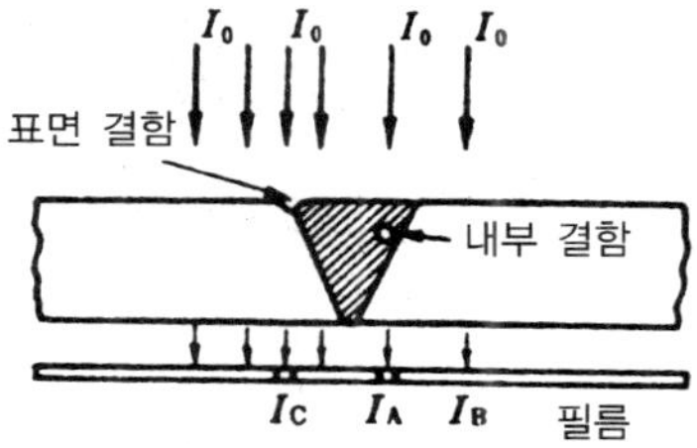

그림 36－25 방사선 투과 검사의 원리

투과용의 X선원은 보통 150~400kVP(kilovoltage peak)의 X선 발생 장치를 사용하며, 매우 두꺼운 판의 투과용에는 100만 또는 200만[V]의 대형 장치가 사용된다. 이들 X선 발생 장치는 주로 관구식[X선 관구의 대음극(표적)에 고속의 전자가 충돌하여 X선을 발생한다.]이고, 최근에는 베타트론(betatron)식(원주 궤도상을 전자를 회전 운동시켜 1회전마다 수십[V]씩 가속하므로써 최종적으로 수백만~1억 전자 볼트[eV] 정도의 고에너지를 주어 이것을 대음극에 충돌시켜서 X선을 발생한다.)의 것도 사용되고 있다.

관구식에서는 30만[V] 이상에서는 설치식이 사용되고 있으나, 최근에는 건설 현장에서 X선 검사를 실시하는 일이 많음에 따라 20만[V] 이하의 가반식이 널리 사용되고 있다. 그림 36-20은 가반식 X선 검사 장치를 나타낸 것이다.

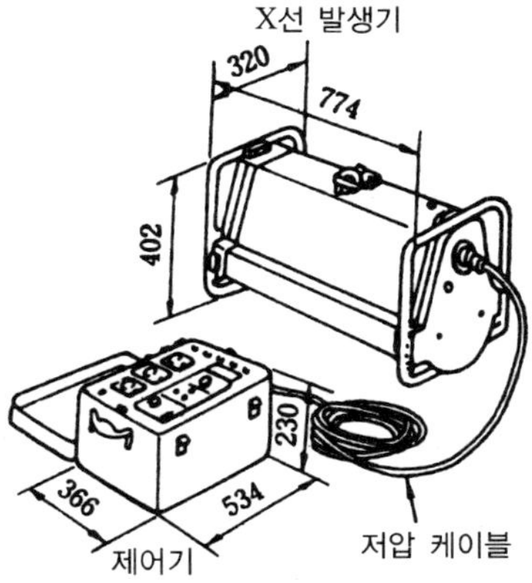

그림 36-26 가반식 X선 검사 장치

X선 투과 검사법은 최종적으로는 검사물을 투과한 X선을 감광한 필름의 명암의 차(film contrast)에 의해 판정하는 것이므로, 검사물의 종류, 두께, 감광 필름이나 감광지의 종류 등에 따라 X선의 강도 및 조사 시간(이것들을 합해서 노출 조건이라 한다.)을 적당하게 정하지 않으면 안 된다. 노출 조건의 보기를 들면, 그림 36-27과 같다. 그림 36-28은 X선 촬영 요령을 나타낸 것이다.

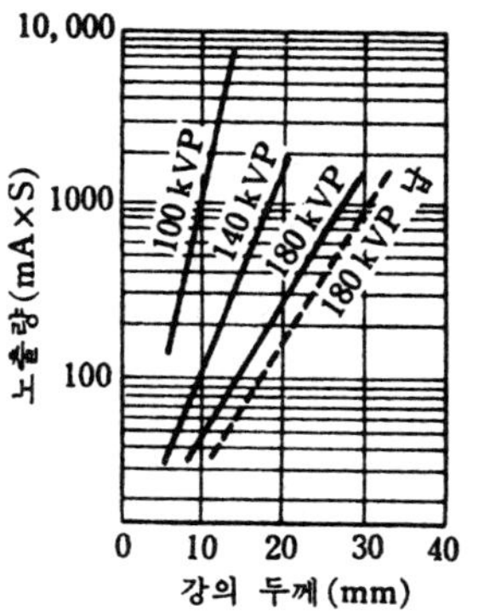

그림 36-27 노출표의 보기

방사선 촬영을 할 때에는 투과도계(penetrameter, image quality indicator)와 계조계를 촬영부에 놓는다. 촬영 현상되어진 필름은 판정에 적절한지 아닌지를 투과도계와 계조계에 의해서 판정되며, 이는 KSB 0845에도 규정되어 있다.

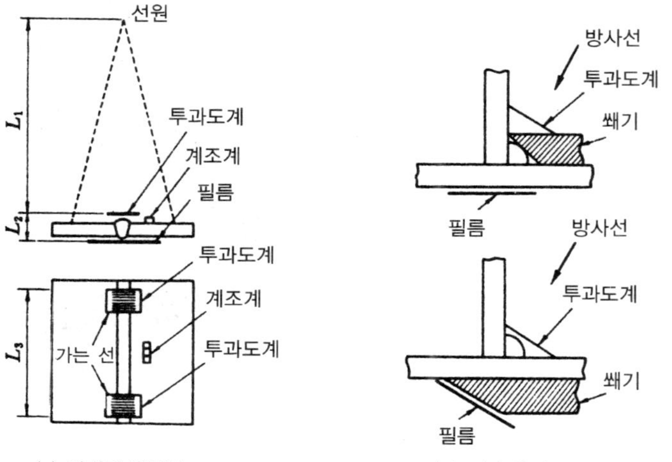

(a) 맞대기 용접부 (b) 필릿 용접부

그림 36-28 X선 촬영 요령

X선 투과법에서는 결함의 유무를 검출하는 것이 주목적이고, 보통은 X선을 판의 수직 방향만으로 조사한다.

그러나, X선을 단순히 수직 방향만으로 투과시킬 경우, 결함의 평면적인 위치 및 크기는 명백하게 되지만, 그 결함이 어느 정도의 두께가 있으며, 표면으로부터 얼마만큼의 깊이의 위치에 있는지는 알 수가 없다.

이것을 알기 위해서는 그림 36-29의 (b)와 같은 스테레오법이 사용된다.

이것은 첫째, 결함이 있는 평면적인 위치를 알고, 판의 양면에 작은 표지판을 대고 비스듬한 방향에서 X선을 투과시키면 양쪽면에 놓은 작은 표지판에 의한 상의 간격과 결함의 상의 위치에서 그 깊이를 알 수 있다.

(a) 보통법 (b) 스테레오법

그림 36-29 결함의 위치를 구하는 방법의 보기

X선에 의해 검출된 용접부의 결함의 보기는 그림 36－30에 나타내었다. 이 때, 필름상의 결함상에 있어서 용착 금속 부분은 덧살을 깎아 내지 않는 한 일반적으로 모재보다 두꺼우므로, X선 필름에서는 희게 보이며, 모재 부분은 검게 보인다.

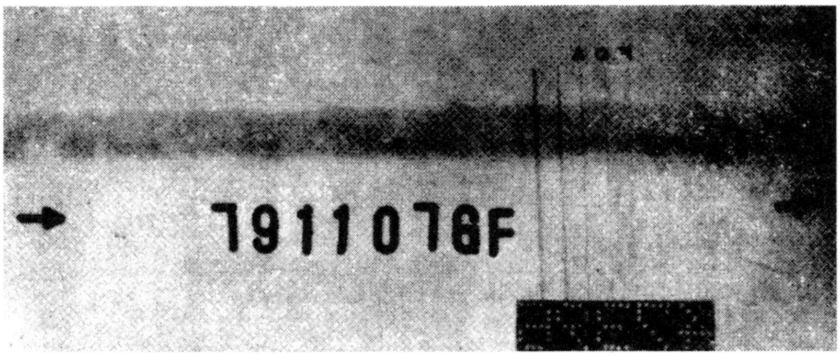

그림 36－30 X선 사진의 보기

기공은 보통 구상 중공이므로, X선 흡수가 적어서 필름상에는 검은 둥근 점(크기 0.1mm 정도에서 수 mm까지)으로, 스패터는 백색 둥근 점으로 나타난다. 슬랙 섞임 부분은 X선의 타원, 장방형, 가늘고 긴 모양으로 나타난다.

균열은 그 파단이 X선의 투과 방향과 거의 평행인 때에는 검고 예리한 선으로 분명하게 나타나지만, 직각인 때에는 거의 알 수 없다. 또한, 용입이 부족한 부분은 흡수가 적어지므로, 필름상에서는 검은 직선으로 나타난다. 언더 컷도 용접 금속의 주변에 따라 가늘고 긴 검은 선으로 나타난다.

투과 사진상에 나타나는 강 용접부의 결함은 표 36－9와 같이 다음 3종류로 분류한다. 제1종의 결함은 시험부의 전 면적 중 결함 점수가 가장 크게 나타나는 부분의 시험 시야에서 표 36－10과 같이 점수로 산정하여, 표 36－11에 표시하는 1～4등급으로 분류한다.

표 36－9 결함의 분류(KS B 0845)

	결함의 종류
제 1 종	기공 및 이와 유사한 둥근 결함
제 2 종	가는 슬랙 개입 및 이와 유사한 결함
제 3 종	터짐 및 이와 유사한 결함

표 36－10 제1종 결함의 산정(KS B 0845)

결함의 긴 지름 (mm)	1.0 이하	1.0 초과 2.0 이하	2.0 초과 3.0 이하	3.0 초과 4.0 이하	4.0 초과 6.0 이하	6.0 초과 8.0 이하	8.0 초과
점 수	1	2	3	6	10	15	25

표 36-11 제1종 결함의 등급(KS B 0845)

시험 시야(mm) / 모재 두께(mm) / 등 급	10×10		10×20		10×30
	10 이하	10 초과 25 이하	25 초과 50 이하	50 초과 100 이하	100 초과
1급	1	2	4	5	6
2급	3	6	12	15	18
3급	6	12	24	30	36
4급	결함 점수가 3급보다 많은 것				

제2종의 결함은 결함의 종류에 따라 표 36-12에 표시하는 계수를 곱하여 결함 길이로 하여서, 표 36-13의 기준에 따라 등급이 분류된다.

제3종 결함의 등급 분류는 투과 사진 위에 나타난 3종의 결함일 경우, 모두 4급으로 한다.

표 36-12 제2종 결함의 길이

결함의 종류	계 수
슬랙 개입	1
용입 부족, 융합 부족	2

표 36-13 제2종 결함의 등급

모재 두께(mm)등급	12 이하	12 초과 48 미만	48 이상
1급	3 이하	모재 두께의 $\frac{1}{4}$ 이하	12 이하
2급	4 이하	모재 두께의 $\frac{1}{3}$ 이하	16 이하
3급	6 이하	모재 두께의 $\frac{1}{2}$ 이하	24 이하
4급	결함 길이가 3급보다 긴 것		

방사선 투과 사진의 촬영 중에는 강한 방사선이 사방에 방사하여 이것이 신체에 장해를 주기 때문에 X선 검사에 종사하는 사람은 특별한 주의를 해야 한다. 사진 촬영 중에는 하향식에 있어서도 선원에서 10m 이내에 있어서는 안 된다.이 때문에 방사선 방사 중이라는 표시나 램프(lamp)를 켜서 주의를 환기시키는 것이 필요하다.

대형 설치식에서는 X선 발생기를 납판 등으로 둘러싸여 있는 방에 설치하고 충분히 주의해서 일을 할 수 있으나, 가반식을 취급하는 경우에는 보호 대책을 소홀히 하기 쉬우므로 주의를 해야 한다.

X선 관계의 업무에 종사하는 사람은 전문 의사로부터 자주 혈액 검사(백혈구 검사)를 받고, 적당한 계량기로 쬐어진 선량을 알아 둘 필요가 있다.

2) γ선 투과검사

X선으로는 투과하기 힘든 두꺼운 판에 대해서는 X선보다 더욱 파장이 짧고 투과력이 강한 γ선이 사용된다. γ선원(radiation source)으로서는 천연의 방사선 동위 원소(라듐 등)가 사용되는데, 최근에는 인공 방사선 동위 원소(코발트 60, 세슘 134, 이리듐 192 등)도 사용된다.

방사성 물질의 방사능 강도는 큐리(ci)로 표시되며, 1g의 라듐 강도가 1ci이다. γ선의 선량은 X선의 경우와 동일하며, 렌트겐(R) 단위로 측정되고 1ci의 선원에서 방사되는 Co^{60}의 γ선 강도는 선원으로부터 1m의 거리에서 약 0.8R/h이다. 이 방법은 장치도 간단하고 운반도 용이하며, 또 취급도 간편하므로 현장에서 널리 이용된다.

γ선 투과 검사법의 개략은 X선의 경우와 대략 같으나, γ선원은 X선원과 달라 끊임없이 방사선을 내고 있으므로, 그 취급에 있어서 특히 주의를 하지 않으면 안 된다.

8. 음향시험

용접부를 해머로 가볍게 두들겨, 그 음향으로 결함의 유무를 조사하는 방법이다. 숙련을 요하지만 가장 간편한 방법이다.

연습문제

01 용접부의 주된 시험법을 간단히 설명하여라.

02 용접부의 결함에 대하여 설명하여라.

03 굽힘 시험의 응용과 검사 방법을 설명하여라.

04 수소 시험에 대하여 간단히 설명하여라.

05 육안 조직 시험에 대하여 간단히 설명하여라.

06 노치 취성 시험의 종류를 들어라.

07 용접 연성 시험의 종류를 들고 설명하여라.

08 용접 균열 시험의 종류를 들어라.

09 비파괴 검사법의 종류를 들고, 검사 방법에 대하여 설명하여라.

10 초음파 검사법의 원리와 특징을 설명하여라.

11 방사선 투과 검사법의 원리를 설명하여라.

12 다음 낱말을 설명하여라.

㉠ 코마렐 시험
㉡ 킨젤 시험
㉢ 최고 경도 시험
㉣ 리하이형 구속 균열 시험
㉤ 밧텔 비드 밑 균열 시험
㉥ CTS 시험
㉦ 피스코 균열 시험

부 록

한국공업규격 용접용어

한국공업규격 용접용어(KS B G0106)

- 가스 가우징(gas gouging) : 가스 불꽃과 산소로 홈을 파는 방법
- 가스 경납땜(gas brazing) : 가스 불꽃으로 가열하여 땜질하는 경납땜
- 가스 압접(gas pressure welding) : 가스 불꽃의 열을 이용하는 압접
- 가스 용접(gas welding) : 가스 불꽃의 열을 이용하는 용접 방법
- 가스 절단(gas cutting) : 가스 불꽃으로 가열하고 금속과 산소의 급격한 화학 반응을 이용하여 절단하는 것
- 가압관(platen) : 일반으로 평면을 가지며, 전극 받침대 위치 결정 장치 등을 고정할 수 있고 전극 가압력이나 오프셋 힘을 전달하는 저항 용접기의 구성 부분
- 가압력(welding force) : 접착시키기 위하여 용접 부분에 가하는 압력
- 가압 테르밋 용접(pressure thermit welding) : 테르밋 반응열을 이용하며, 또 압력을 가하여 접합하는 용접법이다. 이 반응을 할 때에 나타난 용융 금속은 용가재로 쓰이지 않는다.
- 가용접(tack welding) : 본용접을 하기 전에 정한 위치에 용접물의 부재를 유지하기 위한 용접
- 겹치기 저항 용접(lap resistance welding) : 스폿 용접, 로울러 스폿 용접, 시임 용접 등과 같이 겹친 이음의 양쪽에서 압력을 가하며 접합하는 저항 용접
- 경납(brazing filler metal) : 450℃보다 높은 용융점을 가진 경납땜에 쓰이는 용가재
- 경납땜(brazing) : 경납을 사용하여 모재를 용융시키지 않고 붙이는 방법
- 고상 용접(solid phase welding) : 접합부를 용융하지 않고 고상면에 따라 행하는 용접
- 고주파 유도 용접(high frequency induction welding) : 용접부를 가압하며, 고주파 유도 열을 이용하여 접합하는 맞대기 용접법 또는 이음매 용접법
- 고주파 저항 용접(high frequency resistance welding) : 용접부를 가압하며, 고주파 전류를 직접 모재에 공급하여 접합하는 저항 가열 용접법
- 고착 용제(bonded flux) : 분말 원료를 고착제로 사용하여 고결 입상화한 용제
- 과전류 아크 발생법(hot start) : 아크를 발생시킬 때 단시간 용접 전류를 많이 흐르게 하는 아크의 초기 발생법
- 교류 아크 용접(AC are welding) : 교류 아크를 사용하는 용접법
- 금속 아크 용접(metal arc welding) : 용착 금속이 될 금속봉과 모재를 두 극으로 하는 아크 용접법

- 기공(blow hole, gas pocket) : 용착 금속 중에 가스에 의하여 생기는 빈자리
- 너깃(nugget) : 겹치기 저항 용접에 있어서 접합부에 나타나는 용융 응고된 금속의 부분
- 노내 경납땜(furnace brazing) : 노 안에서 가열하여 땜질하는 경납땜
- 노출 심선부(exposed core) : 피복 아크 용접봉의 끝을 호울더로 잡기 위하여 피복하지 않은 부분
- 노치 취성(notch brittleness) : 홈이 없을 때에는 충분히 연신성을 나타내는 재료라도 홈이 있으면 취약하게 파괴될 때가 있다. 이 취성을 말한다.
- 누설 방지 용접(seal weld) : 유체의 누설 방지를 목적으로 하는 용접
- 다공성(porosity) : 용착 금속 중에 기공의 밀집한 정도
- 다리 길이(leg length) : 이음의 루트로부터 필릿 용접의 직각변 끝까지의 거리
- 다이버언(die burn) : 맞대기 저항 용접에 있어서 용접 전류를 통할 때 부적당한 용접 조건 때문에 전극 받침대의 접촉면 또는 그 근방에 나타나는 모재의 표면 흠
- 다전극 스폿 용접기(multiple electrode spot welding machine) : 많은 전극이 있는 스폿 용접기
- 다층 용접(multi-layer welding) : 용착 비드를 여러 층으로 겹친 용접
- 단계식 경납땜(step brazing) : 고융점 납에서 차례로 저융점 납을 사용하여 융점의 차이를 이용하여 행하는 납땜
- 단락 아크 용접(short circuiting arc welding) : 이산화탄소 아크 용접, 불활성 가스 금속 아크 용접 등에 있어서 와이어가 용융물에 접촉할 때마다 단락 전류에 의하여 와이어가 용융 방울로 되어 모재에 이행하는 아크 용접
- 단식 아크 용접기(single operator welding machine) : 용접공 1인이 사용하도록 만들어진 용접기
- 단접(forge welding) : 가열한 금속을 때리거나 압력을 가하여 용접하는 방법
- 닫힘 용접(enclosed welding) : 용융 금속이 용접부에서 흘러나가지 않도록 용융물을 만들어 금속으로 둘러싸여 위로 용접을 진행하는 방법
- 담금 경납땜(dip brazing) : 용융된 금속 또는 화학 약품통 속에 피접합물을 담가 경납땜하는 방법
- 덧붙이 용접(built-up welding) : 마멸된 부분과 치수가 부족한 표면을 보충하는 용접
- 덧살(flash, burr) : 맞대기 저항 용접을 할 때 용융 금속이 압력의 작용으로 눌려 밀려나와 용착부 둘레에 응고한 것
- 돌림 용접(boxing) : 필릿 용접으로 붙인 부재의 끝부분을 돌려서 용접하는 방법
- 뒷면막기 용접(backing weld) : 아크 용접에 있어 용융 금속이 뒷면으로 빠져 떨어지는 것을 방지하기 위하여 미리 뒷면에서 하는 용접
- 뒷면 용접(back run) : 한면 홈 용접을 할 때, 표면을 용접한 후에 뒷면에서 하는 용접
- 드랙(drag) : 가스 절다면에 있어서 절단기류의 입구점과 출구점 사이의 수평 거리
- 덮개판 이음(sturapped joint) : 부재 표면과 덮개판 두께면에서 필릿 용접을 하는 이음
- 로울러 굽힘 시험(roller bend test) : 두 로울러로 지지하고 눌려 굽히는 시험법

- 로울러 전극(roller electrode) : 시임 용접, 로울러 용접 등에 쓰이는 원형 전극
- 로울러 스폿 용접(roller-spot welding) : 로울러 전극을 사용하여 일정한 간격을 두고 연속적으로 접합하는 스폿 용접
- 루사 용접(profection welding) : 금속 부재의 접합 장소에 형성된 돌기부를 접속시켜 압력을 가하고, 여기에 전류를 통하여 저항열의 발생을 비교적 작은 특정된 부분에 한정시키면서 접합하는 일종의 저항 용접
- 루트 간격(root opening) : 홈 밑 부분의 간격
- 루트 굽힘 시험편(root-bend specimen) : 맞대기 용접 이음의 루트 쪽에 인장력이 걸리도록 굽히는 시험편
- 루트면(root face) : 홈의 밑부분의 곧은 면
- 루트 반지름(root radius) : J형, U형 및 H형 홈의 밑부분의 반지름
- 마찰 압접(friction welding) : 금속 부재를 접촉시켜 가압하면서 접촉면에 상대 운동을 일으켜 발생하는 마찰열을 이용하여 행하는 용접
- 맞대기 용접(butt weld, a weld in a butt joint) : 맞대기 이음에 쓰이는 용접법
- 맞대기 시임 용접(butt-seam welding) : 금속 부재의 끝면을 맞대고 그 맞댄면의 1부에 전류를 공급하여 가열하는 동시에 그 부재를 가압하고 이음을 따라 연속적으로 접합하는 일종의 저항 용접이며, 주로 판 제작에 응용된다.
- 맞대기 이음(butt joint) : 2개의 부재가 대략 같은 면에서 접합되는 이음
- 맞대기 저항 용접(butt resistance welding) : 업셋 용접, 플래시 용접과 같이 2부재의 면과 면을 맞대고 압력을 가하며 접합하는 저항 용접
- 맞물림 겹치기 이음(joggled lap joint) : 겹치기 이음 한쪽 부재에 단을 지어 양 부재의 면이 동일 평면 위에 오도록 한 겹치기 이음
- 맥동 용접(pulsation welding) : 접합 장소에 2회 이상 전류를 통하여 접합하는 저항 용접, 스폿 용접, 프로젝션 용접, 업셋 용접에 응용함.
- 맥동 아크 용접(pulsed arc welding) : 불활성 가스 아크 용접에서 전류를 맥동 모양으로 하여 진행하는 용접
- 면에 김 경납땜(face fed brazing) : 납땜 온도로 가열된 부분에 용융납을 첨가하여 행하는 용접
- 모서리 이음(corner joint) : 두 부재를 대략 직각인 L자 모양으로 유지하고 그 각진 곳을 접합하는 이음
- 모재(base metal, parent metal) : 용접 또는 절단되는 금속
- 목의 두께(throat) : 목의 이론 두께, 목의 실제 두께를 참조
- 목의 실제 두께(actrual throat) : 필릿 용접의 경우(actual throat at fillet weld) 필릿 용접부의 단면에서 용접부의 루우트로부터 표면까지의 최단 거리
- 맞대기 용접의 경우(actual throat of butt weld) : 맞대기 용접에서는 용착 금속의 단면에서 용접부의 루우트를 통하는 최소의 두께
- 목의 이론 두께(theoretial throat) : 필릿 용접의 경우(theoretical throat of fillet weld) 필릿 용접의 크기로 정해지는 C각형인 필릿 용접부의 루우트로부터 측정한 높이

- 맞대기 용접의 경우(theoretical throat butt weld) : 맞대기 용접에서는 접합하는 부재의 두께, 두께가 다를 때에는 얇은 쪽 부재의 두께로 한다.
- 밑깎기 용접(underlaying) : 덧붙임 용접을 할 때 터지거나 떨어지는 것을 방지하기 위하여 미리 터지기 어려운 금속을 모재면에 용착하는 것
- 밑면 따내기(back chipping) : 맞대기 용접에서 밑 부분의 용입이 불량한 부분, 또는 제 1층의 부분을 뒷면에서 떼어 내는 것
- 반자동 아아크 용접(semi-automatic arc welding) : 용접봉의 이송이 자동으로 되는 장치를 사용하고, 용접 헤드의 이동은 손으로 하는 아아크 용접
- 받침(backing) : 용접 일며에 금속 또는 석면을 받치는 것
- 받침쇠(backing strip) : 받침을 하는 금속
- 방전 충격 용접(percussion welding) : 미리 저축한 전기적 에너지를 금속의 접촉면을 통하여 급격히 방전시켜, 이 때 발생하는 아크로서 접합부를 가열하고 방전하는 동안 또는 방전 직후에 충격적 압력을 가하여 접합하는 용접
- 버터링(buttering) : 맞대기 용접을 할 때, 모재의 영향을 방지하기 위하여 홈 표면에 다른 종류의 금속을 표면 피복 용접하는 것
- 베벨 각(bevel angle) : 부재에 홈을 만들기 위하여 가공한 끝면과 부재 표면에 수직인 평면 사이에 이루는 각
- 베벨 전단(bevel cut) : 경사 각도를 가지도록 절단하는 것
- 변두리 이음(edge joint) : 두 개 이상이 거의 평행히 겹친 부재의 끝면 사이의 이음
- 보이드(void) : 납땜 이음매 중 납땜이 안 되어 있는 공동
- 보호 안경(goggles) : 해로운 광선이나 튐에서 눈을 보호하는 안경
- 보호 유리(cover glass) : 용접할 때 필터 유리를 튐에서 보호하기 위한 투명한 유리
- 복식 아크 용접(multiple oper ator welding machine) : 1대로 2인 이상의 용접공이 동시에 사용할 수 있도록 만들어진 용접기
- 블록 필릿 용접(convex fillet weld) : 표면이 볼록한 필릿 용접
- 봉지름(diameter & electrode) : 피복 아크 용접봉 심선의 지름
- 부채꼴 오목부(scallop) : 용접선의 교차를 피하기 위하여 부재에 파놓은 부채꼴의 오목 들어간 부분
- 분말 절단(powder cutting) : 철분말 또는 용제 분말을 자동적으로, 또 연속적으로 절단용 산소에 혼입 공급하여 그 산화열 혹은 용제 작용을 이용한 절단 방법
- 불꽃 경화(flame hardening) : 가스 불꽃으로 경화를 하는 방법
- 불꽃 전파 용접(fire cracker welding) : 피복 아크 용접봉을 이음부에 밀착시키고 동재(銅材)의 지그로 누르고 한 끝에서 아크를 발생시켜 자동적으로 용접하는 방법
- 불꽃 청소(flame cleaning) : 금속 표면은 불꽃으로 가열하여 녹이나 검은 껍질 등을 제거하여 표면을 깨끗이 하는 곳
- 불꽃 흰색 부분(come, flame core) : 가스 불꽃 안에 팁 끝에 나타나는 흰색의 원뿔형 부분

- 불활성 가스 금속 아크 용접(MIG welding, inert gas metal-arc welding) : 불활성 가스 아크의 일종이며 용접 심선을 전극으로 하는 용접
- 불활성 가스 아크 용접(inert-gas shielded arc welding) : 아르곤, 헬륨 등 불활성 가스 또는 여기에 소량의 활성 가스를 첨가한 가스 분위기 안에서 하는 아아크 용접
- 불활성 가스 텅스텐 아크 용접(TIG welding, inert-gas tungsten-arc welding) : 불활성 가스 아크의 일종이며, 텅스텐, 가타 용이하게 소모되지 않는 금속을 전극으로 하는 용접
- 브레이즈 용접(braze wedling) : 경납을 용접할 경우와 마찬가지로 홈을 가진 이음매에 용융 첨가하여 모재를 녹이지 않고 접합하는 용접
- 블록 용착법(block sequence, block welding) : 다층 용접하는 이음의 각 작은 부분을 각각 여러 층씩 용접하여 차례로 다른 부분에 미치는 용착 방법이다. 이 부분은 단속된 블록의 용착 후에 메꾼다.
- 비가스 보호 아크 용접(non-gas shielded arc welding) : 외부에서 보호 가스를 공급하지 않고 진행하는 용접
- 비용극(non-consumable electrode) : 용접이 높고 아크열에도 소모하기 어려운 전극
- 비드 밑 균열(under bead crack) : 열영향부에 나타난 터짐의 일종으로, 모재에 표면까지 나타나지 않는 것. 보통 비드에 아주 접근하여 나타난다.
- 비파괴 시험(non-destructive test) : 재료나 제품을 파괴하지 않고 행하는 시험
- 사용률(duty cycle) : 단속 부하의 사용 상태에 있어서 전체의 시간에 대한 통전 시간의 비율을 백분율(%)로 표시한 것
- 산소 수소 용접(oxy-hydrogen welding) : 산소와 수소를 사용하며, 수소의 연소에 의하여 나타나는 열을 이용하는 용접
- 산소-아세틸렌 용접(oxy-acetylene welding) : 산소와 아세틸렌을 사용하여 아세틸렌의 연소에 의하여 나타나는 열을 이용하는 용접
- 산소-아크 절단(oxy-arc cutting) : 모재와 전극 사이에 발생하는 아크열로 모재를 가열하고 여기에 산소를 불어넣어 절단하는 방법
- 산화 불꽃(oxidizing flame) : 중성 불꽃보다 산소의 양이 많은 가스 불꽃
- 서브머지드 아크 용접(submerged arc welding) : 피복하지 않은 아크 용접봉과 모재 사이, 또는 피복하지 않은 아크 용접봉의 아크로부터 발생하는 열로 용접하는 방법이며, 용제 안에서 용접을 한다.
- 선상 조직(ice-flower like structure) : 용접부의 파단면에 나타나는 조직이며 아주 미세한 주성 결정에 서리 모양으로 나란히 있고 그 사이에 현미경적인 비금속 개재물과 기공이 있다. 이 조직을 나타내는 파단면을 선상 파단 면이라고 한다.
- 소결 용제(sintered flux) : 서브머지드 용접용 용제의 한 종류로, 입상 원료에 액상 고착제를 혼합하여 다져서 킬론 등을 사용하여 조립 및 소결을 행한 후 부풀어진 만큼 입도를 조정하는 것
- 소모 노즐(consumable nozzle) : 용접용 와이어를 용접부에 안내하는 금속관으로 용융하여 용착 금속의 일부로 되는 것

- 소모 노즐식 일렉트로 슬랙 용접(consumable nozzle electro slag wedling) : 소모 노즐을 사용하는 일렉트로 슬랙 용접
- 손용접(manual welding, hand welding) : 용접 작업을 손으로 하는 방법
- 솔릿 와이어(solid wire) : 중공이 아닌 단면 동질인 용접용 와이어
- 수직 자세(vertical position) : 용접선이 대략 연직 이음을 옆에서 용접하는 자세
- 수축 응력(shrinkage stress) : 자유로이 수축하지 않으므로 나타나는 응력
- 수평 자세(horizontal position) : 용접선이 대략 수평인 이음을 옆쪽에서 용접하는 자세 스카프 이음 부재를 서로 비스듬히 맞대어 접합면을 넓게 하는 이음으로, 주로 경납땜 단접에 사용된다.
- 스킵 용접(skip welding wandering sequence) : 주로 용접에 의한 변형을 적게 하기 위하여 띄엄띄엄 용접을 한 다음, 냉각된 용접부 사이를 용접하는 방법
- 스텃 용접(stud welding) : 보울트, 둥근 막대 등의 앞끝과 모재 사이에 아크를 발생시켜 가압하여 행하는 용접
- 스트링 비드(string bead) : 위빙을 하지 않고 선상으로 둔 비드
- 스패터(spatter) : 아크 용접과 가스 용접에 있어서 용접 중에 비산하는 슬랙 및 금속 입자
- 스패터 손실(spatter loss) : 스패터에 의한 금속의 손실
- 스폿 용접(spot welding) : 겹친 금속 부재를 적당히 성형한 전극 끝으로 붙잡고 비교적 좋은 부분에 전류를 집중시켜 국부적으로 가열하며, 동시에 전극으로 압력을 가하여 접합하는 일종의 저항 용접
- 슬랙(slag) : 용착부에 나타난 비금속 물질
- 슬랙 섞임(slag inclusing) : 용착 금속 안에 또는 모재와의 융합부에 슬랙이 남는 것
- 슬랙 해머(slag hammer) : 슬랙을 제거하는 데 쓰이는 망치
- 슬럿 용접(slot welding) : 겹친 두 부재의 한쪽에 가공한 좁고 긴 홈에 하는 용접
- 시일드 아크 용접(shielded-arc welding) : 아크 및 용착 금속을 보호하는 매질로서 대기를 차단하면서 하는 아크 용접
- 시임 용접(seam welding) : 저항 용접의 일종이며, 전극을 사용하여 전류를 통하는 동시에 압력을 가하여 전극을 회전시킨면서 이음을 따라 연속적으로 접합하는 용접
- 심선(core wire) : 피복 아크 용접을 할 때 용가재로서 사용하는 금속선
- 아래보기 자세(flat position) : 용접선이 대략 수평인 이음을 위쪽에서 용접하는 자세
- 아르곤 아크 용접(argon arc welding) : 아르곤 분위기 속에서 노출된 금속 전극과 용접 사이에 발생한 아크로 가열하여 진행하는 용접
- 아세틸렌 발생기(acetylene gas generator) : 카아바이트(CaC_2)와 물을 접촉 반응시켜 그 상호 작용으로 아세틸렌 가스를 발생시키는 기구, 가스 발생기라고도 부른다.
- 아크 경납땜(arc brazing) : 모재와 전극 또는 두 전극 사이에서 발생하는 아크열로 땜질하는 전기 경납땜
- 아크 스트라이크(arc strike) : 아크 용접을 할 때, 최초로 아크를 발생시키는 것 또는 모재 위에 순간적으로 아크를 튀게 하여 곧 끊는 것

- 아크 스폿 용접(arc spot welding) : 아크열을 이용하여 판의 한쪽에서 가열하여 융착시키는 스폿 용접
- 아크 에어 가우징(arc air gouging) : 아크열로 용융시킨 금속을 압축 공기로 연속적으로 불어 금속 표면에 홈을 파는 방법
- 아크 용접(arc welding) : 아크열로 금속을 융착하는 용접법
- 아크의 길이(arc length) : 아크의 양끝 사이의 거리
- 아크 전압(arc voltage) : 아크의 양끝 사이에 걸리는 전압
- 아크 절단(arc cutting) : 아크열을 이용하는 절단
- 압접(pressure welding) : 가열한 접합부에 기계적 압력을 가하여 용접하는 방법인데, 냉간에서 하는 경우도 있다.
- 양극성(봉)(electrode positiue) : 직류 아크 용접을 할 때의 접속 방법이며, 피용접물을 전원의 음극 용접봉을 양극에 접속하였을 때를 말한다.
- 양면 홈 이음(double groovejoint) : 접합하는 2부재 사이에서 양쪽면에 홈을 파고 용접한 이음이며, 다음 기본형이 있다.
- 언더컷(under cut) : 용접의 변 끝을 따라 모재가 패어지고, 용착 금속이 채워지지 않고 홈으로 남아 있는 부분
- 업셋 용접(upset welding, welding) : 금속체의 면과 면을 맞대고 압력을 가하여 열을 주어 맞댄 면을 접합하는 용접
- 엇걸린 띄엄 필릿 용접(staggered intermittent fillet weld) : T형 접합부의 양면에 띄엄 필릿 용접을 할 때 각 면의 용접 비드를 상호 교대로 두는 용접
- 엔드 탭(end tap, runoff-tap) : 비드의 시점과 종점에 붙인 보조판
- 역방향 용접(back step welding) : 용착 방향과 용접 방향을 반대로 하는 용접 방법
- 역일그러짐(prestrain) : 용접에 의한 각의 변화량을 예측하여 역방향으로 주어진 일그러짐
- 역화(back fire, flash back) : 불꽃이 돌발적으로 팁 안으로 역행하는 현상
- 연납(solder) : 450℃보다 낮은 용융점을 가진 땜에 쓰이는 용가재
- 연납땜(soldering) : 연납을 사용하여 모재를 용융시키지 않고 붙이는 방법
- 연속 필릿 용접(continuous fillet weld) : 연속된 필릿 용접
- 열영향부(heat affected zone) : 용접열 또는 절단열에 의하여 금속 조직과 기계적 성질이 변화하나 용융되지 않은 모재의 부분
- 예열(preheating) : 용접 또는 가스 절단 작업에 앞서 모재를 가열하는 것
- 예치 경납땜(preplaced brazing) : 납땜 이음매 부분에 미리 납을 두고 가열하여 행하는 납땜
- 오목 자국(indentation) : 겹치기 저항 용접에 있어서 용접 결과로 전극 팁에 의하여 나타난 모재 표면의 오목 들어간 자국
- 오목 필릿 용접(concave fillet weld) : 표면이 오목한 필릿 용접
- 오손(pick up) : 겹치기 저항 용접에 있어서 팁과 모재와의 접촉부가 파열되어 그 결과로 전극 팁 재료의 모재가 서로 움직이거나 합금층을 만들거나 하여 나타나는 전극 팁의 끝 또는 모재의 오손
- 오우버랩(overlap) : 용착 금속이 변 끝에서 모재에 융합하지 않고 겹친 부분

- 와이어 리일(wire reel) : 자동, 반자동 아크 용접에 사용되는 와이어의 코일을 붙이고 원활하게 와이어가 끌려 나오도록 한 구조의 감기
- 용가재(filler metal) : 용착부를 만들기 위하여 녹여서 첨가하는 금속
- 용극(consumable electrode) : 각종 아크 용접 및 아크 절단에서 아크 중에서 용융하여 소모되는 전극
- 용락(burn through) : 용융 금속이 홈 끝의 뒤쪽으로 녹아 떨어진 것
- 용융 방울(droplet) : 용접 전극의 앞끝에서 모재로 이행하는 용융된 금속의 방울
- 용융 풀(molten pool) : 용접할 때 아크열에 의하여 용융된 모재 부분이 오목 들어간 곳
- 용입(pentration weld, penetration) : 모재의 용융된 부분의 가장 높은 점과 용접하는 면의 표면과의 거리
- 용접(fusion welding) : 용융 상태에 있어서 금속에 기계적 압력 또는 타격을 가하여 용접하는 방법, 이 용접에는 가스 용접, 아크 용접, 테르밋 용접 등이 있다.
- 용접 금속(weld metal) : 용접부의 일부이며, 용접하는 동안 용융 응고된 금속
- 용접 기호(welding symbol) : 용접을 그림으로 표시하기 위한 기호
- 용접 길이(weld length) : 중단되지 않은 용접의 시발점 및 크레이터를 제외한 부분의 길이
- 용접 끝(toe of weld) : 부재의 면과 용접 표면과 마주치는 점
- 용접 방패(hand shield, face shield) : 아크 용접을 할 때 얼굴을 보호하기 위하여 앞을 내다보는 창이 있는 손으로 잡는 보호구
- 용접 변압기(welding transformer) : 용접 전류를 공급하기 위한 변압기
- 용접봉(welding rod) : 봉 모양의 용가재
- 용접부(weld zone) : 용접 금속 및 그 근처를 포함한 부분의 총칭
- 용접부의 루트(root of weld) : 용접부의 단면에 있어서 용착부의 밑부분과 부재며이 마주치는 선
- 용접선(weld line) : 비드 필릿 용접 및 맞대기 용접의 방향을 표시하는 선
- 용접성(weldability) : 모재의 재질이 용접에 적합한가, 적합하지 않은가의 정도
- 용접 시간(weld time) : 저항 용접에 있어서 용접 전류를 통하는 시간
- 용접용 와이어(wire for welding) : 용접에 사용되는 코일 모양의 긴 금속으로 주로 자동, 반자동 용접에 사용된다.
- 용접의 보강 덧붙임(reinforcement of weld) : 홈 또는 필릿 용접의 칫수 이상으로 표면 위에 올라간 용착 금속
- 용접의 유효 길이(effective length of weld) : 설계 칫수대로의 단면이 있는 용접부의 전체 길이
- 용접 이음(welding joint) : 용접으로 접합된 이음
- 용접 자세(welding position) : 용접 작업자가 용접부를 향하는 자세를 말하며, 아래보기, 수평, 직립, 위보기의 네가지 자세가 있다.
- 용접 전류(welding current) : 용접에 필요한 열을 주기 위하여 보내는 전류
- 용접축(axis of a weld) : 용접선에 직각인 용접부의 단면 중심을 통과하고, 그 단면에 수직인 선

- 용접 헬밋(welding helmet) : 아크 용접을 할 때 얼굴을 보호하기 위하여 쓰이며, 앞을 보기 위한 창이 있고 머리에 쓰는 보호구
- 용제(welding flux) : 용접을 할 때 산화물, 기타 해로운 물질을 용융 금속에서 분리하고 제거하기 위하여 쓰이는 것
- 용제 함유 와이어 전극(flux cored wire electrode) : 용접용 와이어나 파이프 모양으로 되어 있어 그 내부에 아크의 안정화, 탈산 등의 목적으로 용제가 가득차 있는 것
- 용착 금속(deposited metal) : 용접 작업에 의하여 용가재로부터 모재에 용착한 금속
- 용착부(weld metal zone) : 용접부 안에서 용접하는 동안에 용융 응고한 부분
- 용착 비드(weld bead) : 1회의 패스에 의하여 나타난 용착 금속
- 용착 속도(rate of deposition) : 단위 시간에 용착되는 금속의 무게
- 용착 효율(depostion efficiency) : 용접봉의 소모 중량에 대한 용착 금속의 중량비, 다만 쓰고 남은 용접봉 부분은 제외한다. 피복봉에 대하여는 보통 피복제의 무게를 포함시키나 특별한 경우에는 포함하지 않는다.
- 용해 아세틸렌(dissolved acetylene) : 용기 중에 다공성 물질에 흡수된 아세톤에 용해시킨 아세틸렌
- 원자 수소 용접(atomic–hydrogen welding) : 수소 기류 중에서 2개의 텅스텐 전극 사이에 아크를 발생시키고, 이 때 발생하는 수소의 반응열을 이용하는 아크 용접법
- 위보기 자세(overhead position) : 용접선이 대략 수평인 이음을 아래쪽에서 용접하는 자세
- 위빙(weaving) : 용접봉을 용접 방향에 대하여 옆으로 교대로 움직이며 용접하는 방법
- 유도 가열 경납땜(induction brazing) : 유도 전류로 얻은 열을 이용하여 땜질하는 경납땜
- 은점(fish eye) : 용착 금속의 파단면에 나타나는 은백색을 한 고기눈 모양의 결함부
- 음극성(봉)(electrode negative) : 직류 아크 용접을 할 때의 접속 방법이며, 피용접물을 전원의 양극에, 용접봉을 음극에 접속하였을 때를 말한다.
- 이산화탄소 아크 용접(CO2 gas arc welding) : 주로 이산화탄소 분위기 중에서 하는 아크 용접
- 이음의 루트(root of joint)
- 맞대기 용접의 경우(root of butt welded joint) : 맞대기 용접을 한 이음일 때는 부재 사이의 가장 접근한 부분
- 필릿 용접의 경우(root of fillet welded joint) : 필릿 용접을 한 이음일 때는 2부재의 표의 경우, 면이 마주치는 선
- 일렉트로 가스 아크 용접(electro gas arc welding) : 모재 끝과 물로 식힌 동벽으로 용융 풀을 둘러 이산화탄소 등으로 보호하여 아크를 발생시켜 진행하는 용접
- 일렉트로 슬랙 용접(electro slag welding) : 용융된 슬랙과 용융 금속이 용접부에서 흘러 나오지 않도록 둘러싸고, 용융된 슬랙 풀에 용접봉을 연속적으로 공급하여 주로 용융 슬랙의 저항열에 의하여 용접봉과 모재를 용융시켜 위로 용접을 감행하는 방법
- 일면 용접(one side welding) : 맞대기 용접에서 받침 등을 사용하여 홈쪽부터의 용접에 의하여 뒷면 비드를 형성시키는 용접

- 자기 쏠림(magnetic arc blow) : 아크가 전류의 자기 작용에 의하여 한쪽으로 쏠리는 현상
- 자동 가스 절단(automatic gas cutting) : 가스 절단 토치를 구동 장치를 갖춘 대차 또는 기계에 설치하여 행하는 절단
- 자동 아크 용접(automatic arc welding) : 용접봉의 이송이 자동으로 진행되며 항상 조작하지 않아도 연속적으로 용접이 진행되는 장치를 사용하는 용접
- 자유 굽힘 시험(free bend test) : 초기의 굽힘만을 주고 나중에 숫형틀, 암형틀 또는 로울러 등을 사용하지 않고 시험편의 양끝에서 압력을 가하여 굽히는 시험
- 잔류 응력(residual stress) : 구조물 또는 부재에 잔류한 응력
- 저각도 용접(spring contact are welding) : 피복 아크 용접봉을 스프링 등의 힘으로 용접선에 대하여 낮은 각도로 유지하여 용접선에 따라 봉 끝을 접속시키면서 행하는 용접
- 저항 경납땜(resistance brazing) : 전기 저항열로 가열하여 땜질하는 경납땜
- 저항 용접(resistance welding) : 접합할 부재의 접촉부를 통하여 전류를 흐르게 하고 이곳에 발생하는 저항열로 가열하여 압력을 가하여 접합하는 용접법
- 전격 방지 장치(voltage reducing device) : 아크 용접에 있어서 아크가 튀지 않을 때에는 용접기의 2차 무부하 전압을 낮추어 전격을 방지하는 장치
- 전극 돌출 길이(electrode extension) : 콘택 튜브 또는 튜브의 끝에서 전극이 뻗어 나온 길이
- 전극 와이어(electrode wire) : 용접용 와이어로서 전극으로 된 것
- 전극 팁(electrode tip) : 스폿 용접에 있어서 금속 부재에 직접 접촉하여 용접 전류를 보내는 동시에 가압력을 전달하는 작용을 하는 봉 모양의 전극
- 전면 필릿 용접(fillet weld inn ormal sheari, front fillet weld) : 용접선의 방향이 전달하는 응력의 방향과 거의 직각인 필릿 용접
- 전 용착 금속 시험편(deposited metal test specimen) : 시험하는 부분이 전부 용착 금속으로 되어 있는 시험편
- 전자 비임 용접(electron beam welding) : 높은 진공 안에서 고속도의 전자 비임을 부딪치게 하여 그 충격 발열을 이용하여 접합하는 용접법
- 전진 용접법(forehand welding) : 용가재가 토오치 앞을 진행하는 용접법
- 절단 턱(cutting shoulder) : 가스 절단을 한 자리의 위 가장 자리
- 절단 토치(cutting blowpipe cutting torch) : 절단할 때 사용하는 토치
- 절단 팁(sutting tip) : 가스 절단 토치에 쓰이는 팁
- 접지 접속(ground connection) : 아크 용접에 있어서 모재 또는 모재와 접촉하는 금속과 용접용 케이블과의 접속
- 중력식 용접(gravity type arc welding) : 피복 아크 용접봉이 용융됨에 따라 용접봉 지지부가 중력에 의하여 기울어져 내려오며, 용접봉이 모재와 일정한 각도를 유지하면서 용접선을 따라 이동하도록 용접하는 방법
- 중성 불꽃(neutral flame) : 산화 작용도 환원 작용도 하지 않는 중성인 불꽃

- 직렬 스폿 용접(series spot welding) : 2개 이상의 접합부에 직렬로 전류를 통하여 이 접합부를 동시에 접합하는 저항 용접
- 직류 아크 용접(DC arc welding) : 직류 아아크를 사용하는 용접
- 천이 온도(transition temperature) : 금속이 어떤 온도를 경계로 하여 파괴되는 모양이 급격히 변하는 온도
- 초음파 용접(ultrasonic welding) : 모재를 초음파를 발생하는 두 진동 음극 사이에 지지하고 압력을 가하며 초음파를 보내어 초음파 진동을 이용하여 접합시키는 용접
- 측면 굽힘 시험편(side-bend specimen) : 용착부의 측면을 굽히는 시험편
- 측면 필릿 용접(fillet weld in parallet sheari, side fillet weld) : 용접선의 방향이 전달하는 응력의 방향과 거의 평행한 필릿 용접
- 층(layer) : 한 번 또는 그 이상의 패스로 형성된 용착 금속의 층
- 치핑 해머(chipping hammer) : 슬랙 등을 제거하기 위하여 앞 끝이 가늘게 된 해머
- 침입 결함(penetrator) : 플래시 용접에 있어서 부적당한 용접 조건 때문에 표면이 산화된 상태에서 용접부에 잔류하는 내부 결함
- 콘덴서식 스폿 용접기(condenser type spot welder) : 콘덴서에 전기적 에너지를 축적하였다가 변압기로 순간적인 에너지를 방출하는 일종의 스폿 용접기
- 크레이터(crater) : 아크 용접의 비드 끝에서 오목 패인 곳
- 탄화 불꽃(carburizing flame) : 유리 탄소를 포함한 환원성을 가진 가스 불꽃
- 터짐 감수성(crack senisibility) : 용접 균열이 일어나기 쉬운 성질
- 텅스텐의 잠입(contamination, tungsten inclusion) : 불활성 가스 아크 용접에 있어서 용접을 개시할 또는 사용 텅스텐 전극의 막대 지름에 대하여 과대 전류를 사용하여 텅스텐 전극의 일부가 용융 비드 속에 혼입하는 것
- 테르밋 용접(thermit welding) : 테르밋 반응열로 용접하는 방법이며, 이 반응으로 나트난 용융 금속을 그대로 용가재로 하여 용착시킨다.
- 테르밋 혼합제(thermit mixture) : 테르밋 반응에 쓰이는 혼합제로서 금속 산화물과 알루미늄 분말 등의 혼합물
- 토치(blow pipe, torch) : 가스 용접에서 가스의 혼합비 및 유량을 조절하는 기구이며, 불활성 가스 아크 용접에 쓰이는 호울더 부분도 의미한다.
- 토치 헤드(torch head) : 용접 및 절단용 토치 팁을 맞추는 자리가 있는 부분
- 투과도계(pentrometer) : 시험부와 동시에 방사선 투과 사진을 촬영하여 그 사진의 성질을 판단하기 위한 척도로 하는 것
- 튐(expulsion and sufrace) : 겹치기 저항 용접에 있어서 모재가 국부적으로 파열되어 용융 비산하는 현상 또는 그 금속을 말한다. 전극 팁에 접하는 바깥 표면에 나타나는 바깥 튐과 적합 부재 사이에 나타나는 안 튐이 있다.
- T 이음(tee joint) : 한 개의 판재 끝면을 다른 판재의 표면에 올려 놓고 T 형으로 대략 직각이 되도록 접합하는 마음
- 팁(nozzle, tip) : 용접 또는 절단 토치 끝에 붙이고 불꽃이 나오는 구멍 부분

- **팁 호울더(electrode tip holder)** : 저항 용접에 있어서 전극 팁을 잡는 곳
- **판의 분리(sheet separation)** : 겹치기 저항 용접에 있어서 용접 결과로 너깃 둘레에 나타나는 판의 간격
- **패스(pass, run)** : 용접의 선행 방향에 따른 1회의 용접 조작
- **포지셔너(positioner)** : 용접물을 붙여 자유로이 회전하여 용접부를 항상 용접하기 쉬운 위치로 둘 수 있도록 한 작업대의 일종
- **폭발 압접(explosive welding)** : 화약의 폭발에 의한 충격 압력을 이용하여 행하는 용접
- **표면 경화 용접(hard facing welding)** : 금속 표면에 경도가 높은 금속을 용착시켜 정도가 높은 층을 만드는 것
- **표면 굽힘 시험편(face-bend specimen)** : 맞대기 용접 이음의 표면(루트의 반대쪽)에 인장력이 걸리도록 굽히는 시험편
- **표면 피복 용접(surfacing welding)** : 금속 표면에 다른 종류의 금속을 용착시키는 것
- **플라즈마 아크법(plasma arc process)** : 전극과 모재 사이에 플라즈마 아크를 발생시켜 그 열을 이용하여 용접이나 절단을 행하는 방법
- **플라즈마 제트법(plasma flaame process plasma jet process)** : 아크 플라즈마를 작은 틈새로 고속도로 분출시킴으로써 얻을 수 있는 높은 온도의 화염을 이용하여 절단, 용융, 용접, 용사를 하는 방법
- **플래시 용접(flash butt welding, flash welding)** : 맞대기 용접의 일종이며, 전류를 처음 통할 때에는 센 압력을 가하지 않고 접촉부는 불꽃으로 용융 비산시키도록 하여 그 동안 접합부 전체를 충분히 가열하고, 다음에 센 압력을 가하여 맞댄면을 접합시키는 용접
- **플러그 용접(plug welding)** : 접합하는 부재 한쪽에 구멍을 뚫고 판의 표면까지 가득하게 용접하고 다른 쪽 부재와 접합하는 용접
- **피복 아크 용접봉(coated electrode, covered electrode)** : 아크 용접의 전극으로 쓰이는 용접봉이며, 피복제를 바른 것
- **피이닝(peening)** : 금속 표면을 망치로 두드리는 가공법이며, 용접에 있어서는 비드 또는 그 부근을 두드린다.
- **피트(pit)** : 기공 또는 용융 금속이 튀는 현상이 발생한 결과 용접부의 바깥면에서 나타나는 작고 오목한 구멍
- **필릿 용접의 치수(size of fillet weld)** : 필릿 용접의 크기(S_1, S_2, S_3)를 지정하기 위하여 설계에서 사용하는 칫수이며, 이 치수로써 정해지는 각 3형은 필릿 용접부의 횡단면 안에 포함되어야 한다.
- **필릿 용접 이음(fillet welded joint)** : 필릿 용접으로 접합하는 이음
- **필터 유리(filter lens)** : 용접할 때 발생하는 해로운 광선을 차단하는 성질을 가진 유리
- **한면 홈 이음(single groove joint)** : 접합하는 2부재 사이에서 한쪽면에 홈을 파고 용접한 이음이며, 다음 기본형이 있다.
- **현장 용접(site weleing, field welding)** : 용접물이 설치된 장소 또는 배위 등에서 행하는 용접
- **형틀 굽힘 시험(guide-bend test)** : 숫형틀과 암형틀을 사용하여 그 형틀을 따라 굽히는 시험
- **호울더(electrode holder)** : 아크 용접에서 용접봉을 붙잡고 전류를 통하게 하는 기구

- 혼합실(mixing chamber) : 연소 가스와 산소를 혼합하는 부분
- 화염 절단(flame cutting) : 불꽃의 열을 이용하여 절단하는 것
- 환원 불꽃(reducing flame) : 사용하는 부분이 환원성을 가지고 있는 가스 불꽃
- 홈(groove) : 접합할 2부재 사이에 만드는 홈
- 홈면(groove face) : 홈 용접의 홈의 표면
- 홈 용접(groove weld) : 홈에 층으로 용접한 것
- 홈의 각도(groove angle) : 접합할 2부재 사이에 가공할 홈의 각도
- 홈의 깊이(groove depht) : 접합할 두 부재 사이에 rrkrhd하는 홈의 깊이
- 후열(postheating) : 용접 또는 가스 절단 후에 열을 가하는 것
- 후진 용접법(backhand welding) : 용가재가 토치 뒤를 따라 진행하는 용접법
- 휨 홈 용접(flare groove weld) : 2부재 사이의 플레어 부분에 하는 용접

찾아보기

ㅁ

ㅂ

ㅅ

ㅇ

ㅍ

ㅎ

현대용접공학

초판 1쇄 인쇄 | 2010년 8월 1일
초판 1쇄 발행 | 2010년 8월 5일
개정 2판 발행 | 2012년 9월 14일

지은이 | 강인찬 · 한성종 · 나중식

발행인 | 조규백
발행처 | **도서출판 구민사**
(150-034) 서울특별시 영등포구 영등포 4가 104-1번지
동서빌딩 604호
전화 (02) 701-7421(~2)
팩스 (02) 3273-9642
홈페이지 www.kuhminsa.co.kr

등 록 | 등록 제14-29호 (1980년 2월 4일)
ISBN | 978-89-7074-390-5 13550

값 20,000원